# 半成品食品加工操作指南

余坚勇　郝利民　张晓娟　主　编

中国轻工业出版社

## 图书在版编目（CIP）数据

半成品食品加工操作指南/余坚勇，郝利民，张晓娟主编.
—北京：中国轻工业出版社，2021.1
ISBN 978-7-5184-3179-3

Ⅰ.①半… Ⅱ.①余…②郝…③张… Ⅲ.①军用食品-食品加工-指南 Ⅳ.①TS219-62

中国版本图书馆CIP数据核字（2020）第173616号

责任编辑：钟 雨　　责任终审：张乃柬　　封面设计：锋尚设计
版式设计：锋尚设计　　责任校对：吴大鹏　　责任监印：张 可

出版发行：中国轻工业出版社（北京东长安街6号，邮编：100740）
印　　刷：三河市国英印务有限公司
经　　销：各地新华书店
版　　次：2021年1月第1版第1次印刷
开　　本：787×1092　1/16　印张：19.75
字　　数：430千字
书　　号：ISBN 978-7-5184-3179-3　定价：78.00元
邮购电话：010-65241695
发行电话：010-85119835　传真：85113293
网　　址：http://www.chlip.com.cn
Email：club@chlip.com.cn
如发现图书残缺请与我社邮购联系调换
191188J1X101ZBW

# 本书编委会


主　　编　余坚勇　军事科学院系统工程研究院军需工程技术研究所

　　　　　郝利民　军事科学院系统工程研究院军需工程技术研究所

　　　　　张晓娟　军事科学院系统工程研究院军需工程技术研究所

执行主编　绳以健　军事科学院系统工程研究院军需工程技术研究所

副 主 编　李秀婷　北京工商大学

编　　委　（按姓氏笔画排序）

　　　　　马天娇　军事科学院系统工程研究院军需工程技术研究所

　　　　　王国珲　军委后勤保障部军需能源局

　　　　　刘建辉　军委后勤保障部军需能源局

　　　　　杜曙光　军委后勤保障部军需能源局

　　　　　宋景新　军事科学院系统工程研究院军需工程技术研究所

　　　　　徐　虹　北京工商大学

　　　　　崔　燕　军事科学院系统工程研究院军需工程技术研究所

　　　　　熊　科　北京工商大学

主　　审　郑　勇　军委后勤保障部军需能源局

# 序

饮食保障是维系部队官兵生命的首要条件，直接影响部队的士气、凝聚力和战斗力，是制约战争进程和结局的重要因素。《孙子兵法》中就有“军无辎重则亡，无粮食则亡，无委积则亡”的论述。半成品食品作为部队饮食保障的重要组成部分，具有制炊方便、省时节水、无餐厨垃圾废弃物等优点，在部队日常训练及执行多样化军事任务中发挥了越来越突出的作用。因此，编制《半成品食品加工操作指南》用于指导部队官兵在食物原材料选择、食材加工、储存与保鲜等方面进行规范操作，对于确保食品安全、改善饮食生活、提高保障效益具有重要的军事意义。

由军事科学院系统工程研究院军需工程技术研究所联合北京工商大学食品学院共同编撰的《半成品食品加工操作指南》，顺应我军野战饮食快餐化保障的新形势，针对部队炊事单位加工半成品的操作实际，详尽介绍了半成品食品加工的操作要点及相应规范，使部队官兵在半成品食品加工过程中有章可循、规范操作，将更好地服务部队饮食保障工作，为实现野战饮食快餐化保障做出应有的贡献。

该书具有以下三个特点：

1. 系统性较强

该指南从半成品食品加工所用到的原料选择，到所选用食材的加工工艺、贮藏与保鲜，以及包装的基本原理和方法，系统化地进行了编撰，是我军半成品食品加工操作的体系化操作手册。

2. 内容覆盖面广

该指南分类清晰，内容几乎涵盖了我军半成品食品加工所涉及的全部食材以及相应的加工技术操作要点及要求，同时，还包括食品加工、贮藏、保鲜等过程中检测与标准、安全与卫生、品质控制等相关技术及部分研究进展，内容十分全面且丰富。

3. 可操作性较强

该指南详尽介绍了半成品食品加工的操作要点及相应规范，既注重食品加工操作内容的翔实与全面，又强化了相应技术的综合与深入，理论与实践紧密结合，实操性和指导性较强。

故而，该指南十分适宜在全军炊事单位推广应用，可促进部队饮食保障工作更好地适应当前及今后对野战饮食快餐化的要求，适应现代战争的需要。

中国工程院院士

# 前言

民以食为天。食物是千百年来人们赖以生存的物质基础之一。在任何历史时期，在任何国家，食物始终是重要的战略物资。军用食品是指按军队规定的技术标准筹措、供应的各类制式食品的总称，是军队给养的重要组成部分。古话说“兵马未动，粮草先行”，可见自古以来军用食品就是军队后勤保障的第一要宗。在现代战争和频发的多样化非战争军事行动中，军用食品以其体积小、重量轻、加工食用方便、安全卫生等特点，始终是军事人员在战斗环境下赖以生存、保持体力的必需品，对于保持各类战斗人员的体力和精力，维系部队持续作战能力并最终赢得胜利起到了关键性作用。

近年来，全军部队在饮食保障理论和实践探索中，努力创新保障方法，改革保障模式，形成了一些有益的探索经验，其中的主要做法之一就是利用半成品进行炊事保障，即在旅团服务中心通过购买切肉机、切菜机、真空包装机等简单加工设备，将原料清洗、切片、分装，并进行真空包装，通过冷藏车运送到营连炊事单位，炊事单位接收后不需清洗、切分，可直接下锅烹饪，大大提高了热食制作效率。但是，我们发现这种保障方式存在着较大的食品安全隐患，一是部队半成品加工不科学、不规范，半成品易出现变色、变质的现象；二是加工环境、加工设备卫生不好控制，如切肉机、切菜机的加工死角可能堆积肉渣菜屑，不及时清理会造成微生物繁殖；三是部队战士对食品安全认识不到位，有可能产生食物安全事故。针对部队在加工半成品过程中可能出现的隐患，以食品科学及食品安全技术的相关半成品加工技术成果为基础，我们编制了《半成品食品加工操作指南》。本指南详尽介绍了半成品食品加工的操作要点及相应规范，可为部队的半成品食品加工处理提供有益参考。

全书共四章。第一章介绍了食品原料的选择，包括蔬菜类、畜禽类、水产品、香辛料和调味料、原料的检测与标准；第二章介绍了食材的加工工艺，包括鲜活原料的加工、加工性原料的初步加工、原料的分解与切割加工、组配工艺、风味调配工艺、加工过程中的安全与卫生问题。第三章介绍食材的贮藏与保鲜，包括蔬菜类、畜禽类、水产品保鲜技术、贮藏保鲜过程中的品质控制。第四章主要从包装概论、塑料包装的材料、包装机械与设备、包装安全与测试四个方面介绍了食材的包装。

《半成品食品加工操作指南》由军事科学院系统工程研究院军需工程技术研究所联合北京工商大学食品学院共同编撰，由军事科学院系统工程研究院军需工程技术研究所余坚勇高工、郝利民高工、张晓娟高工任主编，绳以健高工任执行主编，北京工商大学食品学院李秀婷教授任副主编，军委后勤保障部军需能源局给养处郑勇处长任主审。主要编写人员有军事科学院系统工程研究院军需工程技术研究所崔燕工程师、马天娇工程师、宋景新助理工程师，北京工商大学食品学院徐虹副教授、熊科副教授及多名研究生。此外，军委后勤保障部军需能源局给养处刘建辉助理、王国珲助理和杜曙光助理在编写过程中给予了充分的业务指导，北京工商大学的李微微博士、王文华博士以及富志磊、蒋玥凤、王源等博士和硕士研究生也提供了较多的意见和帮助，做出了贡献。本指南在编写过程中参考了《食品原料学》《川菜大师烹饪技术全书》《食品包装实用新材料新技术》等文献资料，在此对文献资料作者一并表示感谢！

本指南在编写过程中力求做到内容明确详尽，语句简练明了，便于读者阅读和使用。由于编者水平有限，错误之处在所难免，敬请读者批评指正。

余坚勇

2020 年 10 月

# 目录

第一章

# 食品原料的选择

★★★

食品原料可分动物性、植物性、海产品及矿物性等类型。对于动物性原料，要熟悉不同类型的动物的肥美期，区分其性别、性质、特点、烹调应用及注意事项；植物性原料，首先要了解它们的出产季节，不同时令的性质特点、烹调应用及注意事项；海产品与矿物性原料，要掌握它们不同品种的性质、特点，要研究原料的季节性、时令期、产地、品种的可食部分、相宜的烹调方法及营养成分。适时地摄取膘肥体壮、质地细嫩、滋味鲜美的原料，可以提高烹饪价值。

## 一、原料选择的意义

菜肴能否色、香、味、形俱佳，一方面取决于烹饪技术水平的高低，另一方面取决于原料本身质量的好坏以及选用是否恰当。此外，负责采购及切配工作的人员，必须善于鉴别原料、正确选择，否则会严重影响菜肴的品质。

在烹饪中，动物性与植物性原料都因季节、产地、年龄以及不同部位而有着质地上的好、坏、老、嫩、肥、瘦之别，应根据这些特点来选择，尽可能发挥原料的食用价值和营养功能，达到料尽其用、不损失浪费的目的。

影响菜肴质量的因素很多，选料的正确与否是一个重要因素。不同菜肴的风格、特色就是严格认真地选择原料并遵循传统的烹调方法制菜而形成的，如小炒肉用后臀，做肉丸用前夹心，煨肉用短肋，炒鱼片用青鱼、石斑鱼，做鱼松用草鱼、鲤鱼，煨鸡用骟鸡，蒸鸡用雏鸡，取鸡汁用老鸡，鸡用雌才嫩，鸭用雄才肥，莼菜用头，芹菜用根等。再例如对猪肉的选择及用途，按照菜肴的要求就有明显的区别：川菜名菜“回锅肉”应取猪坐墩肉，才能突出它的肥连瘦、皮连肉、肥而不腻的特点；“红烧肉”“香糟肉”则应取猪五花肉，用以烹制成菜，色泽红亮而不烂；烹制郫县豆瓣鱼时，由于使用了驰名的郫县豆瓣，使成菜红亮、鲜美、细嫩、可口，突出了地方风味特色。因此，选料恰当、准确至关重要。

同时，严格、认真、细致地选择原料，与其使用价值的提高、有效地避免浪费损失关系极大。此外，通过选料，还可除去原料中有害的部分，如被化学药品污染的动、植物（如鱼、蔬菜），带毒的动、植物，含有病原体的家禽、家畜、蔬菜、水果以及霉烂变质、虫咬鼠伤的肉品、鱼类、调味品、禾谷类、干果、蜜饯、糖食等。选好料既可使原料的营养成分不损失，又可使成菜营养丰富，能被人体充分吸收，增加利用率。

一般来说，新鲜的原料所含的各种营养成分较充足，用以成菜，既可保证其色、香、味、形皆美，又可使菜肴的营养价值提高。所以，原料选择是整个烹饪过程的一项细致而复杂的工序，而且是做好烹调工作的前提。为此，除了必须熟悉原料的产地、特点和生产季节，善于鉴别其优劣、区别应用，力求符合烹调要求外，还须节约用料，使其得到充分利用并避免浪费损失，从而把选料工作做好。

## 二、原料选择的方法

原料的鉴别，一般有感官检验、理化检验、微生物检验等方法。食品原料多用感官检验，即用人的鼻、口、眼、耳、手等来测定它们的品质，如形状、色泽、气味、质地是否发生变化，能否使用。

### 1. 熟悉各种原料的生产季节

动物性（包括海水产品）与植物性原料都有其生长季节、收获规律，有质量较好与较差、肥壮与瘦弱期等。因此，准确地掌握其最好的盛产时节，才能在烹饪前选择无误。植物性原料中的蔬菜类大多在春、夏季节水分充足、气候温暖时生长较好，鲜嫩质佳；家禽、家畜则在秋末冬初谷类已收获时，由于饲料充足而使其肌肉丰满，肉质细嫩，异常肥壮；鱼类在冬季很少活动，此时它的脂肪、蛋白质一般较平时丰富，产量也大，而春、夏季节因其活动大，以及繁殖的缘故，体质瘦弱。所以，季节与动、植物原料质量的变化关系极大，必须注意掌握。

### 2. 熟悉各种原料的产地

我国土地辽阔，地形复杂，地跨寒、温、热三带，在动植物喂养、种植方面具有悠久历史。各地因种植品种、管理方法不同，所产的原料质量有明显区别。

### 3. 鉴别各种原料的质量

各种烹饪原料在不同的环境会受到物理、化学、微生物等多种因素的直接影响而变质。原料质量的好坏不仅关系到菜肴的色、香、味、形，而且与食者的健康紧密相连。如果猪瘦肉变为红黑色，失去香味，蛋白质分解、释放出硫化氢气体和硫醇，硫醇产生暗绿色的物质附着于肌体上，肉质变色、变味，严重时变形、呈腐烂状态，以这种肉烹制菜肴，就易引起食物中毒、生病。蔬菜、水果能供给人体所需的维生素和无机盐，蔬菜又是人们膳食中钙的来源，并含有相当数量的纤维素、芳香物质，能加强肠管的蠕动、促进食欲，是人体不可缺少的。但是，蔬菜、水果在存放过程中易失去营养素，并因水分蒸发而枯萎，失去原有的鲜色，虽然只要不变质，就仍可食用，但营养价值远不及鲜品，滋味也随之变差。因此，只有掌握鉴别各种原料的方法，以择其上品，方能烹制出符合规格的菜肴。在原料选择时，应注意原料在培育、生长、收获、屠宰、运输、加工、储存、销售过程中的品质变化程度，以便按照营养卫生要求，选择合适的原料。另外，部分动植物含有生物毒素，如烂白薯、毒蘑菇、果仁（如苦杏仁、苦桃仁、枇杷仁等）、未煮透的扁豆、发芽土豆、未煮沸的豆浆、白果、变质食油、蚊叮后的死团鱼、河豚等，皆能造成中毒。霉变花生、黄豆，不能食用，有致癌性。一些香料、色素也含有毒素。以上均不宜选作烹饪原料，以防止食物中毒和其他疾病的发生。

### 4. 熟悉各种原料不同部位的用途

动物性原料中的家禽、家畜体内不同部位的肉质有老、嫩、肥、瘦、筋多、筋少之分，在烹调方法的适用性上也各有差异，如猪五花肉适宜于烧、炖、煨，宝肋肉宜蒸制甜、咸烧白；坐墩肉最宜炒盐煎肉、回锅肉等。植物性原料也有老、嫩、粗、细、大、小之别，就其根茎叶类的质地、色泽来看多有不同，按烹调方法的要求，选用也应有别，如嫩姜适宜于爆、炒时作配料或拌食、泡食，烹制的菜有“子姜爆鸭”等，而老姜呈深黄色，一般作调料。

# 第一节

# 蔬菜类

## 一、概述

蔬菜是可供佐餐食用的草本植物的总称。此外，有少数木本植物的嫩芽、嫩茎和嫩叶（如竹笋等）、部分低等植物（如真菌、藻类）也可作为蔬菜食用。

### 1. 分类

**按主要食用部位及原料的结构特点分类**

① 根菜类。肉质直根：包括萝卜、胡萝卜、大头菜、芜菁、根用甜菜、根用芹菜、芜菁甘蓝等。

块根：包括豆薯、山芋、葛等。

② 茎菜类。地下茎类包括块茎类的马铃薯、山药、菊芋等；根状茎类的藕、姜等；球茎类的荸荠、慈姑、芋艿等。地上茎类包括嫩茎类的莴苣、菜薹（菜心）、茭白、芦笋、竹笋等；以及肉质茎类的榨菜、球茎甘蓝等。

③ 叶菜类

普通叶菜类：包括小白菜、芥菜、菠菜、芹菜、叶用莴苣、苋菜、蕹菜（空心菜）等。

结球叶菜类：包括结球甘蓝（包心菜）、抱子甘蓝、大白菜、结球莴苣等。

香辛叶菜类：包括葱、韭菜、芫荽（香菜）、芹菜等。

鳞茎状叶菜类：包括洋葱、大蒜、百合等。

④ 花菜类

包括菜花、青花菜（西蓝花）、黄花菜、朝鲜蓟等。

⑤ 果菜类

瓠瓜类：包括南瓜、黄瓜、冬瓜、丝瓜、苦瓜、瓠瓜（葫芦）等。

浆果类：包括茄子、番茄、辣椒等。

荚果类（豆类）：包括菜豆（四季豆、芸豆、眉豆）、豇豆、刀豆、毛豆、豌豆、蚕豆等。

⑥ 孢子植物类

食用蕨类：包括国蕨、紫萁、菜蕨等。

食用地衣：石耳、树花等。

食用菌类：木耳、银耳、蘑菇、平菇、香菇、草菇、猴头菇、竹荪等。

食用藻类：海带、发菜、紫菜、石花菜、裙带菜等。

### 2. 烹饪运用

果蔬类原料是烹饪原料的重要组成部分，广泛应用于烹饪菜点之中。

**（1）蔬菜作为制作菜肴的主料和配料** 果蔬类原料在烹饪中被广泛应用。如山东菜中的“奶汤蒲菜”、淮扬菜中的“翡翠羹”、四川菜中的“开水白菜”、北京菜中的“玫瑰松”等均为具有特色的果蔬类菜肴。果蔬类原料作为配料，既可以与禽畜、水产品等动物性原料配伍制馔，又可以与豆制品等原料配合成菜，菜品丰富多彩，花样繁多，如“土豆烧鸡块”“竹笋炒肉丝”“雪梨鱼片”“双蘑菜心”“青椒百叶丝”“冬青”等。

**（2）有些蔬菜是重要的调味品** 有些含有挥发性气味的果蔬类原料，既可以烹制成菜肴食用，又能在菜肴制作中起到去除异味、矫正菜肴风味的作用，如姜、蒜、辣椒、韭菜、芫荽等。

**（3）蔬菜是制作糕点、小吃的重要馅心原料** 许多果蔬类原料如青菜、萝卜、韭菜、荠菜等，经过切碎、调味等相应的加工后，可用来作为包子、水饺等面食、糕点、小吃的馅心原料，从而丰富了这些品种的口味。

**（4）蔬菜是食品雕刻的重要原料** 果蔬类原料中的瓜类、果类、块根、块茎类等，可利用它们的天然形状雕刻成各种花、鸟、鱼、虫等栩栩如生的动、植物造型，也可雕刻成各地的名胜古迹，还可雕刻成瓜盅、瓜灯等。

**（5）果蔬类原料作甜菜、果盘用料** 果蔬类原料中的鲜果、干果、瓜果等原料，是制作风味甜菜的极佳原料，如“蜜汁凤梨”“枣泥酿枇杷”“拔丝霜莲”“玻璃桃仁”“蜜汁南瓜”“糖渍藕片”等，是宴席中甜菜的重要组成部分。

**（6）蔬菜是菜点重要的装饰、配色和点缀原料** 由于果蔬类原料具有丰富的色彩，又有一定的硬度便于成形，所以可利用它们的这些特性，将之应用到菜肴的围边、点缀中；既可以通过果蔬类原料的合理搭配，使菜肴营养更全面，又可以使菜肴色香味形俱佳而增加人们的食欲、烘托宴席气氛。

### 3. 品质检验

果蔬类原料的品质主要从其感官指标来判断，品质要素主要取决于其色泽、质地、含水量及病虫害等情况。

**（1）色泽** 正常的果蔬类原料都有其固有的颜色。优质的果蔬类原料色泽鲜艳、有光泽，如叶茎类通常都是嫩绿色，香蕉为黄色，橘子为橙色，萝卜有红、绿、白等色，茄子为紫黑色或青白色等；次等的果蔬类原料虽然有一定的光泽，但其色泽较优质的暗淡；劣质的果蔬类原料则色泽较暗，无光泽。

**（2）质地** 质地是检验果蔬类原料品质的重要指标。优质的果蔬类原料质地鲜嫩、挺拔、发育充分，无黄叶、刀伤，无皱皮等现象；次质的果蔬类原料则梗硬、叶子较老且枯萎；劣质的果蔬类原料黄叶多，梗粗老，有刀伤，萎缩严重。

**（3）含水量** 果蔬类原料是水分含量较多的一类烹饪原料。优质的果蔬类原料应该保持着正常的水分，表面有润泽的光亮，刀口断面会有汁液流出；劣质的果蔬类原料则外形干瘪、失去水分光泽。

（4）**病虫害** 病虫害是指昆虫和微生物等对果蔬类原料所造成的损害。优质的果蔬类原料应该无霉烂、无虫害，植株饱满完整；次质的果蔬类原料有少量霉斑或病虫害，经挑拣后仍可食用；劣质的果蔬类原料严重霉烂，有很重霉味或明显的霉斑和虫蛀现象，基本失去食用价值。

此外，果蔬类原料的品质还与存放的时间有很大的关系。存放时间越长，果蔬类原料的质量下降就越严重。

## 二、茎叶菜类

### 1. 茎菜类常见品种

（1）**莴苣** 茎用莴苣为菊科莴苣属，植物莴苣能够形成肉质茎的变种茎用莴苣，又称莴菜、莴笋、莴苣菜、莴苣笋、青笋、生笋、香笋、千金菜等。

① 形态特征及品种产地：茎用莴苣根系浅而密，多分布在20~30cm土层内。苗期叶片互生于短缩茎上，随着植株旺盛生长，短缩茎逐渐伸长和膨大，花茎分化后，茎叶继续扩展，形成肥大如笋的粗壮肉质茎。茎用莴苣有尖叶和圆叶两种类型，各类中依茎的色泽又有白笋、青笋之分。其耐寒性较强，我国除华南栽培较少外，遍及南北各地。

② 营养及性味功效：可食部分每100g中含水分95.5g，蛋白质1g，脂肪0.1g，碳水化合物2.2g，膳食纤维0.6g，钾212mg，钠36.5mg，钙23mg，磷48mg，铁0.9mg，锌0.33mg，硒1.54μg；此外，还含有硫胺素、烟酸、抗坏血酸等维生素。

③ 质量指标：茎用莴苣的品质以粗短条顺，皮薄质脆，水分充足，表面无锈斑，无空心、抽薹、老叶、黄叶者为佳。

④ 烹饪应用：茎用莴苣肉质细嫩酥脆，清香鲜甜味美，其嫩茎可生食。可切条、片、丝等形状，既可做主料，用于拌、素炒、汆汤等烹调法成菜，又可与肉类、蛋类、鱼虾等配伍，用炒、熘、烧、焖、烩等烹调法制馔。但是如经较长时间烧煮，会变得绵软，颜色也变得晦暗无光，影响菜肴成色，可采用事先加热的办法预熟并保色，待荤料将熟时下莴苣合烹后出锅成菜。其适应多种调味，酸、甜、麻、辣无不可用，也可调以姜汁、葱油、蒜泥、麻酱、虾油、腐乳汁等各味。另外，茎用莴苣还是花式冷盘、食品雕刻的较好原料。

（2）**竹笋** 竹笋为禾本科竹类植物一些种的幼芽或在土中及露出地面的嫩茎，又称竹胎、竹萌、苞笋、竹肉、眠笋等。

① 形态特征及品种产地：竹笋外形为锥形或圆筒形，质嫩肥壮，外包合叶，颜色有赤褐、青绿、淡黄等。竹笋的种类很多，较常见的品种有毛竹笋（玉兰片即以此笋制成）、绿竹笋、麻竹笋、力竹笋、淡竹笋、刚竹笋、桂笋、慈竹笋、水竹笋、凤凰竹笋等。

竹笋按上市季节可分为冬笋、春笋和夏初的鞭笋，其中以冬笋质量最佳，春笋次之，鞭笋最差。竹笋主要盛产于我国的长江流域以南地区。

② 营养及性味功效：鲜冬笋可食部分每100g含水分90.1g，蛋白质2.2g，脂肪0.1g，碳水化合物0.1g，膳食纤维1.3g，钾300mg，钠0.4mg，钙8mg，磷34mg，铁0.5mg，锌0.33mg，硒0.04μg；此外，还含有硫胺素、烟酸、抗坏血酸等维生素。

③ 质量指标：竹笋品质以新鲜质嫩，肉厚呈乳白色或淡黄色，节间短，无霉烂、病虫害者为佳。

④ 烹饪运用：竹笋入馔，既可做菜肴的主料，又是极佳的配料。竹笋经过刀处理，几乎适用于炒、烧、煮、焖、烩等诸多烹调方法；可烹制出各式冷菜、热菜、汤羹，各具风味。竹笋还可作馅，或制成罐头、笋干、玉兰片等加工性制品。

**（3）芦笋** 芦笋为百合科天门冬属多年生草本植物形成的地下嫩茎，又称石刁柏、龙须菜、露笋等。

① 形态特征及品种产地：芦笋植株高约1m，根内质发达，呈圆柱形，春季自地下茎上抽出嫩茎，经培土软化或不见光者为白芦笋；不培土或给予光照者为淡绿色或淡紫色称绿芦笋；后者较前者稍老。芦笋的品种按嫩茎抽生分早熟型、中熟型、晚熟型三类。早熟型嫩茎多而细，晚熟型嫩茎少而粗。我国以浙江、山东、河南等省栽培较多。

② 营养及性味功效：芦笋可食部分每100g中含水分93g，蛋白质1.4g，脂肪0.1g，碳水化合物3g，膳食纤维1.9g，钾213mg，钠3.1mg，钙10mg，磷42mg，铁1.4mg，锌0.41mg，硒0.21μg，以及硫胺素、烟酸、抗坏血酸等维生素；此外，还含有较多天门冬酰胺酶、天门冬氨酸及其他多种甾体皂苷等物质。

③ 质量指标：芦笋品质以鲜嫩条整，白色，尖端紧密，无空心、不开裂、无泥沙者为佳。

④ 烹饪应用：芦笋具特有的清香，嫩者在烹调中既可以作主料单用，也可以和其他荤素原料配伍；适应于拌、炒、熘，以及烧、扒、煮、烩等烹调方法，可制作多种菜肴；芦笋还可用于荤菜的边底、围边等。

**（4）茭白** 茭白系禾本科菰属多年生宿根水生草本植物菰的变态肉质嫩茎，又称菰、菰首、菰蔓、茭瓜、茭笋等。

① 形态特征及品种产地：茭白肉质呈纺锤形、长约18cm，横径2~3cm；按采收季节分为单季茭和双季茭两种。茭白主产于我国长江流域以南各地。

② 营养及性味功效：茭白可食部分100g中含水分91.1g，蛋白质1.7g，脂肪0.2g，碳水化合物4.2g，膳食纤维2g，钾300mg，钠39.8mg，钙2mg，磷27mg，铁0.5mg，锌0.29mg、硒1.47μg；此外，还含有硫胺素、烟酸、抗坏血酸等维生素。

③ 质量指标：茭白品质以嫩茎肥大，多肉，新鲜柔嫩，肉色洁白，带甜味者为佳。

④ 烹饪应用：茭白肉质柔嫩，粗纤维较少，入口清香；既可作主料用于凉拌、糟制、油焖，又可辅以荤料炒、烧、炖、焖、煨、煮、煲等。刀工成形方面，既可粗切成块、

条，又可细加工为丝、片、丁、粒等形状。口味力求清鲜，以突出本味。

**（5）水芹**　水芹为伞形科水芹属水生宿根草本植物，又称芹、水葵、水英、刀芹、蒲芹、蜀芹、路路通等。

① 形态特征及品种产地：水芹有匍匐茎，茎圆柱形，长可达 1m，中空；茎节生根叶柄细长、色绿、在水中淡绿，泥土内为白色，以嫩茎或叶柄供食。水芹分尖叶芹和圆叶芹两类。尖叶芹小叶近卵形，叶缘为钝锯齿状，叶柄绿色，在水中为淡绿，土内为白色，纤维较多，香味淡，品质较差；圆叶芹小叶为卵圆形，叶柄组织较致密，一般经培土软化，纤维少，香味浓。如无锡的圆叶芹、常熟白芹等。水芹一般在冬春季采收上市，我国以江西、浙江、广东、云南和贵州栽培面积较大。

② 营养及性味功效：水芹可食部分每 100g 中含水分 96. 2g，蛋白质 1. 4g，脂肪 0. 2g，碳水化合物 1. 3g，膳食纤维 0. 9g，钾 212mg，钠 40. 9mg，钙 38mg，磷 32mg，铁 5. 9mg，锌 0. 38mg，硒 0. 81μg。此外，还含有胡萝卜素以及硫胺素、烟酸、抗坏血酸等维生素。

③ 质量标准：水芹品质以叶柄组织较致密，纤维少，香味浓者为佳。

④ 烹饪应用：水芹清香鲜嫩，最宜炒食。水芹既可清炒，又可荤素原料配用；还可焯水后切碎，与荤素各料拌食；也可作馅，风味别致。

**（6）莲藕**　莲藕为睡莲科莲属植物莲的地下肥嫩根状茎，又称藕、玉节、玉玲珑、雪藕、莲菜、藕菜等。

① 形态特征及品种产地：莲藕母藕节上常分生子藕，母藕节数因品种和栽培环境而异：早熟品种 4~5 节，藕身短而粗圆；中迟熟品种 3~4 节，藕身长。莲藕按上市季节有果藕、鲜藕和老藕之分，果藕 7 月份上市，质嫩色白，可生食；鲜莲藕在中秋前后月上市，味鲜质嫩可做菜，老莲藕四季均有供应。莲藕又有七孔藕与九孔藕之别；江苏、浙江一带较多栽培七孔藕，该品种根茎粗壮，肉质细嫩，鲜脆甘甜，洁白无瑕。莲藕以我国湖南、湖北、浙江、江苏产量最高。

② 营养及性味功效：莲藕可食部分每 100g 中含水分 80. 5g，蛋白质 1. 9g，脂肪 0. 2g，碳水化合物 15. 2g，膳食纤维 1. 2g，钾 243mg，钠 44. 2mg，钙 39mg，磷 58mg，铁 1. 4mg，锌 0. 23mg，硒 0. 39μg；此外，还含有胡萝卜素、硫胺素、核黄素、烟酸、抗坏血酸等。

③ 质量标准：莲藕品质以藕身肥大，肉质脆嫩，水分多而甜，带有清香味者为佳。

④ 烹饪运用：莲藕可生食，也可加工成丝、片、块、丁、盒等形状用于烹制菜肴，适用于以炸、炒、烧、煮、蒸、拌等烹调方法成菜；莲藕既可作主料，又可配荤、素料；莲藕还可以制作藕粉和蜜饯、果脯等加工品。

**（7）芥蓝**　芥蓝为十字花科芸薹属甘蓝种植物中能形成肉质球状茎的变种，又称球茎甘蓝、芥蓝头、玉蔓菁、苤蓝等。芥蓝按球茎皮色分绿、绿白、紫色三个类型；按生长期长短可分为早熟、中熟和晚熟三个类型。

① 营养及性味功效：可食部分每 100g 中含水分 90. 8g，蛋白质 2. 3g，碳水化合物 5. 7g，膳食纤维 3. 6g，钾 190mg，钠 29. 8mg，钙 25mg，磷 46mg，铁 0. 3mg，锌 0. 17mg，

硒 0.16μg；此外，还含有硫胺素、烟酸、抗坏血酸等维生素。

② 质量指标：芥蓝品质以球茎扁圆球形，表面有蜡粉，皮薄，质脆，鲜嫩，味稍甜，纤维少为佳。

③ 烹饪应用：芥蓝的嫩球茎去皮后可直接生食，也可切成丝略腌后，用于拌、炝，口味清香，质地爽脆。芥蓝还可与荤素原料配伍，既适宜切丝、片后用于炒、爆、熘，又可切块后与荤料一同炖、煮、烧成菜，我国西北地区还常以芥蓝作为馅料用于菜肴、面点中。

**（8）洋葱**　洋葱为百合科葱属植物的地下鳞茎。洋葱按其鳞茎形成特点可分为普通洋葱、分蘖洋葱、顶球洋葱，按其皮色又可分为白皮洋葱、黄皮洋葱和红皮洋葱，其中白皮洋葱鳞茎小，外表白色或略带绿色，肉质柔嫩，汁多辣味淡，品质佳，可生食。

① 营养及性味功效　洋葱可食部分每 100g 中含水分 89.2g，蛋白质 1.1g，脂肪 0.2g，碳水化合物 8.1g，膳食纤维 0.9g，钾 147mg，钠 4.4mg，钙 24mg，磷 39mg，铁 0.6mg，锌 0.23mg，硒 0.92μg；此外，还含有胡萝卜素、硫胺素、核黄素、烟酸、抗坏血酸等。

② 质量指标：洋葱品质以葱头肥大，外皮光泽、不烂，无机械伤和泥土，鲜葱头不带叶；经贮藏后，不松软，不抽薹，鳞片紧密，含水量少，辛辣和甜味浓的为佳。

③ 烹饪应用：洋葱入馔，可与荤素诸多原料配伍。洋葱通常加工成片、丝、小块等形状。经过加热处理，既可掩盖住所配主料中的不良气味，又可增加菜肴的芳香。洋葱也可代葱作为调味料使用，或用于部分菜肴的装饰用边。其最宜采用爆炒、煎炸、烧烤等烹调方法成菜，也可焯水后用于凉拌或糖醋浸渍。

### 2. 叶菜类常见品种

**（1）大白菜**　大白菜为十字花科芸薹属芸薹种中的一个亚种，又称黄芽菜、黄芽白、黄秧白、黄矮菜、芽菜、胶菜、绍菜、结球白菜。

① 形态特征及品种产地：大白菜个体较大，叶肉细胞发达，心叶质地软薄；叶生于短缩的茎上，叶片薄而大，叶面皱缩，边缘波状有齿，中肋扁平，叶片相互抱合；个体椭圆形成长圆形。外叶浓绿或浅绿色，内叶呈黄白色、绿白色或乳白色；性喜冷凉气候，耐寒、耐热力均弱。大白菜的品种较多，有山东胶州大白菜、北京青白、东北大矮白菜、天津青麻叶、山西阳城的大毛边等。大白菜主要分布于我国山东、河北等地，长江流域也有栽培，一般是 9~11 月份上市。

② 营养及性味功效：大白菜可食部分每 100g 中含水分 93.6g，蛋白质 1.3g，脂肪 0.1g，碳水化合物 1.9g，膳食纤维 0.6g，钾 90mg，钠 34.8mg，钙 35mg，磷 28mg，铁 0.5mg，锌 0.21mg，硒 0.33μg；此外，还含胡萝卜素、硫胺素、核黄素、烟酸、抗坏血酸等。

③ 质量指标：大白菜品质以包心紧实，外形整齐，无老帮、黄叶、烂叶、病虫害和机械损伤为佳。

④ 烹饪应用：大白菜制馔，既可做主料用泡、腌、糟、拌、炝等烹调法制作冷菜，

又可用炒、煸、熘、蒸、煮、烧、扒、焖、炖、煨等烹调方法制作热菜。大白菜也是良好的配料，既可与多种荤素原料配伍后烹制制馔，又可经过焯水后包裹其他原料成菜；大白菜切碎后可用于制馅包包子、水饺，或用于煮菜饭、菜粥等。大白菜除供熟食外，还可以加工为菜干或制成腌制品。

（2）**青菜** 青菜为十字花科芸薹屑芸薹种中白菜亚种的一个变种，又称小白菜、油菜崧、漫菜、青白菜、春白菜、鸡毛菜、油白菜、小油菜等。

① 形态特征及品种产地：青菜植株矮小，茎叶短缩张开，不结球；基生叶较肥厚发达，呈匙、圆、卵或长椭圆形等。色浅绿、深绿或墨绿，全缘或有不明显的钝齿或波浪齿，少数有缺刻；叶柄明显，扁宽或圆窄，两侧多无叶翼；薹茎叶多卵形、无叶柄，基部成耳状抱茎。青菜在我国南北分类不同，北方按叶柄颜色分为青帮、白帮两类；南方按季节分春白菜、夏白菜、秋冬白菜。青菜的代表品种有南京矮脚黄、常州长白梗、无锡三月白、上海火白菜、广州马耳白菜等。我国各地普遍栽培青菜，主要分布于长江以南地区。

② 营养及性味功效：青菜可食部分每100g中含水分94.5g，蛋白质1.5g，脂肪0.3g，碳水化合物1.6g，膳食纤维1.1g，钾178mg，钠73.5mg，钙90mg，磷36mg，铁1.3mg，锌0.51mg，硒0.08μg；此外，还含有胡萝卜素、硫胺素、核黄素、烟酸、抗坏血酸等。

③ 质量指标：青菜品质以外形整齐，不带根，无黄叶、烂叶者为佳。

④ 烹饪应用：青菜既可作主料用炒、炸、煮、烧、炖、烩等烹调方法制馔，又可与荤素原料配伍成菜。还可切碎后调拌作开胃小菜。青菜心经过修整并烹调成熟后可用于多种菜肴的装饰、围边；青菜叶切细丝油炸制成的“菜松”，可用于花式冷盘及部分面点的配色、装饰料；青菜切碎后还可用于制或烹制青菜焖饭、青菜烫饭、青菜粥等。

（3）**菠菜** 菠菜为黎科菠菜属植物的叶片及嫩茎。又称波棱、菠梭、波斯菜、鹦鹉菜、珊瑚菜、角菜等。

① 形态特征及品种产地：菠菜主根发达，肉质根红色，根群主要分布在25~30cm的土壤表层。叶簇生，抽薹前叶柄着生于短缩茎盘卜，呈莲座状，深绿色。菠菜按叶片分有尖叶、圆叶两个品种。尖叶种叶片较小较薄；圆叶种叶片较大较厚。菠菜主要以鲜菜供食，供应因地区不同而不同。我国广东等地供于冬春；长江流域一带供于春秋及初冬；北方除了冬季外均见于市场。

② 营养及性味功效：菠菜可食部分每100g中含水分91.8g，蛋白质2.4g，脂肪0.5g，碳水化合物3.1g，膳食纤维0.7g，钙72mg，磷53mg，铁1.8mg，钾502mg，钠98.6mg，锌0.85mg，硒0.97μg；此外，还含有胡萝卜素、烟酸、泛酸、叶酸钙等。

③ 质量指标：菠菜品质以色泽浓绿，根为红色，不着水，茎叶不老，无抽薹开花，不带黄烂叶者为佳。

④ 烹饪应用：菠菜多作主料，经焯水后既可直接用于凉拌，又可用于旺火快炒或氽汤；菠菜辅助其他原料成菜，多作为荤食菜肴的垫底料，或用于菜肴围边；切碎后还可用于制馅、作菜汁。菠菜因其不显味且不抢味，因此适应味型较广。

**（4）茼蒿** 茼蒿为菊科茼蒿属植物的嫩茎叶，又称同蒿、蓬蒿、蓬蒿菜、蒿菜、塘蒿菜、菊花菜、蒿子秆儿等。

① 形态特征及品种产地：茼蒿的品种依叶片大小，分为大叶茼蒿和小叶茼蒿两类。茼蒿的茎和叶可以同食，质地柔嫩，纤维少，有篙之清气、菊之甘香，我国大部分地区均有栽培。冬、春及夏初采食。

② 营养及性味功效：其可食部分每100g中含水分93g，蛋白质1.9g，脂肪0.3g，碳水化合物2.7g，膳食纤维1.2g，钾220mg，钠161.3mg，钙3mg，磷36mg，铁2.5mg，锌0.35mg，硒0.6μg；此外，还含有胡萝卜素，以及烟酸、硫胺素、抗坏血酸等维生素。

③ 质量指标：茼蒿品质以叶色嫩绿且厚、纤维少、香味浓者为佳；其中，大叶茼蒿嫩枝短而粗，小叶茼蒿嫩枝细。

④ 烹饪应用：茼蒿的嫩茎叶最宜汆汤，荤汤、素汤均可；但其不耐烧煮，应在接近做成时汆入并及时起锅。茼蒿焯水后可拌食，也用于炒、烧（加热时间不宜长）等烹调方法成菜，也可将筒苗炒熟后用于部分荤料的围边装饰。茼蒿嫩茎（茼蒿秆）可做主料炒食，又是多种荤、素菜肴的良好配料，还可用于制馅，应用较为广泛。

**（5）生菜** 生菜为菊科莴苣属植物的嫩叶，又称叶用莴苣、叶莴苣、红莴菜、当归菜、鹅仔菜、莴仔菜、石苣、白苣、苦白菜等。

① 形态特征及品种产地：生菜按叶片的色泽区分有绿生菜、紫生菜两种；按照叶的生长状态分则有散叶生菜、结球生菜两种，前者叶片散生，后者叶片抱合成球状。另外，结球生菜还有奶油生菜、脆叶生菜、苦叶生菜三个类型。其中，奶油生菜叶片呈倒卵形，叶面平滑，质地柔软、叶缘稍呈波纹；脆叶生菜叶片呈倒卵圆形，叶面皱缩，质地脆嫩，叶缘呈锯齿状；苦叶生菜叶叶片厚实、长椭圆形，叶全缘，半结球型。我国以东南、华南沿海一带栽培较多。

② 营养及性味功效：生菜可食部分每100g中含水分95.8g，蛋白质1.3g，脂肪0.3g，碳水化合物1.3g，膳食纤维0.7g，钾170mg，钠32.8mg，钙34mg，磷27mg，铁0.9mg，锌0.27mg，硒1.15μg以及胡萝卜素、烟酸、硫胺素、抗坏血酸等维生素。

③ 质量标准：生菜品质以棵体整齐，叶质鲜嫩，无病斑、虫害、干叶、烂叶者为佳。

④ 烹饪应用：生菜叶薄而柔软，清香脆嫩，最宜生食。既可将洗净的生菜叶切片或丝、粒用于调拌沙拉酱生食，又可与熟肉、红肠、奶油等原料夹入面包中食用，还常将生菜作为部分热菜的垫底装饰原料。生菜又可熟食，烹调方法以炒、煎、汆、涮、蒸为多；生菜烫熟后，既可用于凉拌，又可作为外皮来包裹其他原料后用于蒸食或煎炸；生菜汆汤，宜在汤料接近出锅时放入并及时出锅；在诸多的火锅菜肴中，用生菜做素食涮料也独具特色。

**（6）苋菜** 苋菜为苋科苋属植物的嫩茎叶，又称苋、胡苋、细苋、紫苋、赤苋、红苋、绿苋、青苋、米苋等。

① 形态特征及品种产地：苋菜按其叶片颜色的不同，可以分为绿苋、红苋、彩苋三

个类型。绿苋：叶片绿色，耐热性强，质地较硬；红苋：叶片紫红色，耐热性中等，质地较软；彩苋：叶片边缘绿色，叶脉附近紫红色，耐热性较差，质地软。

② 营养及性味功效：苋菜可食部分每100g中含水分88.8g，蛋白质2.8g，脂肪0.4g，碳水化合物4.1g，膳食纤维1.8g，钾340mg，钠42.3mg，钙178mg，磷63mg，铁2.9mg，锌0.7mg，硒0.09μg；以及胡萝卜素、视黄醇和烟酸、硫胺素、抗坏血酸等维生素。

③ 质量标准：苋菜品质以叶片肥嫩，无病斑、虫害、干叶、烂叶者为佳。

④ 烹饪应用：苋菜制馔，以其嫩茎叶配蒜瓣清炒见多；也可将苋菜焯水后用调味料拌食，或用于荤食的垫底、围边等。还可制作汤羹，或做火锅类之涮料，具特有的清香。老熟后的苋菜茎又称“苋菜股”，粗而中实，可供腌食。除小菜外，还可用于蒸鸡蛋、豆腐等；觅菜也可用于煮制菜粥、菜饭，或下入汤面，用于制馅等。

**（7）芹菜**　芹菜为伞形科芹属植物的嫩茎叶，又称胡芹、旱芹、蒲芹、野芹、药芹等。

① 形态特征及品种产地：中国芹菜叶柄较细长，按叶柄颜色有白芹、青芹之分：白芹叶比较细小，淡绿色叶柄细长呈黄白色，植株较矮小柔弱，香味浓，品质好，易软化，主要品种有贵阳白芹、昆明白芹和广州白芹等；青芹叶片较大，绿色叶柄粗，植株高而强健，香味浓，软化后品质较好。西芹叶柄宽而肥厚，实心，肉质脆嫩，味淡，单株重量可达1kg以上，有青柄和黄柄两个类型。

② 营养及性味功效：芹菜可食部分每100g中含水分93.1g，蛋白质1.2g，脂肪0.2g，碳水化合物3g，膳食纤维1.2g，钾206mg，钠159mg，钙80mg，磷38mg，铁1.2mg，锌0.24mg，硒0.57μg，以及胡萝卜素和烟酸、硫胺素、抗坏血酸等维生素。

③ 质量标准：芹菜品质以色泽翠绿，叶柄短而粗壮，茎部稍呈圆形，内侧微向内凹者为佳。

④ 烹饪应用：芹菜具有特殊的清香味，以其嫩茎叶供烹饪使用。芹菜可做主料，也可与荤素原料配用；芹菜经水烫、刀工处理后既可与配料、调味料一同拌、炝制成冷菜，又可制成馅料使用。热菜方面，芹菜多采用爆、炒、熘等烹调方法与荤素原料烹制成菜，也可作为部分荤菜的垫底料。

**（8）香菜**　香菜为伞形香菜科芹属的嫩茎叶，又称荽、香荽、胡荽、胡菜、原荽、园荽、芫荽、芫菜、马芹等。

① 形态特征及品种产地：香菜主要以嫩茎叶供食，种子也可用于调味，我国各省广泛栽培。

② 营养及性味功效：香菜可食部分每100g中含水分90.5g，蛋白质1.8g，脂肪0.4g，碳水化合物5g，膳食纤维1.2g，钾272mg，钠48.5mg，钙101mg，磷49mg，铁2.9mg，锌0.45mg，硒0.53μg，以及胡萝卜素、核黄素、烟酸等在蔬菜中含量都比较高。

③ 质量标准：香菜品质以色泽青绿，香气浓郁，质地脆嫩，无黄叶、烂叶者为佳。

④ 烹饪应用：香菜入馔，多见生食，最宜以幼株焯水后凉拌，清香扑鼻；或取嫩茎

叶配以其他原料爆、炒，还可用作部分熟菜的点缀和冷盘的装饰。因为香菜的叶和种子含有挥发性的芫荽油，所以烹饪中多取香菜调味，以起到去腥臭和增进食欲的作用。牛、羊肉菜加点香菜，可压腥增味；面条、馄饨放点香菜，别有风味。另外，香菜还可腌、渍或晾干，供常年食用。

（9）**卷心菜** 卷心菜为十字花科芸薹属甘蓝种中能形成叶球的一个变种，又称结球甘蓝、洋白菜、包心菜、莲花白、大头菜、疙瘩白、包菜、圆白菜等。

① 形态特征及品种产地：卷心菜按叶球的形状分为尖头形、回头形、平头形三个类型，品种有鸡心甘蓝、开封甘蓝、黑叶小平头等。以11~12月生产的质地较佳。卷心菜是我国东北、西北、华北等地区春、夏、秋季节的主要蔬菜。

② 营养及性味功效：卷心菜可食部分每100g中含水分93.2g，蛋白质1.5g，脂肪0.2g，碳水化合物3.6g，膳食纤维1g，钾124mg，钠27.2mg，钙49mg，磷26mg，铁0.6mg，锌0.25mg，硒0.96μg等；此外，还含有胡萝卜素、核黄素、烟酸等。

③ 质量指标：卷心菜品质以新鲜清洁、叶球紧实、形态端正、不带烂叶、无病虫害者为佳。

④ 烹饪应用：卷心菜在烹饪中应用较为广泛，既可切丝、焯水后用拌、炝等烹调方法成菜，又有用炒、煸、烹、熘、煎、炸、贴、蒸、煮、炖、熘、煨等烹调方法制肴；既可作主料，又是较好的配料，取嫩叶部分焯水后还可用于包裹其他原料；同时切碎后也可作为馅料。卷心菜还可用于腌、酱、泡等方法制作风味小菜。

（10）**雪里蕻** 雪里蕻为十字花科植物芥菜的嫩茎叶，又称春不老、雪菜、雪里红、霜不老等。

① 形态特征及品种产地：雪里蕻品种很多，一年可种多次。秋播冬收的雪里蕻叫冬菜；冬菜春节前上市，水分少，质嫩，品质好，但产量偏低。江苏、浙江一带冬播春收的雪里蕻叫春菜；春菜清明后上市，水分多。在湖南、湖北、四川还有四季栽培雪里蕻的习惯，当地称之为“四季雪菜”。

② 营养及性味功效：雪里蕻可食部分每100g中含水分91.5g，蛋白质2.8g，脂肪0.6g，碳水化合物3.6g，钙23.9mg，磷64mg，铁3.4mg；此外，还含有胡萝卜素、核黄素、烟酸、抗坏血酸等维生素。

③ 质量指标：雪里蕻品质以色泽翠绿，茎叶肥壮、鲜嫩，质地脆嫩，无黄叶、烂叶者为佳。经过盐脆渍的雪菜香气浓郁，质脆味鲜，口感爽脆，略带酸味。

④ 烹饪应用：鲜雪里蕻含有大量的芥子苷，具有冲鼻的苦辣味。一般均须先腌渍，然后进行各种烹饪加工。腌制加工后的雪里蕻色泽青翠或鲜黄、香气浓郁、滋味清脆鲜美；既可以切碎加调味料凉拌后生吃，又可以配以荤素原料用炒、煸、烧、煮、焖、氽等烹饪方法烹制成菜，还可以作佐粥小菜。

（11）**韭菜** 韭菜为百合科多年生草本植物韭，又称丰本、草钟乳、起阳草、壮阳草、懒人菜、长生韭、山韭、韭、扁菜等。

① 形态特征及品种产地：韭菜品种较多，按食用部位可分为根韭、叶韭、花韭和叶花兼用韭四个类型，韭菜一年四季都有上市，春韭、秋韭为蔬菜中的珍品；冬韭即为韭黄，更是鲜嫩，夏韭质量较差。

② 营养及性味功效：韭菜可食部分每100g中含水分91.8g，蛋白质2.4g，脂肪0.4g，碳水化合物3.2g，膳食纤维1.4g，钾247mg，钠8.1mg，钙42mg，磷38mg，铁1.6mg，锌0.43mg，硒1.38μg等；此外，韭菜还含有硫化物、苷类、苦味质等多种成分。

③ 质量指标：韭菜品质以植株粗壮，叶肉肥厚，无烂叶、黄叶者为佳。

④ 烹饪应用：韭菜入馔，可生食也可热食，既可做主料炒食，又可与其他荤素原料（如肉丝、鳝丝、螺丝、绿豆芽、土豆丝、百叶丝、粉丝、干丝等）配食，还可切碎后用于制馅。韭菜花还可腌渍制作韭花酱等开胃调味料等。

## 三、根菜类

### 1. 概述及分类

根菜类蔬菜是以变态的肥大根部作为食用对象的蔬菜，富含碳水化合物，比较适于贮藏。在秋冬季节，根菜类蔬菜大量上市，既可供鲜食，又可腌制成咸菜和酱菜，还是北方在冬、春季节蔬菜短缺时解决周年均衡供应的重要的替补原材料。根菜类蔬菜按其肉质根的生长形状不同，可分为肉质直根和肉质块根两种类型。

### 2. 常见品种

**（1）萝卜**　萝卜为十字花科萝卜属植物形成的肥大肉质根。我国自古栽培、食用萝卜。

① 形态特征：萝卜根部为膨大的肉质根；叶形有板叶与羽状裂叶；色有淡绿、深绿；叶柄有绿、红、紫色，叶片、叶柄多茸毛；叶丛有直立、半直立、平展、塌地等状态。萝卜有长、圆、扁圆、卵圆、纺锤等形态；肉质根皮有红、绿、白、紫等。萝卜的品种较多。按用途分有菜用萝卜、果用萝卜、腌制用萝卜。萝卜适应性强，我国广有分布。

② 营养：萝卜可食部分每100g中含水分93.9g，蛋白质1.3g，脂肪0.2g，碳水化合物8.4g，膳食纤维14g，钾385mg，钠85.4mg，钙86mg，磷34mg，铁0.9mg，锌0.74mg，硒1.07μg；还含有维生素、胡萝卜素、硫胺素、烟酸等；此外，又含有淀粉酶、苷酶、氧化酶、芥子油等成分。

③ 质量指标：萝卜品质以个体大小均匀，新鲜脆嫩，无病虫害、糠心、黑心、苦味者为佳。

④ 烹饪应用：萝卜可生吃，也可熟吃，还可腌制、酱渍、做馅等。萝卜既可做主料单独成菜，又可与荤素原料配用制馔。广泛应用于冷菜、热炒、大菜、汤羹乃至面点、小吃中；萝卜几乎适用于各种烹调方法，也可适用于诸多味型。萝卜除了适合加工成条、块、片、丝、球、丁、粒等形态外，还是食品雕刻的极佳原料。

（2）**胡萝卜**　胡萝卜为伞形科胡萝卜属野胡萝卜变种植物，又称红萝卜、黄萝卜、丁香萝卜、番萝卜等。

① 形态特征及品种产地：胡萝卜直根上部肥大，肉质根形状有短圆锥形、长圆锥形、长圆柱形等；色泽有紫红、橘红、粉红、黄绿等，其中紫红和橘红色等深色含胡萝卜素较多；叶柄长。三回羽状复叶，裂片狭小。春种秋收，主要品种有：内蒙古黄萝卜、烟台五寸萝卜、上海长红胡萝卜、安徽肥东黄萝卜等。

② 质量指标：胡萝卜品质以质地脆嫩多汁，表皮光滑、形态整齐，心柱小而厚，无裂口、无病虫害者为佳。

③ 烹饪应用：胡萝卜可生吃，也可熟吃，并可用作脯菜、苗菜原料。胡萝卜制馔，既可切丝直接凉拌食用，又可切条、片焯水后用果汁、糖醋等浸渍成菜。胡萝卜烹制热菜，多切片、丝用于炒，更多的是切块做配料与牛、羊等荤料一同烧、焖、煮，既具有除去膻味的作用，又可使菜肴滋味香美；胡萝卜也可用于拔丝、做馅。此外，胡萝卜还可作为冷盘或熟菜的装饰，用来配色和作雕刻料等。以胡萝卜制作的菜点有：灯影胡萝卜丝、胡萝卜姜卷、胡萝卜烧羊肉、三色萝卜球、炒胡萝卜泥等。

（3）**根甜菜**　根甜菜为黎科甜菜属甜菜种中能形成肥大肉质根的一个变种，又称红菜头。

① 形态特征及品种产地：根甜菜下胚轴与主根上部膨大形成肉质根，内部具多层的形成层。其肉质根呈球形或卵形、纺锤形、圆锥形、扁圆形等，以扁圆形品质为最好；根肉有紫红色和黄色两种。叶卵圆、长圆或近三角形，浓绿或赤色；叶柄与叶脉紫红色；果实相互连生成球形。我国大中城市周边有零星栽培。

② 营养及性味功效：根甜菜可食部分每100g中含水分74.8g，蛋白质1g，脂肪0.1g，灰分0.6g，碳水化合物23.5g，膳食纤维5.9g，硫胺素0.05μg，烟酸0.2mg等。

③ 质量指标：根甜菜以品质细嫩，皮薄肉厚，脆嫩多汁，形态整齐，味香甜，无裂口、病虫害者为佳。

④ 烹饪应用：根甜菜质地致密柔嫩，可生食，口味微甜，爽脆利口。根甜菜切片、丝后，既可作主料用炒的方法单独制馔，又可与部分荤料配伍成菜；由于其表皮和肉质均呈红色，纹路美观，故又是食品雕刻的良好原料，可用于各种花的雕刻。西餐常将根甜菜用作汤料，也可作沙拉配料等。

（4）**豆薯**　豆薯为豆科豆薯属植物豆薯的块根，又称沙葛、葛瓜、葛薯、凉薯、地萝卜、地瓜、凉瓜等。

① 形态特征及品种产地：豆薯根部膨大，多呈圆锥形或纺锤形，直径10cm左右；外皮淡黄，表面有纵沟和横皱纹，皮薄而富有纤维，容易剥去；肉白色、质地爽脆、多汁、味稍甜。豆薯按成熟时间不同可分为早熟种、晚熟种。早熟种块根形状为扁圆形，皮薄，纤维少，如贵州黄平地瓜、广西水东沙葛、四川遂宁地瓜等；晚熟种块根呈扁卵圆形，皮较厚，纤维多，淀粉含量高，如广东湛江大葛薯、广州郊区迟沙葛等。我国西南、华南地

区和台湾等地栽培豆薯较多。

② 营养及性味功效：豆薯可食部分每100g中含水分85.2g，蛋白质0.9g，脂肪0.1g，碳水化合物12.6g，膳食纤维0.8g，钾111mg，钠5.5mg，钙21mg，磷24mg，铁0.6mg，锌0.23mg，硒1.25μg。此外，还含有维生素A、胡萝卜素、硫胺素、烟酸、抗坏血酸等。

③ 质量指标：豆薯的品质以肉质脆嫩，味甜汁多，大小均匀，不破伤、霉烂者为佳。

④ 烹饪应用：豆薯块根肉质白色，味甜多汁，可代替水果。豆薯制馔，可切片、丝用于炒食，质地脆嫩，有近似荸荠的效果，故荸荠所适用者均可以豆薯代用；又可切块与荤料烧、焖、煮、煨，风味近似马铃薯。此外，老的豆薯还可制取淀粉。以豆薯制作的菜点有：豆薯炒肉片、豆薯熘猪肝、豆薯烧肉、豆薯焖肥鹅等。

## 四、果菜类

### 1. 概述及分类

分为瓜类、茄果类、豆类。

### 2. 瓜类常见品种

**（1）冬瓜**　冬瓜为葫芦科冬瓜属植物冬瓜的果实，又称白冬瓜、水芝、濮瓜、结瓜、枕瓜等。

① 形态特征及品种产地：冬瓜嫩瓜或老瓜均可食用。冬瓜品种按果实大小分为小果型和大果型两类。按上市早晚分为早熟和晚熟品种；按表皮颜色分为粉皮和青皮品种。

② 营养及性味功效：冬瓜可食部分每100g含水分96.6g，蛋白质0.4g，脂肪0.2g，碳水化食物1.9g，膳食纤维0.7g，钾78mg，钠1.8mg，钙19mg，磷12mg，铁0.2mg，锌0.97mg，硒0.22μg；此外，还含有胡萝卜素，以及硫胺素、烟酸等维生素。

③ 质量指标：冬瓜品质以发育充分，肉质结实，肉厚，心实小，皮色青绿，形状端正，外皮无斑点和外伤者为佳。

④ 烹饪应用：冬瓜一般加工成块、条、片、丁等形状，也可先蒸后刮取瓜茸或先压泥蒸熟取瓜泥制馔，还可以整只冬瓜加工后瓤入配料成菜。因冬瓜清淡无显味，单用时须借助其他料之味或高汤赋味。冬瓜烹饪时，宜重油并多采用烧、烩、蒸、瓤等方法成菜，吃口柔润而腴软；冬瓜也可糖渍蜜饯，还是食品雕刻的常用原料。

**（2）黄瓜**　黄瓜为葫芦科甜瓜属植物，又称白露黄瓜、胡瓜、王瓜、刺瓜、甜瓜、勤瓜等。

① 形态特征及品种产地：黄瓜的品种较多，初夏上市，也有秋熟品种，又可温室栽培，故常年生长。黄瓜按上市前后可分为早熟黄瓜、晚熟黄瓜；按外观可分为青皮带刺黄瓜、白皮大个黄瓜和青皮黄瓜三种；按果实形状可分为刺黄瓜、鞭黄瓜、短黄瓜和小黄瓜四种。

② 营养及性味功效：黄瓜可食部分每100g含水分95.8g，蛋白质0.8g，脂肪0.2g，碳水化合物2.4g，膳食纤维0.57g，钾102mg，钠4.9mg，钙24mg，磷24mg，铁0.5mg，

锌0.18mg，硒0.38μg；此外，还含有胡萝卜素，以及硫胺素、烟酸等维生素。

③ 质量指标：黄瓜品质以长短适中，粗细适度，皮薄肉厚，瓤少，质地脆嫩，味道清香者为佳。

④ 烹饪应用：黄瓜脆嫩酥爽，具独有清香，可当水果食用。黄瓜做菜肴多为冷菜，拌、炝、渍、腌均可，又可点制热菜，嫩者宜于炒、爆、熘、烩成菜，较老者可用烧、煮、炖等烹调方法制馔。黄瓜也可作为菜肴的辅助装饰和花色冷盘的原料，还可用于酱制、腌渍产品的原料。

**（3）苦瓜**　苦瓜为葫芦科苦瓜属植物苦瓜的果实，又称凉瓜、锦荔枝、癞葡萄、君子菜、金荔枝、菩提瓜等。

① 形态特征及品种产地：苦瓜按形状不向可分为短圆形、长圆形和长条形三类，以未成熟的嫩果作食用蔬菜，我国各地均有分布，以广东、广西栽培较多。

② 营养及性味功效：苦瓜可食部分每100g含水分92.4g，蛋白质1g，脂肪0.1g，碳水化合物3.5g，膳食纤维1.4g，钾256mg，钠2.5mg，钙14mg，磷35mg，铁0.7mg，锌0.36mg，硒0.36μg；此外，还含有苦瓜素、胡萝卜素以及硫胺素、烟酸等维生素。

③ 质量指标：苦瓜品质以果形完整，无损伤，新鲜有光泽，表面无斑点，脆嫩多汁者为佳品。

④ 烹饪应用：苦瓜以果肉入馔，若嫌味苦，以盐稍腌或冰水浸泡，即可减轻苦味。烹饪中，常用于炒、拌、烧、炸、蒸、酿等烹调方法的制作菜肴。既可作主料单独成菜，又可作辅料配色配味。

**（4）南瓜**　南瓜为葫芦科南瓜属植物中南瓜的果实，又称番瓜、番南瓜、麦瓜、癞瓜、金瓜、金冬瓜、红南瓜、蛮南瓜、饭瓜等。

① 形态特征及品种产地：南瓜按表皮颜色可分为深绿色和深黄色品种；按果实形状可分为圆形、扁圆形和长圆形品种。

② 营养及性味功效：南瓜可食部分每100g含水分93.5g，蛋白质0.7g，脂肪0.12g，碳水化合物4.5g，膳食纤维0.8g，钾145mg，钠0.8mg，钙16mg，磷24mg，铁0.4mg，锌0.14mg，硒0.46μg；此外，还含有胡萝卜素和硫胺素、烟酸、抗坏血酸等维生素，以及瓜氨素、精氨酸、天门冬素、葫芦巴碱、腺嘌呤、葡萄糖、甘露醇、戊聚糖、果胶等。

③ 质量指标：南瓜品质以形态完整无损伤，外皮墨绿色，断面果胶丰富的嫩果为好。

④ 烹饪应用：南瓜皮薄肉厚，风味甜美，既可作蔬菜食用，又能长期储存替代粮食。烹饪中常用于炒、烧、煮、焖、蒸等烹调方法制作菜肴，又可与粮食混合食用，制成南瓜粥、南瓜饼等，也是食品雕刻的重要原料。

**（5）丝瓜**　丝瓜为葫芦科丝瓜属植物，又称天罗、天罗絮、天罗勒、天络丝、天丝瓜、蛮瓜、绵瓜、布瓜、天吊瓜、菜瓜等。有普通丝瓜和有棱丝瓜两个品种。

① 营养及性味功效：丝瓜可食部分每100g含水分94.3g，蛋白质1g，脂肪0.2g，碳

水化合物 6g，膳食纤维 0.6g，钾 115mg，钠 2.6mg，钙 14mg，磷 29mg，铁 0.4mg，锌 0.21mg，硒 0.86μg；此外，还含有胡萝卜素，以及硫胺素、烟酸、抗坏血酸等维生素。

② 质量指标：丝瓜品质以瓜形完整，瓜条上有多条墨绿色纵纹，皮薄，肉质柔软多汁，无损伤者为佳。

③ 烹饪应用：丝瓜以嫩果入馔，滋味清香，既可做主料用于制作汤羹（清场、羹汤均可）菜，或用炒、拌等烹调方法的制成肴馔，又可与其他原料配伍成菜。丝瓜加热烹制时间要短，否则易失去青翠之色，也防其软烂至腐。调味以清鲜为主，可加胡椒粉以提味。

**（6）西葫芦** 西葫芦为葫芦科西葫芦的果实，又称水葫芦、菜瓜、银瓜、茭瓜、夏南瓜、白南瓜等。

① 形态特征及品种产地：西葫芦按植株的性状可以分为矮生类型、半蔓生类型和蔓生类型三类。此外，西葫芦中还有珠瓜和搅瓜两个变种。我国各地均有栽培。土产于长江流域及其以北地区，每年春、夏两季大量上市。

② 营养及性味功效：西葫芦的可食部分每 100g 含水分 94.3g，蛋白质 0.8g，脂肪 0.2g，碳水化合物 3.2g，膳食纤维 0.6g，钾 92mg，钠 5mg，钙 15mg，磷 17mg，铁 0.3mg，锌 0.12mg，硒 0.28μg；此外，还含有胡萝卜素，以及硫胺素、烟酸等维生素。

③ 质量指标：西葫芦品质以大小一致，条纹清晰，皮薄肉厚，鲜嫩多汁少籽，有清香味者为佳。

④ 烹饪应用：西葫芦脆嫩多汁，既可切片、丝素炒，又可与荤素原料配伍成菜，也可作为面食物、小吃的馅料。

**（7）瓠瓜** 瓠瓜为葫芦科植物葫芦的变种——瓠瓜的瓠果，又称瓠、甘瓠、皮瓠、天瓠、长瓠、龙蜜瓜、天瓜、蒲瓜、扁蒲、葫子等。

① 形态特征及品种产地：瓠瓜果实一般长棒形，或倒卵形、圆筒形，长可达 60～80cm；皮白绿色，光滑；肉白色；嫩时瓤甚少。我国除高寒地区外，广有栽培。

② 营养及性味功效：瓠瓜可食部分每 100g 含水分 95.3g，蛋白质 0.7g，脂肪 0.1g，碳水化合物 2.7g，膳食纤维 0.8g，钾 87mg，钠 0.6mg，钙 16mg，磷 15mg，铁 0.4mg，锌 0.14mg，硒 0.49μg；此外还含有胡萝卜素，硫胺素、烟酸等维生素，葫芦素和多糖类（如多缩戊糖等）等。

③ 质量指标：瓠瓜品质以形态完整，质地鲜嫩，肉质洁白，无损伤，无苦味者为好。

④ 烹饪应用：瓠瓜以其嫩果供食用，可加工成一定的形状，常用于以炒、烧、煮、蒸等烹调方法制作的菜肴，可作面食的馅料。

### 3. 茄果类常见品种

**（1）番茄** 番茄为茄科植物番茄的浆果。又称西番柿、洋柿子、红茄、桃柿、狼桃等。

① 形态特征及品种产地：番茄种类较多，按其生物特性分为栽培番茄、樱桃番茄、大叶番茄、梨形番茄和直立番茄五个变种；按果皮颜色可分为红番茄、粉红番茄和黄番茄

三种；按果实形状可分为圆球形、梨形、扁圆球形和椭圆形番茄四种。

② 营养及性味功效：番茄可食部分每 100g 含水分 95.6g，蛋白质 0.9g，脂肪 0.2g，碳水化合物 3.5g，膳食纤维 0.8g，钾 163mg，钠 5mg，钙 15mg，磷 2mg，铁 0.4mg，锌 0.14mg，硒 0.15μg；此外，还含有胡萝卜素，以及硫胺素、烟酸、抗坏血酸等维生素。

③ 质量指标：番茄品质以色泽鲜艳，大小均匀，果形端正，果肉厚，种子腔小，可溶性固形物含量高，不裂果，不是青皮者为佳。

④ 烹饪应用：番茄撕去韧性外皮后可直接生食，又可配荤素各料成菜。番茄最适宜用炒、熘、氽等烹调方法成菜，或者将番茄切片后挂糊（也可拍粉），用煎、炸、贴等方法成肴。由于番茄加热后有酸味，所以有些味型在调味时应将其计入。另外，还可制成番茄酱、番茄汁等。

**（2）茄子** 茄子为茄科茄属植物的嫩果，又称伽、伽子、昆仑紫瓜、昆仑瓜、落苏等。

① 形态特征及品种产地：茄子果实有圆球形、扁球形、椭圆形、卵圆形和长棒形等形状，外表有鲜紫色、暗紫色、紫红色、白色、绿色等颜色，以紫红色多见；果肉呈白色、黄白色和绿色。我国茄子品种较多，按果实形状可分为长茄、矮茄及圆茄三类。茄子在我国各地均有种植。

② 营养及性味功效：茄子可食部分每 100g 含水分 93.4g，蛋白质 1.1g，脂肪 0.6g，碳水化合物 4g，膳食纤维 1.9g，钾 162mg，钠 6.8mg，钙 55mg，磷 2mg，铁 0.5mg，锌 0.24mg，硒 0.64μg 等；此外，紫茄皮中含维生素 P 较多。

③ 质量指标：茄子品质以果形周正，新鲜饱满，皮薄籽少，肥厚细嫩，无损伤、裂纹锈皮者为佳。

④ 烹饪应用：茄子既可作主料用拌、炝、腌、卤等方法制作冷菜，又可用炒、炸、煎、酿、蒸、烧等方法制作热菜。茄子肉质较柔软，自身无显味，具有吸味的特点，因此适应于包括怪味、咖喱、番茄汁、豉油等任何一种调味。茄子还可作配料供烹饪使用，又可制作腌、酱制品和干制品。

## 五、豆菜类

### 常见品种

**（1）毛豆** 毛豆为豆科大豆属植物大豆的嫩豆粒，又称枝豆、青豆、香珠豆、青黄豆、嫩黄豆、青毛豆、菜用大豆等。

① 形态特征及品种产地：毛豆鲜时扁椭圆状卵圆形、长 0.8~1.5cm、淡绿色，干时黄色、黄绿色或者紫黑色，老熟后即为黄豆。春季毛豆即菜用大豆。

毛豆分为青皮青仁大豆和青皮黄仁大豆两类。按生长与结荚习性可分为无限生长型、半有限生长型和有限生长型三类；按其成熟期分为早熟、中熟和晚熟三种。

② 营养及性味功效：毛豆可食部分每100g含水分69.6g，蛋白质13.1g，脂肪5g，碳水化食物6.5g，膳食纤维4g，钾478mg，钠3.9mg，钙135mg，磷188mg，铁3.5mg，锌1.73mg，硒2.48μg；此外，还含有胡萝卜素，以及硫胺素、烟酸，抗坏血酸等维生素。

③ 质量指标：毛豆品质以色泽鲜绿豆荚鲜嫩肥厚，粒形大而饱满，无虫蛀、无斑点者为佳。

④ 烹饪应用：新鲜嫩毛豆洗净后，剪去豆荚双角，加盐、花椒等连荚煮食，可制成盐水毛豆；毛豆粒则广泛应用于从冷菜、热炒，到大菜、汤羹以及甜菜等多种菜肴中；既可做菜肴主料，又可做多种荤素原料的配料，适应于炝、拌、炒、煎、炸、烩、煮等多种烹调方法。

**（2）四季豆**　四季豆为豆科菜豆属植物，又称菜豆、四季梅、龙爪豆、洋刀豆、芸豆角、芜豆、眉豆、茶豆、玉豆、白豆等。

① 形态特征及品种产地：四季豆按茎的高矮分为矮生型和蔓生型；按茎的颜色分为绿荚型和黄荚型；按壳的软硬分为硬荚型和软荚型；硬荚型宜取籽食用，软荚型宜带荚入馔。我国南北均有四季豆的种植。

② 营养及性味功效：四季豆可食部分每100g含水分91.3g，蛋白质2g，脂肪0.4g，碳水化合物4.2g，膳食纤维1.5g，钾123mg，钠8.6mg，钙42mg，磷51mg，铁1.5mg，锌0.23mg，硒0.43μg；此外，还含有胡萝卜素，以及硫胺素、烟酸、抗坏血酸等维生素。

③ 质量指标：四季豆品质以豆荚色泽鲜绿，鲜嫩肥厚，折之易断，筋丝少，无虫蛀、斑点者为佳。

④ 烹饪运用：四季豆烹调前应将荚部豆筋摘除，无论是焯熟拌炝，还是单独清炒，或与禽畜肉类等原料采用烧、焖、煮、炖等方法烹调成菜，都必须保证四季豆烹熟煮透，防止中毒。四季豆既可作主料单独成菜，又可切片、丝、丁与荤素各料配用。因其不易入味，拌炝或炒时可先用盐稍腌一下再烹制效果较好。

**（3）蚕豆**　蚕豆又名胡豆、佛豆、川豆、南豆、罗汉豆，为豆科植物蚕豆的种子。蚕豆颜色因品种而异，有乳白、灰白、黄、肉红、褐、紫、青绿等色，脐色有黑色与无色两种。种植面积广泛，现以四川、云南、江苏、湖北等地为多。

① 营养：每100g蚕豆中含蛋白质28.7g，脂肪0.8g，糖类48.6g，粗纤维6.9g，钙71mg，磷340mg，铁7mg，维生素$B_1$ 0.39mg，维生素$B_2$ 0.27mg，烟酸2.6mg。

② 烹饪运用：蚕豆可作粮食，也可作蔬菜；可炒、煮、炸，或煮烂搅成泥以制作馅心糕点；或用水泡发芽后制成蚕豆芽，其味更鲜美。嫩蚕豆可作为新鲜蔬菜食用，既可为主料，又可作辅料，咸甜皆宜，味道鲜美。蚕豆粉是制作粉丝、粉皮等的原料，也可加工成豆沙以制作糕点。蚕豆可蒸熟加工制成罐头食品，也可制酱油、豆瓣酱、甜酱、辣酱等。

（4）**豌豆**　豌豆又称寒豆、麦豆、荷羊豆，古称毕豆、留豆，为豆科植物。

① 营养及性味功效：每100g豌豆能提供蛋白质8.5g，约相当于28g熟瘦猪肉所能提供的量，但按每1g蛋白质计算，豌豆提供的热量比瘦肉多1倍。豌豆所含的钙和磷在豆类食物中较低，因此在饮食时需要用其他食物来补充钙。干豌豆和青豌豆都是铁和钾的上等来源。豌豆的主要营养成分为蛋白质、脂肪、糖类、灰分、钙、碘、铁、$\beta$-胡萝卜素、维生素 $B_1$、维生素 $B_2$、维生素C、烟酸和食物纤维等。

② 烹饪应用：豌豆可用作主食，豌豆磨成的豌豆粉是制作糕点、豆馅、粉丝、凉粉、面条、风味小吃的原料，如“豌豆黄”就是我国用豌豆粉制成的一种糕点。豌豆的嫩荚和嫩豆粒可菜用也可制作罐头，豌豆的鲜嫩茎叶“豌豆苗”营养丰富，是一种优质蔬菜。

（5）**豇豆**　可作凉拌、炒食蔬菜，也作为腌渍品或干制品原料。

（6）**扁豆**　扁豆的营养成分相当丰富，包括蛋白质、脂肪、糖类、钙、磷、铁、钾及食物纤维、维A原、维生素 $B_1$、维生素 $B_2$、维生素C和氰甙、酪氨酸酶等，扁豆衣的B族维生素含量特别丰富。此外，还有磷脂、蔗糖、葡萄糖。

## 六、花菜类

### 常见品种

（1）**菜花**　菜花为十字花科芸薹属甘蓝种植物中以花球为食用对象的变种菜花的巨大嫩花蕾。又称椰花菜、芥蓝花、花甘蓝、球花甘蓝、菜花等。

① 形态特征及品种产地：菜花按生长期的不同，分为早熟种、中熟种及晚熟种；根据花球颜色分为白色品种、紫色品种和橘黄色品种。菜花以我国华南生产较多，每年冬春季大量上市。

② 营养及性味功效：菜花可食部分每100g中含水分92.4g，蛋白质2.1g，脂肪0.2g，碳水化合物3.4g，膳食纤维1.2g，钾200mg，钠31mg，钙23mg，磷47mg，铁1.1mg，锌0.38mg，硒0.73μg；此外，还含有胡萝卜素，以及烟酸、抗坏血酸等维生素。

③ 质量指标：菜花品质以个体周正，花球坚实，颜色乳白，粒细，不发黄或发乌，无虫者为佳。

④ 烹饪应用：由于其质地细微，在烹调时不宜加热过久，否则就会变软烂，失去其风味特点。烹饪中常采用焯水或滑油的方法断生，然后入烹制调味，迅速出锅，这样既保护了原料的营养成分，又使菜花保持清香脆嫩。

（2）**西蓝花**　西蓝花为十字花科芸薹属甘蓝种中以绿或紫色花球为食用对象的一个变种，又称木立甘蓝、茎椰菜、青花菜、洋芥蓝、花茎甘蓝等。

① 营养及性味功效：西蓝花可食部分每100g中含水分90.3g，蛋白质4.1g，脂肪0.6g，碳水化合物2.7g，膳食纤维1.6g，钾17mg，钠38.8mg，钙67mg，磷72mg，铁

1mg，锌 0.78mg，硒 0.71μg 等；此外，胡萝卜素的含量之高，在鲜蔬菜中仅次于豆瓣菜（每 100g 含 9550μg）。

② 质量标准：西蓝花以色泽深绿，质地脆嫩，花球半球形，花蕾未开，质地致密，表面平整，无腐烂，无虫伤者为佳。

③ 烹饪应用：西蓝花色泽鲜艳，品质柔嫩，味清香、脆甜。因西蓝花质地较菜花柔软，所以不宜采用长时间加热的烹调方法，多以炒、爆、烫、汆等快速加热成菜为好，保持其柔嫩软脆的特色。西蓝花可做主料单独成菜，烹饪中常利用其鲜艳的色泽和独特的形态作中式菜肴的配色原料，或作围边等点缀。但是作为配色、围边料的西蓝花，焯、滑油时的水温、油温不宜过高，以防软榻不成形影响效果。西蓝花在西餐中主要作菜肴的配料或制作沙拉等。

**（3）黄花菜**　黄花菜为百合科萱草属植物的花蕾。又称忘忧草、金针菜、健脑菜、黄花、萱草等。黄花菜广泛分市于我国江苏、湖南、甘肃、四川、陕西等省，多生长于山坡、山谷、树阴或草丛中。每年 6~9 月花蕾成熟但还未开放时采摘上市，干品黄花菜可以常年供应。

① 营养：可食部分每 100g 含水分 83g，蛋白质 3.1g，脂肪 0.4g，糖类 11.6g 以及钙、磷、铁等矿物质。

② 质量标准：黄花菜鲜品以花苞整齐，含苞待放，色泽金黄，具有该品种特有的清香气味者为佳品；干品以菜色黄亮，线条粗壮，长短一致，洁净干燥、柔软有弹性，有该品种特有的清香味者为佳品。

③ 烹饪应用：黄花菜鲜品一般要用盐水洗净供烹饪使用。鲜黄花菜多以整形入馔，既可以用拌、炝等烹调方法制作冷菜；也可以采用炒、熘、汆、涮、炖、煨、焖、烧等烹调方法制作热菜。鲜黄花菜还可用于制作菜点的馅料。黄花菜干品经泡发后，既可作主料经过赋味后烹调成菜，又可作为其他菜肴的配料使用，还是制作斋菜重要的原材料之一。

## 七、薯芋类

### 常见种类

**（1）马铃薯**　马铃薯为茄科茄属植物的地下块茎，又称洋芋、洋山芋、土豆、荷兰薯、薯仔等。

① 形态特征及品种产地：马铃薯品种较多，按块茎的皮色分为白、黄、红、紫皮；按薯块的颜色分为黄肉种和白肉种；按形状分为圆、椭圆、长圆和卵圆；按块茎的成熟期分为早熟、中熟、晚熟。我国各地均有栽培。

② 营养及性味功效：马铃薯可食部分每 100g 中含水分 79.8g，蛋白质 2g，脂肪 0.2g，碳水化合物 16.5g，膳食纤维 0.7g，钾 342mg，钠 2.7mg，钙 8mg，磷 40mg，铁 0.8mg，

锌 0.37mg，硒 0.78μg；此外，还含有胡萝卜素、硫胺素、核黄素、烟酸、抗坏血酸等。

③ 质量指标：马铃薯品质以体大形正均匀，皮薄而光滑，芽眼较浅，肉质细密，味道纯正为佳。

④ 烹饪应用：马铃薯多加工成片、丝、丁、块等形状用于烹调，也可蒸熟后碾成泥；适用于炒、炸、煎、烧、炖、焖、煮、烩、蒸等烹调方法烹制菜肴。既可以作为主料，又可与其他荤素料配伍制馔；还可以作馅或制成糕点等。

（2）芋头　芋头为天南星科芋属植物的地下块茎，又称芋艿、毛芋、芋等。

① 形态特征及品种产地：芋头的地下茎膨大，为球形、卵形、椭圆形、块形等；皮褐色或黄褐色、粗糙；叶柄肉质，长而肥厚，绿色或淡绿紫色，基部鞘状。芋头皮薄肉白，球茎肉质细腻，含淀粉丰富。我国各地均有栽培，每年八九月份上市。

② 营养及性味功效：芋头可食部分每 100g 中含水分 78.6g，蛋白质 2.2g，脂肪 0.2g，碳水化合物 17.1g，膳食纤维 1g，钾 378mg，钠 33.1mg，钙 36mg，磷 55mg，铁 1mg，锌 0.49mg，硒 1.45μg；此外，还含有胡萝卜素、硫胺素、核黄素、烟酸、抗坏血酸等。

③ 质量指标：芋头品质以淀粉含量高，肉质松软，香味浓郁，耐储存者为佳。

④ 烹饪应用：芋头既可作主食用于蒸、煮，切小丁加米煮粥外，又可制作多款菜肴，芋头蒸熟后还能与面粉掺和制作其他点心等。

（3）山药　山药为多年生草本薯蓣科薯蓣属植物山药形成的地下肉质块茎，又称薯药、长薯、土薯、山薯、玉延、怀山药、淮山药等。

① 营养及性味功效：山药可食部分每 100g 含水分 84.8g，蛋白质 1.9g，脂肪 0.2g，碳水化合物 11.5g，膳食纤维 0.8g，钾 213mg，钠 18.6mg，钙 16mg，磷 34mg，铁 0.3mg，锌 0.27mg，硒 0.55μg，此外还含有多种维生素等。

② 质量指标：山药品质以形体饱满、表皮为褐黄色，生有根毛并且排布均匀、毛细皮薄、表面光润、肉质洁白细嫩，外表无伤斑或虫蛀等现象者为佳。

③ 烹饪应用：山药洗净并且煮熟后，一般可切成块、条、片、丁、粒、末或茸泥等形状供烹饪使用。既可以作主料单独使用，也可与其他原料配合使用；还是制作全家馔的重要原材料。味型多以咸鲜、香甜居多。山药除供烹调使用以外，还可代替粮食制取淀粉。

## 八、食用菌类

### 1. 食用菌的概述

食用菌是对可以食用的大型真菌（又称高等真菌）的通称，是指真菌中能形成大型子实体或菌核并能供食用的种类，常称之为“蕈”“菌”“菇”“耳”等。在真菌分类学上，食用菌极少数属于子囊菌亚门，如羊肚菌、鹿花菌、竹黄、冬虫夏草等；绝大部分属于担子菌亚门，特别是伞菌目中蘑菇科、牛肝菌科、口蘑科、侧耳科、红菇科、桩菇科；银耳目中的银耳科、木耳科和花耳科；多孔菌目中的齿菌科、油菌科、珊瑚菌科、牛排菌科等为常见食用菌，约有 20 多种，如图 1-1 所示。

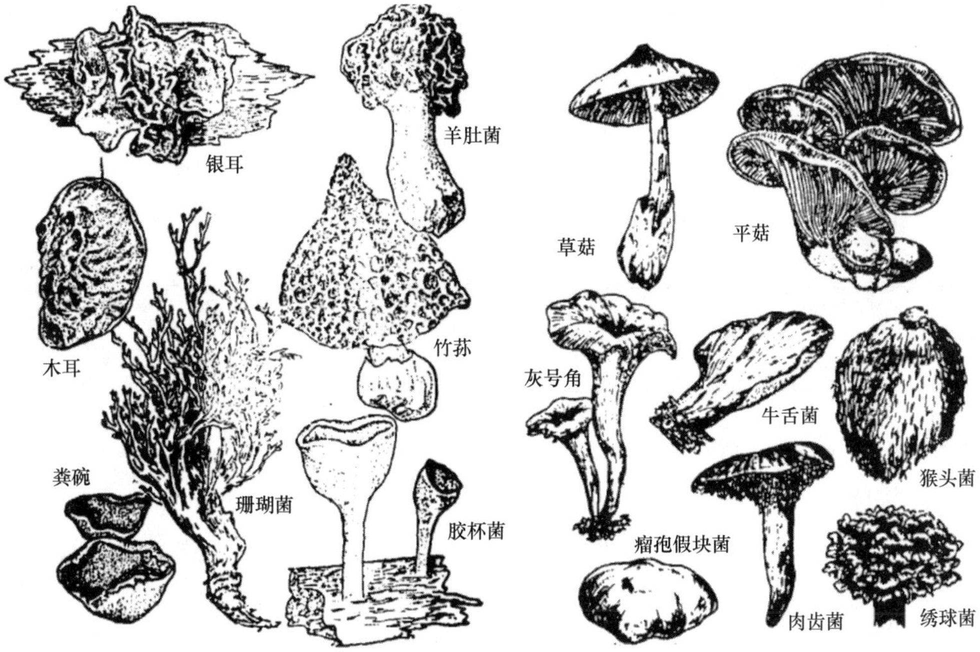


图 1-1　各种常见食用菌

食用菌为高档蔬菜，自古被誉为“山珍”“山珍之王”。兼有荤菜（肉、蛋类等）和素菜两者之长，既具有多种营养物质，又具有一定的药用生理功能成分，故被称为保健食品。

食用菌具有独特的风味，味道鲜美，一些名贵种类如鸡纵、竹荪、口蘑、香菇、羊肚菌、牛肚菌等，它们有着极高的营养价值，菇类蛋白质含量高于水果、蔬菜的几倍至十余倍，如 1kg 干蘑菇蛋白质含量相当于 2kg 瘦肉、3kg 鸡蛋、12kg 牛乳所含的蛋白质，享有“植物肉”之称。食用菌含有 18 种氨基酸，而且都是具有生理活性的 L-型氨基酸，很易被人体吸收利用。菇类是天然维生素的重要来源。人体较易缺乏的维生素 B，在蘑菇、紫晶蘑、木耳中含量丰富，比一般植物性食品高，如木耳中含 1. 5mg/kg；维生素 $B_{12}$ 比肉类要高；菇类普遍含有丰富的麦角甾醇，即维生素 D 源，1g 干香菇含维生素 D 达 128～400IU；鲜草菇中的维生素 C 高达 2062. 7mg/kg。菇类中含有多种具生理活性的矿质元素，以磷、钠、钾含量最高，其次为钙和铁。香菇的成分元素中，钾的含量占 64%：蘑菇、鸡土丛的磷高达 7mg/g。木耳中铁为 1. 85mg/g，木耳、银耳的钙达 3. 5mg/g 以上。食用菌的鲜味与含多种游离氨基酸和碳水化合物中的菌糖、甘露醇糖和核苷酸有关。香气是一系列八碳化合物。表 1-1 所示为主要食用菌营养成分。

表 1-1 主要食用菌的营养成分

| 食物名称 | 食部/% | 能量/kJ | 水分/g | 蛋白质/g | 脂肪/g | 膳食纤维/g | 碳水化合物/g | 灰分/g | 胡萝卜素/μg | 视黄醇当量/μg | 硫胺素/μg | 核黄素/mg | 烟酸/mg |
|---|---|---|---|---|---|---|---|---|---|---|---|---|---|
| 金针菇 | 100 | 109 | 90.2 | 2.4 | 0.4 | 2.7 | 3.3 | 1.0 | 30 | 5 | 0.15 | 0.19 | 4.1 |
| 蘑菇 | 99 | 84 | 92.4 | 2.7 | 0.1 | 2.1 | 2.0 | 0.7 | 10 | 2 | 0.08 | 0.35 | 4.0 |
| 黑木耳 | 100 | 858 | 15.5 | 12.1 | 1.5 | 29.9 | 35.7 | 5.3 | 100 | 17 | 0.17 | 0.44 | 2.5 |
| 平菇 | 93 | 84 | 92.5 | 1.9 | 0.3 | 2.3 | 2.3 | 0.7 | 10 | 2 | 0.06 | 0.16 | 3.1 |
| 银耳 | 96 | 837 | 14.6 | 10.0 | 1.4 | 30.4 | 36.9 | 6.7 | 50 | 8 | 0.05 | 0.25 | 5.3 |
| 香菇 | 100 | 79 | 91.7 | 2.2 | 0.3 | 3.3 | 1.9 | 0.6 | — | — | 微 | 0.08 | 2.0 |
| 双孢蘑菇 | 97 | 92 | 92.4 | 4.2 | 0.1 | 1.5 | 1.2 | 0.6 | — | — | — | 0.27 | 3.2 |

| 食物名称 | 食部/% | 抗坏血酸/mg | VE/mg | 钾/mg | 钠/mg | 钙/mg | 镁/mg | 铁/mg | 锰/mg | 锌/mg | 铜/mg | 碘/mg | 硒/μg |
|---|---|---|---|---|---|---|---|---|---|---|---|---|---|
| 金针菇 | 100 | 2 | 1.14 | 195 | 4.3 | — | 17 | 1.4 | 0.10 | 0.39 | 0.14 | 97 | 0.28 |
| 蘑菇 | 99 | 2 | 0.56 | 312 | 8.3 | 6 | 11 | 1.2 | 0.11 | 0.92 | 0.49 | 94 | 0.55 |
| 黑木耳 | 100 | — | 11.34 | 757 | 48.5 | 247 | 152 | 97.4 | 8.86 | 3.18 | 0.32 | 292 | 3.72 |
| 平菇 | 93 | 4 | 0.79 | 285 | 3.8 | 5 | 14 | 1.0 | 0.07 | 0.61 | 0.08 | 86 | 1.07 |
| 银耳 | 96 | — | 1.26 | 1588 | 82.1 | 36 | 54 | 4.1 | 0.17 | 0.61 | 0.08 | 369 | 2.95 |
| 香菇 | 100 | 1 | — | 20 | 1.4 | 2 | 11 | 0.3 | 0.25 | 0.66 | 0.12 | 53 | 2.58 |
| 双孢蘑菇 | 97 | — | — | 307 | 2.0 | 2 | 9 | 0.9 | 0.10 | 0.60 | 0.45 | 43 | 6.99 |

## 2. 常见食用菌

**（1）木耳** 木耳又称黑木耳、光木耳、黑菜、云耳等，为担子菌纲木耳目本耳科木耳属的一种食用菌。木耳是一种营养丰富的食用菌。每 100g 干品含蛋白质 12.3g，脂肪 15g，碳水化合物 35.7g，膳食纤维 29.9g 及多种氨基酸、维生素和矿物质。中医认为其味甘、性平，有益气、充饥、轻身强智、止血止痛、补血活血等功效。因木耳富含多糖胶体，有良好的清滑作用，故是矿山工人、纺织工人的重要保健食品。木耳还具有一定的抗癌和治疗心血管疾病功能。

① 形态特征：木耳呈半透明的胶质状，初生时小杯状，长大后呈片状，边缘有皱褶，宽 2~12cm。耳片富有弹性。子实层着生于腹面，腹面光滑或略有皱纹，红褐色或棕褐色，干后变深褐色至黑褐色，背面灰褐色有短毛。

② 品种和产地：木耳在世界上主要分布于温带或亚热带的山地。中国利用和栽培木耳历史悠久，现主要产于东北、华中和西南各省，总产量居世界首位。木耳通常加工成干制品应市，常年均有供应。

③ 质量标准：黑木耳的质量以颜色乌黑光润、片大均匀、体轻干燥、半透明、无杂质、胀性好、有清香味者为佳。干木耳烹调前宜用温水泡发，泡发后仍然紧缩在一起的部分不宜食用。鲜木耳含有毒素不可食用。

④ 烹饪应用：黑木耳广泛应用于菜肴的制作，适于炒、烧、烩、炖、炝等烹法。木耳可作多种原料的配料，也可做汤或作菜肴的配色、装饰料。

**（2）银耳** 银耳又名白木耳，质量上乘者称作雪耳，为担子菌纲银耳目银耳科银耳属的一种食用菌。

① 形态特征：银耳由菌丝体和子实体两大部分组成。菌丝体是营养器官，由无数的分枝繁茂的菌丝组成，菌丝呈管状，具有隔膜。子实体乳白色，胶质，由多数丛生瓣片组成，呈花朵状。鲜时柔软，半透明；干燥后呈米黄色，体积收缩到原来的1/10~1/20。

② 品种和产地：银耳多生于温带和亚热带地区。中国是世界上最早栽培银耳的国家，早在1894年四川已开始栽培，后陆续传到其他各省。目前银耳主要产于西南和华东等地区，多制成干品上市。

③ 质量标准：银耳的质量以色泽黄白、朵大肉厚、气味清香、底板小、胀发率高、胶质重者为佳。泡发后应去掉未发开的部分，特别是那些呈淡黄色的东西。具体等级标准如下。一级银耳：整朵圆形，直径4cm以上，色白或略带米黄色，含水量在12%以下，肉厚，无耳脚，无杂质。二级银耳：整朵圆形，直径3cm以上，色白或略带米黄色，含水量在12%以下，肉略薄，略带耳脚，无杂质。三级银耳：整朵直径2cm以上，色白或米黄，肉略薄，干透（含水量在12%以下），略带耳脚，无杂质。四级银耳：整朵大小不一，色米黄或黄色，有一定斑点，有耳脚，无杂质。五级银耳：干透，耳形大小不一，肉薄，无杂质，无泥沙，尚有食用价值。

④ 营养及保健：银耳干品每100g含蛋白质6.7~10g，碳水化合物65~71.2g，脂肪0.6~1.28g，粗纤维2.4~2.75g，无机盐4~5.44g。

⑤ 烹饪运用：银耳入馔，多用于汤、羹菜的制作，也可用于炒、烩等，制甜菜较多，还可与大米同煮成粥。

**（3）猴头菌** 猴头菌又称刺猬菌、小刺猴头、猴头菇、猴头蘑，为担子菌纲多孔菌目齿菌科（猴头菌科）猴头菌属的一种食用菌。干品每100g含水分10g，蛋白质26.3g，碳水化合物44.9g。

① 形态特征：猴头菌子实体肉质，呈扁球形或头状，直径5~10cm，基部狭窄或略有短柄。除基部外其余部分均密生肉质、针状的茸刺，全体形似猴头，故名。茸刺较长、密集、下垂。菌体新鲜时白色，干燥后淡黄色。

② 品种和产地：猴头菌以不规则的群体生长在林间树上，多生于桦、栎树等阔叶树的枯木上或树杈间。猴头菌于20世纪60年代首先在中国人工栽培成功，现在已大规模人工栽培，主要产于东北、云南等地。

③ 烹饪应用：猴头菌肉质脆嫩，味淡清香，是珍贵的烹饪原料。猴头菌用于烹制菜肴，可作主料，也可作配料，可素吃，也可荤吃，适于炒、炖、烧、扒、烩。

**（4）侧耳** 侧耳又称平菇、北风菌、糙皮侧耳、冻蘑、青蘑等侧耳属的一种食用菌。为担子菌纲伞菌目侧耳科。侧耳鲜品每100g含水分92.5g，蛋白质1.9g，碳水化合物

2.3g，脂肪0.3g，粗纤维2.3g。

① 形态特征：侧耳子实体丛生或叠生，中等至较大。菌盖呈贝壳形，近半圆形至长形，直径5~21cm。表面湿润，幼时青灰色至几乎黑色，老时变青灰色、灰黄色。菌盖边缘薄、平坦、内曲，有时开裂。菌肉白色，皮下带灰色，稍厚、柔软。菌褶白色，有时在菌柄上形成隆起的脉络。菌柄侧生，中部致密。

② 品种和产地：野生的侧耳生于阔叶树枯干上，在20世纪60年代后才进入商业性栽培阶段，是世界上人工栽培的一个主要的菌类群。按子实体的色泽，侧耳可分为深色种(黑色种)、浅色种、乳白色种和白色种四大品种类型。

③ 质量标准：侧耳的质量以色白、肉厚质嫩、味道鲜美者为佳，具体等级标准如下。一级侧耳：菌盖横径1~5cm，自然色泽，肉厚，约八分熟，菌盖圆润整齐，菌柄长度2cm以下；无霉烂，无杂质，无虫蛀，无破碎。二级侧耳：菌盖横径5~10cm，色泽自然，肉厚，约八分熟，菌盖圆整无破碎，菌柄长度2cm以下；无泡水，无霉烂，无杂质，无虫蛀，无破碎。三级侧耳：菌盖横径10cm以上，成熟筋，允许5%破碎菇，无泡水，无杂质，无霉烂，无虫蛀。

④ 烹饪应用：侧耳多以鲜品供食用，也可干制或制成罐头，适于炒、烧、拌、酿、卤等烹调方法，还可做汤及馅心。

**(5) 香菇** 香菇又称香菌、香章、香信、椎茸、冬菇等，为担子菌纲伞菌目侧耳科香菇属中典型木腐性伞菌。每100g干香菇含蛋白质18.64g，脂肪4.8g，碳水化合物71g，以及粗纤维等。

① 形态特征：香菇子实体的菌盖呈伞状，直径5~12cm，扁半球形，后渐平展。菌盖半肉质，表面淡褐色或紫褐色。菌肉厚，白色；菌褶白色，稠密，弯生；菌柄中生至偏生，白色，内实，稍弯曲；菌环窄而易消失。

② 品种和产地：香菇的人工栽培始于中国，目前世界许多地区均有栽培，总产量在世界菇类中居第二位，是世界著名的食用菌之一。香菇通常多以干品应市。香菇的栽培品种很多，按外形和质量分为花菇、厚菇、薄菇和菇丁四种，按生长季节可分为春生型(春菇)、夏生型（夏菇)、秋生型（秋菇）和冬生型（冬菇）四类，按菌盖大小可分为大型种（10cm以上)、中型种（6~10cm)、小型种（6cm以下）三类，按菌肉厚度分为厚肉种（12mm以上)、中肉种（7~12mm)、薄肉种（7mm以下）三类。

③ 质量标准：香菇的质量以菇香浓、菇肉厚实、菇面平滑、大小均匀、菌褶紧密细白、菇柄短而粗壮、菇面带有白霜者为佳。

④ 烹饪运用：香菇在烹饪中运用较广，可作主料，也可作多种原料的配料，还可用于馅心的制作，有时还有配色的作用，适于卤、拌、炝、炒、炖、烧、炸、煎等多种烹法。成菜口感柔滑，且持有醇香。香菇除用于制作菜肴外，还可用于制作菌油、香菇酱油。

**(6) 口蘑** 商品市场上所谓的“口蘑”，是河北省张家口以北地区所产的多种食用蘑菇的通称，而生物学上的“口蘑”，指担子菌纲伞菌目白面科（口蘑科）的菌类。商品“口蘑”的种类较多，大约有七种，其中以蒙古口蘑、香杏丽蘑（虎皮香杏）、大白桩蘑为口蘑中的上品。蒙古口蘑干品每 100g 含水分 9.2g，蛋白质 38.7g，脂肪 3.3g，碳水化合物 14.4g，膳食纤维 17.2g 及多种矿物质和维生素。其中有的品类中硒含量高达 91.7μg，富含微量元素硒的口蘑是良好的补硒食品。口蘑的干、鲜品均可入馔，以干制品为主，泡发后可作多种菜的主、配料，有增鲜味的作用，适于炒、熘、烩、扒、烧、焖、蒸、炖等烹法，也可做汤或馅心。

**（7）金针菇**　金针菇又称金菇、朴菇、毛柄金钱菌、构菌、冻菌等，为把子菌纲伞菌目白蘑科（口蘑科）小火焰菌属中的一种伞菌。金针菇含有人体必需氨基酸较全，尤其是赖氨酸和精氨酸的含量特别高。金针菇的子实体小型、多丛生。菌盖直径 2~10cm。菌盖初期球形，后渐平展，白、黄白至淡茶褐色，表面光滑，湿时有黏性，边缘初内卷，后呈波形，有线形条纹。菌肉白色或黄白色，中央厚、边缘薄，质地柔软。菌褶弯生，白色。菌柄长 3.5~10cm，直径 0.3~0.5cm；菌柄上部黄白色或黄杨色；菌柄下部密被黄褐色或黑褐色茸毛，软骨质至纤维质；菌柄中央初期海绵状，后变为中空。金针菇的菌柄为主要的食用部位。金针菇主要分布于亚洲、欧洲和北美诸国。目前世界上金针菇产量占菇类总产量的第三位，以日本产量最多，中国次之。金针菇以其菌盖滑嫩、柄脆、营养丰富、味美适口而著称于世。金针菇多加工成罐头，也可鲜食，通常凉拌，也可炒、烩、涮等，还可作多种原料的配料。

**（8）草菇**　草菇又称南华菇、美味包脚菇、中国菇、稻草菇、兰花菇、麻菇（湖南）等，为担子菌纲伞菌目光柄菇科包脚菇属中的一种伞菌。草菇营养丰富，味道鲜美。每 100g 鲜菇含 207.7mg 维生素 C，2.6g 糖分，2.68g 粗蛋白，2.24g 脂肪，0.91g 灰分。草菇蛋白质含 18 种氨基酸，其中人体必需氨基酸占 40.47%~44.47%。此外，草菇还含有磷、钾、钙等多种矿质元素。

① 形态特征：草菇子实体伞形，分为菌盖、菌柄、菌托等几部分。菌盖直径 5~19cm，初期白色，后逐渐成为水红色、灰黑色或褐色，中心较深，边缘较浅，并有褐色条纹。菌柄白色，长 6~18cm。菌托在菌蕾期包裹菌盖和菌柄，当被菌盖顶端突破后，残留于基部；上部灰黑色，下部色浅，甚至白色。

② 品种和产地：草菇的人工栽培始于中国广东、湖南等省，现在主要分布于东南亚地区。草菇原产于广东韶关的南华寺中，300 年前我国已开始人工栽培，大约在 20 世纪 30 年代由华侨传入世界各国，是一种重要的热带、亚热带菇类，是世界上第三大栽培食用菌。我国草菇产量居世界之首，主要分布于华南地区。

③ 质量标准：草菇多在鸡蛋大小、菌盖未开裂之前采收，过期则品质较差。草菇的品质以菇身粗壮均匀、质嫩肉厚、菌伞未开、清香无异味者为佳。一级草菇；菇体高 6~8cm，横径 4.5~5cm，色泽正常，菇体紧实，无开伞菇，无虫蛀菇。二级草菇：菇体高5~5.9cm，横径 4~4.4cm，色泽正常，菇体基本紧实，或为一级菇内部变松、将要开伞的，

无虫蛀。三级草菇：菇体高 5~5.9cm，横径 4~5cm，色泽正常开伞，无虫蛀。四级草菇：包被刚刚破裂，无虫蛀，大小不计。

④ 烹饪运用：鲜草菇食用前应去掉菌柄下部的泥根，在菌盖上划一条十字形刀口，便于入味。烹调时，适于炒、烩、卤、焖、煮、蒸等。干草菇用前须用水泡发、洗净后再使用。与草菇同一属的银丝草菇也可供食用。

**（9）双孢蘑菇** 又称蘑菇、洋蘑菇、白蘑菇等，为担子菌纲伞菌目蘑菇科（黑伞科）蘑菇属中的一种伞菌，是目前唯一全球性栽培的食用菌。

① 形态特征：双孢蘑菇的菌盖宽 5~12cm，初长时半球形，后平展。菌盖白色，光滑，略干则变淡黄色，边缘初期内卷。菌肉白色，质厚，破伤后略变淡红色，具有蘑菇特有的气味。菌褶初期粉红色，后变为褐色至黑褐色，菌褶离生、密、窄、不等长。菌柄白色、光滑，近圆柱形，内部松软或中实。菌环单层、白色，膜质，生于菌柄中部，易脱落。

② 品种和产地：依菌盖的颜色可分为白色种（又称夏威夷种）、奶油色种（又称哥伦比亚种）、棕色种（又称波希米亚种）。这三类品种在栽培习性、生产性能和食用质量上均有不同，其中以白色种栽培最广。

③ 质量标准：以菇形完整、菌伞不开、结实肥厚、质地干爽、有清香味者为佳。一级双孢蘑菇：菌盖直径 1.8~4cm，菌柄长 1.5cm 以下；菌盖直径在 3cm 以下时，其菌柄长度需要超过菌盖直径的 1/2。要求菇形圆整、自然纯白色，菌盖内卷，无开伞及开伞迹象，菌柄切削完整，菌柄无白心、无空心，菇体无硬斑点，无虫蛀，无破碎菇。二级双孢蘑菇：菌盖直径 1.8~4.5cm，菌柄长在 1.5cm 以下；菇形外现圆整，但允许有少部分畸形，色泽纯白或略有斑点；菌柄粗壮，中部疏松，切削欠平、有污斑；菌柄无空心、无虫蛀、无破碎。三级双孢蘑菇：菌盖直径 1.8~5.5cm，菌柄长度在 1.5cm 以下；纯白色，或略有斑点，无开伞菇；允许有厚皮菇、空心菇及少量破碎菇。

④ 营养及保健：双孢蘑菇含有丰富的蛋白质、多糖、维生素、核苷酸和不饱和脂肪酸，不仅营养丰富，肉质肥厚，味道鲜美，而且热能低，具有很高的医疗保健作用，可以延年益寿、保持青春活力。它味道鲜美，质地脆嫩，属高蛋白低脂肪的营养食品，并且所含的蛋白质大部分是粗蛋白，其含量高过一般的蔬菜和水果，居食用菌之首，故有“植物肉”的美称。

⑤ 烹饪运用：双孢蘑菇可鲜食或加工成罐头食用，适于炒、烩、熘、烧等，也可制汤菜和馅。

# 第二节
# 畜 禽 类

## 一、概述

畜类原料来自可供烹饪加工利用的哺乳动物，一般分为家畜、野畜、畜肉制品、乳和乳制品等几大类。

### 1. 肉的食品价值评价

肉的食品价值与畜禽的营养状况及肥育程度（直接关系到肉的等级评定）、肉的化学组成、肉块在胴体上的局部解剖学位置及脂肪含量等有关。肉的食品价值评价，即胴体品质评价，是肉原料生产过程中的主要部分。

**（1）胴体品质与肉品质的关系**　胴体的品质评价包括胴体的解剖学构成（如各部分所占比例及出肉量）、肉的品质（包括成熟度、颜色、大理石状、质地、坚挺度等）以及脂肪的品质三个方面。

**（2）肉的分级**　肉的分级很复杂，不同畜种，不同国家的分级方法各不相同。肉的分级一般有两类方法：一类是按整个胴体的肌肉发达程度以及脂肪的厚薄等分级；另一类是以同一畜禽胴体，按不同部位肌肉含量、组织结构、食用价值和加工用途等分级。下面简单介绍一下猪、牛、羊的胴体分级方法。

① 猪肉的分级：一般根据鲜片猪肉第 6、7 肋骨中间平行至第 6 胸椎棘突前下方，除皮后的脂肪层厚度（以厘米表示）及重量来分级，见表 1-2。

表 1-2　　猪肉的等级标准

| 食物名称 | 等级 | 鲜猪肉 | | 冻猪肉 |
|---|---|---|---|---|
| | | 脂肪厚度/cm | 片肉重量/kg | 脂肪厚度/cm |
| 带皮猪肉 | 1 | ≤2.0 | ≥23 | 允许有 10%～14%的收缩率 |
| | 2 | 1.0～2.5 | 不限 | |
| | 3 | <1.0，>2.5 | 不限 | |
| 剥皮猪肉 | 1 | ≤2.0 | ≥21 | |
| | 2 | 1.0～2.5 | 不限 | |
| | 3 | <1.0，>2.5 | 不限 | |

资料来源：摘自《鲜、冻猪肉及猪副产品　第 1 部分：片猪肉》（GB 9959.1—2019）。

② 牛肉的分级：一级肉：肌肉发育良好，骨骼不外露，皮下脂肪由肩至臀部布满整个肉体，在大腿部有显著肌膜露出，在肉的横断面上脂肪纹明显。二级肉：肌肉发育完

整，除脊椎、髋骨、坐骨节处外、其他部位略有突出现象，皮下脂肪层在肋和大腿部有显著肌膜露出，腰部切面上肌肉间可见脂肪纹。三级肉：肌肉发育中等，脊椎骨、髋骨及坐骨结节稍有突出。由第 8 肋骨至臀部布满皮下脂肪。肌膜显出，颈、肩甲前肋部和后腿部均有面积较大的脂肪层。四级肉：肌肉发育较差，脊椎骨突出，坐骨及髋骨结节明显突出，只有坐骨结节、腰部和后肋骨处均有小面积皮下脂肪。

③ 羊肉的分级：一级肉：肌肉发育良好，骨不突出，皮下脂肪密集地方布满肉体，但肩颈部脂肪较薄，股盆而满脂肪。二级肉：肌肉发育好，骨不突出，肩颈部稍有凸起．皮下脂肪密集地布满肉体，肩部无脂肪。三级肉：肌肉发育尚好，只有肩部脊椎骨尖端突起，皮下脂肪密集地布满肉体，肩部无脂肪。四级肉：肌肉发育欠佳，骨骼显著突出，肉体表面各处带有不显著的薄层脂肪，也可不带。

### 2. 肉的常规检验

**（1）肉的感官检验** 检验员通过视觉、味觉、嗅觉、触觉来检验、判断肉品质量的方法，主要检验肉的外形、色泽、黏度、弹性、气味以及煮沸后的肉汤等物理性状。

**（2）微生物理化检验** 理化检验主要检验挥发性盐基氮［《食品安全国家标准 食品中氯化物的测定》（GB 5009. 44—2016）］和汞［《食品安全国家标准 食品中点汞及有机汞的测定》（GB 5009. 17—2014）］。微生物检验常检验：细菌数、大肠菌群、沙门菌、水分等。

## 二、畜肉

### 1. 畜类原料概述

**（1）畜类原料的化学组成和营养价值** 任何畜类原料，其化学组成都包括蛋白质、脂类、碳水化合物、矿物质、水及少量维生素。这些物质的含量因动物种类、品种、性别、年龄、个体、畜体部分及营养状况而略有差异。

① 水：水分在畜肉中含量较多，尤其以肌肉组织中含量丰富，主要以自由水和结合水两种形式存在于畜肉中。如表 1-3 所示，畜肉中的含水量随畜类的肥瘦程度而有很大不同，畜类越肥，也就是肉中的脂肪越多，水分含量就越少；反之则水分含量增加。此外，畜肉中的水分含量还与畜类饲养的时间有关，幼小的家畜其肉中的水分含量比老年的家畜要多。

表 1-3 不同肥度的肉的含水量

| 食物名称 | 牛肉 | | | 羊肉 | | | 猪肉 | | |
|---|---|---|---|---|---|---|---|---|---|
| 肥度 | 肥的 | 中等肥 | 瘦的 | 肥的 | 中等肥 | 瘦的 | 肥的 | 中等肥 | 瘦的 |
| 含水量/% | 61.6 | 68.5 | 74.2 | 60.3 | 65.4 | 71.1 | 47.9 | 61.1 | 68.5 |

② 蛋白质：肉的化学成分除水外，固形物约有 3/4 是蛋白质，其含量约占肌肉的

18%。肌原纤维、肌浆、肌膜、肌细胞间质中都存在不同种类的蛋白质，这些蛋白质是最有食用价值的部分。

③ 碳水化合物：肉中的碳水化合物主要以糖原形式存在。糖原又称动物淀粉，马肉中糖原含量最高，可达2%以上，使肉有特殊香味，放久后糖原酵解产生乳酸，使马肉发酸。畜肉中糖原的含量与宰前状况有关。营养状况良好，宰前运动较少的畜体，含糖原量相对较高。畜肉中糖原的含量直接影响着其宰后变化，同时与其保水性、颜色和嫩度有关。

④ 脂类：肉中脂类包括各种脂肪酸的三酰甘油及少量的磷脂、固醇、游离脂肪酸、脂溶性色素等。不同种类动物构成脂肪酸的种类和比例有差异。

由表1-4可知，软脂酸在不同种类动物脂肪中含量都较多，而牛、羊等反刍动物硬脂酸含量较多，猪脂肪中含油酸、亚油酸等不饱和脂肪酸较多。因此，猪脂肪比牛脂、羊脂不耐藏，易氧化变质。羊脂肪中还含有一些低级挥发性脂肪酸，与膻味有关。

表1-4　　几种畜类脂肪的组成　　单位：%

| 名称 | 硬脂酸 | 油酸 | 软脂酸 | 亚油酸 | 挥发酸 | 不皂化物 | 甘油 |
|---|---|---|---|---|---|---|---|
| 猪脂肪 | 18.7 | 40.0 | 26.3 | 10.3 | — | 0.2 | 4.5 |
| 牛脂肪 | 41.8 | 33.0 | 18.5 | 2.0 | — | 0.2 | 4.5 |
| 羊脂肪 | 34.0 | 31.0 | 23.0 | 7.0 | 0.2 | 0.4 | 4.0 |

⑤ 矿物质：肉中的矿物质含量一般为0.8%~1.2%。一般瘦肉中矿物质的含量比肥肉中多，而内脏中又比瘦肉中多。

⑥ 维生素：畜肉中维生素的含量不多。其中，维生素 $B_1$ 主要存在于肌肉组织中，尤其以猪肉中含量较多。此外，肝脏中还含有丰富的维生素A和维生素 $B_2$ 等。

⑦ 其他成分：肉中除了上述六大类物质外，还存在一些浸出物，即能用沸水从磨碎的肌肉中提取的物质。主要包括一些非蛋白含氮物及有机酸等。对肉的味道的形成很重要，也与肉的风味有直接关系，还能与其他物质一起形成肉品的一种清淡爽口的鲜味。其中的有机酸还能使肉品具有浓厚的香美滋味。

**（2）畜类原料的烹饪运用**　畜类原料在烹饪中运用很广，可制作各类菜肴。一般作主料，也可作配料，还可作糕点的馅心料，有时还作调料应用，以增加菜点的鲜味，改善菜点的质地。畜类原料在烹调中适合于各种不同的烹调方法，适合多种味型的调味，包括挂霜、夹沙等特殊加工。畜类原料在烹饪时应根据各种畜的特点及各部位的肉质进行烹饪加工，选择适宜的烹调方法，从而烹制出优质的菜肴。

### 2. 家畜类原料

**家畜的概念与种类**　家畜是指人类为满足肉、乳、毛皮以及担负劳役等需要，经过长期饲养而驯化的哺乳动物。

家畜的主要种类：作为烹饪原料的家畜，主要种类是猪、牛、羊，此外还包括马、驴、骡、兔、狗、骆驼等，但占次要地位。

① 猪

a. 分类：按其商品用途分为瘦肉型，胴体瘦肉率高，适于鲜肉运用；腌肉型，背膘薄而胴体瘦肉多，瘦肉率60%以上，适于腌制咸肉和火腿；脂用型，胴体脂肪率高，瘦肉率40%以下，如梅花猪、大花猪等。

b. 猪肉的特点：猪肉颜色在生鲜时一般呈淡红色，煮熟后呈灰白色；肌肉组织中肌间脂肪含量较多且分布均匀，因而烹调后口感和口味较其他肉类为优；肌肉纤维细而柔软，结缔组织较少；脂肪的含量比其他肉类多，特别是肋部的肉，肥瘦相间，五花三层，更是别具特色。

c. 猪肉的品质：育龄为1~2年的猪，其肉质最为鲜嫩味美；饲养不良和育龄较长的猪，肉色呈深红并发暗，质地硬而缺乏脂肪，风味不佳。猪肉的品质还与猪的性别有关，通常以阉猪肉质最佳，母猪次之，公猪最差。另外，卫生状况是决定猪肉品质的重要因素，选用猪肉时，须区别病猪肉、死猪肉、囊虫猪肉、黄脂肉和白肌肉等不正常猪肉。病猪肉放血不彻底，肉色暗红，切面有血渗现象，脂肪呈玫瑰红色，皮面有出血点或暗红色血斑，骨骼灰黑色。囊虫猪肉在舌、颈、肩部肌、肋面肌、腹肌、腰大肌以致心、肝、肺、脑等处均寄生有囊虫尾蚴，呈米粒状，此种猪肉俗称米猪肉。死猪肉放血极度不良，肌肉黑红，切面渗黑红色血液，脂肪呈红色，皮面色青紫或蓝紫。黄脂肉表现为皮下或腹腔脂肪组织发黄，稍呈混浊，质地变硬，并略带鱼腥味，其他组织不发黄。一般认为黄脂肉与饲料有关。因饲料引起的黄脂肉可以食用，若伴有其他不良气味，则不能食用。白肌肉即肌肉苍白、质地柔软、有液体渗出的肉，这类肉的产生与猪的品种和遗传性有关，但宰前的应激反应也可导致此现象的发生。由于屠宰时的异常恐惧和痉挛，促进缺氧状态下的糖酵解过程，产生大量的乳酸，pH急剧下降，肌肉保水性降低，游离水增多且向外渗出。白肌肉可以食用，但不宜作腌制品的原料。以上这几类猪肉有些不能食用，有些需经过处理后方可食用。

d. 猪肉的烹饪运用：猪肉是重要的烹饪原料。在菜点制作中既可作主料，又可作配料，还可作馅心料，适应除生食外的任何烹调方法，适宜于各种调味，可以制成多种菜肴、小吃、糕点和主食。除了猪肉可作烹饪原料外，猪的内脏、血液及头尾都可用来制作菜肴。

② 牛

a. 牛肉的特点：牛肉虽然含水量比猪肉、羊肉多，但因其肌纤维长而粗糙，肌间筋膜等结缔组织多，加热后凝固收缩性强，故质感比猪肉、羊肉老韧。

b. 牛肉的烹饪运用：牛肉经分档取料后应用，多作主料，于各种刀工加工，可制作菜肴、小吃等。在烹调使用时，多采用切块后炖、煮、焖、煨、卤、酱等长时间加热的烹调法，但背腰部及部分臀部肌肉等一些较嫩的部位，纤维斜而短，结缔组织少，可顶刀切成丝、片等形状，采用爆、炒等旺火速成的方法加工成菜。用牛肉制作菜肴可制成冷菜、热炒、大菜、汤羹、火锅等。牛肉还可用于腌、腊、干制，可制成牛肉干、牛肉脯、牛肉松等制品。

除牛的肉用于烹饪制作菜肴外，牛的副产品如头尾、内脏等均可做菜。

③ 羊

a. 羊的种类：作为家畜的羊主要有绵羊和山羊两种。绵羊：品种至少有 500 种。绵羊臀部肌肉丰满，肉质坚实，颜色暗红，肌纤维细而软，肌间脂肪较少，膻味较小。山羊：品种很多，肉质不如绵羊坚实，肉呈较淡的暗红色，皮质厚，皮下脂肪稀少，腹部脂肪较多，肉有明显的膻味，肉质逊于绵羊。

b. 羊肉的特点：羊肉的纤维细微，并有特殊的风味。脂肪硬。各类羊肉中，尤以羯羊（阉割过的羊）肉质最好，其鲜嫩味美、风味较浓。羔羊肉更为细嫩鲜美，但风味平淡。种公羊有特殊的腥膻味，肉质较老，品质较差。

c. 羊肉的烹饪运用：羊肉在烹调中用途较多，适于烧、烤、涮、扒、炖、爆、炒等多种烹调方法，运用不同的烹调方法可以制成风格各异的佳肴。羊肉一般冬季食用较多。

④ 兔：作为烹饪原料利用的主要是肉用兔、皮肉兼用兔。兔肉质地细嫩，肉色一般为淡红色或红色，肌纤维细而柔软，没有粗糙的结缔组织，肌间脂肪少。兔肉营养丰富，味道鲜美，蛋白质含量高，脂肪含量低，且具有较高的消化率。

兔在烹制前需剥去皮；兔的生殖器官、排泄器官、脊椎骨和各种腺体有很浓的腥臊味，初加工时应注意除去；兔肉略带土腥味，须用凉水将兔血冲洗干净，然后方可烹调。选用兔肉以饲养 1 年左右的最佳。兔肉烹调时，切块后适于烧、炖、焖等，如红烧兔肉、清炖兔肉等；切成丁、片、丝后可炒、爆，如生爆兔丁、滑炒兔丁等；切成薄片可汆、涮；制作冷菜可卤、酱、拌，如五香兔肉、麻辣兔丝等。因兔肉脂肪含量少，故加工时宜多放些油，以增加其风味。

### 3. 家畜肉

**（1）家畜肉概念**　在烹饪及食品工业上对肉形态学的叙述与生物学的叙述有所不同。在生物学上，从研究生物系统形态和个体形态的角度出发，将构成动物体的组织归纳为上皮组织、结缔组织、肌肉组织和神经组织。而在烹饪原料学上，从加工运用的角度出发，根据动物体可利用的部位不同将其分为肌肉组织、脂肪组织、结缔组织和骨骼组织。因此，烹饪上所说的畜肉是由肌肉组织、脂肪组织、骨骸组织和结缔组织组成的。这些组织在肉中的数量和比率因动物种类、品种、性别、年龄、肥度及用途不同而有差异，这些差异直接决定了肉的营养价值、食用价值及烹饪加工时对原料的选择。

**（2）家畜肉的组织结构**

① 肌肉组织：肌肉组织是构成畜肉的最主要部分，占整个畜肉质量的 50%~60%。

肌肉组织的基本组成单位是肌纤维（肌细胞），肌纤维的性状因动物种类、性别不同而有差异，是影响肉嫩度的重要因素。水牛肉肌纤维最粗，黄牛肉、猪肉次之，绵羊肉最细；公畜肉粗，母畜肉细。

由于肌肉组织中含有丰富的营养物质，所以畜肉中肌肉组织含量的多少，是决定畜肉品质的重要因素，也决定畜肉食用价值的高低。肌肉组织在畜肉中分布不均匀，且各部位的肉质也有差别，如背部、臀部肌肉较多，肉的品质也较好；腹部的肌肉较少，品质也较差。

② 脂肪组织：脂肪组织的分布、性质随动物的种类、年龄和饲料的不同而不同。老龄役用动物的脂肪多沉积于腹腔内和皮下，肌间较少；幼龄和非役用型动物的脂肪多沉积在肌肉间，而皮下和腹腔内较少。脂肪组织分布在肌肉中，形成的肌间脂肪不仅使肉的断面呈大理石外观，而且还能改善肉的滋味和口感。阉割的动物较未阉割的动物能贮积脂肪而迅速肥育。奶牛由于乳房中带有脂肪而肌间脂肪较少。

脂肪的硬度、熔点由脂肪的化学成分决定，具体来讲，由脂肪酸的饱和程度（用碘值度量）决定。牛肉、羊肉的脂肪含硬脂酸较多，则脂肪较硬，熔点较高。猪肉、马肉的脂肪含油酸较多，则脂肪较软，熔点较低。同一畜体不同部位脂肪的硬度和熔点也不一样，板油比皮下脂肪和腹腔脂肪熔点高，肌肉中脂肪比皮下、腹腔中的脂肪组织有更低的硬度和熔点。

一般情况下，猪、羊脂洁白，马脂呈黄色，黄牛脂呈微黄色，水牛脂呈白色。

脂肪组织对肉的风味有重要的影响，特别是肌间脂肪更为重要。肌肉中肌间脂肪含量多，则肌肉不仅柔软质嫩、容易咀嚼，而且多汁液、营养丰富、风味好。

③ 结缔组织：结缔组织在肉中的含量因动物种类、年龄、性别和用途不同而不同，役用、老龄动物肉中结缔组织较多；同一畜体，由于各部位肌肉的紧张程度不同，结缔组织的含量也不一样，一般畜体的前半部多于后半部，下半部多于上半部。由于构成结缔组织的纤维为胶原纤维、弹性纤维及网状纤维，这些物质属于硬性非完全蛋白质，具有坚硬、难溶、不易消化的特点，故营养价值较低，所以富含结缔组织的肉，不仅适口性差，而且营养价值也很低。

④ 骨骼组织：骨筋组织包括硬骨、软骨，是动物体的支架。其在畜肉中占15%~20%。

骨骸的构造一般包括骨膜、骨质和骨髓。骨骼内腔和骨松质中充满骨髓，幼小动物骨髓为红色，是造血场所。随着年龄增长逐渐变为黄色，称为黄骨髓，主要由脂肪组织构成。

按骨骼着生的部位分为中轴骨和附肢骨。中轴骨包括头骨、脊椎骨（颈椎、胸椎、腰椎、荐椎、尾椎）以及胸骨和肋骨；附肢骨包括前肢骨（肩胛骨、肪骨、桡骨、腕骨、掌骨、指骨等）和后肢骨（髋骨、股骨、腓骨、胫骨、跗骨等）。

按骨骼的形态分为长骨（管状骨）、短骨、扁骨、不规则骨。四肢骨大多为长骨，利用价值较高。

骨骼中一般含有5%~27%的脂肪和10%~32%的骨胶原蛋白，此外还含有矿物质（如钙、磷、钠、氟等）和水。煮熬骨骼时能产生大量的骨油和骨胶，可增加肉汤的滋味，并使之具有凝固性。

由于骨骼本身食用价值很低，故畜肉中骨骼组织含量越多，则该畜肉的食用价值就越低。

（3）家畜肉的性质

① 肉的颜色：畜肉的颜色主要由肌红蛋白和血红蛋白形成，其影响因素包括宰杀状况、氧合状况、肥育程度及动物种类、性别、年龄等。不同种类、性别、年龄的动物由于肌红蛋白的含量不一样，肌肉的颜色略有差异。牛、羊肉一般比猪肉颜色深，公畜比母畜肉颜色深，年老的较年幼的动物肉颜色深。此外，肌肉中脂肪组织和结缔组织含量也影响肌肉的颜色。肥育良好的成年猪及幼猪肉呈淡红色，未肥育和未阉割的猪肉肌间脂肪少而呈深红色；阉公牛肉呈淡红色，新牛牛犊的肉呈淡玫瑰色，未阉的老公牛肉呈暗红色；成年羊肉呈鲜红色或砖红色，老羊肉呈暗红色。

宰杀时放血不充分的肉呈暗红色，活动量大的肌肉由于含肌红蛋白和血红蛋白较多，肉色较深，如心肌、腌肌、颈部及腿部肌肉等。氧合状态也是影响肌肉颜色的一个至关重要的因素，肌红蛋白呈淡紫色，而氧合肌红蛋白呈鲜红色。所以大块肉表面一般呈鲜红色而其内部色泽较紫，同时放置在空气中的肉块随着时间的延长会发生出暗红色变成鲜红色，再变成红褐色等现象。

冷冻和加热对肉的色泽均有影响。反复冷冻和解冻的肉呈暗红色。加热可使肌红蛋白和血红蛋白的蛋白部分（球蛋白）变性，使肉的色泽由鲜红色逐渐变成灰褐色。

肉类在烹制过程中，色泽会发生变化，肌肉的颜色主要取决于肉中存在的肌红蛋白衍生物反其分解产物的量。而这种变化受加热方式、加热温度及加热时间的影响。烹制时，肉由红色逐渐变成较淡的颜色，最后变成灰色或棕色。生肉的红色主要是因为肌肉中的肌红蛋白所致；而烹熟后的颜色，则是由一些色素以及由糖类、蛋白质、脂肪等物质的分解或聚合所形成的产物所致。一般情况下，生肉在60℃下颜色仅有微小变化，温度达65～70 ℃时，则红色近乎消失，表明75℃时肉已烹熟。如在水中慢慢加热（如炖），水温将到沸点时，肉的外表变成淡灰色，如再进一步加热较长时间，则肉会变为棕色。这种变化的原因，是由于慢慢加热过程中，肌红蛋自发生变性和氧化所致。

烹饪中为了保持肉的颜色，常用硝酸盐为定色剂。即在腌制肉时加一些硝酸盐，烹制后，肉的色泽并不改变，这是因为其中含有对热稳定的一氧化氮肌红蛋白。

② 保水性：肉的保水性又称肉的持水性，是指在肉的加工过程（包括斩拌、绞碎、腌制、加热、冷冻）中对肉中固有的水分及添加到肉中的水分的保持能力。肉的保水性能主要与肉中的蛋白质有关。蛋白质分子与蛋白质分子之间通过各种化学键交织、缠绕形成有序的三维空间网状结构，一方面通过网状结构的间隙封闭性阻滞一部分水，另一方面蛋白质分子表面极性基团和表面净电荷的作用结合一部分水（结合水）。此外，肉中的无机盐类、酸碱度及其他生物化学变化的发生也影响肉的保水性。

保水性大小对肉的风味、组织状态、嫩度都具有重要的作用。不同动物肉的保水性不一样，家兔肉的保水性最好，牛肉、羊肉、猪肉、鸡肉、马肉依次降低。同一畜体不同部位肉的保水性也不一样，猪肩胛部肌肉比臀部肌肉保水性大。冷冻的肌肉解冻后保水性降低。

③ 嫩度：嫩度是指肉入口咀嚼时对碎裂的抵抗力，常指煮熟肉类的柔软、多汁和易于被嚼烂的程度。结缔组织的含量、肉的持水性、组织结构状况、脂肪含量、pH 以及烹调效法的差异等都是影响肉的嫩度的因素，而这些因素又与动物种类、品种、性别、年龄和役用情况有关。猪肉比牛肉嫩，幼畜肉比老畜肉嫩，阉割、肥育过的畜体肉比未阉割、未肥育的畜体肉嫩，圈养、活动量小的动物肉比放牧、活动量大的动物肉嫩，家畜肉比野兽肉嫩。同一畜体的不同部位肌肉嫩度也不一样，腰部肌肉比腿部肌肉嫩。

结缔组织含量是影响肉嫩度最重要的因素。肉中结缔组织含量越多，则嫩度越差。结缔组织影响肉嫩度的直接原因是结缔组织中胶原纤维和弹性纤维的含量。在 50~57℃温度范围内，结缔组织中胶原纤维随着时间的延长可转变成明胶，有一定的软化作用。畜体宰后的成熟排酸也是肉致嫩的重要一环。

热加工对肉的嫩度影响较为复杂。一方面加热时脂肪熔解，结缔组织中的胶原纤维变成明胶，肌肉纤维分离使其有序组织结构变成分离状态，这些均有利于肉的嫩化；另一方面加热过度，肌肉纤维收缩，水分蒸发使肉变韧。加热时肉的嫩度变化是由这样对立统一的两个方面决定的。

肉的柔嫩度在食用时有三种表示方式：第一是咀嚼时牙齿是否容易咬入肉中，第二是肉类是否容易断裂成片，第三是咀嚼后所残留的量有多少。而肉类在烹熟的过程中，因技法的不同，其柔嫩度也不同。如结缔组织含量多的肉，若采用炖等长时间加热的烹调方法进行烹调，其柔嫩度增加；若采用短时间加热的炒等烹调方法进行烹调，则其柔嫩度变差。而结缔组织含量少的肉，若采用炖等长时间加热的烹调方法进行烹调，其柔嫩度减少；若采用短时间加热的炒等烹调方法进行烹调，则其柔嫩度增加。

目前烹饪上逐渐使用人工致嫩方法改变肉的嫩度。其方法有以下 3 种。①物理致嫩法：如敲击、切割、超声振动分离和断裂肉类纤维，对牛肉采用挂的方法等。②无机化学物质致嫩：如撒盐，加磷酸盐、酸、碱等。③酶法致嫩：如加入菠萝蛋白酶、无花果蛋白酶、胰蛋白酶、木瓜蛋白酶等，值得注意的是，酶法致嫩受渗透程度、温度、pH 等的影响。

④ 气味：生肉的气味并不很强烈，但加热的各种肉类往往表现出特征性的气味。产生气味的物质浓度很低，大多很不稳定，易受氧分解和氧化。不同种类动物肉的气味与脂类有关，有研究表明：牛肉、猪肉、羊肉、鸡肉去脂后主要香气成分是相同的，而将脂质部分加入则产生各自的特异性气味。羊肉和牛肉特殊的脂气与一些低级的脂肪酸有关，如4-甲基辛酸和4-甲基壬酸等。猪肉的脂肪和肌肉的主要风味和香气，是由其中所含的丙酮、氨、二氧化碳、乳酸、巯基等物质决定的。牛肉气味的产生物质与猪肉差不多，但还含有甲基醇等。

畜肉的气味还与畜体的性别、饲料消化状态有一定关系。未阉的性成熟公、母猪肉均有较强烈的特别气味，而阉割猪的猪肉一般不存在这种气味。兔肉带有的土腥味与腺体及脊骨有关。一般草食动物带有一定腥味，而肉食动物带有一定臊味，反刍动物在瘤胃中发酵可产生低级脂肪酸而影响其气味。

一些含氮浸出物及经过酶解产生的无氮浸出物对肉香味的产生具有重要意义，而肉的成熟可使这些浸出物增加。

烹熟肉的气味受烹调方法、肉的种类及处理的状况等的影响。

（4）畜肉的宰后变化

① 僵直：刚屠宰完的畜肉呈中性或弱碱性反应（pH7.0~7.4），随着血液循环和氧气供应的停止，肉中糖原在无氧条件下酵解而产生乳酸，使肉的pH下降，从7.2降至5.6~6.6，当乳酸生成到一定量时，分解糖原的酶失活，而三磷酸腺苷（ATP）酶活性增强，分解ATP产生次黄嘌呤和磷酸。磷酸的产生使肉的pH继续下降直至5.4，达到肌球蛋白的等电点，肌球蛋白凝固而使肌纤维硬化，肌肉开始僵直，称为肉的僵直。从僵直开始到结束时间越长，保持新鲜的时间也越长。温度直接影响僵直持续的时间。处于僵直期的肉，弹性差，无鲜肉的自然气味，烹调时不易煮烂。由于该阶段肉中构成风味的成分还没有完全产生，故熟肉的风味也很差。

② 成熟：肌肉僵直时，肉呈酸性反应，pH达到最低时，肉的僵直程度达到最高点。酸性反应的结果影响肌肉蛋白质的生物化学性质和胶体结构。在酸性介质影响下，一方面钙从蛋白质化合物上脱出，引起部分肌球蛋白的凝结与析出，导致肌质中液体部分分离出来，使肉切面多汁；另一方面介质酸性使结缔组织中胶原纤维膨胀而呈明胶样软化，致使肌肉间结缔组织变软。此外，较低pH使肉中部分组织蛋白酶活化，逐渐分解肌肉中的蛋白质，造成肌原纤维部分断裂，使其结构松弛，而且分解的产物（小分子肽、氨基酸）赋予肉特殊的香味和鲜味。同时ATP分解产生的次黄嘌呤也可增进肉的风味。随着分解产物的增多，肌肉pH逐渐上升，保水性变大，肌肉组织松弛柔软，嫩度甚佳、具有弹性，切面多汁，肉汤透明，且有愉快的香气和滋味，易于煮烂和咀嚼，此时的肉称为成熟肉。这个变化过程称为肉的成熟。显然，它能明显改善肉的品质。成熟的肉表面形成一层干膜，有阻止和固定微生物进入肉内部的作用，并且肉的成熟过程对某些病原微生物（如口蹄疫病毒）具有无害化作用。在烹饪中可利用肉的成熟作用提高肉的风味和嫩度，特别是牛肉和羊肉。

肉成熟的程度取决于肉的酸性介质环境，而酸性条件产生则主要取决于肌肉中糖原的含量。宰前休息不足或过于疲劳的动物，由于肌糖原消耗多，成熟过程延缓甚至不出现，影响肉的品质。有些种类动物（如马）肌糖原含量多，肉成熟后往往有一定酸味。此外，温度也是影响肉成熟的重要因素，温度低时，所需时间长；温度高时，所需时间短。一般猪肉在4℃，1~3昼夜可完成成熟，而30℃成熟只需几小时。小牛肉和羊肉在3℃条件下成熟分别需3d和7d。在较高温度下成熟也为微生物活动提供了条件，不利于肉的贮藏。

③ 自溶：成熟阶段的肉，在酶的不断作用下，仍然不停地分解，主要是组织蛋白酶

分解蛋白质引起组织自体分解。自溶是承接或伴随成熟过程发生的，二者之间很难划出界限。相对来讲，自溶阶段组织蛋白酶作用的程度要大些，可将肌肉中复杂物质进一步分解为可溶性的简单物质。肉在自溶过程中变化很多，但主要是蛋白质的分解。产生的硫化氢与硫醇可与血红蛋白结合形成硫化血红蛋白，使肌肉表团出现不向程度的暗绿色斑，脂肪层也有黑色污点。大气中二氧化碳也可作用于氧化血色素形成甲基血色素，使肉色变暗，呈棕红色。

自溶阶段的肉，肌肉松弛，缺乏弹性，无光泽，带有一定气味。这种肉如果轻度变色变味，割掉变色部分，去掉不良气味（如水煮等高温处理），尚可食用，但滋味比成熟阶段的逊色很多，而且必须立即食用，不宜长期保存。

④ 腐败：肉在成熟和自溶阶段的分解产物，特别是自溶过程中产生的低分子氨基酸为腐败微生物的生长、繁殖提供了良好的营养条件。环境适宜时，微生物大量繁殖，导致肉复杂的分解过程。首先是需氧性细菌污染肉表面，然后兼性厌氧菌取代上述细菌，最后完全变为厌氧菌沿着结缔组织向深层扩散，特别是靠近关节、骨骼和血管的部位最易腐败。利用上述细菌的更替变化，可以确定肉的腐败程度。在腐败微生物作用下，肉中的蛋白质可分解为胨、多肽和氨基酸。氨基酸在不同微生物作用下，可进行脱氨、脱羧以及其他反应，使之分解成更低级产物，如吲哚、甲基吲哚、氨、胺类、含氮酸、脂肪酸、硫醇和硫化氢等，其中有些产物能引起食物中毒（如尸胺、腐胺等）。肉的腐败还包括脂肪的腐败，微生物可分泌脂肪酶分解脂肪产生游离脂肪酸和甘油，进一步通过氧化酶进行 $\beta$-氧化作用，分解脂肪酸，产生酸败气味。这一过程不单纯由微生物所引起，还与空气中的氧、光及温度的共同作用有关。腐败的肉不能食用。

（5）畜肉的品质检验

① 畜肉的新鲜度检验：肉品新鲜度检验往往从感官性能、腐败分解产物的特性和数量以及细菌污染的程度三方面来进行。

② 感官检验：感官检验主要依靠人体的感觉（如嗅觉、视觉、触觉和味觉）来鉴定肉的品质。感官检验简单易行，在烹饪上常用。主要观察肉品表面和切面的状态，如色泽、黏度、弹性、气味及煮沸后肉汤变化等，目前我国肉品检验已将其定为法定感官指标，如表 1-5 所示。此外，带骨肉的骨髓和腱、关节也可作为感官指标，如表 1-6 所示。经过冷冻后的肉品与解冻肉及再冻肉的感官指标略有差异，如表 1-7 所示。不同种类、品种的动物肉也可通过感官指标初步判断，如表 1-8 所示。

表 1-5　　　　鲜肉质量标准（感官标准）

| 质量 | 新鲜肉 | 次鲜肉 | 变质肉 |
|---|---|---|---|
| 色泽 | 肌肉有光泽，红色均匀，脂肪洁白 | 肌肉色稍暗，脂肪缺乏光泽 | 肌肉无光泽，脂肪灰绿色 |
| 黏度 | 外表微干或微湿润，不粘手 | 外表略湿润，稍粘手 | 外表湿润，粘手 |
| 弹性 | 指压后凹陷立即恢复 | 指压后凹陷恢复慢，且不能全恢复 | 指压后凹陷不能恢复，有明显痕迹 |

续表

| 质量 | 新鲜肉 | 次鲜肉 | 变质肉 |
| --- | --- | --- | --- |
| 气味 | 具有鲜肉的正常气味 | 略有氨味或略带酸味 | 有臭味 |
| 肉汤 | 透明澄清，脂肪团聚于表面，具有香味 | 稍有混浊，脂肪滴浮于表面，无鲜味 | 混浊，有絮状物，并带臭味 |

表 1-6　鲜肉质量标准（感官标准）

| 感官指标 | 新鲜肉 | 次鲜肉 | 变质肉 |
| --- | --- | --- | --- |
| 骨髓 | 充满于骨内，骨髓结实，黄色或白色，折断处有 | 与骨腔边缘脱离，比新鲜者柔软，色较暗，折断面无光泽，呈灰黄色、灰白色或灰色 | 与骨腔的空隙很大，柔软，用手摸时如烂泥，色暗，常呈污灰色，发臭 |
| 腱 | 腱有弹性，结实，色白，有光泽 | 腱稍柔软，弹力小，呈灰色或淡灰色 | 腱呈污灰色，湿润发黏 |
| 关节 | 表面光滑清洁，无黏液，关节和腱鞘中的液体透明 | 关节覆有一层黏液，关节液呈油样 | 关节覆有大量黏液，关节液呈血浆状，有臭气 |

表 1-7　鲜肉质量标准（感官标准）

| 感官指标 | 冷冻肉 | 解冻肉 | 再冻肉 |
| --- | --- | --- | --- |
| 外观和色泽 | 肉表面颜色正常，比冷却肉鲜明，切面呈灰粉红色，手指或热刀接触处呈现鲜红色的斑块 | 肉表面呈红色，脂肪为淡红色，切面平滑而湿润，可沾湿手指，从肉中流出红色肉汁 | 肉表面呈红色，脂肪呈浅红色，切面为暗红色，手指或热刀接触时色泽无变化 |
| 硬度 | 肉坚硬如冰，用硬物敲打发出响亮的声音 | 切面没有弹性，指压形成的凹窝不复原，呈面团样硬度 | 与冷冻肉相同 |
| 气味 | 在冰冻状态下无气味 | 有该种畜肉特有的气味，但无成熟肉的特有芳香 | 与冷冻肉相同 |
| 脂肪 | 牛脂肪从白色到浅黄色，猪和羊的脂肪为白色 | 脂肪柔软而多水分，有些部分浅红色或鲜红色 | 脂肪呈砖红色，其他特征与冷冻肉相同 |
| 腱和关节 | 腱致密，白色带有浅灰色或黄色，关节液透明微红 | 腱松软，带鲜红色或淡红色 | 腱味鲜红色，关节液也染上红色而稍不透明 |
| 肉汤 | 长期保存的肉汤稍混浊，无成熟肉的香味 | 肉汤混浊，有油脂气味 | 肉汤混浊，有很多灰红色泡沫，没有新鲜肉特有的香味 |

表 1-8　鲜牛肉、鲜羊肉、鲜兔肉的感官指标

| 感官指标 | 一级鲜肉 | 二级鲜肉 |
| --- | --- | --- |
| 色泽 | 肌肉有光泽，红色均匀，脂肪洁白或淡黄色 | 肌肉色稍暗，切面尚有光泽，脂肪缺乏光泽 |
| 黏度 | 外表微干或有风干膜，不粘手 | 外表干燥或粘手，新切面湿润 |
| 弹性 | 指压后的凹陷立即恢复 | 指压后的凹陷恢复慢，且不能完全恢复 |

续表

| 感官指标 | 一级鲜肉 | 二级鲜肉 |
| --- | --- | --- |
| 气味 | 具有鲜牛肉、鲜羊肉、鲜兔肉的正常气味 | 稍有氨味或酸味 |
| 煮沸后肉汤 | 透明澄清，脂肪团聚于表面，具特有香味 | 稍有混浊，脂肪呈小滴浮于表面，香味差或无鲜味 |

③ 理化检验：理化检验包括挥发性盐基总氮的测定、pH 测定、硫化氢试验、氨的测定等。其中挥发性盐基氮是评价肉鲜度变化较客观的指标。挥发性盐基氮是指肉浸液在弱碱性条件下与水蒸气一起蒸馏出来的氮的总量，在肉的变质过程中，其能有规律地反映肉品鲜度的变化，新鲜肉、次鲜肉、变质肉之间的差异非常显著，并与感官变化一致。其他指标仅作参考。

④ 微生物检验：新鲜肉在显微镜视野里看不到细菌或一个视野中只有一个细菌，且为球菌，并完全看不到分解的肉组织；次鲜肉在一个视野中细菌数为 20~30 个，并可明显地看到分解的肉组织；变质肉在一个视野中的细菌数在 30 个以上，且以杆菌占多数，并有大量分解的肉组织。

⑤ 畜肉寄生虫检验：畜肉中有时含有人兽共患的寄生虫，如旋毛虫和猪囊虫。旋毛虫在咬肌、膈肌等活动量大的部位寄生较多。取 24 个肉粒压片镜检，如含旋毛虫的肉粒数超过 5 个时，肉不能食用；少于 5 个时，须经高温处理、冷冻处理方可食用。猪囊虫病是囊虫蝴寄生在猪肉里，肉眼可见，背部肌肉中较多，呈米粒大小，俗称米猪肉。在 $10cm^2$ 肉面上囊虫蚴超过 3 个不能食用，少于 3 个须经无害化处理（高温）后方可食用。

### 4. 乳及乳制品

**（1）乳的概念及种类** 乳又称奶，是哺乳动物产仔后由乳腺中分泌出的白色或淡黄色的不透明液体。

人类食用的乳按照动物种类划分，主要有牛乳、水牛乳、牦牛乳、山羊乳、绵羊乳、马乳、鹿乳等，其中以牛乳产量最大，商品价值最高，利用最为普遍。欧洲南部以山羊和绵羊乳为主，北欧以驯鹿乳为主，印度以水牛乳为主。中国藏族以饮牦牛乳为主，而哈萨克族和蒙古族喜饮马乳。

乳中含有丰富的蛋白质和脂肪，以及人体所需要的各种营养成分。动物种类、品种、年龄、泌乳周期、饲料、饲养管理、气候等都影响乳的化学成分。

乳按照不同泌乳期化学成分的变化分为初乳、常乳、末乳和异常乳。

初乳：是母畜从产乳开始 1 周之内所产的乳。这种乳蛋白质含量较高，特别是白蛋白和球蛋白，色黄而浓厚，有特殊气味。虽然初乳营养价值较高，但由于有特殊气味，不宜供人饮用，也不宜于作烹饪原料。

常乳：是母畜产仔 1 周后到断乳期前（7~300d）产的乳，其成分趋向稳定，是人们饮用及加工乳制品的主要奶类。

末乳：又称老乳，是指母畜在断奶期（300~365d）所产的乳。这种乳味稍苦微咸，并带有油脂氧化气味，易发酵，也不宜供饮用。在正常情况下，此时期应停止挤乳。

异常乳：指不适于饮用和生产乳制品的乳，从广义讲包括初乳、末乳及在病理状况下产的乳和混入其他物质的乳。

牛乳

① 牛乳的概念与种类：牛乳是奶牛的乳腺分泌出的乳白色或微奶黄色液体。鲜牛乳在常温时呈半透明状，不黏，不沉淀，且有一定的流动性，味稍甜，具特殊的乳香味。牛乳根据产乳期的小同可分为初乳、常乳和末乳。

② 牛乳的质量标准：新鲜质好的鲜牛乳具有鲜乳固有的气味和滋味，呈均匀无沉淀的液体状，颜色为白色或微黄色。

新鲜牛乳呈乳白色，稍带微黄色，黄色的产生是由丁乳中含核黄素、胡萝卜素的结果。具有乳香味，加热后尤为明显，这主要是由于乳中含有挥发性脂肪酸及其他挥发性物质所致。乳的吸附性强，其气味极易受外界因素的影响，特别是刺激性气味大的葱、姜、蒜等，所以在贮藏乳时，应慎防窜味。

③ 牛乳的特点：牛乳营养价值高，是含有 100 多种化学成分的混合物，主要由水、脂肪、磷酸酯 、蛋白质、乳糖、矿物质、维生素和酶类等组成。

牛乳中各种成分的含量与奶牛的品种，健康状况、饲料配制、饲养管理、挤乳方法及泌乳期等因素有关，正常乳中，各主要成分的含量为：水分 87%~89%，脂肪 3.4%~3.8%，蛋白质 3%~4%，乳糖 4.5%，矿物质 0.7%。牛乳中蛋白质主要包括酪蛋白和乳清蛋白，以酪蛋白为主，均是完全蛋白质，含有人体所需的全部必需氨基酸。

乳糖是乳中持有的产物，溶解在乳清中，为还原性双糖，是乳中最主要的碳水化合物，甜度约为蔗糖的 1/5，对牛乳的特征风味有影响。结晶乳糖常使乳制品带有砂的口感。乳糖在乳糖酶的作用下，可水解成半乳糖和葡萄糖。

乳脂肪以微小透明的脂肪小球高度分散在乳中，肉眼不能看见。由于相对密度小，易聚集在乳的表面。乳脂与牛乳风味有关，也是稀奶油、奶油、干酪的主要成分。乳脂中的磷脂使其具有一定的乳化作用。

乳中的无机盐以钙、磷、钾、镁、钠为主，尚含少量的铜、锌锰、碘等微量元素，缺乏铁。

乳中的维生素含量因饲养条件、季节等而有差异，在青饲料多的季节，乳中维生素 A 和维生素 C 含量高，在夏季日光照射得多，维生素 D 的含量较高。

④ 牛乳的烹饪运用：牛乳除供饮用外，也可作为烹饪原料利用。制作菜肴：烹饪中常用牛乳代替汤汁成菜，如牛乳白菜、奶油菜心等，特点是奶香味浓、清淡爽口。但在选料时应注意选择清淡、无异味的原料。将牛乳加鸡蛋清搅匀加热后成形，如炒鲜奶；在虾蓉、鱼蓉中加牛乳搅拌容易上劲，如西施虾条；也可用牛乳制成甜菜，如甜羹。制作面点：用牛乳和面，可制作多种面点。因牛乳具有乳化性和发泡性，可促进面团中水与油的乳化，改善面团的胶体性能，提高面团的筋力，可改善面团的质构，使面团发泡柔软，而

且牛乳含有呈香味的成分（如低分子量的脂肪酸），可增加乳香味。制作小吃：牛乳中的酪蛋白遇酸可凝固，因此可制作多种小吃，如广东小吃“双皮奶”、北京的“扣碗酪”、云南少数民族的“乳扇”、牧区牧民们常食用的“奶豆腐”以及各地食用的“酸奶”等。

**（2）乳制品概念与种类** 乳制品（milk product）是将鲜乳经过一定的加工工艺（如分离浓缩、干燥、调香、强化等）进行改制所得到的产品。牛乳制品品种较多，有消毒奶、炼乳、酸凝奶、乳粉、稀奶油、干酪、冰淇淋等。

① 酸凝乳：酸凝乳是将鲜牛乳利用乳酸菌发酵后的乳品。一般将新鲜的全脂或脱脂牛乳加5%的糖（或不加糖），经巴氏消毒法杀菌，冷却后，加入适量的乳酸菌，置于恒温箱中进行乳酸发酵，至牛乳形成均匀的凝块时取出冷藏即成。

酸牛乳的品质可用感官鉴定法鉴别。正常的酸牛乳凝结细腻，无气泡，色白或略带浅黄色，味酸微甜。带醇香气味。酸牛乳易消化吸收，营养价值较高。

② 炼乳：炼乳又称浓缩牛乳，是将牛乳浓缩至原体积的40%左右而制成。炼乳根据是否脱脂可分为全脂炼乳、脱脂炼乳和半脱脂炼乳，根据是否加糖可以分为淡炼乳和甜炼乳两种。

淡炼乳：是将消毒乳浓缩到原体积的40%～50%后装罐密封，再加热灭菌一次制得的具有保存性的制品。其装罐灭菌的热处理过程可使淡炼乳有浓郁的乳香味。淡炼乳呈均匀有光泽的淡奶油色或乳白色，黏度适中、在20℃时呈均匀的稀奶油状、无脂肪上浮，无凝块，无异味。其营养价值几乎与新鲜乳相同。在烹饪中可用于制作布丁和牛乳蛋糊。

甜炼乳：是将消毒乳加入15%～16%的蔗糖并浓缩到原体积的40%左右制得的具有保存性的制品，也可由消毒乳先浓缩然后补充蔗糖制成。由于甜炼乳中蔗糖浓度高、渗透压大，具有防腐作用，可抑制微生物的生长繁殖，因此具有良好的保存性。甜炼乳呈匀质的淡黄色，黏度适中，在24℃左右倾倒时可成线状或带状流下，无凝块，无乳糖结晶沉淀，无霉斑，无脂肪上浮，无异味。甜炼乳在烹饪中可用于制作甜食、布丁、奶油馅饼等。

③ 乳粉

乳粉是将鲜乳经喷雾干燥、真空干燥或冷冻干燥等方法脱水处理后制成的略带淡黄色的粉末。乳粉根据加工方法和原料处理等不同有全脂乳粉、脱脂乳粉、加糖乳粉、调制乳粉、酪乳粉、乳清粉、速溶乳粉等。全脂乳粉：以全脂鲜乳为原料直接脱水加工制成。脱脂乳粉：以脱脂乳为原料脱水加工制成。加糖乳粉：在鲜乳中添加一部分蔗糖或乳糖经脱水加工制成。调制乳粉：添加一部分维生素、矿物质等制成。酪乳粉：利用制造奶油的副产品加工而成，其中含有较多的酪蛋白。乳清粉：利用制作干酪的副产品加工而成，其中已去掉了大部分的酪蛋白。速溶乳粉：以特殊工艺制成，有良好的速溶性、分散性，保藏中不易吸湿结块。

乳粉具有体积小、质量轻、易于携带运输、便于贮藏、食用方便等优点。乳粉除冲饮外，还可制造糖果、冷饮、糕点等，在烹饪中可代替鲜乳制作汤羹、调味汁、牛乳蛋糊、巧克力布丁牛乳沙司等，也可用于烘、烤食品中。

④ 稀奶油

稀奶油（cream）是从消毒鲜乳中分离出来的密度较小的脂肪和其他成分的混合物。稀奶油脂肪含量相对较低，为20%~40%，其他成分主要是水分、蛋白质、乳糖等。应指出的是，这种纯度较低的混合物在食品工业中称为“稀奶油”，在烹饪行业中常称为“奶油”，而食品工业中的“奶油”指纯度较高的butter。制作稀奶油最早的方法是静置法，现在多采用离心法。其原理是利用牛乳中脂肪相对密度较小（0.93）而其他成分相对密度较大（1.034），而且分别属于油、水两相的特点，进行分离，提出稀奶油后的副产品是相对密度较大的脱脂乳。

稀奶油为乳色，略带淡黄，呈半淤质状态。在低温下较稠，经加热可熔为液态。稀奶油以气味芳香纯正、口味稍甜、细腻无杂物、无结块者为佳。

稀奶油可直接食用或进一步加工成酸稀奶油、冰淇淋、分离制得奶油等。酸稀奶油经乳酸菌发酵制成，呈乳黄色，比鲜奶油黏稠，味浓郁。稀奶油因营养物质较丰富，水分含量较高，极易变质，应采用冷藏法，冷藏温度为4~6℃。

⑤ 奶油

奶油（butter）在烹饪行业中常称为“黄油”（香港）等，在食品工业中称为“奶油”“乳酪”。奶油是把牛乳经分离后所得的稀奶油再经成熟、搅拌、压炼而成的乳制品。中国制造奶油所用的原料通常都是从牛乳开始，只有一部分原料是在牧场或收乳站分离后将稀奶油送到加工厂。奶油中脂肪的含量约为80%，含水量为16%或更低。其主要成分为脂肪和水。此外还含少量的蛋白质、乳糖、磷脂、灰分、维生素等。其物理结构为水在油中的乳浊液，即在游离脂肪中分散有脂肪球与微细水滴。奶油因含有较多水分，易受到细菌和霉菌污染。奶油中的不饱和脂肪酸易氧化酸败，所以对奶油要求冷藏保存。奶油具有良好的可塑性，是大型食品雕刻的良好原料，也可制作花、鸟、禽、兽及建筑造型。奶油是中西式糕点的重要原料，特别是西点，在面点中也常作为起酥油使用，如奶油面包、辽宁点心奶油马蹄酥、北京小吃奶油炸糕等。

⑥ 干酪

干酪又称奶酪，是将牛乳、羊乳或混合乳等鲜乳经杀菌后，在凝乳酶的作用下使乳中的蛋白质（主要是酪蛋白）凝固形成凝乳，将凝固的酪蛋白分出，再经加热、加压成型，在微生物和酶的作用下发酵熟化制得的一种乳制品。

干酪在制作和熟化过程中，在微生物或凝乳酶的作用下发生复杂的生物化学变化，将残留的乳糖和其他有机化合物发酵成酸类（如乳酸）和香气化合物，同时使不溶性蛋白质混合物变为可溶性的物质。添加适量的食盐，放在温度为5~15℃的窖内发酵2~3个月后完成熟化过程。加工后的干酪具有独特的风味和可消化性。干酪一般应包好后放在5℃左右的冰箱中贮藏，可保存1年以上。干酪可嵌面包食用，或调制各种食品，其营养价值较高。

优质干酪呈白色或淡黄色，表皮均匀、细薄，切面均匀致密，无裂缝和硬脆现象，有小孔，切片整齐不碎，具有特有的醇香味，微酸。

## 三、禽类

### 1. 禽类原料概述

禽类原料，又称食用鸟类原料，是指在人工饲养条件下的家禽和那些未被列入国家保护动物目录的野生鸟类的肉、蛋、副产品及其制品的总称。

**禽体的组织结构** 从烹饪加工和可利用的程度来看，禽体由肌肉组织、脂肪组织、结缔组织和骨骼组织构成。

① 肌肉组织：肌肉组织是禽体最有食用价值的部分，富含人体所需的优质蛋白质。肌肉组织在禽体各部位的分布很不均匀，一般情况下，凡是与飞翔、行走有关的部位，肌肉较为发达。主要集中在股骨及胫跗骨上部，仅以肌腱连在足趾。禽类的背部退化，最不发达，几乎只有皮肤组织。

禽类肌肉组织的基本单位是肌纤维，禽肉肌纤维比畜肉细，其截面单位面积内肌纤维数较多，出肉率相对较高。禽类肌纤维的粗细与禽的种类、品种、部位、年龄、性别、饲养状况有关：一般老龄禽肌纤维较粗，公禽比母禽肌纤维粗，水禽肌纤维比鸡粗，不同部位肌纤维粗细也不一样，活动量大的部位肌纤维粗。

② 脂肪组织：禽类的脂肪组织除了在体腔内部或皮下（除水禽外）沉积外，还均匀地分和在肌肉组织中。禽类脂肪中亚油酸多，熔点低，使得禽肉比畜肉更鲜嫩味美，且易消化。脂肪在皮下沉积使皮肤呈现一定颜色，沉积多的呈微红色或黄色，沉积少的（如飞禽）则呈淡红色。

③ 结缔组织：禽体中的结缔组织含量比畜肉低，所以禽肉比畜肉更柔软更鲜嫩，易于人体消化吸收。结缔组织在禽肉中的含量与部位有关，一般白肌中含结缔组织较少，红肌含结缔组织相对较多，腿的下部及前肢比其他部位多。

④ 骨骼组织：禽类的骨骼轻便而坚固。一方面是由于骨片薄，长骨中空且有气囊穿入，另一方面，则由于许多骨片在早期发育阶段发生愈合，分界不明。禽类各部位的骨骼都有许多适应飞翔的特点。禽类的骨骼结构大致相同，如鸡全身的骨骼分为中轴骨和附肢骨两部分，中轴骨又分为头骨、脊柱、肋骨和胸骨，附肢骨包括前肢骨和后肢骨。

### 2. 家禽

**（1）家禽概述** 我国主要饲养的家禽包括鸡、鸭、鹅、鸽、鹌鹑、火鸡等。通常按经济性能分为蛋禽和肉禽两大类型。

**（2）常用家禽品种**

① 鸡

a. 鸡的概述与品种：鸡（*Gallus domestica*），按动物学分类，属鸟纲雉科家禽。喙短，有冠与肉髯，翼不发达，但脚矫健。公鸡善啼，羽毛美艳，趾有距，喜斗，母鸡 5~8 周龄开始产蛋，年产近百个至二三百个不等；蛋重 50~65g，壳褐、浅褐或白色；产蛋量逐年递减，孵化期 20~22d，寿命约 20 年。

鸡的品种现在全世界已有 300 多个，按品系可分为 170 种，其中饲养较多的有 70 多种。按主要用途可分为肉用、蛋用、肉蛋兼用、药食兼用等类型，如表 1-9 所示 。

表 1-9 鸡的类型

| 类型 | 特点 | 主要品种 |
| --- | --- | --- |
| 肉用鸡 | 体形较大，体宽，身较短，行动迟缓，性情温顺，容易育肥，一般饲养 50 ~56d，体重可达 1. 5kg 以上，肉多而嫩 | 中国的九斤黄，狼山鸡，惠阳鸡<br>国外的洛红鸡、白洛克鸡，白科尼什鸡 |
| 蛋用鸡 | 以产蛋为主，体形较小，活泼好动，产蛋多，蛋壳薄肉质差 | 来航鸡、新汉夏鸡，仙居鸡等 |
| 肉蛋兼用鸡 | 介于以上二者之间，肉质较好，产蛋较多，体质健壮，善于育雏 | 上海浦东鸡，辽宁大骨鸡，山东等光鸡，河南固始鸡，北京油鸡 |
| 药食兼用鸡 | 具有明显的药用性能，同时又具有很高的食用性 | 江西泰和县武山的乌鸡 |

b. 鸡的肉质特点：鸡肉在肉类中以味道鲜美著称。其结缔组织少，肌纤维柔软细嫩，故肉的硬度较低，易为人体消化吸收。当然，鸡体的不同部位，其肉质略有差异。

c. 鸡的烹饪应用：鸡在烹饪中应用广泛，鸡可整烹，也可分割成不同的部位使用，可做冷菜、热菜、汤羹，也可做火锅、小吃、点心、粥饭等，可适用于多种烹调方法。此外，鸡的肫、肝、心、肾、血、油等经加工后也都是较好的烹饪原料。但应注意鸡的肺及腔上囊不宜食用。

② 鸭

a. 鸭的概述与品种：鸭（*Anas domestica*）是家鸭的简称，属脊椎动物亚门鸟纲雁形目鸭科家禽。其喙长而扁平，尾短脚矮，趾间有蹼，翅小，复翼羽大。公鸭尾有短羽 4 根，母鸭好叫，公鸭则嘶哑。母鸭 4~7 月龄开始产蛋，年产蛋量二三百个，蛋重 70~90g，壳白或青灰色。产蛋量逐年减少，孵化期 26~28d。

中国家鸭的品种大约有 200 多种，家禽学家把它们分类成北京鸭、麻鸭及其变种、瘤头鸭四大类型，并由此区分为肉用、蛋用和肉蛋兼用三型，如表 1-10 所示。其中以麻鸭数量最多，盛产于湖港水乡地区。

表 1-10 鸭的类型

| 类型 | 品种举例 |
| --- | --- |
| 肉用鸭 | 北京鸭、瘤头鸭 |
| 蛋用鸭 | 金定鸭 |
| 肉蛋兼用鸭 | 高邮麻鸭、娄门鸭、白洋淀鸭 |

b. 鸭的肉质特点：鸭肉不仅肉质丰满细嫩，肥而不腻，皮薄香鲜，而且营养丰富，是一种滋补妙品。据测定，每 100g 鸭肉中含蛋白质 13. 1~16. 58g，脂肪 6. 0~7. 5g。此外，

还含有碳水化合物、各种维生素以及钙、磷、铁等多种矿物质。中医认为，鸭肉味甘咸，性平，具有滋阴、养胃、利水消肿的作用，可除痨热骨蒸、咳嗽、水肿等症。

c. 鸭的烹饪应用：鸭在烹饪中应用广泛，多以整只烹制，最宜烧、烤、卤、酱，也宜蒸、扒、煮、焖、煨、炸、熏等烹调方法。将鸭加工成小件，可采用熘、爆、烹、炒等方法制作。鸭既可做主料，也可做配料，既可做冷菜、炒菜、大菜、汤羹，又可做火锅、小吃、面点、粥饭或充当馅料。此外，鸭的头、颈、掌、翅、皮、胗、肝、心、血、胰、肾、肠等，也皆是烹调的上好原料。

③ 鹅

a. 鹅的概述与品种：鹅（*Anser domestica*）古称家雁、舒雁，属鸟纲鸭科家禽。头大，喙扁阔，前额有肉瘤。颈长，身躯宽壮，龙骨长，胸部丰满，尾短，脚大有蹼。羽毛白灰色，喙、脚及肉瘤黄色或黑褐色。生长快，肉质美。寿命较其他家禽长。

鹅的品类很多，按体型分为大、中、小 3 种，按主要用途分为肉用、蛋用、肉蛋兼用 3 类，按外形特征分为白鹅、灰鹅、狮头鹅、伊犁鹅 4 个类型，如表 1-11 所示。

表 1-11　鹅的品种类型

| 分类标准 | 类型 | 代表品种 |
|---|---|---|
| 体形 | 大型鹅 | 狮头鹅 |
| | 中型鹅 | 溆浦鹅、奉化鹅、象山白鹅 |
| | 小型鹅 | 太湖鹅、清远鹅、兴国灰鹅 |
| 主要用途 | 肉用鹅 | 中国鹅、狮头鹅 |
| | 蛋用鹅 | 烟台五龙鹅 |
| | 肉蛋兼用鹅 | 太湖鹅 |
| 外形特征 | 白鹅 | 溆浦鹅、奉化鹅、象山白鹅 |
| | 灰鹅 | 兴国灰鹅、清远鹅 |
| | 狮头鹅 | |
| | 伊犁鹅 | |

b. 鹅的肉质特点：与鸡、鸭相比，鹅的肉质稍粗，且有腥味。但与家畜相比，鹅肉结缔组织少，肉纤维较细，具有较大的鲜味。

c. 鹅的烹饪应用：鹅在烹饪中多以整只烹制，既可制作常用菜，又可整料出骨，制作高难度工艺菜。嫩鹅还可加工成块、条、丁、丝、末等多种形态供用，适宜于烤、熏、炸、烧、扒、炖、焖、煨、煮、蒸、卤、酱等多种烹调方法。除鹅肉外，鹅的舌、掌、头、血及肠、肫、肝等脏器也为上好的烹饪原料。

④ 鸽

a. 鸽的概述和品种：家鸽（*Columla lica domestica*），属于鸟纲鸠鸽科家禽，其喙短，翼长大，善飞，足短，体呈纺锤型，毛色有青灰、纯白、茶褐黑白相杂等。品种极多，按用途可分为传书、玩赏和肉用 3 大类。

b. 鸽的肉质特点：鸽体态丰满，肉质细嫩，纤维短，滋味浓鲜，芳香可口。肉用鸽的最佳食用期是在出壳后25d左右，此时又称乳鸽。乳鸽肥嫩骨软，肉滑味鲜美，属于高档原料。鸽肉营养丰富，每100g约含蛋白质22.14g，脂肪1g，所含微量元素和维生素也比较均衡。鸽肉还具有较高的药用价值，中医认为它味咸性平，具有滋肾补气、祛风解毒之功效，于产妇、老人补益作用很好，尤其利于脑力劳动者、夜班工作者和神经衰弱者食用。

c. 鸽的烹饪应用：鸽是上好的烹饪原料，它既可做主料，也可做配料；既可做冷菜、炒菜、大菜、汤羹，又可做火锅、小吃或充当肉馅。常以整只烹制，最宜炸、烧、烤，风味独特，也宜蒸、炖、扒、熏、卤、酱等。其胸大而细嫩，可加工成丝、片或剞上花纹，采用炒、熘、烹、贴等方法烹制。鸽腿的筋多而小，常切成条、块制馔。此外，鸽舌、鸽胸、鸽脑、胗杂等也可食用。

⑤ 鹌鹑

a. 鹌鹑的概述和品种：鹌鹑（*Coturnix coturnix*），体型近似鸡雏，头小尾秃，头顶黑色，具有栗色细斑，头顶中间有棕白色冠纹，头两侧有同色纵纹，自嘴基越眼而达颈侧，上背栗黄色，两肩、下背、尾均黑，羽缘蓝灰色，背面两侧各有一纵列的棕白色大型羽干纹。额、头侧及颏、喉等均为砖红色。胸栗黄，下体栗色，眼栗褐色，嘴黑褐色，脚淡黄褐色。主要分为蛋用型和肉用型。

b. 鹌鹑的肉质特点：鹌鹑体态丰满，肉质细嫩，肌纤维短，比其他家禽更为鲜美可口，富于营养，被誉为“动物人参”。

c. 鹌鹑的烹饪应用：鹌鹑是禽类原料中的上品。在烹饪中，鹌鹑多以整只制作，最宜烧、卤、炸、扒，也可煮、炖、焖、烤、蒸等。若加工成小件，可适用于炒、熘、烩、煎等烹调方法。此外，鹌鹑的内脏也是上好的烹饪原料。

### 3. 家禽的品质检验

**（1）鲜活禽类的品质检验**　鲜活禽类的品质检验主要是检验其健康状况和老嫩程度。

① 健康状况：禽类的健康状况通常采用感官检验法来观察。一般健康禽的主要特征是：羽毛丰润、清洁、紧密、有光泽，脚步矫健，两眼有神，握住禽的两翅根部，叫声正常，挣扎有力，用手触摸嗉囊无积食、气体或积水；头部的冠、肉髯及头部无毛部分无苍白、发绀或发黑现象；眼睛、口腔、鼻孔无异常分泌物；肛门周围无绿白、稀薄粪便、黏液。反之则为不健康禽。不健康的禽以及病死、毒死或死因不明的禽，一般不得食用。

② 老嫩程度：禽类的品种很多，其成年期各不相同，在不同的生长期中，其肉质的老嫩程度有较大的差别。下面介绍几种禽类的老嫩选择鉴别。

鸡的老嫩是根据鸡的生长期及老嫩程度的不同来鉴别，一般可分为以下几种：仔鸡：也称嫩鸡，指尚未到成年期的鸡。其羽毛未丰，体重一般在0.5~0.75kg，胸骨软，肉嫩，脂肪少，适宜炒、爆、炸。当年鸡：又称新鸡，指已到成年期，但生长时间未满一年的鸡。其羽毛紧密，胸骨较软，嘴尖发软，后爪趾平，鸡冠和耳垂为红色，羽毛管软，体重一般已达到各品种的最大重量，肥度适当，肉质嫩，适宜炒、爆或烧、炸、煮等。隔年鸡：指生长期在12个月以上的鸡，其羽毛丰满，胸骨和喙尖稍硬，后爪趾尖，鸡冠和耳垂发白，羽毛管发硬，肉质渐老。体内脂肪逐渐增加，适合烧、焖、炖等烹调方法。老鸡：指生长期在2年以上的鸡。此时的鸡羽毛一般较疏，皮发红，胸骨硬，爪、皮粗糙，鳞片状明显，趾较长，成勾形，羽毛管硬，肉质老，但浸出物多，适宜制汤或炖焖。

新鸭和老鸭的鉴别：新鸭翼簪已通，脚有枕，喉管软而翼簪有天蓝色的光泽；老鸭体较重，嘴上花斑多，喉管坚挺，胸部底骨发硬，羽毛色泽暗污。

鸽的老嫩鉴别：鸽子按年龄有乳鸽、中鸽、老鸽之分。乳鸽眼圈白色，大都有小黄羽，身上羽毛尚未长全，肉质鲜嫩；中鸽有黄色眼圈，羽毛已长全，肉质次之；老鸽眼圈红色，肉质较老。

**（2）光禽的品质检验** 光禽是指宰杀后，拔净羽毛的整禽，因内脏取出的多少而有全净膛、半净膛、不净膛之别。

① 肥壮程度：光禽的肥度可分为3个等级。鸡：一级品肌肉发育良好，胸骨尖稍露，尾部和背部布满皮下脂肪，皮细微光滑，鸡体呈圆形，肥胖；二级品肌肉发育中等，胸骨尖露出，尾部和背部有中断脂肪；三级品肌肉发育较次，胸骨尖突出，尾部稍有脂肪，鸡皮松弛，较瘦。鸭和鹅：一级品腰部呈圆形，肌肉十分发达，全身脂肪多，尾部脂肪厚，其色呈淡红或黄色；二级品胸骨稍有突出，全身脂肪较多，尾部脂肪层稍薄；三级品腰部呈扁圆形，胸骨突出，全身及尾部不肥，尾部脂肪很薄。

② 新鲜度：光禽的新鲜度一般可分为新鲜、次鲜和变质3个等级，主要通过感官检验的方法对其喙部、眼部、皮肤、脂肪、肌肉及制成的肉汤等方面来进行检验。喙部：新鲜禽的喙部有光泽，干燥，有弹性，无异味。次鲜禽的喙部无光泽，部分失去弹性，稍有异味。变质禽的喙部暗淡，角质部软化，口角有黏液，有腐败气味。眼部：新鲜禽的眼球饱满，眼球充满整个眼窝。次鲜禽的眼球皱缩凹陷，晶状体稍混浊。变质的禽下陷，有黏液，角膜暗淡，晶状体混浊。皮肤：新鲜的禽皮肤有光泽，因品种不同，可呈淡红和灰白等色，具有该禽特有的气味。次鲜的禽皮肤色泽转暗，表面发潮。变质的禽，皮肤无光泽，呈灰黄色，有的地方带淡绿色，表面湿润，有霉味或腐败味。脂肪：新鲜的禽脂肪色白，稍带淡黄色，有光泽，无异味。次鲜的禽脂肪色泽变化不太明显，但稍带有异味。变质的禽脂肪呈淡灰色或淡绿色，有酸臭味。肌肉：新鲜禽的肌肉结实而有弹性，具有正常的色泽，如鸡的腿肉为玫瑰色，有光泽，胸肌为白色或带淡玫瑰色；鸭、鹅的肌肉为红色；火鸡的腿肉深灰色胸肌呈淡白色，稍湿不黏，有特殊的香味。次鲜的禽肌肉弹性变小，用手指压后凹陷恢复较慢，且恢复不完全，有轻度不快味。变质的禽，用手指压后凹陷不能恢复，留有明显痕迹，肌肉为暗红色、暗绿色或灰色，有腐败味。制成的肉汤：新鲜禽的肉汤透明、芳香，表面有大的脂肪油滴。次鲜的禽肉汤不太透明，脂肪滴小，香味差或无鲜味。变质的禽肉汤混浊，有白色或黄色絮状物，有腥臭气味，

几乎无脂肪油。

## 四、蛋类

### 1. 禽蛋的概念及种类

禽蛋是雌禽所排的卵，如鸡蛋、鸭蛋、鹅蛋、鹌鹑蛋、鸽蛋等。这些蛋的结构基本相似，化学组成大同小异，是一类营养丰富、运用广泛的烹饪原料。

根据禽种的不同，禽蛋可分为家禽蛋和野禽蛋两类，烹饪中常用的蛋类是家禽蛋，以鸡蛋用得最多，野禽蛋产量少，一般不提倡食用。

**（1）鸡蛋**　鸡蛋，又称鸡卵、鸡子，呈椭圆形，个体重约50g，表面颜色一般为浅白色或棕红色，鲜蛋的表面有似白色的霜。鸡蛋营养丰富，含蛋白质15%，脂肪12%，糖1.6%，矿物质1.1%，维生素含量较高，尤其是维生素A。

**（2）鸭蛋**　鸭蛋呈椭圆形，个体较鸡蛋大，一般可达70~90g，表面较光滑，颜色呈青色或青灰色。含蛋白质约8.7%，脂肪约9.8%，糖约10%，此外，维生素A、硫胺素、核黄素和钙、磷、铁的含量也较高。

**（3）鹅蛋**　鹅蛋为椭圆形，个体很大，一般每只蛋可达80~100g，表明较光滑，呈白色。其蛋白质含量约12.3%，脂肪含量约14%，糖含量约3.7%，矿物质含量约1%，维生素含量较其他蛋低。

**（4）鹌鹑蛋**　鹌鹑蛋一般是指人工驯养的雌鹌鹑排出的卵，接近圆形，个体很小，一般只有5g左右，表面有棕褐色斑点，壳薄易碎。鹌鹑蛋含水量为73%左右，味鲜细嫩，蛋白质、脂肪含量较高，具有较高的营养价值。

**（5）鸽蛋**　鸽蛋是雌鸽排出的卵，呈椭圆形，个体小，一般为15g左右，通常为白色，壳薄易碎。其含水量达80%以上，肉质细嫩，营养丰富，是烹饪中的珍贵原料。

### 2. 禽蛋的烹饪运用

禽蛋是烹饪中常用的原料之一，其中以鸡蛋的用途最为广泛。鸡蛋在烹饪中可整用，也可将蛋黄、蛋清分开用，或将蛋清、蛋黄搅匀用；可生用，也可熟用，或生熟混合用；可做主料（如蛋黄酱等）、佐助料（如用来配色、起酥、黏合和挂糊、上浆等）；可适用于煎、炸、蒸、煮、烧、烩、氽、炒、卤、糟、酱、熏等多种烹调方法；可用于制作菜肴、小吃以及糕点等多种食品。

鸭蛋和鹅蛋在烹饪中可代替鸡蛋使用，但有一定腥味，用时要注意矫腥或加工制作成皮蛋、咸蛋等再制品。鹌鹑蛋在烹饪中一般多为整用，适宜于烧、扒、蒸、煮等烹调方法，并在花色菜中作配菜点缀使用。

### 3. 禽蛋的品质检验

衡量禽蛋的品质的主要标准是新鲜度。蛋的新鲜程度主要从蛋壳、蛋白、蛋黄、胚胎和气室等来判断。

（1）带壳检查的方法

① 外观：鲜蛋的蛋壳粗涩，没有光泽。若鲜度下降则光滑、有光泽。若有油浸出，大多为腐败蛋。

② 振荡音：鲜蛋的内容物没有移动性，即使摇动也没有声音，但陈蛋由于水分的蒸发，内容物收缩，因此摇动就有声音。

③ 相对密度：鲜蛋的相对密度为1.08~1.09，陈蛋的相对密度会减小。鲜蛋可以浮在11%的盐水中，在10%盐水中下沉的还算新鲜，在10%盐水中浮起而在8%盐水中下沉的是趋于腐败的蛋，在8%盐水中浮起的，就是腐败蛋。

④ 透视法：蛋壳具有对光线的半通透性，如果使蛋向着光从对侧看时，可以看清一部分内容物的状态，如气室的大小、蛋黄的位置、蛋壳上小的裂纹、血液等异物、蛋壳内面的霉斑点和有无胚胎发育等。透视法是鉴定蛋内部质量较好的方法。一般新鲜蛋的蛋黄显圆形，比较小，转动慢；陈蛋的蛋黄扁大，或者散开，转动快；腐败蛋的内容物呈暗黑色、暗浊色。

**（2）打蛋检查的方法** 打破蛋壳，将蛋黄和蛋白置于玻璃板上，观察蛋黄、蛋白的颜色，是否有发育的胚胎和混有血液、异物、臭气等。好蛋的蛋白扩散面小，蛋黄呈球状隆起，浓蛋白多，并裹着蛋黄，稀蛋白量少。此外，还有下面两种检验方法。

① 蛋黄指数法：测量蛋黄的高度和直径，计算蛋黄指数（蛋黄指数=蛋黄的高度/蛋黄的直径），用其值来鉴定蛋的新鲜度。标准是0.5。

② 哈夫单位（Haugh unit）法：即把流到平板上的浓蛋白的高度记为$H$（mm），把蛋的质量记为$m$（g），通过下面的公式来计算：哈夫单位=$100\log[H-1.7m\times(0.37+7.6)]$。哈夫单位值越大，蛋的新鲜度越高。质量好的鲜蛋，哈夫单位为75~80。

## 4. 禽蛋的新鲜度等级

禽蛋的新鲜度等级划分如表1-12所示。

表1-12 禽蛋新鲜度等级

| 级别 | 蛋壳 | 气室 | 蛋白 | 蛋黄 | 胚胎 |
|---|---|---|---|---|---|
| 一级 | 清洁，完整，坚实 | 不移动，高度不超过5mm | 浓厚蛋白多不散流，透明，系带完整 | 透视可见轮廓位于中央，打开呈半圆球形高高突起 | 无发育 |
| 二级 | 污物很少，完整坚实 | 不移动，高度不超过7mm | 尚有浓厚蛋白，透明，系带无力但可见 | 透视可见，位于中心，打开后略扁平 | 微有发育，直径不得超过4mm |
| 三级 | 污壳不超过10%，完整坚实 | 有移动，高度不超过9mm | 较稀薄，水样蛋白很多，系带不明显 | 透视明显，有移动，打开后平坦无力 | 发育膨大，直径不得超过5mm，不允许有血圈、血丝 |

# 第三节
# 水 产 品

## 一、概述

### 1. 水产品的概念

水产品，狭义上是指鱼类和在水中生活的低等动物，广义上指龟类和水生的哺乳类、爬行类、两栖类、蔬菜类。我们习惯上把生长在水中，能作为烹饪原料的鱼类、爬行动物及某些低等动物统称为水产品。水产品富含各种营养成分，肉质鲜嫩，味道鲜美，使用方便，在烹饪中使用广泛。

### 2. 水产品的分类

根据植物学的分类方法，水产品可以分为藻类植物、腔肠动物、软体动物、甲壳动物、棘皮动物、鱼类和爬行类。在烹饪原料的使用习惯上，水产品可以分为鱼类及其制品、虾蟹类及其制品、贝类及其制品、棘皮动物等水生低等动物。

### 3. 水产品的营养价值

水产品含有人体所需的各种营养素，如蛋白质、脂肪、维生素A、维生素E、维生素$B_1$、维生素D、维生素$B_6$、维生素$B_{12}$及钙、磷、铁、碘、硒、锌等微量元素。水产品中所含的蛋白质能够供给人体必需的氨基酸，易消化吸收，不会增加人体的消化压力。同时，水产品的脂肪中所含的脂肪酸是一种高度不饱和脂肪酸，对降低胆固醇和降低血液中的中性脂肪有显著效果，还能抑制血液的凝聚，疏通血液管道，刺激脑细胞发育。

## 二、鱼类

### 1. 鱼类的鲜度、鉴定与等级

**（1）鱼类的鲜度变化** 鱼类的新鲜度越高，其风味和质量也越好。刚捕获的新鲜鱼，具有明亮的外表，清晰的色泽，表面覆盖着一层透明均匀的稀黏液层。眼球明亮突出，鳃为鲜红色，没有任何黏液覆盖。肌肉组织柔软可弯，鱼的气味是新鲜的，或有一种“海藻味”。对多脂鱼来说，还有诱人的脂香。因此，新鲜鱼是很受消费者欢迎的。但是鱼类也是最不容易保存，极易腐败的食品。特别是夏季，有些鱼类很难保存到一天以上。因此，鱼类保鲜是渔业生产很重要的问题。

鱼体死后会发生一系列生物化学和生物学的变化，整个过程可分为初期生化变化和僵硬、解僵和自溶、细菌腐败三个阶段。初期生化变化和僵硬，该时期鱼的特征是肌肉缺乏弹性，如用手指压，指印不易凹下；手握鱼头，鱼尾不会下弯；口紧闭，鳃盖紧合，整个躯体挺直。随着乳酸在鱼体内的生成和蓄积，鱼肉 pH 不断下降，其最终可接近肌球蛋白的等电点（5.4~5.5），这是死后僵硬的最盛期。不仅肌肉收缩剧烈，而且保水性也下降。有时不带骨的鱼肉片还会产生裂口，并有液汁从鱼肉中渗出。

死后僵硬是鱼类死后的早期变化。鱼体进入僵硬期的迟早和持续时间的长短，取决于鱼的种类、死前生理状态、致死方法和贮藏条件等各种因素。一般讲扁体鱼类较圆体鱼类僵硬开始得迟，因为体内酶的活性较弱，但进入僵硬后其肌肉的硬度更大。不同大小、年龄的鱼也表现出很大的差别。小鱼、喜动的鱼比大鱼更快进入僵硬期，持续时间也短。处在僵硬期的鱼体仍然是新鲜的，因此人们常常把死后僵硬作为判断鱼类鲜度良好的重要标志。

解僵和自溶：鱼体僵硬持续一定时间后，其僵硬又缓慢地解除，肌肉重新变得柔软，但却失去了僵硬前的弹性，并使感官和商品质量下降。解僵的原因：一般认为和肌肉中组织蛋白酶类对蛋白质分解的自溶作用有关。因此，鱼类死后的解僵和自溶作用阶段，在各种蛋白分解酶的作用下，一方面造成肌原纤维中结合在一起的肌球蛋白和肌动蛋白的分离、Z 线断裂，结缔组织发生变化，使肌肉组织变软和解僵。另一方面也使肌肉中的蛋白质分解产物和游离氨基酸增加。解僵和自溶给鱼体鲜度质量带来各种感官、风味上的变化；同时其分解产物——氨基酸和低分子的氮化合物为细菌的生长繁殖创造了有利条件，因而加速了鱼体腐败的进程。一般认为，鱼体解僵自溶过程，是由良好鲜度逐步过渡到细菌腐败的中间阶段。

细菌腐败：鱼类在微生物的作用下，鱼体中的蛋白质、氨基酸及其他含氮物质被分解为氨、三甲胺、吲哚、硫化氢、组胺等低级产物，使鱼体产生具有腐败特征的臭味，这种过程就是细菌腐败。主要表现在鱼体表面、眼球、鳃、腹部、肌肉的色泽、组织状态以及气味等方面。鱼体死后的细菌繁殖来自鱼体死前的细菌污染。因此，细菌繁殖从开始就是和鱼体死后的生化变化、僵硬以及解僵等同时进行。但是在死后僵硬期中，细菌繁殖处于初期阶段，分解产物增加不多。因为蛋白质中的氮源不能直接被细菌所利用，另外僵硬期鱼肉 pH 下降，酸性条件不宜细菌生长繁殖，故对鱼体质量尚无明显影响。当鱼体进入解僵和自溶阶段，随着细菌繁殖数量的增多，各种腐败变质征象即逐步出现。

当腐败产物积累到一定程度，鱼体即产生具有腐败特征的臭味而进入腐败阶段。与此同时，鱼体肌肉的 pH 升高，并趋向于碱性。当鱼肉腐败后，它就完全失去食用价值，误食后还会引起食物中毒，例如，鲫鱼、鲹鱼等中上层鱼类，死后在细菌的作用下，鱼肉汁液中的主要氨基酸组氨酸迅速分解，生成组胺，超过一定量后人食用，容易发生荨麻疹。腐败变质的海产鱼类，食后容易引起副溶血性弧菌食物中毒。

由于鱼的种类不同，鱼体带有腐败特征的产物和数量也有明显差别。例如，三甲胺是海产鱼类腐败臭的代表物质。因为海产鱼类大多含有氧化三甲胺，在腐败过程中被细菌还原成三甲胺，同时还有一定数量的二甲胺和甲醛存在，它是海鱼腥臭味的主要成分。又如鲨鱼、鳐鱼等板腮鱼类，不仅含有氧化三甲胺，还含有大量尿素，在腐败过程中被细菌分解成氨，因而带有明显的氨臭味。鲐鱼、鲣鱼等中上层鱼类，在腐败过程中组胺是主要分解产物。此外，多脂鱼类因含有大量高度不饱和脂肪酸，容易被空气中的氧气氧化，生成过氧化物后进一步分解其分解产物为低级醛、酮、酸等，使鱼体具有刺激性的酸败味和腥臭味。

**（2）鲜度鉴定** 鲜度鉴定是按一定质量标准。对鲜鱼的鲜度质量作出判断所采用的方法和行为。捕捞和养殖生产的鲜鱼在体内生化变化及外界生物和理化因子作用下，其原有鲜度逐渐发生变化，并在不同方面和不同程度上影响它作为食品、原料以至商品的质量。因而对鱼类在生产、贮藏、运销过程中的鲜度质量鉴定十分重要。鉴定方法有感官、微生物、化学和物理方法，总的要求是正确、简便、迅速。由于鱼的种类繁多，组织分解复杂，即使同一鱼体内不同部位变化也有显著差异，仅用一个指标或特性来鉴定鱼类鲜度是不够的，往往需要采用2~3个指标结合起来进行综合鉴定。

① 感官鉴定：通过人的五官对事物的感觉来鉴别鱼类鲜度优劣的一种鉴定方法。由于感官鉴定能较全面地直接反映鱼类鲜度质量的变化，故常被确定为各种微生物、化学、物理鉴定指标标准的依据。但人的感觉或认识总是不完全相同的，容易造成人与人之间的差别，因此，对鉴定人员、环境和鉴定方法应有一定的要求。表1-13所示是一般鱼类鲜度的感官鉴别特征。

市场上出售的商品鱼有活鱼、鲜鱼、冻鱼三类，其品质特点不同。

活鱼：由于海水鱼在捕捞后脱离海水环境会很快死亡，所以市场上的活鱼多为淡水鱼。质量好的活水鱼活泼好动、反应敏锐、游动自如，体表有一层清洁透亮的黏液，各部位无伤残。质量差的活鱼行动迟缓、容易翻背，体表常有伤残部位。

鲜鱼：指死后不久的鱼。由新鲜程度分为新鲜鱼、较新鲜鱼和不新鲜鱼三类。

冻鱼：指利用冷冻方法保鲜的海产鱼和淡水鱼，其质量好坏与冻前质量有密切关系，其新鲜度因冷冻不易鉴别。一般应观察以下特征：鱼外表——质量好的冻鱼，鱼鳞完整，色泽鲜亮，肌体无残缺；质次者鱼鳞不完整，皮色暗淡无光，体表不整洁，肌体不整洁，肌体有残缺。鱼眼——质量好的冻鱼，眼球突起，角膜清亮；质次者眼球下陷，没有光泽，黑白不分明，常有污物。鱼肛门——质量好的冻鱼，肛门完整无裂，外形紧缩不凸出；质次者由于体内不新鲜，导致肛门松弛、突出，甚至腐烂有破裂。

② 细菌学方法：用检测鱼体表皮或肌肉细菌数的多少为判断鱼类腐败程度的鲜度鉴定方法。细菌数检测采取平板培养测定菌落总数的方法进行，操作较烦琐，培养需要时间，故较多用于研究工作。

③ 化学方法：如表1-13所示。

表1-13 鱼的质量鉴定

| | 新鲜 | 较新鲜 | 不新鲜 |
|---|---|---|---|
| 眼球 | 眼球饱满、突出，角膜透明清亮，有弹性 | 眼球平坦，角膜起皱，稍变混浊，有时由于内溢血发红 | 眼球塌陷，角膜混浊，虹膜和眼腔被血红素浸红 |

续表

| | 新鲜 | 较新鲜 | 不新鲜 |
|---|---|---|---|
| 鳃部 | 鳃色鲜红，鳃丝清晰，黏液透明无异味或海水味（淡水鱼可带土腥味） | 鳃色变暗呈淡红、深红或紫红，黏液带有发酸气味或稍有腥味 | 鳃色呈褐色、灰白色，有混浊的黏液，带有酸臭、腥臭或陈腐味 |
| 体表 | 有清洁透明黏液，鳞片完整有光泽，紧贴鱼体，不易脱落 | 黏液多不透明，且有酸味，鳞片光泽较差，易脱落 | 表面黏液污秽且有腐败味，鳞片暗淡无光泽，易脱落 |
| 肌肉 | 鱼体弯度小，挺而不软，手指压后凹陷立即消失，无异味，肌肉切面有光泽 | 鱼体稍松软，手指压后凹陷不能立即消失，稍有腥酸味，肌肉切面无光泽 | 鱼体稍弯，手指压后凹陷不易消失，有霉味和酸臭味、肌肉易与骨骼分离 |
| 腹部 | 腹部正常不膨胀，无异味；肛门紧缩、清洁 | 腹部完整，轻微膨胀，稍有酸腥味；肛门稍突出，呈红色 | 腹部不完整，有时破裂凹陷，膨胀或变软，表面发暗色或淡绿色斑点；肛门突出、呈红色 |
| 体内 | 坚实而有弹性，断面有光泽，不脱刺；内脏清晰可辨 | 稍松弛，弹性较差，断面无光泽，稍有脱刺；内脏清晰 | 松软无弹性，指压形成凹陷不恢复，离刺；内脏粘连 |
| 处理 | 可供食用 | 除去变质部位，红烧或油炸后仍可食用 | 不可食用 |

利用鱼类死后在细菌作用下或由生化反应生成物质的测定进行鲜度鉴定。

挥发性盐基氮（VBN 或 TVB-N）法：利用鱼类在细菌作用下生成的挥发性氨和三甲胺等低级胺类化合物，测定其总含氮量作为鱼类的鲜度指标。

三甲胺（IMA）法：多数海水鱼肉中含有的氧化三甲胺在细菌腐败分解过程中被还原成三甲胺，通过测定以此作为海水鱼的鲜度指标。但淡水鱼类不适用，因为氧化三甲胺含量很少。

*K* 值法：利用鱼类肌肉中三磷酸腺苷（ATP）在死后初期发生分解，测定其最终分解产物（次黄嘌呤核苷和次黄嘌呤）所占的百分数即为鲜度指标。*K* 值所代表的鲜度和一般与细菌腐败有关的鲜度不同，是反映鱼体初期鲜度变化和与品质风味有关的生化质量指标，又称鲜活质量指标。一般采用 *K* 值≤20%作为优良鲜度指标（日本用于生食鱼肉的质量标准），*K* 值≤60%作为加工原料的鲜度标准。测定方法有高效液相色谱法、柱层析法以及应用固相酶或简易试纸等测定方法。其他，也有采用测定 pH、组胺、挥发性还原物质等鲜度检测方法，但使用不多。

物理方法：根据鱼体物理性质变化进行鲜度判断的方法。有测定鱼体硬度、鱼肉电阻、眼球水晶体混浊度等法，也有鱼肉压榨汁液黏度测定法。有些方法极其简便，但因鱼种、个体不同有很大差异，所以还不是一般都适用的鲜度鉴定方法。例如，硬度计测定鱼体背部、腹部、胸鳍前部和后部，由于背部和胸鳍前部受影响小，通过比较可得出新鲜度结果。或者用鲜度计测定，由于鱼体的新鲜度不同，其介电常数也不同，将其放在鱼体特定部位，即可数字显示出新鲜度。

微生物检验法：泰尔（Tarr）的新鲜度测定标准，即每一克鱼肉中细菌数在 $10^5$ 以下为最新鲜，$10^5 \sim 10^6$为初期腐败，$15 \times 10^6$以上已经达到腐败阶段。

（3）**鲜度等级**　鱼的鲜度等级如表 1-14 所示。

表 1-14　　常见鱼的鲜度等级

| 品种 | TVB-N/（mg/g） | | 细菌总数/（个/g） | |
|---|---|---|---|---|
| | 一级 | 二级 | 一级 | 二级 |
| 黄鱼 | ≤1300 | ≤3000 | ≤10000 | $\leq 10^5$ |
| 带鱼 | ≤1800 | ≤2500 | ≤10000 | $\leq 10^6$ |
| 乌贼 | ≤1800 | ≤3000 | | |
| 蓝圆鲹 | ≤1300 | ≤2500 | ≤30000 | $\leq 10^6$ |
| 鲱鱼 | ≤1500 | ≤3000 | ≤5000 | ≤50000 |
| 鳇鱼 | ≤1000 | ≤1500 | ≤1000 | ≤10000 |
| 青、草、鲢 | ≤13000 | ≤2000 | ≤10000 | $\leq 10^6$ |
| 鲤鱼、鳙鱼 | | | | |
| 鲐鱼 | ≤1500 | ≤3000 | ≤30000 | $\leq 10^6$ |
| 鲳鱼 | ≤1800 | ≤3000 | ≤10000 | $\leq 10^7$ |
| 鲚鱼 | ≤1500 | ≤3000 | $\leq 5 \times 10^5$ | $\leq 2 \times 10^7$ |

（4）**鱼类的烹饪应用**　鱼类是一类在烹饪中运用广泛的原料。

在运用选料上，运用最多的是鱼的肌肉，但有些鱼的副产品也可作为烹饪原料单独运用，例如鳙、鳡等鱼的头，鲨、鳐等鱼的皮；黄唇鱼、大黄色、鮸鱼等鱼的鳔，鲨、鳐、鲟等鱼的软骨，大麻哈鱼、鲱、鲟等鱼的卵。

在刀工处理上，体型较小的鱼多整用，体型较大的鱼可进行多种刀工处理。有些种类的鱼肉质厚实，可加工成块、丁、片、条、丝等成菜；有些种类的鱼，肌肉色泽洁白且蛋白质含量高、持水性好，可以制成鱼茸，制作鱼丸、鱼饼、鱼糕、鱼馅等；有些种类还可整鱼出骨，制作特色工艺菜。

在烹制方法上，根据各种鱼的特点可采用爆、炒、熘、烧、扒、煮、炖、焖、煨、蒸、炸、烤、熏等多种烹调方法。例如，几乎所有的鱼均可红烧、油炸，新鲜且脂肪含量较高的鱼可清蒸、制汤。

在调味方式上，鱼类适于多种调味，如咸鲜、家常、椒麻、茄汁、酸辣、糖醋、咸甜等。

## 2. 鱼类的主要种类

### （1）淡水鱼类

① 鲤鱼：鲤鱼产于我国各淡水河湖及池塘，一年四季均产，但以 2~3 月产的最肥美。按生长水系不同可以分为河鲤鱼、江鲤鱼、池鲤鱼。河鲤鱼体色金黄，有金属光泽，胸、尾鳍带红色，肉脆嫩，味鲜美，质量最好；江鲤鱼鳞内皆为白色，体肥，尾秃，肉质发面，肉略有酸味；池鲤鱼有青黑鳞，刺硬，泥土味较浓，但肉质较为细嫩。

a. 质量标准：按鲤鱼的生长环境以尾红、肉嫩味鲜的河鲤鱼为佳。按大小以 500～750g 重为佳。优质鲤鱼眼睛凸起，澄亮有光泽；鳃盖紧闭，鳃片呈鲜红色或红色，无黏液和污物；鳞片大而圆，整齐无脱落现象，排列紧密，有黏液和光泽；体形直，鱼肚充实、完整，头尾不弯曲；肉质有弹性，骨肉不分离。

b. 烹饪运用：鲤鱼肉质厚实，细嫩少刺，适于多种食用方法。既可整鱼入烹，又可切段、块、片、丁等。可红烧、干烧、醋熘等，也可调制多种味型。因分布广，各地用鲤鱼制作名菜很多，例如松塔鲤鱼、醋椒鲤鱼、糖醋鲤鱼、红烧黄河鲤、三鲜脱骨鱼等。

c. 营养和保健：鲤鱼的蛋白含量高且质量佳，人体的消化吸收率可达 96%，并能供给人体必需的氨基酸、矿物质、维生素 A 和维生素 D。

② 鲫鱼：鲫鱼除青藏高原和新疆北部无天然分布外，全国各地淡水域均有分布，以 2～4 月和8～12 月的鲫鱼最肥美。因生长水域不同，鲫鱼的体色深浅有差异。其营养价值很高，每 100g 可食部分含蛋白质 17. 1～19. 6g，脂肪 2. 7～4. 2g，碳水化合物 3. 8～4. 5g，钙 79～103mg 等。且其含的蛋白质质优，氨基酸种类齐全，易于消化吸收。

a. 质量标准：优质鲫鱼鱼体有鲜鱼固有的鲜明本色和光泽，体表黏液清洁、透明；鱼鳞发光，紧贴鱼体，轮层明显、完整而无脱落；眼睛澄清、明亮、饱满，眼球黑白界限分明；鳃盖紧闭，鱼鳃清洁，鳃丝鲜红清晰，无黏液和污垢臭味；肌肉坚实而有弹性，用手指压凹陷处能立即复原。

b. 烹饪运用：鲫鱼肉嫩味鲜，肉味甜美，烹饪应用较广，食用方法较多，最宜氽汤，也可清蒸、红烧、干烧等，如萝卜丝氽鲫鱼、红烧鲫鱼等。

③ 鳊鱼：鳊鱼在南北各地的湖泊江河均产，与白鱼、鲤鱼、鳜鱼并列为淡水四大名鱼。优质的鳊鱼鱼体具有鲜鱼的感官特征，其体背微黑色，腹侧淡白色，胸鳍黄棕色，其他各鳍色较淡。每 100g 可食部分含蛋白质 18. 5～21g，脂肪 6. 6～8g，碳水化合物 3. 8～4. 5g，钙 76～120mg，磷 165～211mg，铁 1. 1～2. 2mg 等。其肉质鲜美，清蒸为佳，也可红烧、干烧、氽汤等，又可做罐头等多种食品。

④ 武昌鱼：武昌鱼学名团头鲂，仅分布于长江中下游附属中型湖泊，以湖北产的著名，质量好的武昌鱼有鲜鱼特有的感官特征，鱼肚充实完整，鱼尾不变曲。每 100g 可食部分蛋白质 20. 8g，脂肪 15. 8g，碳水化合物 0. 9g，钙 155mg，磷 195mg，铁 2. 2mg。其肉质细嫩、腴美，脂肪丰富，适于蒸煮。

⑤ 青鱼：青鱼是我国淡水养殖的四大家鱼之一，其肉质肥嫩，味鲜腴美，冬令时为佳。青鱼中含有丰富蛋白质、脂肪外，还含有丰富的硒、碘等微量元素。青鱼肉洁白、细嫩、刺少，烹饪上以清蒸、红烧、炸为多，也可取肉切片、丁、丝、条或剞花刀，也可制鱼丸。

⑥ 草鱼：草鱼生长迅速，饲料来源广，是我国淡水养殖的四大家鱼之一，大部分地区均有放养。每 100g 可食部分含蛋白质 15. 5～26. 6g，脂肪 1. 4～8. 9g，钙 18～160mg，磷 30～312mg，铁 0. 7～9. 3mg，硫胺素 0. 03mg，核黄素 0. 17mg，尼克酸 2. 2mg 等。其肉洁白

细嫩，骨刺多，有弹性，烹饪上适于清蒸、红烧、炸、炒等，也可制鱼丸。

⑦ 鲢鱼：鲢鱼出水即死，变质较快，所以尽可能活用、鲜用，是我国淡水养殖业的“四大家鱼”之一。每 100g 可食部分含水分 60.3~80.9g，蛋白质 15.3~18.6g，脂肪 2.0~20.8g，灰分 1.0~1.4g，含氮浸出物 0.2~1.7g，糖类 0.8g，钙 22~31mg，磷 86~167mg，铁 1.1133mg，硫胺素 0.04mg，核黄素 0.21mg，尼克酸 2.1mg。鲢鱼刺少，肉厚，肌纤维细而短，肉质细嫩，脂肪含量高。鲢鱼以红烧、干烧最具特色，其头部以烩为佳。大者又可切割成段、块、条、片、丝、丁等形状，可用于炸、熘、煎、炸、烹、炒、烩等烹调方法，烹调后，肉质肥腴，滋味醇浓，胶糯香甜，酥松盈口。

⑧ 鳙鱼：又称花鲢、胖头鱼，是我国淡水养殖业的“四大家鱼”之一。其鱼体侧扁，头极肥大。以新鲜、少腥味、少淤血，肌肉富有弹性者为佳。每 100g 可食部分含水分 73.2~83.3g，蛋白质 14.8~18.5g，脂肪 0.9~7.8g，灰分 1.0~1.3g，钙 36mg，磷 187mg，铁 0.6~1.1mg，硫胺素 0.02mg，核黄素 0.15mg，尼克酸 2.7mg。其肉与鲢鱼相似，但稍粗疏，腥味稍重。其肉可炸、红烧，其鱼头为菜。

⑨ 鳜鱼：又称桂鱼，是中国“四大淡水名鱼”之一。鳜鱼以巨口细鳞、骨疏少刺、皮厚肉紧、肉色洁白者为佳。鳜鱼营养丰富，富含人体必需的 8 种氨基酸。每 100g 可食部分含蛋白质 18.5g，脂肪 3.5g，钙 79mg，磷 143mg，铁 0.7mg，硫胺素 0.01mg，核黄素 0.01mg，尼克酸 0.1mg，烟酸 1.9mg，为低脂高蛋白质优质水产品。鳜鱼肉质丰厚坚实，肉洁白、细嫩而鲜美，肉刺少，可清蒸、红烧、醋熘等，也可取肉切片、丝、丁或剞花刀。

（2）海水鱼

① 大黄鱼：近海主要经济鱼类，是传统“四大海产”（大黄鱼、小黄鱼、带鱼、乌贼）之一。在不同海域盛产时期不同，优质大黄鱼体表呈金黄色、有光泽，鳞片完整，不易脱落；肉质坚实，富有弹性；眼球饱满凸出，角膜透明；鱼鳃色泽鲜红或紫红，无异臭或鱼腥臭，鳃丝清晰。大黄鱼含有丰富的蛋白质、微量元素和维生素，对人体有很好的补益作用。其肉质鲜嫩，营养丰富，可红烧。清蒸、生炒、盐渍等。

② 小黄鱼：分布于多个渔场，以青岛产的数量最多，产期在 3~5 月和 9~12 月。优质小黄鱼体表呈金黄色、有光泽，符合鲜鱼的感官特征。营养价值与大黄鱼相似。其肉嫩且多，肉呈蒜瓣状，刺少，味鲜美，适合烧、煎、炸、糖醋等烹调方法，也可清蒸。

③ 带鱼：主要渔获期在春、冬两个汛期。带鱼因生产方式不同，分为钓带、网带、毛刀三种。钓带个头大小均匀，体形大，质量好；网带因损伤程度大，大小不均匀，质量较次；毛刀质量最差。商品带鱼经过分拣、整理，大致可分为特级品、优等品、一般品、次等品等。特级品体重在 750g 以上；优等品体形完整，大而鲜肥；一般品光泽程度差，个头大小不均匀；次等品体形不整，有破肚现象。每 100g 可食部分含蛋白质 16.3~18.1g，脂肪 3.8~7.4g，钙 11~24mg，磷 160~201mg，还含有多种维生素。带鱼肉细嫩鲜美，刺少，可鲜食、制罐、制鱼松或咸干制品，烹饪上可烧、炸、蒸、煎等。

④ 鲈鱼：鲈鱼以鱼体无损伤、鳞片排列均匀无脱落、少血污者为佳，秋天产为佳。每100g可食部分含蛋白质17.5g，脂肪3.1g，碳水化合物0.4g，灰分1g，钙56mg，磷131mg，铁1.2mg，核黄素0.23mg，尼克酸1.7mg。鲈鱼肉质白嫩、清香，没有腥味，肉味蒜瓣状，最宜清蒸、红烧或炖汤。

⑤ 白刀鱼：渔期在5~7月，以新鲜个大、春季产、鳞片均匀无脱落者为佳。肉质肥嫩，味香厚而鲜美，但多细刺，且多似倒钩刺。鳞片脂肪多，如新鲜如烹，可不去鳞片。

⑥ 鳕鱼：品种多，常见的主要是银鳕鱼。以肉质洁白肥厚、鱼骨鱼刺少者为佳。含丰富的蛋白质、维生素A、维生素D、钙、镁、硒等营养元素，营养丰富。但其头大，内脏大，水分多，一般认为是低质鱼。其肉质细嫩洁白，呈蒜瓣状，较板实，有甘香，油腥味较轻，最宜红烧、红焖、清炖，也可熏制或制腌干品。

## 三、虾蟹类

### 1. 虾蟹概述

虾蟹类由于肉味鲜美，又含有较高的营养价值，虾类大多为海产，少数生活在淡水中。小者不到2cm，晒干后外观仅见皮壳，俗称“虾皮”；大者20~25cm，重达100g以上。我国特产对虾个体大，肉色透明，肥嫩鲜美，为虾中珍品。虾肉富含蛋白质，鲜虾中的含量达18%左右，虾干中的含量高达50%以上。脂肪和碳水化合物的含量不高，一般在3%，矿物质和维生素含量丰富，虾皮中矿物质含量更高。蟹类广泛分布于海洋和淡水中，有的种类具有较高的经济价值。梭子蟹是中国蟹类中产量最大的食用蟹。中华绒螯蟹是中国主要食用的淡水蟹，其肉质鲜美，尤以肝脏和生殖腺最肥。蟹肉蛋白质含量较高，为15%左右，脂肪含量较低，为2.6%~5.6%，碳水化合物含量为5%~8%，矿物质和维生素含量也很高。虾蟹类也是容易变质的易腐食品，以对虾为例，在生产运输过程中如果保藏不好，容易失去原有的鲜度，变黑发红、腐败变质，从而降低产品的质量。

**（1）虾的烹饪运用** 大中型的虾类，其肉嫩鲜美，新鲜者最宜煮（盐水虾）、蒸、干烧（干烧明虾）、炝（腐乳炮虾）、爆（油爆虾）、滑炒、焗、熘、炸成菜。可带壳或不带壳烹制，带壳的多煮制而食，食时以姜醋汁蘸食，烹制时可整用，也可将头、身、尾分段用（头烧、身炒、尾炸）。还可将虾身去壳成虾仁，可整用或经刀工处理成片、丁、肉花，尤其是体型较大的龙虾、由于肌肉块大，所以刀工形式多样，成菜美观别致，通常制作档次高的菜肴，还可将虾仁剁成泥蓉（虾胶），制作成形菜肴；还可去头留肉、留尾做虾排。干制品金钩和虾皮，常在拌、炒、烧、汤菜中作配料，兼有调味、调色的作用，可专门作赋味原料使用。

**（2）虾蟹类的使用价值**

① 营养价值：虾蟹类作为食品，不但有其独特风味，而且富有营养价值。其肉富含

蛋白质，脂肪含量较低，矿物质和维生素含量也较高。以对虾为例，虾肉含蛋白质20.6%，脂肪仅0.7%，并有多种维生素及人体必需的微量元素，是高级滋补品，如表1-15所示。

表1-15　　　　　　　　常见虾蟹的营养价值

| 名　称 | 每100g可食部分含有的各种营养成分 | | | | | | | | | | | | | |
|---|---|---|---|---|---|---|---|---|---|---|---|---|---|---|
| | 水分/g | 蛋白质/g | 脂肪/g | 碳水化合物/g | 热量/kJ | 粗纤维/g | 灰分/g | 钙/g | 磷/mg | 铁/mg | 维生素/(A/IU) | 硫胺素/mg | 核黄素/mg | 尼克酸/mg |
| 三疣梭子蟹 | 80.0 | 14.0 | 2.6 | 0.7 | 343 | 0 | 2.7 | 141 | 191 | 0.8 | 230 | 0.01 | 0.51 | 2.1 |
| 中华绒螯蟹 | 71.0 | 14.0 | 5.9 | 7.4 | 582 | 0 | 1.8 | 129 | 145 | 13.0 | 5 960 | 0.03 | 0.17 | 2.7 |
| 对虾 | 77.0 | 20.6 | 0.7 | 0.2 | 377 | 0 | 1.5 | 35 | 150 | 0.1 | 360 | 0.01 | 0.11 | 1.7 |
| 青蟹 | 81.0 | 16.4 | 1.3 | 0.1 | 327 | 0 | 1.2 | 99 | 205 | 1.3 | 260 | 0.01 | 0.07 | 1.9 |
| 龙虾 | 79.2 | 16.4 | 1.8 | 0.4 | 348 | 0 | 2.2 | — | — | — | — | — | — | — |

② 佐餐美味：虾类除肉色透明、肥嫩鲜美、营养丰富外，还具有补肾壮阳之药用功能。对虾的食法大致有蒸煮、油爆、面拖、干烧等，既可制作各类点心，也可做成各种有名的荣肴。烹煮的对虾，并不损其风味，肝脏破碎后成为红色的汁液，味道十分鲜美。卵巢橙红色，香甜细腻，非常可口。此外，也可制作干制品，或由鲜虾加工制作成罐头。

蟹从外形看，坚甲利足，横行逞凶，然而蟹肉、蟹黄鲜嫩美味，不但具有独特风味，而且营养丰富，为上等佳肴。蟹的食用方法很多，蟹不仅可蒸煮，还可以用糖水、盐、蓼汤、姜末等腌制，或制作糟蟹、醉蟹。还有炸蟹球、青蟹炒蛋、蟹粉菜心等有名佳肴和蟹粉小笼等各类点心。另外，虾蟹类还有药用价值。

③ 加工原料：虾蟹类生鲜品除直接食用外，可加工成冷冻品、罐头食品，虾也可加工成虾干。虾蟹类在加工之前，一定要把好原料的质量关，经过感官质量标准检验后，才可按加工的正常程序进行加工。

## 2. 虾蟹的主要种类

**（1）对虾**　又称大虾、明虾，是我国沿海特产之一，因它体形较大（一般7只有500g），故称大虾。过去曾按对数计价，干制后带壳的虾也常以每两只互插在一起，因此也称对虾。此虾在海水里活动时，身体透明度高，故也称明虾。我国沿海各地均有对虾出产，以烟台、青岛产量较大。每年夏末至第二年春末均有对虾出产。根据其上市时间的不同，对虾又可分为新虾、秋香、白虾、黄脂、大肉等。“新虾”即夏末刚出产的对虾，其身色白而个小，壳薄，肉也不够结实；“秋香”，即秋初出产的对虾，其身色清白，个稍小，壳薄，肉也不够结实；“白虾”，是秋末出产的对虾，其身白带赤，虾枪较短，肉结实，鲜味足；“黄脂”或“大肉”，即冬初到翌年春初出产的对虾，“黄脂”是雄虾，身黄而狭长，钳、枪较短，去壳后有一层薄薄的黄衣，肉爽而鲜美，“大肉”是雌虾，身青白而肥大，无钳，枪较短，头较大，肉厚而结实，头部与背部均有虾黄。

① 形态特征：对虾身弯如弓，头有枪刺，有钳，须长，腹前多爪，有三叉尾。

② 营养与保健：每 100g 对虾含蛋白质 20.6g，脂肪 0.7g，钙 35mg，磷 150mg，铁 0.1mg 及少量的维生素。对虾体肌含肌球蛋白、副肌球蛋白等。对虾具有补肾壮阳、开胃化痰、通络止痛等功效。

③ 烹饪运用：对虾肉色透明，肉爽滑，味鲜美。烹饪上使用方法较多，所制作成的菜肴品种，尤其是花式品种也非常多。各地的制法有异，以煎、炸、焗、蒸为多见，近年生吃也较多。

**（2）龙虾** 龙虾分布在热带至温带沿岸海域，栖息于岩礁质海岸，通常营穴于岩礁底下较多贝壳、沙砾及海藻繁茂之处。我国东海和南海均有出产，广东东西部海域的产量较多，是我国龙虾的主要产区。龙虾具有群栖习性，甚少单独行动，耐饥能力很强，一般半个月不吃东西也不致饿死。

① 形态特征：龙虾全身披着坚硬的甲壳，还长有很多尖锐的刺，有 2 条长而带刺的触鞭和 5 对粗壮的脚，体表呈草绿色，步足有黄、黑色环带相间，腹肢及尾扇末端呈橘黄色。全身分为头、胸部和腹部两大部分，头胸部粗大，呈圆筒形，腹部比较短小，背腹稍扁，尾经常曲折于腹下。体长 20~40cm，体重一般为 0.5kg，大者可达 5kg，有“虾中之王”之称。

② 营养与保健：龙虾营养丰富，每 100g 龙虾含蛋白质 16.4g，脂肪 1.8g，并含有维生素 A、维生素 $B_1$、维生素 $B_2$、维生素 C、维生素 E 及矿物质等，具有补肾壮阳、滋阴健胃等功效。

③ 烹饪运用：龙虾体大，肉厚结实，滋味鲜美，可食部分约占体重的 60%，可烹制多种菜肴，尤以生吃为佳。

**（3）青虾** 青虾又称河虾，主要产于各地淡水河湖水库中，盛产期在端午节前后，以河北白洋淀、江苏太湖等地所产为好。

① 形态特征：青虾两眼突出，壳薄而透明，头有枪、钳，须长，爪多，有三叉层，头胸部较粗大，往后渐细小，腹部后半部显得更为狭小，体色青蓝，有棕绿色斑纹，头胸甲前端中央向前突，形成发达的三角形剑额。

② 营养及保健：青虾富含蛋白质、脂肪、矿物质、维生素等营养素。

③ 烹饪运用：青虾肉质鲜爽，口味香甜，可口，烹饪上以白灼、蒜蓉蒸、盐焗为好。

**（4）沼虾** 沼虾又称大头虾，长有一对又长又粗的大螯足，雄虾的螯足更为长大。体色呈青蓝色，虾头又大又粗，有“淡水虾王”之称。此虾个头大，肉质爽滑，味鲜美香滑，烹调上以白灼为佳。

**（5）虾蛄** 虾蛄又称濑尿虾、螳螂虾、爬虾、虾爬子，栖息于水深不超过 30cm 的泥沙质海底珊瑚礁中，虽然游泳能力很强，但主要靠爬行生活，在它爬行的泥滩上会留下尾扇耙地样的痕迹，它离开水时身上总有股水流出来，形似小男孩撒尿。虾蛄产于我国沿海各地，旺季是4月份，以背部壳内有一张条状卵块的雄虾为佳。

① 形态特征：虾蛄的身体是扁平的，一般体长10~15cm，头部长有5对颚足，第2对特别强大像螳螂的臂，有锯齿，是捕食和御敌的工具。身体背腹均披有一节节薄而坚韧的甲壳。

② 营养及保健：其营养丰富，是一种高蛋白、低脂肪的原料，其中蛋白质含量高达20.6%，脂肪含量为0.7%，另外还含有其他的矿物质、维生素。

③ 烹饪运用：虾蛄肉味鲜美，风味独特，烹饪上各地的制法不一，以清蒸去壳取肉醋食为多，也有白灼、盐腌生吃或取肉制胶等制法。虾蛄的壳硬，周边刺锋利，吃时要小心地自上而下剥盔去甲，免得壳肉难分造成浪费和刺痛口唇。

**（6）梭子蟹**　梭子蟹俗称海蟹、花蟹，我国沿海均产，以渤海湾所产最著名。雌蟹圆脐，雄蟹尖脐。

① 形态特征：海蟹壳厚扁平，体呈青灰色，头部有1对大螯足，另有4对小足，头脑表面有3个高低不平的瘤状物，身为棱。一般体重250~500g。雌蟹壳青色，有黄脂，雄性壳色蓝白色，味鲜甜。

② 营养及保健：海蟹含有丰富的蛋白质、脂肪、钙、磷、铁等矿物质及维生素A等营养素，有清热散结、通脉滋阴、补肝肾等功效。

③ 烹饪运用：海蟹肉色洁白而鲜嫩，味特别鲜美，烹饪上以清蒸、醋熘、炒为佳。

**（7）青蟹**　青蟹产于我国沿海各地，最肥美的时期在每年农历正月、五月和九月。

① 形态特征：青蟹背腹均盖有甲壳，背甲呈青绿色或褐红色，前线有额齿6个，左右缘有侧齿9个，似锯齿状，故其学名称锯缘青蟹。雌蟹腹部扁平，腹脐呈桃圆形，也称膏蟹；雄蟹腹脐部呈三角形，足宛如“铁甲长戈”，共有5对，又称肉蟹。

② 营养及保健：青蟹富含各种营养素，尤以蛋白质含量较高。

③ 烹饪运用：青蟹肉鲜美，蟹膏鲜香滑，以清蒸、油烟、姜葱炒等制法为佳。

**（8）中华绒螯蟹**　又名大闸蟹，为淡水蟹品种，以江苏南京出产的较佳，中秋节前后为盛产期。

① 形态特征：其整足密、出茸毛，头脑甲背面隆起，头胸部背面呈墨绿色，腹部为灰白色，额宽，有4个额齿，均较尖锐，居中一颗最深，4对步足长节近末端均具一刺，腕节背面均具刚毛，第四步足前节与指节的背、腹缘皆具刚毛，腹部扁平，俗称蟹脐。雌蟹呈圆形，称为“团脐”，雄蟹呈三角形，称为“尖脐”。

② 营养及保健：大闸蟹富含各种营养素，脂肪较丰富。

③ 烹饪运用：此蟹肉厚味鲜美，是蟹中上品，以清蒸、油焗为佳。

### 3. 虾蟹的品质检验

如表1-16所示。

表 1-16　　虾蟹品质鉴定

| | 新鲜 | 不新鲜 |
|---|---|---|
| 虾 | 虾尾完整，爪须齐全，有一定弯曲度，壳硬，虾身较挺，胸部和腹部联结膜不破裂，养殖虾体色受养殖底质影响，体表呈青黑色，色素斑点清晰明显，色泽气味正常，外壳有光泽，半透明，虾体肉质坚密，细嫩，有弹性，甲壳紧密附着虾体。 | 外壳失去光泽，甲壳黑变较多，体色变红或灰紫色，甲壳与虾体分离。虾肉组织松软，有氨臭味。虾胸部与腹部脱开，头部甲壳变红、变黑。 |
| 蟹 | 色泽鲜艳，腹面甲壳和中央沟色泽有光泽，手压腹面较坚实，螯足挺直，推肉坚实、肥壮，脐部饱满，分量较重，翻扣在地上能很快翻转过来，外壳呈青色，腹部发白。 | 背面和腹面甲壳色暗，无光泽、腹面中央沟出现灰褐色斑点点和斑块，甚至能见到黄色颗粒状流动物质。开始“散黄”变质，螯足与背面呈垂直状态，蟹腿肉空松、瘦小、行动不活泼，分量较轻，背壳呈暗红色，肉质松软，味不鲜美。 |

### 4. 软体动物概述

软体动物种类繁多，约有 10 万多种，大部分生活在海洋中，可捕捞的主要是头足类的柔鱼、乌贼等。如双壳类的牡蛎、贻贝、蚶、蛏等。

软体动物的身体柔软，由头、足、内脏团 3 部分组成，是动物界数量较多的一类，约有 8 万余种，根据其身体构造不同，常分为 7 个纲：双神经纲、多板纲、单板纲、腹足纲、掘足纲、瓣鳃纲和头足纲。多数种类适应生活在海中，海产软体类按其生活习性和栖息的基质不同分成游泳、浮游、底栖 3 种生活型。

软体动物有较大的经济价值，最重要的就是作为烹饪原料来使用。除掘足纲和大部分双神经纲动物外，其他纲的许多种类可供食用，但食用价值较大的主要是腹足纲、瓣鳃纲和头足纲的动物。

腹足纲以其发达的足作为主要的食用部位，瓣鳃纲有的是以发达的足、有的以发达的闭壳肌柱为食用部位，头足纲以肌肉质的外套膜和发达的足作为食用部位。这些肌肉的性质属于分化程度不很高的骨骼肌，也有平滑肌参与构成。由于贝类肌肉通常为纤细的平滑肌纤维，因此其运动一般不大频繁，但是它能保持长久持续的耐力和低能量消耗。贝类的平滑肌和横纹肌的组织结构不同，大部分平滑肌是坚韧、不透明的，呈灰色或乳黄色。横纹肌经常是斜行的，呈淡红色，可能是有血色素存在。贝螺类（一般指腹足纲和瓣鳃纲）的足的肌纤维中含大量的糖原，结缔组织较多，肉质稍粗，而且有的种类是连同以结缔组织为主要成分的外套膜一起食用，所以具有脆韧性。烹调时尤其讲究火候，多以炝、爆、炒、氽煮等方法旺火短时间烹制，成菜质脆而味鲜美；而闭壳肌柱和头足纲的足以及肉质化的外套膜肌肉组织含量高，结缔组织较少，肉质细嫩，可以多种方法成菜。

软体动物呈现独特的鲜甜味（其中甜味来自甜菜碱、甘氨酸、丙氨酸和脯氨酸，鲜味来自琥珀酸），所以其鲜品或干品在作主配料而成菜时，能为菜品提供鲜美的滋味。有的干品就是常用的鲜味调味品，如淡菜、干贝、墨鱼干、蛏干及蛏油、蚝豉及蚝油等。软体动物类原料的营养价值与鱼类相同，属高蛋白、低脂肪（比鱼类的脂肪含量还低。每

100g 肉中含胆固醇不足 100mg，比鸡肉的含量还低）一类，还含有丰富的水分（所以加热时失水多，肉的硬度增加，但长时间后又回软），还富含维生素 A、维生素 B 和铜、锌、硒、钙、铁等多种矿物质。所含的营养物质及呈味物质容易溶解于汤汁中，不仅使汤汁鲜美，而且易被人体消化吸收。软体动物除供鲜食外，还可以干制或腌制，也可以制成罐头食品。

但有些淡水贝螺类，往往是寄生虫的中间寄主，而且此后容易发生腐败变质，所以要注意食用的安全性，如同虾蟹一样，选料时特别讲究鲜活。

### 5. 软体动物的主要种类

#### （1）腹足纲

① 海螺：海螺又称红螺，生于浅海底部，我国北部沿海产量较多，东海嵊池也较常见，产季在 9 月中旬到第二年 5 月。海螺的贝壳边缘轮廓略呈四方形，大而坚厚，壳高 10cm 左右，螺层有 6 级，壳内为杏红色，有珍珠光泽。海螺富含蛋白质、矿物质、维生素，脂肪含量稍少。海螺肉质鲜爽，但腥味稍大，食味一般，烹饪上以炒、爆、爆片为佳。

② 鲍鱼：鲍鱼古称鳆鱼，又称“九孔螺”。我国大连、长山八岛、南海诸岛均有出产，以广东硇洲岛所产鲍鱼最出名。每年的夏秋季节，天气暖和、海藻繁茂之时，鲍鱼营养丰富，含有蛋白质、脂肪、铁、镁、氧化物、碘及 20 多种氨基酸，还含有鲍灵素Ⅰ、鲍灵素Ⅱ等。鲍鱼能抑制癌细胞、链球菌、葡萄球菌、单纯疱疹病毒等，具有补肝肾、益精明目等功效，而且是一种补而不燥的海产。

鲜鲍鱼味道鲜美，肉爽嫩，烹饪上可炖汤、蒜蓉蒸、炒片等。鲍鱼还可制罐头或制成干鲍鱼。

干鲍鱼根据使用习惯，干鲍鱼可分为网鲍、窝麻鲍、吉品鲍、改良鲍等几种。干鲍是用头数来衡量它的价值的。头数越小，表示鲍鱼越大，价格就越高。所谓头数是指 500g 干鲍所含鲍鱼的个数。目前网鲍头数最少，吉品的次之，窝麻鲍头数最多。

网鲍：产于日本较多，体形椭圆，边细起珠，色泽金黄，质地肥润、软滑，鲍鱼肉味浓厚，是干鲍鱼中最珍贵的。窝麻鲍：产于日本较多，似艇形，烂边，常带有针孔，原因是生长在海岩上，捕捉时用针刺取所造成的。质地肥润、软滑，质量次于网鲍。吉品鲍：以日本所产较多，元宅形，枕高身直，性硕，柿色。改良鲍：多产于福建、山东、广东沿海、北海及海南等地，色淡白，有腥味，个较小，身硬而韧，食味稍差。

③ 花螺：花螺又称东风螺、海猪螺，栖息于数米至数十米水深的砂泥质海底。广东沿海分布较广，以粤西海区为主要产区。

东风螺的壳呈长卵形，壳质稍薄，尚坚硬，壳表光滑，生长纹细密。壳面被淡褐色壳皮，壳皮下面为白色，具长方形紫褐或红褐色斑块。壳口半圆形，内面白色，并可映出壳表的色彩。外唇薄、弧形，内唇光滑并紧贴于完轴上。脐孔半月形，大而深，绷带扁平，紧绕脐缘，上覆鳞状生长纹，棕色，角质核位于前端内侧。

东风螺含蛋白质较丰富，脂肪含量少，另外还含有钙、磷、铁及维生素，有止血、润燥的功效。东风螺肉质鲜嫩、爽口，以白灼、盐焗为佳。

④ 响螺：海螺的一种，以南海及南海诸岛所产较多。响螺壳坚硬有旋形，头部起角，顶尖，头大，身长，肉体婉转而藏于壳内。响螺有肉螺、角螺两种。肉螺外壳角小而圆滑，壳薄肉多；角螺的外壳角多起锋棱，壳厚肉少。响螺以个大、肉肥者为上品。响螺含有较丰富的蛋白质、脂肪、钙、磷、铁等营养素，有清热明目的功效。响螺肉爽而鲜，细嫩可口，食味极好，以炖汤、炒爆为佳。

⑤ 蜗牛：蜗牛是一种饲养简便、繁殖力强、经济价值较高的原料，生活在陆地上，喜阴暗、潮湿环境，昼伏夜出，以地衣、藻类、苔藓等绿色植物为食。蜗牛壳旋状，壳薄，壳色黑色，有触角 2 对。其营养价值较高，含有丰富的蛋白质、钙及多种维生素，具有清热解毒的功效。蜗牛味美，肉鲜嫩，以炒、爆为好。

⑥ 田螺：田螺又称黄螺，是一种栖息于湖泊、池塘及小溪中的软体动物，喜欢生活在水质清新、含氧充足的水域，特别喜欢群集于有微流水的地方。其贝壳右卷且为卵形，螺壳由若干螺层组成，最后一个螺层宽大。每 100g 田螺肉含蛋白质 10. 7g，脂肪 1. 2g，钙 1357mg，磷 191mg，铁 19. 8mg。田螺有清热利水、解毒消痈的功效。由于田螺以水生植物和菜为食物，肠胃和鳃较为污秽，甚至含有对人体有害的物质，因此在烹饪前应把田螺放在清水中活养几天，让其排泄尽体内污物和寄生虫及泥味，烹饪上以炒为多。

（2）瓣鳃纲

① 牡蛎：牡蛎又称蚝、海带子、蛎等，分布于热带海域，我国黄海、渤海、南海均有出产，以江河入海一带的海湾繁殖最旺，广东、广西、福建、山东等省产量较大，每年 4~10 月份最肥美。牡蛎是一种海产双壳软体动物，壳大而坚厚，多呈长圆形或长卵形，左壳略扁平，表面环生平定的薄鳞片。由于种类不同，壳面有灰色、青色、紫色、棕色或褐色。牡蛎含有丰富的营养素，尤其含有微量元素锌，能促进儿童智力发育，故又有“益智海鲜”之美称。其肉味鲜美，生食、熟食均可，也可加上成蚝豉、蚝油。烹饪上以炒、蒸、汆汤最佳。生吃时应以香菜、姜丝、醋等调料拌食，味道清甜可口，肉爽滑鲜美。

② 文蛤：文蛤又称花蛤，产于我国东海、黄海、南海、渤海等海域的泥沙中，大小不等，以辽宁营口、江苏连云港、南通较多。全年出产，以清明节前后为旺季。文蛤壳呈三角卵圆形，两壳大小相等，壳顶突出，位于背面偏前方，整个壳为斧状，外表光滑，并被有一层黄褐色壳皮，小月面狭长，呈矛头形，盾面呈卵圆形。文蛤含有丰富的蛋白质、脂肪、钙、锌、磷、碘及维生素 A、维生素 $B_1$、维生素 $B_2$，其提取物能抑制葡萄球菌、白血病细胞及肿瘤细胞，有清热化湿、化痰散结、润五脏、清肺热等功效。文蛤肉鲜嫩无比，适于蒸、炒、汆汤。

③ 蚶：蚶是生长在海底泥沙或岩礁隙缝中的一种双壳类软体动物，多在江河入海口附近海域，与牡蛎同一家庭。我国东南沿海，尤以广东沿海产量最多。蚶的贝壳很厚，很

坚固，左右两个贝壳很结实，有毛蚶和泥蚶两种。毛蚶右壳稍小，不易剥开，长卵圆形，壳面放射肋较多，约有 35 条，壳表面为白色，有茸毛状的褐色表皮；泥蚶有贝壳 2 枚，大小相等，卵圆形，顶部突出，壳面放射肋发达，为 18～20 条，壳表面白色，有褐色薄皮。每 100g 蚶肉含蛋白质 8.1g，脂肪 0.4g，铁 14.2g 及丰富的维生素 A、维生素 $B_1$、维生素 $B_2$等，具有养血活血、温中健胃、润五脏等功效。蚶肉质鲜嫩，烹调上以炒、氽汤为佳。由于近年沿海水域污染严重，因此食用时必须彻底加热。

④ 竹蛏：竹蛏又称蛏子，是我国沿海常见的一种软体动物，喜欢生活在有淡水流入的河口附近，夏季较肥。竹蛏有左右相等的贝壳两个，两壳很薄、很脆，贝壳形状近乎长方形，表面常长有一层浅绿色的薄皮。两个贝壳是用背面的韧带和前后两个闭壳肌连在一起的。竹蛏营养丰富，有滋阴除烦、清热消湿、清胃治痢、益肾等功效。竹蛏肉丰满，味异常鲜美。以炒、爆、蒜蓉蒸为佳。烹调前先用水洗净，放入清水中活养几日，让其吐净泥沙，用沸水焯一下，剥去外壳，取出竹蛏肉即可使用。

⑤ 贻贝：贻贝在北方俗称海红，南方称壳菜，广东称青口螺，为热带、亚热带暖水性贝类，其干制品称为淡菜。我国沿海均产，每年 5、6 月份为盛产期。贻贝壳薄，长楔形，前端尖细而后端较宽，壳表为翠绿色，尤以边缘为鲜艳，壳内面为白色，并带有珍珠光泽，边缘除壳背韧带部分外皆镶有均匀宽度的鲜艳翠绿色。贻贝营养丰富，蛋白质含量达 53.3%。贻贝肉质鲜嫩甘美，烹饪上以蒸、炒为佳。

⑥ 扇贝：扇贝又称海扇，是一种海产贝，产于我国沿海各地。南方的华贵栉孔扇贝为多，北方则以海湾扇贝为多见。每年 5～8 月上旬为上市期。扇贝壳呈南面状，两壳大小相等，右壳较平，左壳稍凸，壳面多条褐色、黄褐色或淡红色，有的具有枣红烟云斑纹。体侧扁，壳高略大于壳长，壳表具同心环状生长纹和放射肋。两壳的放射肋数各约 25 条，放射肋上常有发达的棘刺或覆盖瓦状突起。铰合面直，无齿，韧带呈三角形，黑褐色，壳内面黄褐色，有与壳外相应的沟和肋条。由于扇贝闭壳肌的蛋白组成特殊，因而有极高的营养价值。据研究发现，扇贝的卵巢中所提取的糖蛋白，对治疗动物的白血病有较好的效果。扇贝肉鲜嫩美味，以蒸为佳。

⑦ 江瑶贝：江瑶贝又称江瑶、带子螺，是一种暖水性软体动物，产于沿海各地。其生活习性奇特，一般以壳的尖部直立插入泥沙之中，形如一片海底森林，而且一经定居后，终生不会再移动。江瑶贝以一些海底藻类和有机碎屑为主食，以足丝附着生活，栖息于浅海泥沙质海底。江瑶贝壳大，呈扇形或三角形，壳顶尖细，背绿宣或略凹，腹缘的半部略直，后半部突出，韧带发达，壳表褐色有浅蓝色光泽，壳内面具珍珠光泽。江瑶的闭壳肌也称鲜带子，形似棋子，色灰白或淡黄，有两条肉带联着，故称带子。富含蛋白质、钙、磷、铁及维生素，脂肪含量稍少。江瑶肉爽滑，味鲜嫩，但略有腥味，烹饪上以豉汁蒸为最佳，也可切片炒。较大的江瑶贝可在闭壳肌的中间切开，两块壳各带有一块肉，较小的贴住一面壳切下，只有一面壳带有肉，或者贴住两面壳把肉取下，肉上没带壳似棋子状。蒸之前必须在肉面垂直到井字纹，另外，加热时间要恰到好处（蒸时一般 5min 左

右)，否则肉韧，会失去鲜嫩的特点。

⑧ 花甲螺：花甲螺又称贵妃蚌、西施舌，大多栖息在河口附近含沙量较高的平坦滩涂上，埋栖于6~7cm细沙质海底。我国沿海均产。西施舌贝壳略呈三角形，表面膨胀、光滑，披有一层黄褐色光滑表皮，壳顶部为淡紫色，生长纹细密明显，贝壳里面为淡紫色。西施舌足大如舌，贝壳一头微张开，似樱桃小嘴，吐出形似人舌的闭壳肌，洁白如肉体，故被文人骚客称为西施舌。西施舌营养丰富，有润肺脏、益精补阴的功效。西施舌肉洁白，味道鲜美，以蒸、炒、氽汤为佳，尤其是氽汤，味道清甜鲜美。

⑨ 蛤蜊：蛤蜊又称蛤仔，生活于浅海泥沙滩中，我国沿海均产。形似文蛤，壳略呈三角形，两壳大小相等，壳表光滑，披有一层黄褐色壳皮，壳面有花纹，壳顶突出。蛤蜊富含营养，有滋阴利尿、化痰软坚、散结等功效。其肉肥而鲜美，以氽汤、炒为佳。

⑩ 河蚌：河蚌又称蚌、河蛤蜊等，为淡水贝类，产于我国大部分江河、湖沼，南方内陆河、湖较多，春天为出产旺季。河蚌体大而宽扁，壳硬、较薄，呈黑色。河蚌含有较丰富的蛋白质、脂肪及其他营养素，有清热滋阴、明目解毒、养肝、凉血放风等功效。河蚌肉质细嫩，肉色淡黄，味道鲜美，以炒、氽汤为多见。

(3) 头足纲

① 乌贼：乌贼又称墨鱼、花枝，产于沿海各地出产较多。每年春季大量上市，以清明节前后最佳。乌贼身体分为头部、足部和内脏三部分，头上有触须八根，有两条较长的触手。眼呈长圆形，灰白色。体内有灰状浮骨一块。头的下面有一个很特殊的器官叫漏斗。身上有一个墨囊，内有浓厚的黑色墨汁，经漏斗喷射出来。乌贼有雌雄之分，雄性背部宽而带花点，雌的裙边小，背上发黑。乌贼以雌性质量最好，乌贼营养丰富，每100g肉中含蛋白质13g，脂肪0.7g，钙14mg，铁0.6mg，有养血滋阴、益胃通气、去淤止痛的功效。乌贼肉厚而爽嫩，味鲜，烹调上使用广泛，以炒、爆为佳，也可白灼。由于其肉厚，因而可剞上各种花刀，以增加菜肴美感。

② 鱿鱼：鱿鱼又称枪乌贼，我国沿海均有出产。主要产地在福建、广东海域。形态特征：其类似乌贼，但头和躯干部很狭长，尤其是躯干部，末端很尖，形状很像标枪的头，须长，体内没有墨囊和粉骨，只有透明软骨一片。体色紫红。营养成分与乌贼相似。烹饪运用：鱿鱼体大肉嫩，味鲜美，肉比乌贼稍薄，质量比乌贼要好。使用较广，以炒爆为佳，近年也有用来白灼、清蒸、醋熘等。鱿鱼也是剞花刀的较好原料。

③ 章鱼：章鱼又称八爪鱼，我国东南沿海均有出产。其实章鱼不是鱼，而是与乌贼、鱿鱼一样属于头足类的软体动物。章鱼的肥美期在夏秋之季。章鱼有8只很长的腕足长在头顶上，好像8条索带，身体圆，眼睛特别灵敏。8只如蛇一样长长的腕足，上面布满了大大小小的有力吸盘2000多个。体内含有色素细胞，能随周围环境不断变换体色。章鱼含蛋白质丰富(15.3%)，有补虚增乳、养血益气、收敛生肌等功效。章鱼肉鲜爽，味美，以炒为佳。烹制章鱼时必须正确处理原料，否则其肉韧无比，无法达到爽嫩的要求。

## 6. 软体动物的品质检验及储存

贝类除头足类外，其他品种应食用活的。因此，检验的方法简单，即死的不用，专门选择活的使用。头足类的乌贼、章鱼、鱿鱼的检验方法与鱼类相似。贝类的储存主要是活养。活养时应注意水的比重，水温要恰当，水要清。要注意检查贝类是否是活的，如果已死亡，要及时取出。

## 四、藻类

### 1. 藻类概述

藻类是自然界中自养的原植体植物。其特征是：一般具有光合作用色素，能进行光合作用，制造本身所需要的养分；生殖器官为单细胞构造；植物体没有根、茎、叶的分化，而且它们在大小、形态构造上的差异很大。藻类的生态习性多种多样，但绝大多数是水生的，也有少数是陆生或气生的。

### 2. 藻类的主要种类

**（1）海带**　海带又称昆布、海带菜、江白菜，为海带科植物海带等的叶状体。

海带藻体褐色，长带状，革质，一般长 2~6m，宽 20~30cm。藻体明显地区分为固着器、柄部和叶片。固着器假根状，柄部粗短圆柱形，柄上部为宽大长带状的叶片。在叶片的中央有两条平行的浅沟，中间为中带部，厚 2~5mm。中带部两缘较薄有波状皱褶。我国辽宁、山东、江苏、浙江、福建及广东省北部沿海均有养殖，野生海带在低潮线下 2~3m 深度岩石上均有生长。海带以叶体清洁平展，平直部为深褐色至浅褐色，两棵间无粘连，无霉变、无花斑，无海带根者为佳。海带每 100g 含有水分 12.8g，蛋白质 8.2g，脂肪 0.1g，碳水化合物 56.2g，钙 1.17g，碘 300~700mg，磷 216mg，铁 150mg，硫胺素 0.09mg，核黄素 0.36mg，尼克酸 1.6mg。此外，海带还含有甘露醇、藻胶酸、脯氯酸、氯化钾等物质。海带可凉拌，也可炖制汤或炒菜等。

**（2）紫菜**　紫菜又称索菜、紫英、子菜、乌菜等，为红毛菜科植物比紫菜的叶状体。紫菜叶状体多生长在潮间带，喜风浪大、潮流通畅、营养盐丰富的海区。我国主要分布在辽宁至广东沿海。优质紫菜具有紫照色光泽（有的至紫红色或紫褐色），片薄、口感柔软，有芳香和鲜美的滋味，清洁无杂质，用火烤熟后呈青绿色；次质紫菜表面光泽差，片张厚薄不均匀，呈红包并夹杂绿色，口感及芳香味差，杂藻多，并有夹杂物。其性味甘咸寒，具有化痰软坚、清热利水、补肾养心的功效。紫菜大多用来制汤，也可干制食用。

**（3）石花菜**　石花菜是红藻的一种，它通体透明，犹如胶冻，藻体黄色，羽状分枝，口感爽利脆嫩，还是提炼琼脂的重要原料。生长于中潮或低潮带的岩石上，主要分布于我国渤海、黄海、东沟沿岸以及朝鲜、日本等地沿海的中潮或低潮带的岩石上。石花菜含有丰富的矿物质和多种维生素，尤其是褐藻酸盐类物质具有降压作用，所含的淀粉类的硫酸脂为多糖类物质，对高血压、高血脂有一定的防治作用。石花菜泡发后可作凉拌菜，也可酱腌；不可久煮，否则会溶化；凉拌当添加姜末或姜汁，以缓解寒性。

**（4）裙带菜**　裙带菜是褐藻门海带科植物，色黄褐，呈羽状裂片，叶片较海带薄，外形像大破葵扇，也像裙带，故取其名。裙带菜分淡干、咸干两种。我国辽宁的吕达、金县，山东青岛、烟台、威海等地为主要产区，浙江舟山群岛也产。除自然繁殖，已开始人工养殖。裙带菜营养丰富，食用价值较高，被誉为“海中蔬菜”。裙带菜含有多量的碘和钙，其蛋白质和铁的含量比海带还要多。此外，裙带菜还含有维生素A、维生素$B_1$、维生素$B_2$，维生素C、叶酸、镁、钠和多种氨基酸及褐藻胶酸、食物纤维等，有降低血压和增强血管组织的作用。裙带菜可以做汤也可以拌凉菜。

**（5）海藻**　海藻又称大叶藻、大蒿子、海根菜、海草，为马尾藻科植物海蒿子或栖菜小叶海藻的藻体。山东青岛和威海是世界海藻主产区。中医认为海藻性寒，味苦咸，有消痰、软坚、利水的功效。海藻提取液中蛋白多糖类可对抗各种病毒，其中包括艾滋病病毒和致癌的RNA病毒。主要用来炖汤。

# 第四节
# 香辛料和调味料

## 一、概述

### 1. 调味料的概念

调味料（seasoning）又称调味品，是在烹调过程中主要用于调整或者调和食物口味（滋味）的食品加工辅料或添加剂的统称。在菜肴中起着定味、上色、去除异味、杀菌防腐等作用。调味料是烹饪原料中非常重要的一个成分，没有这一组成部分，菜肴的风味、美味也就无从谈起。其中的盐尤其重要，少了它，人的正常代谢就会出现问题。在《调味品分类》（GB/T 20903—2017）中有以下定义：调味品（condiment）是在饮食、烹饪和食品加工中广泛应用的，用于调和滋味和气味并具有去腥、除膻、解腻、增香、增鲜等作用的产品。

调味：指在食品加工过程中运用各种调味品及调味方法调配食品口味的工艺过程。

味型：指经过添加调味品后，使食品呈现独特的风味。常见的味型有：甜香味型、咸鲜味型、咸辣味型、咸甜味型、咸香味型、酸甜味型、酸辣味型、香辣味型、麻辣味型、怪味味型、五香味型、各种香辛料味型。

### 2. 调味料在烹饪中的作用

调味类原料是菜肴制作过程中用量最小、使用范围最广的一类烹饪原料，是确定肴馔味型的重要元素。调味类原料在菜肴制作中投放量的多寡已成为调节肴馔味感和形成风味特色的重要手段，并在烹调过程中起以下作用。

**（1）赋味**　通过加入调味品可以使许多因原料本身无味或滋气味不良的产品被赋予优良的风味。部分原料甚至一些高档原料，本身并无特别滋味，如豆腐、粉丝、海参、鱼翅、鱼肚、鲍鱼等，必须经过调和赋味，才能增加滋味，使其芳香可口。

**（2）确定食品的口味**　某些食品加入调味品后，可以赋予这种食品特定的味型，如甜香味型、麻辣味型等。一般来说，每一种菜肴都具有相应的味道，都是通过调味来实现的。中国烹饪料有千种以上，通过调味所形成的肴馔则有万种之多，这说明调味是菜肴口味多样化的手段之一。例如，同一种鱼，根据所施调味手段不同，可烹制出醋熘鱼、糖醋鱼、红烧鱼、麻辣鱼条等多种味型。

**（3）除异矫味**　有些动物性原料，如牛肉、羊肉及其内脏，狗肉和水产品等，虽然经过严格的初步加工处理，但是往往还含有一定的腥、膻、臭等不良气味，不宜直接食用。然而，这些烹饪原料经过调味类原料的合理应用后，形成了味的相互抵消作用，从而减弱或消除了烹饪原料中的不良气味。一些具有较强气味的原料（如辣椒、洋葱等），往往不易被人们接受，可以通过相应的调味手段，来冲淡或减缓烈味的刺激。

**（4）增加食品的香气** 食品中添加一定量的某种调味品后，可使食品中的某种香气进一步突出。

**（5）赋予食品特殊的颜色** 在调味过程中，可借助有色调味料及调料在加热过程中与其他物质发生的呈色反应来增加菜肴的色泽。如糖、油中的某些成分在适当条件下发生反应使菜肴着色，红烧类菜中的糖可使菜肴光泽明亮；牛乳、精盐可使鱼片洁白；腐乳汁、番茄酱可使菜肴呈玫瑰红色；面酱、酱油则可使菜肴呈酱红色等等。

**（6）增加营养成分** 利用某种调味品对食物进行调味时，由于这种调味品中含有被调味食品中含量较少或易缺乏的营养物质，从而起到营养强化作用。

**（7）食疗养生** 选择具有保健功能的、国家相关规定允许加入到食品中的、药食兼用的某种调味品对食品进行调味，可起到食疗养生的作用。

**（8）杀菌抑菌** 许多调味品含有杀菌、抑菌成分，食品中加入此类调味品后，可有效延长此类食品的保质期。

**（9）影响口感** 某些调味品可影响食品的黏度、软硬度等物理性质，从而影响食品的口感。

### 3. 调味类原料的分类

按来源分：动物性（鸡精）、植物性（芥末、八角、黑胡椒）、矿物性（食盐）、化学合成类；

按状态分：液态、油态、粉状、糊状、膏状；

按加工过程分：酿造类、腌渍类、果品蔬菜类、干品类、水产类、其他类；

按味感分：咸味调味料、甜味调味料、酸味调味料、鲜味调味料、酒类调味料、香辛料调味料、复合及专用调味料。

按调味品的性质、来源等分：风味调味料、复合调味料、核苷酸调味料、原始辛香调味料、天然调味料、酿造调味料和西式调味料等八类。

按人们的口味和习惯分：单一味调味料（如盐、糖、醋等）、基础调味料（酱油、味精、黄酱、面酱、辣酱油等）、复合调味料（番茄酱、辣椒酱、蛋黄酱、沙茶酱、调味酱、蚝油等）。

## 二、香辛料

### 1. 概念

香辛料是指主要来自各种自然生长的植物的果实、茎、叶、皮、根等，具有浓烈的芳香味、辛辣味［《调味品分类》（GB/T 20903—2017）］。

《香辛料和调味品》（GB/T 12729. 1—2008）中规定的 68 种可用于食品加香调味料，

能赋予食物以香、辛、辣等风味的天然植物性产品及其混合物。是以各种香辛料为主要原料，添加或不添加辅料制成的制品。《香辛料调味品通用技术条件》（GB/T 15691—2008）、《调味品分类》（GB/T 20903—2017）。

### 2. 产品分类

按单一原料和复合原料分为两类：

① 单一型：由单一香辛料制成的调味品（详见麻辣调味品和香味调味品）。

② 复合型：由两种或两种以上香辛料配制而成的调味品。

### 3. 原料要求

① 各种原料应干燥、无虫蛀、无霉变、无异味、无污染、无杂质，具有该原料应有的色泽，天然芳香味或辛辣味。

② 凡需加工整理的各种原料，应经挑选、风筛去除杂质后方可投产。

### 4. 技术要求

① 感官要求：具有该产品应有的色泽、气味和滋味。

② 理化指标：筛上残留量≤2.5g/100g；水分≤14%；总灰分≤10%；酸不溶性灰分≤5%。

## 三、调味料

### 1. 咸味调料

**（1）咸味调料概述**　咸味是味型中最基本的味道，许多味型都必须与咸味结合才能充分地表现出来。鲜味与咸味结合，则能突出味道的鲜美；甜味与适量咸味结合则能更加突出甜味的醇厚，行业有“若要甜，加点盐”的厨谚。我们通常所用的咸味调料大多是食用盐及其风味盐制品，其主要成分是氯化钠。咸味调味料除了具有调味的功能外，还具有防腐、杀菌的功效。

**（2）咸味调料的主要种类**

① 食盐：食盐为海水或盐井、盐池、盐泉中的盐水经煎晒而成的结晶体，又称盐、咸鹾等。盐有“百味之主”之说，在菜肴中有着不可替代的作用，《本草纲目》中盐有“五味之中，惟此不可缺”的记载。

② 形态特征：食盐为白色晶体，因加工的精细程度不同，结晶体有大小、粗细之分，还可能会有一些颜色。正常烹饪中用的食盐一般都要求色泽洁白，颗粒细小，干燥，没有结块现象，没有苦涩味。

③ 品种和产地：按来源分为海盐、池盐、井盐和岩盐。海盐又称大盐，为沿海盐田取水经日晒制成，含氯化钠达90%，常含有杂质，主要用于腌制食品；池盐产于青海、内蒙古的咸水湖中，含水量较小，又称为湖盐、青盐；井盐是由盐井中提取卤水熬制成的盐，含杂质少，无苦味，产于四川、云南、湖北等地，因其形状不同，又分为花盐、巴

盐、砧盐、筒盐四种，尤以四川自贡地下咸水提炼者最为著名；岩盐也称矿盐，为地下岩层开采取得，产于新疆、青海等地。按加工程度不同，盐可分为原盐、洗涤盐、再制盐等。按提取加工工艺分为粗盐、精盐、加味盐。粗盐含有较多的杂质，除氯化钠外，还有氯化镁、氯化钙、硫酸钠、硫酸钙和一定量的水分，所以有苦涩味，一般用于腌制食品。精盐是粗盐溶解后除杂质得到的盐，呈粉末状，洁白，是理想的烹饪用盐。加味盐又称混合盐，是精盐中加入多种香辛料或其他调味料制成的混合盐，常用的加味盐有蒜盐、胡椒盐、辣椒盐、洋葱盐、香芹盐等。此外，还有健康食盐，如低钠盐、加碘盐等。

④ 烹饪运用：食盐是咸味的主要来源，是菜肴最基本的味道，能够改良原料的质感，增加原料的脆嫩感，如白瓜水分较多，在炒的时候水分大量渗出，使得白瓜的口感变得软烂；加盐腌渍后再炒能使白瓜变得脆嫩。在动物原料的上浆、蓉泥类菜肴与面团调制过程中，加入适量的盐可起到“上劲”的作用，使面团柔韧性增强、蓉泥类菜肴的黏性提高。其还有防腐作用，经过盐腌的食物能长时间储存，还可以增加原料的风味。

但使用时需要注意投放时间，制汤时放盐不宜过早，否则会使得原料中的蛋白不易溶于汤中，汤的味道也就不会浓厚鲜醇；炒蔬菜时盐应早下，以使菜肴快速入味，否则易老；对于加碘盐来说，高油温与长时间加热会使碘损失，故在菜肴快炒好时下锅。

⑤ 质量标准：食盐品质以色泽洁白，结晶体整齐一致，不结块，光滑坚硬，呈透明或半透明状，咸味纯正，无杂质，无反吸潮现象为佳。

**（3）酱油** 酱油是以大豆、小麦等为原料，经过对原料预处理、制曲、发酵、浸出淋油及加热配制等工艺生产出来的液态调味品。

① 形态特征：酱油的形态有液体酱油、固态酱油、粉末酱油等，具有色泽红褐（白酱油色微黄）、酱香浓郁、滋味鲜美醇正的特征。

② 品种和产地：常用的酱油有生抽、老抽、甜酱油、辣酱油、复制酱油、特制酱油等。生抽颜色较浅，具有可口鲜味和丰富营养，为烹制中必备的调味品。老抽是在酿制酱油时加入焦糖，致使产品呈现深黑色，其咸味较浓，香味和咸味则不及生抽，多用来腌制肉类。甜酱油是指以黄豆制成酱胚后，配以红糖、饴糖、食糖、香料及酒曲酿呈的酱油，其味咸甜兼备，气香味鲜，可用于蒸、炖、煮、炒等调味。辣酱油是指将辣椒泡于酱油中，一定时间后捞去辣椒，再将酱油煮沸冷却而成的酱油，除有酱油原来的鲜味外，兼有辣味，多用于调拌。复制酱油指在酱油中加入海产如虾子、蟹子、加入菌类如冬菇、草菇，加入香料如八角、草果，或加入味精等制成的酱油。特制酱油如忌盐酱油是一种不含或只含有少量钠离子的、专供肾脏病患者食用的酱油。酱油按颜色分有红汤酱油、白汤酱油等；按风味分有辣味酱油、口蘑酱油、虾籽酱油、五香酱油、鱼露酱油、蚕蛹酱油等；还有用于保健和忌盐食用的海带酱油、低钠酱油等。著名品种有：广东佛山生抽王酱油、湖南湘潭龙牌酱油、上海白酱油、江苏淮安虾籽酱油等。

③ 烹饪运用：酱油可以替代盐来定味，能增加菜肴的鲜味，且有增香、增色作用。在烹制冰糖扒蹄、东坡肉时应选择味咸而色淡的浅色酱油。

④ 质量标准：色泽上，以棕褐色或红褐色，鲜艳有光泽不发乌者为佳；从香气上，以有酱香气及酯香气，无其他不良气味者为佳；从滋味上，鲜美适口，稍有甜味，味醇厚，没有酸、苦、涩等异味和霉味者为佳；从体态上，以澄清、不混浊、无沉淀物、无霉花浮膜，浓度适当者为佳。

**（4）酱**　酱是以大豆或面粉、米、蚕豆等为原料，采用曲制或霉制法加工而成的一种糊状物。

形态特征及品种和产地。酱的形态有糊状的面酱和半固态的豆瓣酱两类。根据用料不同通常可分为黄豆酱、面酱、蚕豆酱三大类；在此基础上若添加原料，就可形成各种复合调味酱。常见的有虾米酱、牛肉酱、芝麻酱、沙茶酱、XO 酱等。

黄豆酱，是用黄豆、面粉加盐和水，以米曲霉为主的微生物发酵配制而成的调味品。根据含水量的多少，有干黄酱、稀黄酱之分。色泽金黄，酱味芳香，咸淡适口，可供炸酱及烹饪菜肴用。

甜面酱又称面酱，我国各地均产。是用面粉加盐、酵母经发酵制成的配制调味品，因其味咸中带甜而得名。成品呈稠粥状，金黄色，有光泽，味醇厚而鲜甜。

蚕豆酱产于四川、北京、安徽等地。是由蚕豆、面粉为原料，以原料 2%的米曲霉为主经微生物发酵制成。

豆瓣辣酱的主要原料有蚕豆、面粉、辣椒和食盐、味精等，如不加辣椒则为豆瓣酱。

沙茶酱又称沙爹酱，以黄豆酱为基础，加入虾干、大地鱼、花生、香葱、沙姜和植物油等辅料，经过油炸高温处理制成，酱味鲜美微辣，酱内有小颗粒，嚼之甘香适口，可供拌、炒食和蘸食之用。XO 酱是在黄豆酱中加入扇贝、火腿、虾干及香料酿制成的，酱味鲜美可口，可作烹制菜肴及蘸食的调味品。

著名酱类品种有：四川郫县豆瓣酱、安徽胡玉美蚕豆酱、山东济南甜面酱、河北保定甜面酱、福建沙茶酱、上海梅林牌 XO 酱等。

① 烹饪运用：可用于爆、烤、蒸、凉拌等多种烹调方法。一般在用于热菜时宜先炒香出色，而用于蘸食或凉拌时宜将其先炒熟或蒸熟再用，以确保卫生及菜肴的风味特色。

② 质量标准：酱类品质以红褐色或棕红色，油润发亮，鲜艳有光泽，形态上黏稠适度，无霉花、杂质。具有浓郁的酱香和酯香气味者为佳。无其他异味；滋味鲜美，入口绵软，咸淡适口，有豆酱或面酱独特的滋味，豆瓣辣酱可有锈味，无其他不良滋味。

**（5）豆豉**　豆豉是以黑豆或黄豆为主要原料，利用毛霉、曲霉或者细菌蛋白酶的作用分解大豆蛋白质，再通过加盐、加酒、干燥等方法，抑制酶的活力，延缓发酵过程而制成的颗粒状调味品。

① 形态特征及品种和产地：豆豉的种类较多，按加工方法不同可分为干豆豉、水豆豉；按口味不同可分为咸豆豉和淡豆豉；按加工原料不同可分为黑豆豉和黄豆豉。黄豆豉成品呈黄褐色，质量略差于黑豆豉，除可供制作炸酱外，也可蒸食，或作蘸料，为北方菜多用的调味料。黑豆豉成品呈黑褐色，味鲜而香，可供多种菜肴应用，南方多用。干豆豉

多用于炒菜或制作酱等，水豆豉滋味鲜美适口，可作为一般菜肴调味之用。淡豆豉，一般家庭少用；咸豆豉，烹饪常用，口味较重，适用于一般菜肴。我国较为著名的豆豉有：广东阳江豆豉、湖南浏阳豆豉、四川潼川豆豉和永川豆豉、云南妥甸豆豉、广西黄姚豆豉、山东八宝豆豉、陕西香辣豆豉和风干豆豉等。

② 烹饪运用：主要运用在烹制中起提鲜、增香、去腥，多用于炒、爆、烧、蒸、焖法烹制的菜肴，一般炒香后效果较好。其味道重，不宜太多使用，保存时主要防霉、防潮，可用适量盐、白酒、香料与其拌匀。

③ 质量标准：豆豉品质以颗粒整齐完整，黑褐色有光泽，酱香、酯香浓郁，咸淡适口，无苦涩味、霉变异味，中心无白点，松软即化且无泥沙者为佳品。

### 2. 甜味调料

**（1）甜味调料概述** 甜味是很受欢迎的一种味道，其在烹调中的作用仅次于咸味调料。从结构上看呈甜味的物质主要是单糖和双糖。此外，还有甜味剂如糖精钠、非糖类的甜叶菊苷、甘草苷，以及部分氨基酸、肽等，糖精的甜味是最强的，而果糖味道最好，使用最广的是蔗糖。其作用很大，可作为甜味剂，可参与多种复合味型的调制，可用于矫味、去腥苦，还有增加光泽和着色作用，还有防腐作用。

**（2）甜味调料的主要种类**

① 食糖：食糖是从甘蔗、甜菜等植物中提取的一种甜味调料，其主要成分是蔗糖。形态特征及质量标准，糖的外形特征与加工的精细程度有很大的关系。一般来说，食糖的质量以色泽明亮、质干味甜、晶粒均匀、无杂质、无返潮、不粘手、不结块、无异味者为佳。

a. 烹饪运用：烹饪的主要调味品，也是制作糕点、小吃的重要原料，还可制成糖色，以增加菜肴颜色。食糖用在红烧菜肴中，可使菜的汤汁黏稠、有光泽，在腌制品种可减轻加盐脱水所致的老韧，保持肉类制品的软嫩。

b. 品种和产地：根据外形和色泽，食糖通常分为以下几类。白砂糖：食糖中的精纯品种，含蔗糖量最高，含水分最少，而且色泽好、无杂味，一般在食品工业中使用最广。其颗粒较粗，溶解慢，易结晶，在烹调时多用于烧、炒类的热制菜肴，挂霜菜肴用糖以白砂糖为佳，而在冷菜尤其是作蘸食的调料时不宜使用。绵白糖：又称细白糖，以甜菜为原料，并加入2.5%的转化糖浆制成。其晶粒细小、均匀、颜色洁白，质地绵软、细腻，纯度低于白砂糖。因其含较多的还原糖，故甜度高于白砂糖。绵白糖晶粒细小，入口即化，宜用与凉拌菜或蘸食。因其中含有少量转化糖，不易析出，比白砂糖更适合于制作拔丝菜。赤砂糖：又称红砂糖、赤糖。制作时未经洗蜜工艺，表明附着糖蜜，还原糖含量高，同时含有非糖成分。其颜色较深，呈赤红、赤褐、黄褐色，晶粒连在一起，有糖蜜和甘蔗香味。其不耐储存，旱季易结块，雨季易溶化。合适红烧类菜肴，可产生较好的色泽和香气。土红糖：又称老红糖、粗糖，是最古老的和最富有国产特色的品种。按外观不同又分为红糖粉、片糖、条糖、糖砖等。土红糖纯度较低，其中水分、还原糖、原糖、非糖杂质含量较高，颜色深，结晶粒小，易吸湿溶化，稍有甘蔗的清香气和糖蜜的焦甜味。人们美其名曰“桂花味”。土红糖有多种颜色，以色泽红艳者质量较好，烹调中使用较少。冰糖：一种纯度较高的大晶体蔗糖，是白砂糖的再制品，深受人们喜爱。冰糖块状晶莹，很像冰块，所以称为冰糖。冰糖按颜色可分为白冰、黄冰、红冰三种，以白冰透明度为最高。根据形状、加工方法的不同，分为多晶冰糖和单晶冰糖。按结晶形状分，有纹冰、车冰、片冰、统冰、冰角、冰屑等，其中纹冰为最好。单晶冰糖个粒均匀，甜味纯正，纯度高，为每粒含 12 个面的单斜晶体。冰糖在烹调中多用于制作甜菜或扒菜。方糖：未经干燥的优质白砂糖用水湿润，再用压制机压成的糖。分整方、半方两种，以颜色洁白、砂面平整、正方形六面体、无缺口破损者为佳。方糖溶解快，携带方便，多用于喝牛乳、咖啡时调味。

② 饴糖：饴糖又名水饴、糖稀、麦芽糖，是我国传统的甜味调味剂。它是以粮食淀粉为主要原料，经加工后用淀粉酶液化，再利用麦芽中的酶使原料中的淀粉糖化而成的。形态特征及品种和产地：分为硬饴和软饴两大类，硬饴为淡黄色，软饴为黄褐色。依据淀粉来源的不同可分为小米饴、甘薯饴、马铃薯饴、高粱饴等。饴糖的主要成分是麦芽糖，约占 1/3。此外，还含有葡萄糖、糊精等成分。

a. 烹饪运用：主要用于糖果糕点，烹饪中主要用于上色，也可用于调味。可使成熟的点心质感松软，使菜肴色泽红亮。烧烤类的菜肴使用较多，如叉烧鸭、烤乳猪、脆皮乳鸽等。

b. 质量标准：饴糖以色泽淡黄色，透明澄清，洁净无杂质，具有饴糖特有的香气，无其他异味，味道浓厚纯正，无酸、苦、涩味者为佳。

③ 蜂蜜：蜂蜜是蜜蜂采集的花蜜经过人工反复酿造而成的，通常带有花的香气。

a. 烹饪运用：主要代替食糖调味，具有矫味、增白、起色等作用。在点心制作中还可起到增添香味的作用。可替代饴糖作上色用。蜂蜜有很大的吸湿性和黏性，在使用时应注意用量，过多使用会使制品吸水变软，相互粘连。

b. 品种和产地：蜂蜜的品种主要是按来源而分的，有紫云英蜜、荔枝蜜、槐花蜜等。由于蜜的来源不同，颜色、香气和味道也不同。还有许多蜜里添加了一些营养物质。以适应不同人群的需要。蜂蜜的主要成分是糖类，占 75%~80%，其中葡萄糖约占 36%，果糖约占 37%，蔗糖占 2%~3%。此外蜂蜜还含有蛋白质、有机酸、维生素及芳香物质等。

④ 糖精

a. 形态特征：糖精是人工合成的甜味剂，主要使用的是糖精钠，又称为水溶性糖精。糖精钠是无色的晶体或结晶性粉末，无臭，易溶于水。糖精的甜味相当于蔗糖的 300~500 倍。后味微苦。

b. 烹饪运用：其在人体内不能分解，可随人体代谢排出，不产生热量，也无任何营养价值，主要为甜味的辅助调味料用，一般不单独使用。

c. 质量标准：以白色透明且结晶、无臭，无杂质，微有芳香气者为佳。

### 3. 酸味调料

**（1）酸味调料概述** 酸味是无机酸、有机酸和酸性盐持有的一种滋味，呈酸味的本体是氢离子。酸在水溶液中可解离出氢离子。日常用的酸性调味品主要为食用醋类。除供烹制酸味菜肴外，醋还可用来渍制酸菜，起调味、增鲜和去味作用。因其味酸性温，故也有促进食欲、帮助消化的功效。

**（2）酸味调料的主要种类**

① 食用醋：醋是我国传统的调味品，是以粮食、果实、酒类等含有淀粉、糖、酒精的原料，经微生物发酵酿造而成的一种酸性液体调味料。醋的主要呈味成分是醋酸，还有少量不挥发酸、氨基酸、糖等。

a. 形态特征及品种和产地：各地出产的著名食用醋品种很多，如米醋、白醋、糖醋、熏醋、甜醋、香醋、麸醋等。米醋又称玫瑰米醋，盛产于浙江一带，故又称浙醋。是以大米为原料，先发酵为白醋坯，再经直接过淋而制成的一种食用醋。米醋呈透明玫瑰红色，香气纯正，酸味醇和。略带甜味，适用于蘸食或炒菜。白醋以福建米醋较为著名，是以大米为原料，先酿成米酒，在加入酵母，经天然发酵酿制而成。白醋无色透明，酸味柔和，适用于需酸而又不起色的菜肴。糖醋为我国北方地区生产较多和最常用的食用醋，是以砂糖或饴糖为原料，加水稀释，再接种酵母发酵而成，具有醇香甜酸的特点，为烹制酸甜菜肴如西湖醋鱼、五柳居鱼等的调味品。熏醋又称黑醋，主要产地为山西和河北，以山西老醋最为出名。熏醋是以高粱为主料，以麸皮或谷糠为辅料，经过发酵先成熏坯，再经夏曝晒、冬捞冰等工序形成的陈酿醋。熏醋会发酸，味少，入口酸味柔和。甜醋以广东的八珍醋最为著名，原料与熏醋相同，允制成熏坯，以熏坯和白坯各半，并加入花椒、八角、桂皮、草果和片糖，再熬制而成。甜醋酸味醇和，香甜可口，兼有补益作用。香醋以镇江醋最为出名，原料主要为糯米和麸皮，经过醋酸发酵和乳酸发酵，配入砂糖，香醋成深褐色，香味芬芳，味酸而甜，别具风味。麸醋以四川阆中酿造的最为著名，又称保宁醋，该醋以麸皮为主要原料，混入以药曲制造的醋母，进行醋酸发酵而制成。麸醋色泽黑褐，气味芬芳酸味浓厚。

b. 烹饪运用：醋可以杀菌、去腥、解腻、除韧，在酸甜类菜肴中使用最多，用来腌渍原料，可以增加脆嫩的口感。

c. 质量标准：优质食醋呈琥珀色、棕红色或白色，液态澄清，无悬浮物和沉淀物，无霉花浮膜，无醋鳗、醋虱或醋蝇，酸味柔和，稍有甜口，无其他不良异味，具有食醋固有的气味和醋酸气味，无其他气味。

② 番茄酱

a. 烹饪运用：主要用于酸甜味的复合味型，在使用时需先油炒出色。番茄沙司开封即用，是番茄酱的再制品，味道已基本调好。

b. 形态特征：将新鲜番茄磨细加工后而成的一种酱状调味料，它是从西餐中引进来的一种调味品，色泽红艳，味酸甜。主要用于酸甜味的复合味型的烹饪中，常见菜式有茄汁大虾、菊花鱼等。

c. 质量标准：以其色泽红艳，质地细腻，黏稠适度，味酸鲜香，无杂质、无异味者为佳品。

③ 柠檬酸

a. 形态特征：为无色半透明晶体或白色颗粒或白色结晶粉末，无嗅、味极酸，易溶于水和乙醇水溶液显酸性。

b. 烹饪运用：有保色、增香、添酸等作用，可让菜肴产生特殊性风味。浓度使用上0.1%~1.0%为宜。

c. 质量标准：以无色半透明，呈斜方形结晶体或白色颗粒，干燥，无嗅，味酸者为佳。

④ 苹果醋：除可作一般调料外，也可调制沙拉酱。

⑤ 葡萄酒醋：强制带酸味菜肴的优质调料。

⑥ 麦芽醋：酸味较轻而带有甜味，适合于烹制炒菜和调制沙拉酱。

### 4. 鲜味调料

**（1）鲜味调料概述**　鲜味的味感比较复杂，呈味物质有核苷酸、氨基酸、酰胺、肽及有机酸等，其不能独立存在，必须在咸味的基础上才能体现出来。

菜肴中的鲜味来源于原料本身和调味料，原料本身的鲜味通常不足，则需要添加各种各样的鲜味调味剂，虽然其在没有咸味的情况下，舌头无法尝出，但不代表鲜味调味料的选择没有限制的随意使用而不产生负面影响，过多的添加鲜味调味品不仅会抑制其他的味道，还会抑制人的食欲。

**（2）鲜味调料的主要种类**

① 味精：又称味素，从大豆、小麦面筋或含蛋白质较多的物质中提取的，主要呈味成分是谷氨酸钠，此外还有食盐和矿物质等。

a. 形态特征及品种产地：八面体柱状晶体，不溶于乙醇，易溶于水，用水稀释至3000倍，还能感觉到鲜味。在弱酸或中性溶液中，鲜味可充分发挥，但在碱性中会生成谷氨酸二钠而失去鲜味。从外形上看，味精有液态、粉状与结晶状三种。味精中谷氨酸钠的含量不是一致的，有99%、98%、95%、90%、80%五种，其中99%的颗粒状味精与80%粉末状味精是常用的商品味精。其易溶于水，吸湿性强。

b. 质量标准：优质味精洁白光亮，含谷氨酸钠90%以上的味精呈柱状晶粒，含谷氨酸钠80%~90%的味精呈粉末状，无杂质及霉迹，品尝时味道极鲜，具有鲜咸肉的美味，略有咸味（含氯化钠的），无其他异味。

c. 烹饪运用：味精具有强烈的鲜味，但在使用时必须与咸味料配合使用才能体现出鲜味。在使用时，投放味精的时间、温度、浓度都应注意，最适宜的使用浓度为0.2%~0.5%，也不宜在120℃以上高温中烹煮，否则容易引起失水变成有毒的焦谷氨酸钠。味精最适宜的溶解温度为70~90℃，最适宜的投放时间应在菜肴快要成熟出锅之前。菜肴的制法不同，味精的使用方法也会有些区别。冷菜中味精的用量比热菜中的用量要大，加味精的时间也要早些；麻辣、酸甜及甜味过重的菜肴通常不宜添加味精。因为这些味道会将味精的鲜味掩盖下去；油炸、烧等方法烹制的菜肴中，应不用或少用味精，以免味精在过高的温度下性质改变，产生一些有毒物质。味精可在消化吸收后生成谷氨酸，有较高的营养价值。

② 特鲜味精：又称超鲜味精、强力味精，是由呈鲜味特强的核苷酸与普通味精混合制成的。烹饪运用特鲜味精的主要作用除强化鲜味外，还有增强食物滋味，强化肉香味，协调甜、酸、苦、辣味等作用，使菜肴的滋味更加浓郁、鲜味更丰厚圆润，并能降低食物中的不良气味，甚至可以抑制罐头食品中的铁腥气。这些效果是普通味精所无法达到的，因此特鲜味精自问世以来就一直广受欢迎。

③ 鸡精：属于特色鲜味调料。是鲜味调料的第三代产品。比普通味精的鲜味饱满，具有不同的风味，风味品种多样。

a. 性质和特点：是一种由调香料和各种呈味作用的调味料配制而成的混合型鲜味调味料。成分中，除了普通鲜味剂外，还加有一定比例的呈味核苷酸、精盐、鸡肉粉等，并有适量的鸡油、水解植物蛋白、葡萄糖、辣椒粉、生姜粉、洋葱、大蒜等辛香粉。上述原料以一定的比例、用量进行搭配，即可制成鲜味无比、香醇可口的鸡精来，且更富有营养。

b. 烹饪运用：使用时不需要另外添加其他调料即可直接用于菜肴或各类食品中，鸡精产品有粉状和颗粒状，可供不同用途选择使用，可直接作为清汤或浓汤的调味料。由于香料的增香作用，其肉体香味很醇厚。

④ 蚝油：蚝油是以牡蛎科动物蚝加工蚝豉所得汁液，经浓缩后，加入糖、盐和防腐剂等制成的鲜味调味品，也有直接以蚝肉酶解所得的原汁液复制而成的，有浓郁的鲜味，兼含有人体所必需的缬氨酸、亮氨酸和赖氨酸等氨基酸，为一种营养价值较高的调味品。

烹饪运用：既可调色又可调味，也可作味碟使用。蚝油多用于炒菜中，有提鲜、增香、调色作用。蚝油中已经加入盐，做菜时决定它的用量。常见的蚝油菜有蚝油牛肉、蚝油生菜等。

⑤ 鱼露：又称鱼卤、鱼酱油，指不用大豆而利用小杂鱼或贝类弃料的蛋白质等成分，在高盐分对腐败细菌的抑制下，以鱼体本身的酶，经长时间酶解发酵后形成的含有多种氨基酸的鲜味汁液。

a. 烹饪运用：鱼露的作用与酱油基本相同，主要用于菜肴的鲜味调味，或用做汤料、味碟，适宜于煎、炒、蒸、炖、拌等菜肴的制作，也可用来腌制鸡、鸭、肉类制品，具有特殊风味。

b. 质量标准：鱼露呈粉红色或琥珀色，以澄清者为上品。

⑥ 腐乳

a. 形态特征：多为方形，颜色有红白青三类，醇香浓郁，咸鲜适口。

b. 品种和产地：在制作时添加红曲的红腐乳称红方；添加黄酒的腐乳称醉方；添加玫瑰的称玫瑰红腐乳；添加火腿的称火腿乳腐；还有不添加酒料，成熟后具有刺激食欲的臭气，表面色青的青方又称臭腐乳。

c. 烹饪运用：腐乳鲜香味美，在烹调中可用做咸鲜味的调味料，不同的腐乳在使用时的效果也不相同。红方色泽艳红，香气浓郁，咸鲜味美，制作红方腐乳的汁为南乳汁，在烹调中可用在烧、炝、炒等菜肴中，如南乳汁烧肉、腐乳炝虾、南乳扣肉等，也可用作调味碟。北方又称臭豆腐，通常作小菜，还可用作臭豆腐的臭卤作调味料，烹制出的菜肴香气浓郁，一般用在烧鱼、茼蒿炒肉等菜肴中。

⑦ 虾籽：虾籽是以虾桡足间抱卵的鲜虾洗净后用暴晒法或入锅微火焙法干制而成的鲜味调味品。

a. 形态特征及品种产地：有海虾籽、河虾籽两种，干虾籽色泽红润。

b. 质量标准：虾籽具有浓郁的鲜香味，多作增鲜、提香的调味料，并适宜采用以水为传热介质的加热方法烹制菜肴。虾籽一般与主配料一同入锅煮、烩、烧、扒，或用于烹制虾籽大乌参、清炖狮子头、拆烩鲢鱼头、虾籽蒸蛋、大煮干丝、虾籽茭白等。

### 5. 麻辣调料

**（1）麻辣味调料概述**　麻辣味是一种刺激性很强的味道，它包括麻味和辣味两大类。麻辣味由于口感刺激，很受欢迎，尤其是辣味，更是当今的流行味。辣味又称辛味，其实并不完全是味觉，很大程度上它是一种痛感，是辣味物质刺激舌部和口腔的触觉神经和鼻腔而引起的感觉。辣味一般分为热辣和辛辣两大类。热辣是一种在口腔引起烧灼感的辣味，如辣椒的味道；辛辣的味道不是那么热辣辣的，但同时还有一种冲鼻刺激感的辣味，如胡椒、芥末、姜、葱等。麻味则是指刺激味觉神经产生麻醉感的一种特殊味道。

麻辣味一般不能单独使用，必须与其他味道配合起来使用才能起到良好的效果。在烹调中麻辣味调料可以起到上色、增香、解腻、去腥等作用，还有刺激食欲、帮助消化的功能，并具有杀菌的作用。同时也要注意，由于辣味具有强刺激性，用量过大则会盖住其他味，使人难以下咽。此外，不同的辣味调味料的性质差异很大，在烹调中的用途是不同的。在使用时，麻辣味应根据进食对象的不同及气候、环境、季节的变化来掌握用量。另外，菜肴的温度对麻辣味效果的体现有着非常大的影响，菜肴温度高时，麻辣味重，而当菜肴温度降低时，麻辣味也会变淡。

**（2）麻辣味调料的主要种类**

① 辣椒及其制品：辣椒的种类很多，性质也不一样，了解它们可使其在烹调中运用得更加妥当。辣椒是在明朝中后期从南美洲引进的，因而又称“番椒”。辣椒进入中国后，受到广泛的欢迎，各个地方辣椒的叫法不一样，四川人称“海椒”，关中人称“秦辣”，贵州人称“辣角”，还有的称“辣子”“辣虎”“大胡辣”“腊茄”。绿色的称为“青椒”，红色的称为“红椒”，不辣的称为“甜椒”。

a. 形态特征：通常新鲜的青红椒是用来作蔬菜的，有灯笼形的甜椒、尖尖长长的味很辣的羊角椒、小指头大小的野山椒等。用作调味料的大多是辣椒制品。辣椒制品主要以粉末状、油状较多。

b. 品种和产地：辣椒制品包括辣椒干、辣椒粉、泡辣椒、辣椒油、辣椒酱等种类。辣椒干以色泽紫红、油光晶亮、皮肉肥厚、身干籽少、辣中带香、没有霉烂者为佳，在烹调中其应用广泛，具有去腥增香、提辣解腻的作用，主要用于炒、烧、炝、涮等烹调方法中。辣椒粉因辣椒品质和加工不同，质量也有差异，以色红、质细、籽少、香辣的辣椒粉质量为佳，在烹调中辣椒粉的作用与干辣椒相近，是制作辣酱油的主要原料。泡辣椒以线形辣椒加工成的质量最好，以色泽红亮、滋润柔软、肉厚子少、味道咸鲜、辣中带香、形状完整、没有腐烂者质量最佳。泡辣椒是调制鱼香味的重要原料之一，多用于烧、炒、蒸、拌等烹制方法，也可用来调节菜肴的颜色。辣椒油有红色和淡黄色两种，红色的也称红油，香浓色重而辣味较淡，淡黄色的辣味较重。辣椒酱通常用于凉拌菜与小吃当中，也用于宴席上作调味碟。甜辣酱色泽红艳，辣味轻而甜味较重，很适于不太能吃辣的人。

c. 烹饪运用：在烹调中，辣椒可以去腥、增香、解腻、开胃，在一桌菜肴中使用，可使味的层次感、节奏感增强，使菜肴富于变化，同时辣椒也有增色的作用。

② 花椒

a. 形态特征：是芸香料科植物花椒的果皮或果实的干制品，大小如绿豆。常见的花椒有青色、紫色、红色三种，红色的味稍浓。

b. 烹饪运用：花椒的调味作用有两个方面。一是花椒的麻味，二是花椒的香味，其在菜肴中应用十分广泛，在腌渍、加热及最后的补充调味中都有使用，可以起到去腥增香、杀菌开胃的作用。

c. 常见的花椒味调味料：花椒盐：花椒盐香气浓郁，但麻味较淡，通常用于凉拌菜或油炸菜中作调味碟，如香酥鸡。葱椒盐：葱椒盐中的生葱味比花椒的香气要重些，通常用于凉拌菜中，如葱椒鸡丝。花椒油：花椒油香气重，麻味也很重，是菜肴中首选的麻味调料，在“怪味”中，花椒也是不可缺少的一味。

③ 胡椒：又名大川，是胡椒科植物胡椒的果实，有黑胡椒、白胡椒之分。黑胡椒是在果穗基部的果实开始变红时，剪下果穗，用沸水浸泡至皮发黑，晒干或烘干而成；白胡椒是在果实以及全部变红时采集，用水浸渍数天，擦去外皮晒干而成，表面呈灰白色。

a. 质量标准：黑胡椒以粒大、色黑、皮皱、气味强烈者为佳，白胡椒以个大、粒圆、坚实、色白、气味浓烈者为佳。

b. 烹饪运用：在烹调中，胡椒可用于去腥解腻及调制浓味的肉类菜肴，兼有开胃、增食的功效，又能解鱼、蟹类的毒。

④ 芥末

a. 形态特征：是十字花科植物芥菜的种子干燥后研磨成的一种粉状调味料。颜色上有淡黄、深黄之分。现常用的有芥末粉、芥末油及芥末酱。

b. 烹饪运用：多用于制作凉菜，如芥末鸭掌等。芥末是制作芥末味的重要调味品，主要起提味、醒胃的作用。芥末还具有较强的杀菌作用，芥末有少许苦味，在调芥末糊时常要加些糖、醋以去除苦味，再加少许植物油以增加香味。

c. 质量标准：芥末以油性大、辣味足、香气浓、无异味、无霉变者质量较好。

⑤ 咖喱粉

a. 形态特征：由20多种香辛调料制成的一种辛辣微甜、呈黄色或黄褐色的粉状调味料。

b. 烹饪运用：咖喱粉在烹调中多用于焖、炒菜、有提辣增香、去腥解腻、增进食欲的作用。常与植物油、姜、葱调制成咖喱油，这样既可直接下锅煸炒，又可用来凉拌菜肴。常见的菜肴有咖喱焖鸡、咖喱炒虾球、星州炒米粉等。

c. 质量标准：咖喱粉的质量以色泽深黄、粉质细腻、无结块、无杂质、无异味者为佳。

### 6. 香味调料

**（1）香味调料概述**　香味调味料是指在菜肴中主要起增加菜肴香气、去除异味等作用的一类调味料。这一类调味料的种类很多，各自的呈味成分也不相同，它们的香味主要来自其中所含的一些挥发性成分，包括醇、酮、萜、酯、烃及其衍生物。

人们对香味的感知与其他味道不同，其他味道是通过味蕾或触觉感知的，而香味是通过鼻腔上端的嗅上皮中的嗅觉细胞来感知的。香味远比其他的味道传得远，使人在较远的地方就能感觉到菜肴的美味，刺激人们的食欲。此外，香味调味料大多数还有杀菌、防腐及食疗作用，因为大多数香料同时也是中药材。由于香味调味料的这些特点，它们在腌渍、贮藏原料方面的应用也较广泛，如腌肉、腌鱼时人们通常要加些花椒、葱、姜、酒；罐头在封装时也要放上一片香叶，既增加香味，又可以起到防腐的作用。

**（2）香味调料的主要种类**

① 八角：又名大料、大茴香、八角茴香，是木兰科植物八角茴香的果实。

a. 形态特征：由6~13个小果集成聚合果，发射状排列，中轴下有一钩状弯曲的果柄。八角香气的主要成分是茴香醚，此外，还有茴香酮、茴香醛、胡椒粉、茴香酸等。

b. 烹饪运用：八角适用于烧、卤、酱、炸等方法烹制的菜肴，主要用来腌渍和与菜肴一同加热烧煮，是许多香味调料的重要原料，如五香粉、八大料、五香米粉等，此外，还可用于制作各种果酒、饮料、糖果等。

② 茴香：又称小茴香、谷茴香等，是伞型科植物茴香的果实。

a. 形态特征及品种和产地：小茴香果实干燥呈柱形，两端稍尖，外表呈黄绿色，主要成分是茴香醚、小茴香酮。

b. 质量标准：茴香的质量以颗粒均匀，干燥饱满，色泽黄绿，气味香浓，无杂质者为佳。

c. 烹饪运用：茴香在烹饪中多用于酱、烧、卤及火锅的香料，也可以用于面食的调味。在使用时，用纱布包裹起来，以免细碎颗粒粘在原料上，影响菜肴的观感。

③ 孜然：又称安息茴香、藏茴香，是伞形科植物安息茴香的果实。

a. 形态特征：孜然形似小茴香，一端稍尖，呈黄绿色或暗褐色，有独特的薄荷味和水果香味，略带苦辣。

b. 烹饪运用：孜然在烹调中可以去除异味，增加香味，尤其能解羊肉的膻味，多用于羊肉菜肴的制作。孜然在使用时通常是先加工成粉末状后再使用，用量不宜太多，以免掩盖其他味道。

④ 丁香：又称丁子香，是桃金娘科植物丁香的花蕾经干燥制成的。

a. 形态特征及品种和产地：丁香呈短棒状，表面呈红棕色或紫棕色，有较细的皱纹，质地坚实而有油性，气味强烈芳香，味辛辣麻舌。

b. 烹饪运用：丁香气味浓烈，在使用时要注意它的用量。在一般的菜肴中，丁香只有放上几粒，它的气味就特别地清香诱人。在腌制醉蟹时，每只蟹的脐下都要放一粒丁香，不仅增香，也可杀灭病菌。

c. 质量标准：丁香以完整、个大、油性足、紫红色、能沉于水、香味浓郁者为佳。

⑤ 桂皮

a. 形态特征及品种和产地：总体上分为肉桂和菌桂两种，天竺桂其色呈棕黑，伴有灰白色花纹；阴香桂，其外皮呈黑褐色，内表味黑棕色间有黄棕色斑纹；香桂，其外表有细皱纹，伴有横纹及灰色花斑蚊；川桂，外表呈灰棕色，内表皮为红棕色。

b. 烹饪运用：主要用于增香，多用于调制卤汤、腌制食品及制作卤菜。

c. 质量标准：桂皮的质量以皮细肉厚、表面棕色、内面暗红棕色、油性大、香气浓、无虫蛀、无霉烂者为佳。

⑥ 陈皮

a. 形态特征及品种和产地：陈皮又称橘皮，果实扁圆形，果面光亮，橘红色，是由芸香科植物福橘、朱橘类的果皮或柑类、甜橙的果皮经干制而成。陈皮外表呈橘红色至棕色，内表面淡黄白色。广东出产的陈皮，以新会冻柑的果皮为佳。

b. 烹饪运用：陈皮味苦而芳香，烹调中多用于炖、烧、炸等动物性原料制作的菜肴，起压制异味、增加香味的作用，代表性菜肴有陈皮牛肉、陈皮鸡丁、陈皮鸭、陈皮骨等。因陈皮有苦味，在使用时要注意用量不宜太多，以免影响菜肴的正味。

c. 质量标准：陈皮的质量以皮薄、片大、油润、干燥无霉、香气浓郁者为佳。贮藏时宜置于通风干燥处，以防止霉变。

⑦ 草果

a. 形态特征及品种和产地：姜科植物草果的果实，果实内有种子 8~11 枚，草果呈卵圆形，长 2~4cm，直径 1~2.5cm，顶端不开裂，成熟时呈紫红色，干制后呈褐色。

b. 质量标准：草果质量以个大饱满、色泽棕红、干燥、香气浓郁者为佳。

c. 烹饪运用：草果香气特异，味辛辣，主要呈味物质为芳樟醇、苯酮。烹调中常用来制作复合调味料，也用来烧菜、火锅、卤菜、凉拌菜，起增香、去腥的作用。

⑧ 肉豆蔻

a. 形态特征及品种和产地：肉豆蔻为常绿乔木，叶面暗绿色，果实梨形，淡黄色或橙黄色，成熟时纵裂呈两瓣，露出绯红色的假种皮，称为“豆蔻瓣”，内含种子一颗，称肉豆蔻，种皮红褐色，木质坚硬，肉豆蔻为果肉，外观为灰棕色，呈卵圆形、球形或椭圆形，外表有网状沟纹。

b. 烹饪运用：肉豆蔻味道辣中带苦，气味芳香，带有清凉感，含有挥发油，存在于外胚乳中，含肉豆蔻醚、丁香酚等。在烹饪中常用于卤、酱、烧、蒸等方法烹制的菜肴中，也可用于糕点、饮料、沙司及配制咖喱粉。肉豆蔻一般都与其他香料配合使用，且用量不宜过多，以免菜肴中的苦味过重。作调味料可去异味，增辛香。肉豆蔻可供酱肉之用，也是做卤汁的原料之一。豆蔻瓣粉末多用来制甜品，如布丁和巧克力等。

c. 质量标准：肉豆蔻的质量以个大坚实、香味浓郁者为佳。

⑨ 白酒：酒精度较高，容易破坏菜肴的风味，因此在烹调中的使用并不广泛，主要用于对腥膻味较高的原料进行加工。但也可以增加菜肴的风味。白酒大多无色透明，质地纯净，醇香浓烈。

⑩ 葡萄酒：酒精度数一般在 14°以下，作饮用酒，也可作调味品使用。有增香、增色、去腥的作用。

⑪ 黄酒：黄酒的味道浓香醇厚，颜色由淡黄到深褐色不等。在菜肴中可用黄酒来去腥增香，黄酒中的主要香气成分是酯类、醇类、酸类、酚类、羰基化合物等。在原料腌制和码味时使用，在菜肴的烹制时可用，既可以增香去腥，还有一定的杀菌消毒作用。黄酒的用量要适度，以吃不出苦味和酒味为宜。

⑫ 香糟：又称酒糟，香糟的酒精度在 10°左右，酒香浓郁。按品种分为白糟、红糟。初期白色，储存日久渐变黄色，香味也渐变浓。红糟色泽鲜红，具有浓郁的酒香味。香糟风味独特，在烹饪中主要起去腥、增香、增味的作用。红糟还有给菜肴上色的作用。香糟多用于动物原料的烹制，烹调方法多为炝、煎、醉，如醉鸡等。香糟也可用于植物原料，如糟毛豆。香糟需要用洁布包好，以免粘在原料上影响观感。

⑬ 酒酿：除了食物，酒酿也常用作调味品，在烧菜、甜菜、糟汁菜以及风味小吃中使用较多，有增香、去异味之效，用途比较广泛。用它来调味的菜点有酒酿蒸火腿等。酒酿以色白汁稠、甜香可口、无酸苦异味、无杂质者为佳。

⑭ 茶叶：茶叶在烹调中运用不是很广，它的作用是给菜肴增加一些茶香，因其特有的苦味还可以给菜肴一种很清新的口感。主要用于熏、烧、炒、炸、卤等方法烹制的菜肴中。

# 第五节 食品原料的检测与标准

烹饪原料是烹饪加工的物质基础，烹饪原料品质的好坏对所烹制的菜肴质量有决定性的影响，高质量的菜肴必须以优质的烹饪原料作基础。烹饪原料的品质好，经过厨师的烹调加工，才能烹制出色、香、味、形俱佳的菜肴；反之，即使厨师的技艺再高，也不能保证菜肴的质量。因此对烹饪原料的品质进行检验，是为了在烹调过程中能正确地选用原料。另外烹饪原料品质的好坏与人类的健康甚至生命安全有着极为密切的关系。一些原料，有时会由于微生物的污染而引起腐败变质；一些原料在生长、采收（屠宰）、加工、运输、销售等过程中，会受到有害、有毒物质的污染。这样的原料一旦被利用，就可能引发传染病、寄生虫病或食物中毒。更有一些假冒伪劣原料，鱼目混珠流入市场，不仅影响菜肴的质量，还会对顾客的身体健康构成严重威胁。所以掌握烹饪原料的品质检验的方法，客观、准确、快速地识别原料品质的优劣，对保证烹饪产品的食用安全性也是十分重要的。因此对烹饪原料进行品质检验，正确地选择和利用优质烹饪原料，是烹饪工作中所必须掌握的基本技能。

所谓烹饪原料的品质检验是指依据一定的标准，运用一定的方法，对烹饪原料的质量优劣进行鉴别或检测。要想正确地选择和利用优质烹饪原料，就必须对烹饪原料的性质、特点、性能等方面的情况进行研究，从而确定烹饪原料的质量。而烹饪原料的性质、特点、性能等又与很多因素有关。

## 一、影响食品原料品质的基本因素

### 1. 原料的种类对原料品质的影响

烹饪原料种类繁多，各类原料都有自己的结构特点和化学组成，因而其品质各不相同。如植物性原料的细胞外有细胞壁，细胞内有质体和液泡等，所以植物性原料一般都比较脆硬，水分含量多并且色彩比较丰富；而构成动物性原料的细胞没有细胞壁、质体和液泡，所以动物件原料一般比较柔软，韧性较强，但色泽比较单调。正是这些差异，也就决定了动物性原料和植物性原料在烹饪中的用途不同。同时，出于栽培和饲养方法的不同，同一种原料还有不同的品种，品种之间也存在着质量的差异。因为不同的品种在组织结构和组成成分上也存在着不同。如鸡中的九斤黄、鸭中的北京鸭、梨中的砀山梨、苹果中的红富士等，都是同类原料中的优良品种。另外随着生物体新陈代谢时刻进行，生物体由同化作用从外界汲取营养合成自身的物质，并且储存能量；而异化作用通过分解自身的组成物质，释放能量，维持生命活动并且最终把代谢产物排出体外的过程。不管是原料采收前还是采收后，新陈代谢活动都是客观存在的，随着新陈代谢的进行，原料内的成分不断地进行转化或变化，从而直接影响到原料的品质。

### 2. 原料的产季对原料品质的影响

生物性原料的生长受季节因素的影响较大。因为生物在一年之中，有其生长的自然规律。如有其生长的旺盛期，也有生长的停滞期；有肥壮期，也有瘦弱期；有正常期，也有繁殖期；有幼嫩期，也有成熟期等。处在这些不同时期的生物，其机体的状态差异较大，将它们用作烹饪原料，其品质就有较大的差别。生长期较短，其水分含量高，质地较嫩，但细胞中积累的养分较少，风味不足。生长期太长，虽然味道醇厚，但质地粗老，不易消化吸收。因此，我们必须掌握好原料在不同生长时期的特点，在不同的季节选择不同的原料，而烹制出不同的时令佳肴。例如，螃蟹以九月和十月份品质最佳，所谓“九月团脐十月尖”；甲鱼以菜花和桂花开时为最好；刀鱼以清明前上市的质量最佳；韭菜有“六月韭，驴个瞅；九月韭，佛开口”之说等。另外，不同的烹饪加工，对原料的生长时间也有不同的要求，如以鸡做菜，用于整烹的，一般选用饲养时间较短的童子鸡，其肉质鲜嫩，骨酥肉烂；用于爆、炒、熘等烹法的，一般选用8~10个月的成熟肥壮鸡，其肉质鲜嫩，风味好；而用于炖汤的，则选用老母鸡为好，其汤鲜味美，营养价值高。所有这一切，都说明原料的品质与其生长的季节有密切关系。

### 3. 原料的产地对原料品质的影响

由于各地区自然环境、气候条件不同，生物物种的分布也不一样，加上各地区动植物饲养和种植方法以及加工方法的不同，所产的原料其品质也有差异，因此在各地形成了不同特点的烹饪原料，即所谓的地方名特产品。如加工金华火腿，必须选用当地的瘦肉型猪“两头乌”的后腿为原料，而榨菜以四川涪陵的最为有名。再如，东北的哈士蟆、松口蘑，江苏的太湖莼菜、南京板鸭，还有“长江三鲜”（鲥鱼、刀鱼、鮰鱼）、“庐山三石”（石鸡、石鱼、石耳）、“太湖三白”（白鱼、银鱼、白虾）等，这些地方名特品种，在菜肴制作中都具有非常重要的作用，甚至会影响各地菜肴的特殊和风味，乃至影响人们的饮食习惯。如青藏高原气候干寒，饮食离不开砖茶奶酪和肥肉厚脂；长江流域湿热，菜点偏重于鲜嫩清淡和素净雅致；西北畜牧业发达，牛羊类食品居多；东南耕作技术进步，粮食和蔬菜成为餐桌主角；沿海盛产鱼虾，辽、鲁、苏、浙、闽、粤擅长调制水鲜海味；内地多养畜禽，徽、赣、鄂、湘、川、滇善用肉品山珍精华。很显然，物产决定食性，并影响烹调。因此，选料时必须充分利用地方名特产原料的优势。

### 4. 原料的不同部位对原料品质的影响

同一动、植物体的不同部位，其质地、结构、特点都不相同，这也就影响了原料的品质和所适合的烹调方法。如家畜肉、家禽肉是由肌肉组织、结缔组织、脂肪组织、骨骼组织等组成，由于不同部位的肉中这几种组织的含量不同，因而各个部位的肉有肥、瘦、老、嫩之别，像里脊肉肌纤维细嫩，结缔组织疏松而少，脂肪组织均匀分散于肌肉组织中，肉质鲜嫩，是肉中品质最好的。相反，其他部位的肉，如夹心肉、坐臀肉、腿肉等，含结缔组织多，肌纤维粗，肌间脂肪少并且集中于结缔组织周围，肉的质地较老。所以必须根据原料各部位的不同特点使用不同的烹制方法，有的适于爆炒，有的适于烧煮，有的适于酱卤，有的适于煨汤。只有这样，才能保证菜肴的质量和特色。

### 5. 原料的卫生状况对原料品质的影响

烹饪原料大多来自动、植物，其品质极易发生变化。不卫生的原料不仅直接关系到菜肴的质量，更重要的是关系到人体的健康。如有病或带有病菌的原料、含有毒物质的原料、受微生物污染而腐败变质的原料、受化学物质污染的原料等，这些原料不仅品质下降，而且直接影响其食用价值，影响人体的健康状况。因此，卫生状况不佳的原料，其品质较差，甚至失去食用价值。如螃蟹、甲鱼、黄鳝死后不能食用，变质的蛋类（霉蛋、血筋蛋、臭蛋等）不能食用，霉变的粮食不能食用等。

### 6. 原料的加工储存方法对原料品质的影响

原料的加工和储存的方法也直接影响到原料的品质，加工不当或储存不好，都将使原料的质量下降，使营养价值降低、感官性状变坏，严重时甚至会影响到原料的食用价值。因此，如何对原料进行加工和储存也是决定原料质量的一个关键。原料在贮藏运输过程中由于种种原因，如方法不当，温湿度以及透气性控制不当，周围环境污染，运输工具选择不合理等都会使原料的品质受到影响，从而使原料的质量下降，营养物质和风味物质劣变。而原料采收后的加工以及半成品的加工对保证原料质量也极其重要。这一过程的控制因素很多，诸如氧气、水分、温度、辐射、氧化剂、防腐剂、着色剂、发色剂、微生物种群等都会对原料的品质产生影响。因此加工过程一定要运用科学合理的手段，在保障原料的食用价值的同时也要延长原料的保质期。

## 二、食品原料品质检验标准与法规

### 1. 国家标准

从国家标准局审批发布的一部分烹饪原料质量的国家标准（GB）来看，烹饪食品原料品质检验的指标主要包括以下几个方面。

**（1）感官指标** 食品原料品质检验的感官指标，主要是指原料的色泽、气味、滋味、外观形态、杂质含量、水分含量、有无霉变、有无腐败变质等。

**（2）理化指标** 食品原料品质检验的理化指标，主要指原料的营养成分、化学组成、农药残留量、重金属含量，以及腐败变质和霉变后产生的有毒、有害物质等。

**（3）微生物指标** 食品原料品质检验的微生物指标，主要指原料中细菌总数、大肠杆菌总数、致病菌的数量和种类等。

不同原料的感官指标、理化指标和微生物指标各不相同。对每一种原料的具体的质量指标，在每一种原料的介绍过程中已经具体阐述。

### 2. 行业标准

行业标准是商业流通部门和烹调实践过程中常用的一类标准，以检验原料的感官指标为主，在烹饪实践和日常生活中运用较广。行业标准包括以下几个方面。

（1）**原料的固有品质** 烹饪原料虽然种类繁多使用形式多样，但每一种类和使用形式的原料都有其本身所具有的品质特点，因此以固有品质来衡量原料质量是极为有效的一种依据。所谓烹饪原料的固有品质是指原料本身具有的食用价值和使用价值，包括原料固有的营养、口味、质地等指标。一般来说，烹饪原料的食用价值越高，原料的品质越好；烹饪原料的使用价值越高，其适用的烹调方法就越多，菜肴就更加丰富多彩。烹饪原料的固有品质由原料的品种和产地所决定。

（2）**原料的纯度** 原料的纯度是指原料中所含杂质、污染物的多少和加工净度的高低。很显然，原料的纯度越高，其品质就越好。如海参、鱼翅等原料中所含沙粒越少，其品质越好。燕窝中羽毛等杂质含量越少，其质量就越高。

（3）**原料的成熟度** 原料的成熟度是指原料的生长年龄和生长时间。不同的生长年龄和生长时间，原料的成熟度就有差异，其品质就有变化。如成熟度过低，原料中的水分含量较高而其他营养物质的含量较少，故质地虽嫩却风味不足；如成熟度过高，则质地又会变老而食用价值降低，甚至失去食用价值。不同品种的原料其成熟度的要求是不同的，往往原料的成熟度恰到好处，其质地为最佳。当然，成熟度高低的选择，还与原料的用途有关。

（4）**清洁卫生标准** 清洁卫生标准指原料表面黏附的污秽物、虫及虫卵、微生物的污染程度，原料腐败变质的程度以及各种有毒有害物质的含量。原料的清洁卫生程度与食用安全性密切相关，不容忽视。

（5）**原料的新鲜度** 原料的新鲜度是指烹饪原料的组织结构、营养物质、风味成分等在原料生产、加工、运输以及储存过程中的变化程度。这是目前烹饪行业中检验原料品质的最基本的标准。原料的新鲜度越高，原料的品质就越好。不同的原料，其新鲜度的标准是不同的，但一般都可以从原料的形态、色泽、水分、重量、质地和气味等感官性状来判断，因为这些感官性状的变化是由原料内部化学成分和组织结构的变化所造成的。

（6）**形态的变化** 任何原料都有一定的形态，原料越是新鲜，越能保持它原有的形态，反之就会变形。如不新鲜的蔬菜会干缩萎蔫，不新鲜的鱼会脱刺变形。所以，观察原料的形态变化，可判断原料的新鲜度。

（7）**色泽的变化** 每种原料都具有本身特有的色彩和光泽。如新鲜猪肉一般呈淡红色，新鲜鱼的鳃为鲜红色，新鲜的对虾呈青绿色。一旦原料的新鲜度下降，原料就会逐渐变色或失掉光泽。所以，当原料固有的色彩和光泽改变时，说明该原料的新鲜度已降低或已经变质。

（8）**水分的变化** 新鲜原料都有正常的含水量，当原料的含水量发生变化时，无论是变大还是变小，都说明原料品质有问题。特别是蔬菜和水果，它们的含水量丰富，水分损失越多，其新鲜度也就越低。

（9）**重量的变化** 就鲜活原料而言，重量的改变也能说明原料的新鲜程度。因为原料通过内部分解、水分蒸发等，都会使重量减轻。同种原料，重的是新鲜的，轻的就不新鲜。而对干货原料来说则正好相反，重量增加，表明已吸湿受潮，质量就下降了。

**（10）质地的变化**　新鲜原料的质地大多饱满坚实，有弹性和韧性。如果新鲜度降低，原料的质地就会变得松软而无弹性，或产生其他分解物。

**（11）气味的变化**　各种新鲜的原料，一般都具有其独特的气味。凡是失去特有气味，而出现一些异味、怪味、臭味的，都说明原料的新鲜度已降低。

## 三、食品原料品质检验程序内容

### 1. 理化检验

理化检验是指利用仪器设备和化学试剂对原料的品质好坏进行判断。理化检验包括理化方法和生物学方法两类。理化方法可分析原料的营养成分、风味成分、有害成分等。生物学方法主要是用来测定原料或食品有无毒性或生物污染。常用小动物进行毒理试验或利用显微镜等进行微生物检验，从而检查出原料中污染细菌或寄生虫的寄生情况。

运用理化检验方法鉴别、检验原料的品质比较精确，能具体而深刻地分析食品的成分和性质，对原料品质和新鲜度作出科学的结论，还能查出其变质的原因。理化检验比较准确可靠，但运用该法检验时必须只有相应的仪器设备和专业技术人员，且检验周期较长，需要花费一定时间后才能得出结论，故此法在烹饪行业通常较少使用，但对某些原料（如家畜肉）则必须经我国专门的检验机构检验合格后方可上市。随着我国改革开放的不断深入以及人民生活水平和生活质量的不断提高，为确保食品、原料的质量，在宾馆饭店中设立专职的食品营养及卫生检验人员岗位是非常必要的。这样可以做到防患于未然，彻底杜绝劣质原料的流入，使菜肴更注重营养，同时食用更加安全。

### 2. 感官检验

感官检验就是凭借人体自身的感觉器官，即凭借眼、耳、鼻、口（包括唇和舌）和手等，对原料的品质好坏进行判断。

感官检验根据所运用的感官的不同，又可分为视觉检验、嗅觉检验、味觉检验、听觉检验和触觉检验五种具体方法。

**（1）视觉检验**　视觉检验就是利用人的视觉器官鉴别原料的形态、色泽、清洁程度等，这是判断原料感官质量所运用的范围最广的一种重要手段。原料的外观形态和色泽对于判断原料的新鲜程度、原料是否有不良变化以及原料的成熟度等有着重要意义，而这些均可利用视觉检验来判别。如新鲜的蔬菜大都茎叶挺直、脆嫩、饱满、表皮光滑、形状整齐、不抽整、不糠心，不新鲜的蔬菜则会干缩萎蔫、脱水变老或抽薹发芽；新鲜的肉品肌肉鲜红、脂肪纯白或淡黄，不新鲜的肉品肌肉灰暗或发黑、脂肪变成黄褐色。视觉检验应在白昼的散射光线下进行，以免灯光隐色发生错觉。检验时应注意整体外观、大小、形态、块形的完整程度、清洁程度、表面有无光泽、色调的深浅等。在检验料酒、酱油、醋等液体调料时，要将它们倒入无色的玻璃器皿中，透过光线来观察，也可将瓶子倒过来，观察其中有无沉淀物或絮状悬浮物。

（2）**嗅觉检验**　嗅觉检验就是利用人的嗅觉器官来鉴别原料的气味。人的嗅觉相当敏感，有些用仪器分析的方法也不一定能检验出来的极细微的变化，人的嗅觉器官能够辨别出来。许多烹饪原料都有其正常的气味，而当它们发生腐败变质时，就会产生不同的异味，如核桃仁变质后会产生哈喇味，肉类变质后会产生尸臭味，西瓜变质会带有馊味等。这些异味是我们利用嗅觉来检验原料品质好坏的依据。原料中的气味是由一些具有挥发性的物质产生的，因此当进行嗅觉检验时可适当加热，以增加挥发性物质的散发量和散发速度，但最好是在15~25℃的常温下进行，因为原料中的挥发性物质常随温度的高低而增减，从而影响检验结果的准确性。在检验液态原料时，可将其滴在清洁的手掌上摩擦，以促进气味的挥发；检验畜肉等大块原料时，可用尖刀或牙签等刺入深部，拔出后立即嗅闻气味。应该注意的是，原料嗅觉检验的顺序应当是先检验气味淡的，后检验气味浓的，以免影响嗅觉的灵敏度。此外，在检验前禁止吸烟，否则会影响检验结果的准确性。

（3）**味觉检验**　味觉检验是利用人的味觉器官来检验原料的滋味，从而判断原料品质的好坏。味觉检验对于辨别原料品质的优劣也是很重要的，尤其是对调味品和水果等的检验，如新鲜的柑橘柔嫩多汁，滋味酸甜可口，受冻变质的柑橘则绵软浮水，口味苦涩；新鲜的肉制品味道鲜美醇香，品质差的肉制品都有酸败味。味觉检验不但能品尝到食品的滋味如何，而且对于食品原料中极轻微的变化也能敏感地察觉。味觉检验的准确性与食品的温度有关，在进行味觉检验时，最好使原料处在20~45℃，以免因温度变化而影响检验结果的准确性。对几种不同味道的原料进行感官评价时，应当按照刺激性由弱到强的顺序，最后检验味道最强烈的原料。

（4）**听觉检验**　听觉检验是利用人的听觉器官鉴别原料的振动声音来检验其品质。原料内部结构的改变，可以通过其振动时所发出的声音表现出来，如手摇鸡蛋听蛋中是否有声音，来确定蛋的空头的大小和品质的好坏；挑西瓜时，用手敲击西瓜听其发出的声音，来检验西瓜的成熟度等。

（5）**触觉检验**　触觉检验就是通过手的触觉检验原料的重量、质感（弹性、硬度、膨松状况）等，从而判断原料的质量。这也是常用的感官检验法之一。例如，根据鱼体肌肉的硬度和弹性，可以判断鱼是否新鲜；根据蔬菜的柔韧性，可以判断其老嫩；用手指按压肉品后，根据其凹陷恢复程度和速度，可以判断肉品的新鲜程度等。在利用触觉检验法检测原料的硬度（或稠度）时，要求温度为15~20℃，因为温度的升降会影响原料的状态。

在以上五种感官检验方法中，以视觉检验和触觉检验应用较多，而且这五种方法也不是孤立的，根据需要可同时并用，这样检验出的结果将更准确、可靠。

感官检验法是烹饪行业常用的检验原料品质的方法，是人们在长期的实践中经验的积累。通过对食品感官性状的综合性检查，可以及时鉴别出食品质量有无异常。感官检验方法直观，手段简便，不需要借助特殊仪器设备、专用的检验场所和专业人员，并且常能够察觉理化检验方法所无法鉴别的某些细微变化。感官检验对肉类、水产品、蛋类等动物性原料的检验更有明显的决定性意义。但感官检验也有它的局限性，它只能凭人的感觉对原料某些特点作粗略的判断，并不能完全反映其内部的本质变化，而且人们的感觉和经验有一定的差别，感官的敏锐程度也有差异，因此检验的结果往往不如理化检验精确、可靠。所以对于用感官检验难以得出结论的原料，还应借助于理化检验。

# 第二章

# 食材的加工工艺

★★★

# 第一节 鲜活原料的加工

## 一、果蔬原料的清理加工

果蔬原料在烹调加工时一般具有加热时间短、容易成熟的特点，有许多果蔬原料可以直接生食，所以果蔬原料的初步加工非常重要，是否符合卫生要求，取决于加工方法的正确性。摘剔加工是果蔬原料首要的加工程序。

### 1. 摘剔加工的目的与要求

果蔬原料的摘剔加工是去除不能食用的根、叶、筋、籽、壳、虫卵及残留的杂物、农药等，通过修理料形，使之清洁、光滑、美观，达到基本符合制熟加工的各项标准，为下一步加工打下基础。

摘剔加工时首先要注意节约，去皮时不能带很多肉，取菜心时对摘剔下来的可食部分应合理的应用，避免浪费。摘剔加工还要根据原料的特征进行加工，摘剔时要尽量保持可食部位的完整性，使原料的成型功能不受破坏。例如黄瓜，既可以加工成片、丝、条等形状，也可以加工成筒、篮、船等花色造型，但如果在去瓤加工时方法选择不当，就会破坏这些成型功能。同时还要根据成菜的要求进行加工，同一种原料因成菜的要求不同而要采取不同的摘剔方法。如南瓜、香瓜等原料，在制作一般菜肴时都是先去皮后去瓤，而制作南瓜盅或香瓜盅时就不能去掉外皮；再如芋头，当用于油炸或炒菜时应该先去掉外皮，当用于煮或蒸的时候应该后去皮，因为这样可以更好地保存芋头的香味。

### 2. 摘剔加工常用的方法

**（1）叶菜类原料的加工**　叶菜类原料一般采用摘、剥的方法，去掉外层的黄叶、根部的根系，以及吸附的杂物。有时为了菜肴质量的需要（如选菜心），摘下的叶片比较多，应合理利用，避免浪费。

**（2）根茎类原料的加工**　根茎类原料多采用削、刨、刮等方法，主要目的是去皮或内囊，有些原料可采用沸烫去皮法，将需要去皮的原料放入沸水中短时间加热烫制，使果蔬原料的表皮突然受热松软，与内部组织脱离，然后迅速冷却去皮，此法一般适用于成熟度较高的桃、番茄、枇杷等果蔬原料。烫制时的水温要求达到100℃，时间控制在5~10s，时间过长会影响肉质的风味。如果用量较大可采用碱液去皮法，即将原料放入配制好的碱液中加热，同时用竹刷搅拌去除原料表皮的方法。去皮的原理是利用碱液的腐蚀能力将表皮与果肉间的果胶物质腐蚀溶解而达到去皮目的。但碱液浓度、加热温度和时间要处理得当，应根据原料表皮的组织结构和原料种类而定，处理过度不仅使果肉受损，还会使原料的表皮粗糙不光滑。烹饪中采用此法加工去皮的原料并不太多，常见的如莲子、扬花萝卜的去皮等，大量的土豆、胡萝卜的去皮加工也可以采用此法。加工时采用边搅拌边加热的方法进行去皮，去皮后的果蔬原料应立即投入流动的水中彻底漂洗，去除残余的碱液防止变色，大批量加工时还需要用0.1%~0.3%的酸液进行中和。随着科学技术的发展，快速方便的去皮方法不断出现，如激光去皮法已经实验成功，不久将在食品工业中应用。

## 二、畜禽产品的清理加工

### 1. 畜类原料的内脏整理

畜类动物的加工大多在专门的屠宰加工场进行，从宰杀到内脏的初步整理几乎都不在厨房中进行，烹饪加工只对内脏进行卫生性处理。

（1）**肾脏整理**　肾脏俗称腰子，是动物的肾脏器官，内部的腰臊有很浓的腥臊味。加工时先撕去外表膜，然后用刀从侧面平劈成两半，再用刀分别批去腰臊，但要掌握好刀法，既要去尽腰臊，也不能带肉过多，同时还要保证腰肌平整。有些特殊菜品需要保留腰臊，如炖酥腰、拌酥腰等，加工时应先在猪腰上划几道深纹，刀深至腰臊，然后放入凉水中加热，大约30min，使腰肌收缩并将血污和臊味从刀纹处排出，再用清水洗净后进行炖制。如果生腰需要短暂保存，也必须将腰臊去尽洗净后才能保存，否则随着时间的推移会影响腰子的风味。

（2）**心脏整理**　先撕去外皮，用刀修理顶端的脂肪和血管，剖开心室，并用清水洗去淤血。

（3）**肺部整理**　肺是动物的呼吸器官，许多毛细血管分布在组织内部，要想去除沉积在体腔的淤血和杂质，必须采用灌洗的方法进行洗涤，将水从主肺管注入，通过血管向外表溢出，直到外表银白、无血斑时将水排出，焯水后将主肺管切除洗净。

（4）**肠、胃整理**　肠、胃的外表附着很多黏液，内壁也残留一定的污秽杂物，加工时要采用里外翻洗的方法进行洗涤，同时加入盐和醋反复搓揉，以除去黏液和异味，用小刀修去内壁的脂肪，用清水反复冲洗。

（5）**脑的清洗**　动物脑髓非常细嫩，外表有一层很薄的膜包着，加工时如果破坏了保护膜，脑髓便会溢出，给洗涤带来不便，而且成熟后不能成型，所以洗涤时要采用漂洗法，先将原料放入容器中，缓缓注入清水，浸泡一段时间后将水连同杂物一起流出，也可反复多次进行，直至漂洗干净。

（6）**其他部位整理**　脚爪、耳朵、舌头等部位因形态不规则，夹缝或凹的地方不易洗净，加工时应先用刀反复刮洗，待杂毛、老皮刮净以后再用水冲洗。

加工时要防止肉质和风味的变化，因为这种状态下的原料极易受温度影响而使肉质受影响，例如在30℃左右，氧化酶和微生物的作用非常迅速，很快使肉色变深并产生异味。

### 2. 禽类原料的宰杀加工

大部分原料都采用放血宰杀的方法，其加工流程是：放血→煺毛→开膛→整理内脏→洗涤。

**（1）放血** 用刀在鸡颈处割断气管和血管，刀口要小，血要放尽。放血时可将血放入事先调好的盐水碗中，搅匀后蒸熟，改刀后备用。

**（2）煺毛** 煺毛分湿煺和干煺两种。家禽一般都用湿煺法，野禽既可用湿煺法，也可用干煺法。煺毛时还应将爪外的鳞皮、嘴上的外壳去掉。

① 湿煺法：宰杀家禽后，煺毛时机要适当，煺毛太早，禽体肌肉痉挛，皮紧毛不易拔煺，太迟禽体僵硬造成毛孔紧缩，也不易拔煺。家禽宰杀后停止挣扎、死透后10min再煺毛为最佳时机。烫煺禽毛时，要根据家禽的品种、老嫩程度、个体大小以及季节变化等情况准确地掌握水温和烫毛的时间。一般水温，鸡为60~80℃（夏季掌握在60℃，春秋掌握在65℃，冬季掌握在80℃，鸭、鹅为70~90℃），烫毛的时间以能够轻易拔掉羽毛而不破损表皮为度，一般为3~5min。如水温太高或烫毛时间过长，都能引起体表脂肪溶解，皮层里的胶原蛋白质和弹性蛋白质变性，失去韧性和伸缩性，使表皮变得紧而脆，因而易破裂，既不利于整鸡脱骨，又不利煺毛，还会影响禽体的形态美观。尤其是烫出骨鸡的水温，应掌握在70℃左右。煺净鸡毛后，再把鸡投入凉水浸泡一会儿，保持鸡皮原有的韧性和弹性，以便于脱骨。

② 干煺法：不需浸烫，直接从动物体表煺去羽毛的方法为干煺法。一般要等动物完全死后趁体温还热时把羽毛煺掉，摘毛时要逆向逐层进行，一次摘毛不宜太多，否则既费力又容易破坏表皮。一些被猎杀的野禽，因枪口较多已破坏了表皮的完整，有的则因死后存放时间过长，在对这些野禽加工时可以用剥皮煺毛法。

**（3）开膛** 开膛的目的是清除内脏，但开膛的部位则需根据具体菜肴的要求进行选择，常见的方法如下：

① 腹开法：腹开法是从胸骨以下的软腹处开一刀口，将内脏掏出，主要用于整形的凉菜。如盐水鸭、白斩鸡、酱鸭等。

② 背开法：背开法是沿背骨从尾至颈剖开，将内脏掏出，主要用于整形的热菜。如扒鸭、清蒸鸡等。

③ 肋开法：肋开法是从翅腋下开刀，将内脏掏出，主要用于整形的菜品制作。如烤鸭、风鸡等。

无论哪种开膛方法都必须将所有的内脏全部掏出，然后进行分类整理，掏除内脏时一定要小心有序，如果破坏了内胆或肠嗉都会给清理工作带来很大麻烦。禽类的肺部一般都紧贴肋骨，不容易去除干净，但如果残留体内就会影响汤汁质量，如鸡肉炖汤时会出现汤汁混浊变红等现象。

**（4）内脏整理** 禽类原料的内脏中最常用的是肝、心、胃肌三个部位，在体型较大的家禽中，肠、脂肪、睾丸、卵等也都可以加工食用。

① 心脏：撕去表膜，切掉顶部的血管，然后用刀将其剖开，放入清水中冲洗即可。

② 肝脏：用小刀轻轻摘去胆囊，用清水洗净，如果胆汁溢出应立即冲洗，并切除胆汁较多的部位，以免影响整个菜肴风味。

③ 胃肌：胃肌又称肫，是禽鸟类原料特有的消化器官，加工时先从侧面将其剖开，冲去残留的食物，然后撕去内层的角质膜，洗净。如果用于爆炒时，还需铲去外表的韧皮，取净肉加工成片或剞上花刀待用。

④ 肠：先挤去肠内的污物，用剪刀剖开后冲洗，再用刀在内壁轻轻刮一下，然后加盐、明矾反复搓揉，用清水冲洗干净即可。

⑤ 脂肪：一般老鸡或老鸭的腹中积存大量的脂肪，它们对菜肴的风味起着重要作用，一般制作汤菜时必须将脂肪与原料一起炖制，但脂肪不能与原料一起焯水，否则将大量流失。当鸡、鸭用来制作其他菜肴时，可将它提炼成油，但不能像猪油一样下锅煎熬，而是放在碗中加葱、姜上笼蒸制出油，经过滤以后其油清、色黄、味香，行业中称为“明油”。

⑥ 睾丸：行业中也称为鸡腰、鸭腰，先用盐轻轻搓揉，用清水冲洗，食用前应加葱、姜上笼蒸熟，剥去外皮方可食用。一般可做烩菜或炖汤。

⑦ 卵：在老鸡或老鸭的腹中常残留一些尚未结壳的卵，因外皮很薄且容易破裂，加工时应先用水将其煮熟，然后撕去筋络，洗净后再与主料一同烹制。

⑧ 其他：在加工批量较大的时候，除以上内脏可以归类单独成菜外，头、颈、舌头、翅膀、脚爪也都可以归类成菜。鸭舌就是经常使用的特色原料之一，加工时要剥去舌表的外膜，加热成熟后抽去舌骨备用。鸭颈或鹅颈如果单独成菜，一定要将刀口的淤血处理干净，颈部毛孔细密、细毛很多，应清理干净。有些花色菜品制作时需将颈肉与颈皮分离，分别制成特色菜品。

## 三、水产品的清理加工

### 1. 鱼类原料的初步加工

鱼类原料的品种很多，从生长环境看，有淡水鱼和海水鱼之分，从体表结构区分，有鳞鱼和无鳞鱼之分，形态多样，品种繁多，加工和处理的方法也因具体品种的不同而各有差异。但归纳起来有体表加工和内脏加工两大类。其加工流程是：去鳞或黏液→开膛→去内脏→洗涤。

体表的清理加工就是将鱼体外表的鳞片、黏液、沙粒等不能食用的部分去除干净。加工时要根据鱼的体表特征选择具体方法，不能破坏鱼体的完整。

**（1）褪鳞加工**　绝大多数鱼体的外表都有鳞片，这些鳞片能起到保护鱼体的作用，所以质地较硬，一般不具有食用价值，加工时应首先去除。另有一些特殊鱼的鳞片，如鲥鱼，鳞片中含有较多脂肪，烹调时可以改善鱼肉的嫩度和滋味，根据物性加工方法和烹调原理应该予以保留。

（2）黏液去除加工　无鳞鱼的体表有发达的黏液腺。这些黏液有较重的腥味，非常黏滑，不利于加工和烹调。黏液去除的方法应根据烹调要求和鱼的品种而定。一般有搓揉去液法和熟烫法两种。

① 搓揉去液法：有一些菜肴，如生炒鳗片、炒蝴蝶片等，在去除黏液时不能采用熟烫的方法，否则会影响成菜的嫩度，而且不便于出骨加工，所以只能采用搓揉的方法将黏液去除。加工方法是将宰杀去骨的鳗肉或鳝肉放入盆中，加入盐、醋后反复搓揉，待黏液起沫后用清水冲洗，然后用干抹布将鱼体擦净即可。

② 熟烫法：熟烫法就是将表皮带有黏液的鱼，如鮰鱼、泥鳅、鲶鱼、鳝鱼、鳗鱼等，用热水冲烫，使黏液凝结脱落，然后再用干抹布将黏液抹尽。烫制的时间和水温要根据鱼的品种和具体烹调方法灵活掌握。一般用于红烧或炖汤时，可用75～85℃的热水浸烫1min，水温过低，黏液不易去尽，水温过高，易使表皮突然收紧而破裂，影响成型的美观。另有一些特殊菜肴，如软兜鳝鱼、脆鳝等江苏名菜，在烫除黏液的同时还要使肉质成熟，以便于进行出骨加工，所以烫制的温度和时间有所不同。下面就介绍一下软兜鳝鱼汆烫的操作过程：清水烧沸后，水和鳝鱼体积比是3∶1，加入葱、姜、黄酒、醋、盐，然后将用纱布包好的活鳝鱼倒入，迅速盖上锅盖，调低热源温度，低于沸点，否则鱼皮将会破裂，如要沸腾时应注入少量凉水控制温度，烫制过程中用刷子轻轻推动鳝鱼，使黏液从体表脱落，一般在90℃左右的水中烫制15min即可。葱、姜、黄酒主要起去腥增香的作用，醋除有去腥增香的作用外，还有利于黏液的脱落和增加鳝背光泽，盐主要是防止鳝鱼烫制过程中肉质松散，使鳝鱼保持弹性和嫩度。汆好后的鳝鱼立即捞入清水中漂洗，将残留的黏液和杂物洗净备用。通常情况下醋的浓度在4%左右，盐的浓度在3%左右。

（3）内脏的取出及清理

① 开膛去内脏：脊出法，用刀从鱼背处沿脊骨剖开，将内脏从脊背外掏出。此法适用于纺锤形鱼的加工，荷包鲫鱼、清蒸鲥鱼等菜品制作就是采用此法。

腹出法，用刀从腹部剖开，将内脏从腹部取出。红烧鱼、松鼠鱼、炒鱼米等采用的此法。其操作要点为不能划破鱼胆。

鳃出法，先切断鱼的肛肠，然后用两双筷子从嘴部插入，通过两鳃进入腹腔将内脏搅出。如叉烤鳜鱼、八宝鳜鱼等均采用此法。

② 内脏清理：鱼的内脏除鱼子、鱼鳔外一般都不作为烹饪原料、个别原料在制作特色菜肴时可保留某些部位，但必须经过卫生性的加工处理后才能使用。

鱼鳔加工：鳔是位于鱼的体腔背面的大而中空的囊状器官，多数硬骨鱼类都有鳔，但轻骨鱼类则无鳔。鳔的胶原蛋白含量丰富，是很好的食用原料，特别是鮰鱼鳔、黄鱼鳔更是鳔中上品。加工时应先将鱼鳔剖开，用少量的盐搓揉一下，再用沸水略烫，洗净后即可。

鱼肠加工：鱼肠一般不作为食用的原料，只有少数菜肴需要保留，如扬州名菜将军过桥，但也只取咽部下端较肥厚的一段。加工时用剪刀剖开，加盐搓洗后入沸水略烫，再用清水洗净。

鱼子加工：鱼子有一层薄膜包裹，清理时动作要轻，防止破裂松散。

**（4）腥味的处理** 河鱼大都生长在腐殖质较多、土质肥沃的池塘或河流湖泊里，池塘或河流的腐殖质分解后会滋养放线菌的繁殖。放线菌通过鱼鳃进入鱼体血液中，在鱼体内分泌一种恶臭（即腥味）的褐色物质。若不加以清除，会影响河鱼的鲜美。清除河鱼土腥味的方法如下：

a. 用250g食盐溶于2500g清水中，把活鱼放在盐水中静养1~2h后，即可减少土腥味。

b. 在宰鱼时，要尽量将鱼的血液冲洗干净，把鱼内腹中的黑膜洗去，以减少土腥味。然后把洗净的鱼再放入盐水浸泡约10min，效果更佳。

c. 鲤鱼背两侧各有一条白筋，它是造成鲤鱼特殊腥味的物质。剖肚除净内脏后，在鱼的鳃尾处开一小口，将鱼体用刀拍一下，使肉松弛，用镊子夹住显露出的白筋，轻轻拉出，经烹制后则可减少腥味。

d. 烹调时，加入黄酒、葱、姜、蒜等调味料，可以减少或除去土腥味。

### 2. 两栖类、爬行类原料的加工

两栖类动物的主要特征是：身体分为头、躯干、四肢三部分；皮肤裸露而潮湿，皮肤腺丰富，腹部肌肉薄而分层，四肢肌肉发达，尤以后肢肌肉特别发达。用于烹饪的典型代表就是蛙类原料。爬行动物的特征是：身体分为头、颈、躯干、四肢、尾五部分，皮肤干燥，体被角质鳞片，龟鳖类在背腹面覆盖有大型的角质板。可作为烹饪原料的主要是蛇类、龟类和鳖类。由于它们的形体结构比鱼类、畜类要复杂，加工方法只能以具体品种加以说明。

**（1）蛙类的加工** 常见品种有：青蛙、牛蛙、哈士蟆、棘胸蛙（石鸡）等。其加工方法基本一致，现以牛蛙的加工为例加以说明：先将牛蛙摔昏或用刀背将其敲昏，然后从颈部下刀开口，沿刀口剥去外皮，剖开腹部，摘除内脏（肝、心、油脂可留用），然后用清水洗净。加工的一般流程是：摔死或击昏→剥皮→剖腹→内脏整理→洗涤。也有一些菜肴不需去皮，如爆炒牛蛙、八宝牛蛙等，但需要用盐搓揉表皮，再用清水冲洗干净。

**（2）龟鳖类的加工** 在这类原料中常用的是中华鳖，又称甲鱼、水鱼、团鱼等。对甲鱼的加工必须要活宰，因为死甲鱼不能食用，甲鱼死后，其内脏极易腐败变质，肉中的组氨酸转变有毒的组胺，对人体有害。甲鱼加工的方法一般有两种：一种是清蒸、红烧、炖汤的加工方法；另一种是生炒、酱爆的方法。前一种的加工程序是：将甲鱼腹部朝上，待头伸出即从颈根处割断气、血管，也可用手捏紧颈部，再用刀切断颈部；将其放入80℃左右的热水中浸烫2min左右，取出后趁热用小刀刮去背壳和裙边上的黑膜；如果几只甲鱼同时加工，要将甲鱼放在50℃左右的水中进行刮膜，因为裙边胶质较多，凉透后黑膜会与裙边重新黏合一起，很难刮洗干净。去膜后，用刀在腹面剖一十字，再入90℃左右的热水中浸烫10~15min，捞出后揭开背壳，并将背壳周围的裙边取下，再将内脏一起掏出，除保留心、肝、胆、肺、卵巢、肾外，其余内脏全部除去；特别注意其体内黄油，它腥味较重，如不去除干净，不仅使菜肴带有腥味，还易使汤汁混浊不清，黄油一般附着在甲鱼四肢当中，摘除内脏时不能遗漏；最后剪去爪尖，剖开尾部泄殖道，用清水冲洗后即可。后一种加工方法就是在刮膜以后不再入热水中浸烫，而是直接用刀划开背壳，清除内脏后改刀成块，用清水冲洗后沥干水分即可使用。

### 3. 节肢动物和软体类动物的初加工

**（1）甲壳动物的加工** 用于烹调加工的甲壳类原料主要包括虾、蟹两大类。在虾类中作为烹饪原料的有：海产的龙虾、新对虾、仿对虾、鹰爪虾、白虾、毛虾、美人虾等，平常所说的竹节虾、基围虾都属对虾系列；淡水产的有中华新米虾、日本沼虾等，以及半淡水产的罗氏沼虾等。蟹类品种也十分丰富，常见的海产蟹有梭子蟹、锯缘青蟹、日本蟹等，淡水蟹有中华绒螯蟹、溪蟹等。

① 虾的加工：虾的加工主要是剪去额剑、触角、步足，体型较大的需要剔去背部沙肠。大龙虾一般不需剪去触角，因为触角中也带有肉质，而且装盘时还有美化作用。加工时要将虾卵保留，经烘干后可制成虾子，它是非常鲜美的调味料。

② 蟹的加工：对蟹的加工，可先将其静养于清水中，让其吐出泥沙，然后用软毛刷刷净骨缝、背壳、毛钳上的残存污物，最后挑起腹脐，挤出粪便，用清水冲洗干净即可。加热前可用棉线将蟹足捆扎，以防受热后蟹足脱落，保持造型完整。死蟹不能食用，易引起组氨酸中毒。

**（2）软体动物的加工** 软体动物的特征是：身体柔软、不分节，身体由头、足、内脏囊、外套膜和贝壳五部分组成。可用来作为烹饪原料的品种很多，许多名贵的海产原料都在其中。加工方法依类型不同而有区别，现分别介绍如下：

① 田螺加工：先将田螺静养2~3d，吐尽泥沙，静养时可在水中放少量植物油，便于泥沙排出，然后刷洗外壳泥垢，用铁钳夹断尾壳，便于吸食。如果需要直接取肉，可将外壳击碎，然后逐个选摘，切不可将碎壳带入肉中，然后去除残留的沙肠，用盐轻轻搓洗，再用清水冲洗即可。

② 河蚌加工：用薄型小刀插入两壳相接的缝隙中，向两侧移动，割开前、后闭壳肌，然后再沿两侧壳壁将肉质取出，摘去鳃瓣和肠胃，用木棍轻轻将蚌足捶松，因蚌足肉质紧密，烹煮时不易酥烂，将蚌肉放入盆中，加盐搓洗黏液，再用清水冲洗即可。加工干净后的蚌肉会渗出汁液，鲜味很强，应连同蚌肉一起烹调。

③ 蛏、蛤蜊的加工：先将鲜活的蛏、蛤蜊用清水冲去外壳的泥沙，然后浸入2%的食盐液中，静置40~80min，使其充分吐沙，体型较瘦的吐沙速度慢一些，烹调前用清水冲洗即可。此类原料既可带壳烹调（将闭壳肌割断），也可取净肉食肉，但外壳破裂或已死

的应剔除。其他海产瓣鳃动物的加工方法基本与此相似。

④ 乌贼的加工：乌贼、鱿鱼（枪乌贼）、章鱼等加工方法基本相同。对乌贼加工，除保留外套膜和足须外，其他皮膜、眼、吸盘、唾液腺、胃肠、墨囊、胰脏、腮片和齿舌都要去除，包埋于外膜内的内壳可保留作药用。在批量加工时要将体内的生殖腺保留，雄性生殖腺可干制成墨鱼穗，雌性产卵腺可干制成乌鱼蛋，二者都是著名的海味原料。鱿鱼与乌贼加工相同，章鱼的头足有 8 条腕，故称八爪鱼，其嘴、眼中有少量泥沙，加工时要挤尽，并用水冲洗。

# 第二节 加工性原料的初步加工

## 一、干制原料的涨发加工

### 1. 干制原料及涨发加工的特性

（1）原料干制的目的和特性　中国地域广博，气候环境差异很大，造成烹饪原料的区域性明显，为了使地区的特色原料推广到全国乃至世界，需对原料进行加工处理，确保原料的贮藏、运输及风味的保存。原料处理的方法很多，有腌制、发酵、干制等，但干制法是最便于贮藏、运输，而且对风味影响最小的一种方法。常用的干制方法有日晒、风干、烘烤、灰炝等，它们可使新鲜原料脱水干燥成干制品，行业上也称为干货原料。在这些干制方法中以日晒、风干的方法最好。

干制原料从原料的品种来分可分为动物干制品和植物干制品两大类，常见的品种有鱼翅、鱼皮、鱼肚、鲍鱼、海参、鱿鱼、干贝、鱼唇、燕窝、蹄筋、猪皮以及香菇、莲子、金针菜、腐竹等。一般干制品的水分控制在3%～10%，蔬菜在4%以下，肉类在5%～10%；从加工方法来分可分为干燥制品、腌制品、熏腊制品等。从表面上看这些干制品都具有干缩、组织结构紧密、表面硬化、老韧的特点，在风味方面有苦涩、腥臭等不良味感。在涨发时还要考虑干制原料的多样性。首先是品种的多样性，不同的品种涨发的方法不同；其次是同一品种的不同等级，它会造成涨发时间不一致，干制方法的不同对涨发质量也有影响。

（2）原料涨发的目的和特性　烹饪原料经干燥或脱水后，其组织结构紧密，表面硬化、老韧，还具有苦涩、腥臭等异味，不符合食用的要求，不能直接用来制作菜肴，必须对其进行涨发加工。烹饪原料干燥或脱水的逆过程简称“发料”。干制原料的涨发加工目的就是利用烹饪原料的物性，进行复水和膨化加工，使其重新吸水分后，基本上能恢复原状，除去异味和杂质，合乎食用的要求，利于人体的消化吸收。干制原料一般都在复水（重新吸回水分）后食用。干制品的复原性就是干制品重新吸水分后重量、大小、形状、质地、颜色、风味、成分、以及其他方面恢复原来新鲜状态的程度，它是衡量干制品品质的重要指标。

### 2. 干制原料的涨发方法及原理

（1）水发的方法

① 冷水发：冷水发指用室温的水，将干制原料直接静置涨发的过程。主要适用于一些植物性干制原料，如银耳、木耳、口蘑、黄花菜、粉条等。

② 温水发：温水发指直接用60℃左右的水，将干制原料静置涨发的过程。部分干制原料用温水发要比冷水发的速度快一些，如在冬季中要提高干制品的涨发速度，可以适当提高水的温度。

③ 热水发

a. 煮发：即将涨发水锅由低温到高温逐渐加热至沸腾状态的过程。主要适用于体大厚重和特别坚韧的干制原料，如海参、牛蹄筋、大鱼翅等，时间在10~20min。有的还需适当保持一段微沸状态，有的还需反复煮发。

b. 焖发：即将干制原料置于保温的密闭容器中，并保持在一定温度，不继续加热的过程。这实际上是继煮发之后的配合方法，其温度因物而异，一般在60~85℃。

c. 蒸发：即将干制原料置于笼中，利用蒸汽加热涨发的过程。主要适用一些体小易碎的或具有鲜味的干制原料。蒸发可有效地保持干制原料的形状和鲜味，而不会破损或流失鲜味呈味物质。其次，它也是一些高档干制原料增加风味和去除异味的有效手段，如干贝、哈士蟆、龙肠、乌鱼蛋及去沙的鱼翅、燕窝等。

d. 泡发：即将干制原料置于容器中，用沸水直接冲入容器中涨发的过程。主要适用于粉条、腐竹、虾米和经碱水发后的鱿鱼。

（2）水发的工艺原理

将干料放入水中，干料就能吸水膨胀，由质硬坚韧变得软、细嫩、脆嫩或黏糯，以达到烹调加工及食用的要求，那么水为什么会进入干料体内？主要有以下三个方面的因素。

① 毛细管的吸附作用：许多原料干制时由于水分的失去会形成多孔状，浸泡时水会沿着原来的孔道进入干料体内，这些孔道主要由生物组织的细胞间隙构成，呈毛细管状，具有吸附水并保持水的能力，生活常识告诉我们，将干毛巾的一部分浸入水中稍过片刻，露在水外面的部分也会潮湿，其道理是一样的。

② 渗透作用：这是存在于干料细胞内的一种作用，由于干制品内部水分少，细胞中可溶性的固形物的浓度很大，渗透压高，而外界水则渗透压低，这样就导致水分通过细胞膜向细胞内扩散，外观上表现为吸水涨大。

③ 亲水性物质的吸附作用：烹饪原料中的糖类（主要是淀粉）、纤维素及蛋白质分子结构中，含有大量的亲水基团（如—OH、—COOH、—$NH_2$），它们能与水以氢键的形式结合。蛋白质的吸水作用通常又称为蛋白质的水化作用。毛细管的吸附作用及渗透作用，在干料体上由表及里，吸水速度快，凡类似于水的液体及可溶的小分子物质都可以进入干料体内，这是一种物理作用。亲水性物质的吸附作用则是一种化学作用，对被吸附的物质具有选择性，即只有与亲水基团缔合成氢键的物质才可被吸附。另外其吸水速度慢，且多发生在极性基团暴露的部位。

**（3）碱发的方法**　碱发是将干制原料置于碱溶液中进行涨发的过程，是在自然涨发基础上采取的强化方法。一些干硬老韧、含有胶原纤维和少量油脂的原料，难以在清水中完全发透，为了加快其涨发速度，提高其成品涨发率和质量，在介质溶剂中可适量添加碱性物质，改变介质的酸碱度，造成碱性环境，促使蛋白质的碱性溶胀。主要适用于一些动物性原料，如蹄筋、鱿鱼等。但碱发的方法对原料营养及风味物质有一定的破坏作用，因此选择碱发方法时要谨慎。碱发水的配制方法有如下几种。

① 生碱水：将 10kg 冷水（冬天可用温水）加入 500g 碱面（又称石碱、碳酸钠）和匀，溶化后即为 5%的生碱水溶液。在使用中还可根据需要调节浓度。

② 熟碱水：在 9kg 开水中加入 350g 碱面和 200g 石灰拌和，使其冷却，沉淀后取清液，即可用于干货涨发。在配制熟碱水的过程中，碱和石灰混合后发生化学反应，其中生成物有氢氧化钠。氢氧化钠为强碱，碳酸钠为弱碱。所以用熟碱水发料比用生碱水发料效果好。干货在熟碱水中涨发的程度和速度都优于生碱水。熟碱水对大部分性质坚硬的原料都能适用。涨发时不需要“提质”，原料不黏滑、色泽透亮，出率高。此法主要用于鱿鱼、墨鱼的涨发，涨发后的鱿鱼、墨鱼多用于爆、炒等菜肴的制作。

③ 火碱水：将 10kg 冷水，加入火碱（又称氢氧化钠）35g，拌匀即成。氢氧化钠为白色固体，极易溶于水，放出大量的热，它的腐蚀和脱脂性非常强。浓度一定要根据情况掌握好，取用时必须十分小心，不能直接手取，以免烧坏皮肤。它适用于大部分老而坚硬的原料涨发，可代替熟碱水。它的涨发力强，干货回软的速度比其他碱水快。

（4）碱发的原理及关键

① 碱发的原理：碱发主要适用于墨鱼、鱿鱼等。它们都是海洋软体动物，在长期的生物进化过程中，为了适应海洋的环境（即高渗透性和腐蚀性），在鱿鱼的体表面能分泌出一种具有防水性的黏性的物质，干制后防水性更强。将鱿鱼放入碱液中浸泡，从而使防水性物质失去防水性，有利于水与原料作用。这时，原料对水分的吸收有两个途径，即蛋白质的水化作用及毛细现象，因为干制后的鱿鱼会形成多孔状。与含有蛋白质的其他原料相似。在鱿鱼中也含有大量的蛋白质，在蛋白质分子间有—$NH_2$、—COOH、—OH 等亲水基团，经碱液浸泡，上述基团大量暴露出来，增加了蛋白质的水化作用，而蛋白质的水化作用与蛋白质的等电点、溶液的 pH 等有关。碱液 pH 很高，可使溶液的 pH 远离蛋白质等电点，增加了蛋白质的电荷数，使蛋白质分子的水化能力增强，从而增强了鱿鱼的吸水能力。

② 碱发的操作要点：a. 浓度：对 NaOH 而言，碱液浓度是影响鱿鱼碱发的最主要因素，在涨发温度较低的条件下，碱液浓度越大，涨发时间越短；碱液浓度越小，所需涨发时间越长，但碱液浓度也不能过大，否则，过高浓度的碱水，会使鱿鱼“烂掉”。实验结果表明，对于 NaOH，碱液浓度以 0. 4%~0. 6%为宜。

b. 温度：涨发温度对鱿鱼的碱发也有很大影响，在碱液浓度一定的条件下，温度越高，涨发时间越短，但温度不能过高或过低。过高，会加速碱对原料的腐蚀；过低，涨发时间太长。一般以 15~30℃为宜。

c. 时间：涨发时间的长短受碱液浓度和涨发温度的制约，一般以 4~10h 为宜。时间短，就要提高碱液浓度和涨发温度；时间太长，从操作角度来看不利于节省时间，同时易使原料产生异味，变质。在涨发过程中要及时检查，发好的可先取出，直至发完。

d. 漂洗：干货原料碱发过程中，最后一道工序是用清水漂洗。漂洗不但能去除碱味，还可以促使原料进一步涨发，其机制是碱液浸泡后的鱿鱼和清水可以看作两个分散体系。当将碱液浸泡后的原料放入清水中时，相当于一个半透膜，溶液的渗透压取决于所含质点的浓度。由于碱液浸泡后的原料中含有大量的碱及盐类，其渗透压对水来说是高渗透压性的一侧，因此，水要通过原料料衣进入原料内部，而碱通过原料表面进入水中，这样既达到了去碱味的目的，又可使原料进一步涨发。

**（5）热膨胀的涨发方法**

① 油发：油发可分为三阶段：一是低温油焐制阶段，二是高温油膨化阶段，三是复水阶段。低温焐油阶段是将干制原料浸没在冷油中，加热至油温达到100~115℃，时间根据物料的不同而异，如鱼肚（提片）20~40min，猪皮120min，猪蹄筋50~60min。经过第一阶段的干制原料，体积缩小，冷却后更加坚硬，有的具有半透明感。高温油膨化阶段是将经低油温焐制后的干制原料投入至180~200℃的高温油中，使之膨化的过程。经高温膨化阶段的干制原料，体积急剧增大，色泽呈黄色，孔洞分布均匀。复水阶段是将膨化的干制原料放入冷水中（冬季可放入到温水中，切勿放入热水中）进行复水，使物料的孔洞充满水分，处于回软状态的过程。

② 盐发：盐发是将干制原料置于大量的加热盐中，使化学结合水气化，形成物料组织的孔洞结构，体积增大（膨化），再复水的过程。盐发需用大颗粒结晶食盐，主要适用的干制原料类似于油发。盐发的过程也类似于油发，分为三个阶段：一是低温盐焐制阶段，二是高温盐的膨化阶段，三是复水阶段。低温盐焐阶段是将干制原料放入100℃左右的盐水中（盐量是物料的5倍）翻炒，时间约为油发第一阶段的1/2或1/3，至物料重量减轻而干时即可。高温膨化阶段是物料不用取出锅，直接用高温加热，迅速翻炒，使之膨化的过程。经第二阶段的干制原料，体积急剧增大，色泽呈黄色，孔洞分布均匀。复水阶段是将膨化的干制原料放入冷水中进行复水，使物料的孔洞充满水分，处于回软状态的过程。盐发与油发有以下区别：盐发需热盐下锅，物料可稍湿，油发需冷油下锅，物料可要干燥；盐发焐制阶段短于油发的焐制阶段；油发的物料色泽较好，香气优于盐发的成品。

**（6）热膨胀涨发工艺原理** 热膨胀涨发就是采用各种手段和方法，使原料的组织膨胀松化成孔洞结构，然后使其复水，成为利于烹饪加工的半成品。实质上这是食品原料的膨化技术在干货涨发中的应用，干制原料经膨化处理后，体积明显增大，完全超出了原料新鲜时的体积，色泽变白，复水后质地松泡柔软，类似吸水的海绵，形成了与水发完全不同的特点。要弄清热膨胀涨发工艺原理，关键问题是为什么干货会膨胀形成孔洞组织结构，这就要从原料中水分存在的形式说起。原料中的水分以自由水和结合水两种形式存在，对原料进行干制主要失去的为自由水，而通过油的炸发，气化的主要水分是结合水，又称结构水、束缚水，这部分水在溶质上以单层水分子层状吸附着，结合力很强，在一般高温中也难以蒸发。当油温达200~210℃即可破坏。由于原料在焐油中呈半熔状态，因此，这部分水在气化的瞬间膨胀形成气室构象，并由于蛋白质完全失水，丧失凝胶特性而将无数气室固定下来，产生酥脆的质感。

经炸发以后，干料在一般情况下，重量比涨发前减少10%左右，色呈金黄，体态空松，平整饱满，体壁呈蜂孔状均匀分布。猪皮与蹄筋的蜂孔呈大小不均匀分布，鱼肚则呈细小紧密的均匀分布。

**（7）混合涨发** 混合涨发是将干制原料用两种以上介质进行涨发的过程。目前仅限于对蹄筋、鱼肚等少数干制原料。混合涨发分为四个阶段：一是低温油焐制阶段，二是水煮阶段，三是碱液静置阶段，四是冷水漂洗阶段。低温油焐阶段是将干制原料放入低温油中加热，油温保持在110℃左右，时间为30~60min，即可捞出。水煮阶段是将第一阶段的干制原料放入水锅中加热煮沸，时间约为40min，物料略有弹性。碱液静置阶段是配置5%的食碱溶液，温度保持在50℃左右，连同物料放入保温的容器中，时间6~8h，物料的体积有所增大。冷水漂洗阶段是将物料从碱溶液中取出后，洗去物料表面的碱溶液，静置在冷水中，每过2h左右换一次水，7~8h即可。

混合涨发的操作关键：一是低温油焐阶段物料表面不能起泡；二是由于混合涨发的时间较长，所以在具体使用时，需把涨发时间计算好。

**（8）火发及其他** 除了上述的涨发类型以外，也有人将火发、砂发归纳为涨发的一种类型。火发实际上是一种在正式涨发之前的加工处理，是用火烧去某些干制原料粗劣的外皮，以方便正式涨发过程，如乌参、岩参等的涨发。砂发目前几乎不再使用了，现在的砂发主要是砂炒，目的是使物料受热均匀，而不是为了物料的膨化。

## 二、冷冻原料的加工

### 1. 冷冻原料的特点

随着食品加工业的发展，经过分割、洗涤的冷冻原料在烹饪中被广泛选用，如鸡腿、净鸭、里脊肉、动物内脏等。它们不仅经过分割，而且都经过了卫生性加工处理，给烹饪生产带来了许多方便，既加快了烹饪速度，也保证了厨房的卫生。但原料在冷藏时要控制好时间，时间不宜过长，否则会影响原料的风味。禽、畜肉呈鲜味的主要成分是5-肌苷酸，它是三磷酸腺苷（ATP）在各种酶的作用下分解而成的。但5-肌苷酸在一定条件下（如分解酶、温度）还可进一步分解成无味肌苷，最后还可分解成苦味物质。因此禽、畜肉不能冷冻过久，否则不仅使蛋白质变性，肉质发柴，并且鲜味消失，出现苦味，失去食用价值。但这个过程比较慢，尤其是在低温下。据实验测试，冷冻食品保存时间为-18℃以下保存一年以上，而家用电冰箱的冷冻温度多在-11~-6℃。冷冻食品自冷冻库转移到零售商店的冷冻柜，再由消费者购买回家，温度上升是无法避免的，其品质和贮藏期自然会受到影响。因此，一般而言，冷冻食品最好不要超过3个月，在这个时限内能保持其食用品质。

冻结的原料必须经解冻后才能进行烹饪加工，如何选择科学合理的解冻方法也是非常重要的环节，解冻不当不仅会使营养和风味物质流失，还能使冻结原料重新被污染。

食品解冻的目的是使食品温度回升到必要的范围，并保证最完善地恢复其原有性质。在实际解冻过程中，食品温度的提高，使物理化学反应和生物化学反应加速，汁液的渗出则创造了微生物活动的良好条件，而且这些过程的强度较之未经冻结的原料大得多。解冻一般发生的变化是：由于冰结晶对肉质的损伤，在解冻时变得易于受微生物及酶的作用、易受空气氧化、水分易于蒸发以及发生汁液流失等现象，在水中解冻还会发生水溶性成分的溶出和水分的渗入。掌握正确的解冻方法对保护原料的品质和风味有重要作用。

### 2. 冷冻原料的解冻方法

冻结和解冻是冷冻食品加工的重要操作工序。在冻结时，物料中的水分由液体变成固体，失去热量。在解冻时，物料中的水分由固体变成液体，吸收热量。但实际上，冻结和解冻，不只是改变方向，冷却和加热有很多不同之处。冷却开始后 10min 的冷却速度和解冻开始后 10min 的升温速度基本是一致的，但解冻到 0℃ 所需的时间是冻结到 0℃ 所需时间的 2 倍左右，这主要是因为水的热传导率较低，而冰的热传导率较高所造成的。另外，食品在冻结和解冻过程中，发生水的膨胀、组织的收缩、溶液的浓缩等一系列物理和化学变化。在缓慢的解冻过程中，将产生滴液损失、蛋白质的变性、变色、微生物的繁殖、干燥等，这些将影响到制品的成品率和品质。因此对于解冻装置，有必要提出以下要求：

从物料的品质方面看，要求滴液损失少，不变色，脂肪不发生酸化，蛋白质不变性，解冻均匀。从卫生方面看，要求容易清洗，没有微生物污染和异物的混入，解冻后物料温度在 5℃ 以下。从性能方面看，要求解冻速度快，操作成本低，根据解冻状态可自动控制等。

对于解冻，一般有解冻和回温之分。解冻是指冷冻物料的温度处于冰晶完全消失以上的温度；而回温是指温度在冰点以下，冷冻物料内还有部分冰晶存在的状态，肉的回温温度一般为-2~7℃。从提供热的方式来看，解冻有两类方法：一是温度较高的介质向冻结品表面传热，热量由表面逐渐向中心传递，即所谓的外部加热法，主要有空气解冻、水解冻、水蒸气解冻等；二是高频、微波、通电等加热方法，使冻结品各部位同时加热，即所谓的内部加热法；另外，还有利用高压静电场、电晕放电等微能解冻等。

#### （1）外部加热解冻

① 空气解冻：空气解冻时，一般将解冻间温度控制在 20℃ 以下，解冻时间 20~40h。此法设备简单，操作成本低，但解冻时间长，温度不均，表面易酸化、变色，容易发生微生物污染和异物的混入，卫生条件差。为提高解冻速度，采用送风解冻，但在送风条件下，容易引起物料的干燥和褐变。

② 水解冻：冷冻物料在静止或流动的水中解冻，物料表面与水的传热速度是在空气中传热速度的 10~15 倍，在较低的温度下，也有较快的解冻速度。没有酸化和干燥的问题，但裸露的表面容易吸水，营养成分损失严重。解冻用水有被微生物污染的危险性，另

外还有污水排放的问题。此法多用于水产品的解冻，鱼和贝类，特别是虾和贝类，在空气中解冻时，易发生变色和变臭，在水中解冻比较合适。

③ 水蒸气解冻：水蒸气解冻有常压式和减压式。常压高温水蒸气解冻时间短，但物料的温度高，品质差；在减压状态下水可在低温下蒸发（5~20℃），低温饱和蒸汽与冷冻物料的表面相接触，发生冷凝传热，冷凝传热具有高的传热系数，可实现快速解冻。但裸露的物料表面易吸水，存在低温微生物繁殖等问题。此法用于薄膜包装的肉、鱼和贝类的解冻。

**（2）内部加热解冻** 内部加热解冻主要有：介电加热解冻（高频波 10kHz~300MHz 和微波 300MHz~300GHz）和通电加热解冻。高频波加热和微波加热的原理是一样的，都是利用物料的介电特性，即极性分子在电场的作用下运动，自身产生热量。通电加热解冻是利用冷冻食品的电导特性，电流通过冷冻食品物料内部，自身产生热量。

高频波解冻的特点：一是高频波解冻与微波解冻相比，解冻后的物料温度均匀，能对较厚大物料进行解冻。在微波加热解冻时，由于其半衰深度较小，物料的表面温度和中心温度差别大，物料表面局部解冻，冰转化成水，由于水和冰的损失系数差别很大，在该部分吸收的微波能多，就容易造成部分的过热现象。而对于高频波加热解冻，其半衰深度远大于微波的半衰深度，表面温度和中心温度差别小，水和冰的损失系数差别也小，解冻时温度分布较均匀，所以高频波用于厚大物料进行解冻，并且解冻后的品质更高；二是高频波解冻可与其他解冻方法相结合，解冻到冰点后仍采用高频波继续解冻，就会引起温度不均，品质劣化，对于完全解冻，可采用高频波解冻与外部加热解冻的方法。

**（3）解冻状态的特点** 根据解冻过程中的程度，有半解冻状态和完全解冻状态两种，这两种状态在烹饪中的应用和风味品质都有所不同。

① 半解冻状态：所谓半解冻状态就是指将冻肉温度提高到冰结晶最大生成带的温度范围即中止解冻，此后在加工过程中再使肉达到完全解冻，处于这种半解冻状态的肉食品，由于结冰率小，肉食品的硬度恰好能用刀切割，便于加工和切配，而且流汁较少，加工切配以后仍在继续解冻，在烹调加热前恰好解冻完毕，此解冻程度是烹饪加工中最佳的解冻状态。

② 完全解冻状态：完全解冻状态下的食品，应立即采取加工、烹调措施，以防止肉质和风味的变化，因为这种状态下的原料极易受温度影响而使肉质恶化，例如，在 30℃左右氧化酶和微生物的作用非常迅速，很快使肉色变深并产生异味。

### 3. 解冻原料的清理与洗涤

原料经冻结后在表面会发生变色、变硬的现象，解冻后要合理地处理，以确保原料的品质。如鲜虾冷冻后，虾体会失去光泽，而变成褐色或出现黑色斑点。因为虾肉蛋白质中含有较多的酪氨酸，同时在虾肉组织中还含有酪氨酸氧化酶，它对酪氨酸有催化氧化作用。当鲜虾在贮藏过程中，酪氨酸在氧化酶催化下发生氧化聚合生成黑色素，该色素不溶于水、酸和脂肪中，因而沉积在虾壳的表面上。该色素易被过氧化氢漂白，但一般认为用维生素 C 或亚硫酸氢钠浸泡效果较好。如将新鲜虾用水洗净后，浸入 1.25%的亚硫酸氢钠水溶液中，1min 后取出沥干水再冷冻，即可防止黑色素的生成。也可用 1%维生素 C 水溶液浸泡 1min 来防止色变发生。

海虾仁经过冷冻贮藏后，表面筋膜的虾黄素被氧化成红色虾红素，因而使筋膜呈现红色，同时海虾体内氧化三甲胺含量较多（比河虾多），在贮藏过程中易被还原成有腥味的三甲胺，因此冷冻后海虾仁表皮筋膜呈红色，海腥味较大，如果处理不当，会影响菜肴质量。漂洗冻虾仁的办法是先解冻，再浸泡在饱和的食盐溶液中（加盐于水中，直到不溶解为止），再用手顺着一个方向搅拌，待海虾仁筋膜脱落为止，虾仁即呈现至白色，这个过程约需要 20min。然后用清水将虾仁冲洗干净，除去筋膜，加干淀粉（每 500g 虾仁加入 100g 淀粉）和少量清水拌和，放置 30min，再用清水反复漂洗干净之后，放入少量清水中浸泡一段时间，虾仁即可恢复到原有的形态。

饱和食盐水具有很高的渗透压，使虾仁细胞内水分向外渗透，组织收缩，使筋膜在虾仁收缩过程中脱离虾体，使虾仁变成白色。由于淀粉具有吸附作用，加入淀粉可以迅速地吸去虾仁中的盐分和腥味，经过反复用清水漂洗后，还可以使虾吸收水分而膨胀，恢复到原有的形态。

# 第三节 原料的分解与切割加工

## 一、原料的分解加工

烹饪原料的特性不仅具有区域性，还具有部位性。无论是动物性原料还是植物性原料，不同部位表现出来的风味是不同的，要想充分发挥它们的特色，必须了解部位的分布与结构，通过加工使之成为独立的原料个体，便于烹饪时发挥其独特的性能。通过对整形原料有规则的分割，使之成为有独立意义的单位和部件，这一过程就是分解工艺。分解工艺有部位分解和骨肉分解两大类。

部位分解是指根据整形烹饪原料不同部位的质量等级，使用刀具对其进行有目的的切割与分类处理，使其符合烹调的要求而成为具有相对独立意义的更小单位和部件。内容包括去皮、修除对原料质量有不良影响的淤血、伤肉、黑色素肉、割除粗血管及全部淋巴结、修去粗组织膜、清除表面污物等。

骨肉分解是指在动物性原料分割过程中对需要进行肌肉、脂肪与骨骼分离的原料实施分离处理，并按不同部位或质量等级进行分类整理。骨肉分解包括分档剔骨和整料剔骨。

分解工艺的主要目的是使原料符合后序加工的要求，多方位体现原料的品质特点，扩大原料在烹调加工中的使用范围，调整或缩短原料的成熟时间，便于提高菜肴质量，利于人的咀嚼与消化，满足不同人群对菜肴的多种需求。分解工艺的原则是：必须符合食品卫生要求；必须按照原料的不同部位和质量等级进行分割与归类；必须符合所制菜肴的品质要求；下刀要准确，剔骨过程中，必须剔除全部硬骨与软骨，尽量保持肉的完整性，并力求做到骨上无肉或肉少，避免掺杂碎肉与碎骨渣。

### 1. 家畜原料的分解加工

#### （1）猪肉的分解加工

① 大部位分解：大部位分解即将猪胴体的二分体分割成三段后再进行剔骨。

a. 前肢部位：前肢部位包括颈、前夹、上脑、前蹄等。前肢应自猪前部第 5~6 根肋骨之间直线斩下，不能斩断肋骨。

b. 腹肢部位：腹肢部位包括脊椎排、排肋、奶脯等，第 4 根肋骨起取 8 根肋排骨后分离。肋排应在脊椎骨下 4~6cm 肋骨处平行斩下，斩去大排后，割去奶脯，带全部夹层肌肉并有肋骨的为肋排。要求肋排表面片割平整，肉块完整，肉层厚度大致均匀。奶脯是指猪的腹部，俗称肚囊子，主要由皮、脂肪和筋膜组成。

c. 后肢部位：后肢部位包括臀尖、坐臀、外裆、蹄、爪、尾、后腿（应自猪的最后一节腰椎与荐椎连接处斜线斩下）。

② 骨肉分解

a. 前肢出骨：从腕骨关节卸下前爪，脚圈应沿关节相连处下刀，脚圈处长度为5～7cm；切下颈椎骨，取下血脖，俗称槽头肉，应自猪颈椎最前一节处直线斩下；从胸骨下端进刀取下前胸肋和胸椎；斜刀从肩部上沿割下上脑，从肩胛的关节处将前夹与前蹄分开，刮清肩胛平面上的腱膜，从两侧进刀，剔下肩胛骨，肩胛骨的下面就是夹心肉，它是前腿肌肉的重要部分；再将前蹄平放，从侧面平刀批进，沿蹄骨剖成扇形，用刀将蹄骨取下。

b. 腹肢出骨：在胸肋后八根下端进刀，取下胸肋与脊骨，再从通脊的肥膘上剥下里脊肉，胸肋上将排骨与肋肉分开，排骨厚度为1.2～1.8cm，肉厚0.7～1cm；最后将软肋与硬肋分开。

c. 后肢出骨：从跗骨下关节切下后爪，再从股骨的关节处将后肘与坐臀分开，先顺股骨将股二头肌、臀中肌完整地剥下，再取掉股骨；后肘沿骨划一长口，沿骨将肉与骨分开。

③ 部位精分解

a. 前肢部分：颈肉，又称血脖、槽头肉，肉间夹杂脂肪与较多结缔组织，质老常用作馅料。上脑，又称颈背肌肉，肌纤维较长，结缔组织少，质嫩，适用于熘、炒、汆、涮等。夹心肉，肌阔，结缔组织多，肉质紧，吸水量大，适用于制馅、制肉蓉。前蹄，皮厚，腱膜组织丰富，适用于炖、焖、煨、煮、扒、卤等烹法。脚圈，皮厚，筋多，适用于烧、卤、酱、煨等。

b. 腹肢部分：通脊，俗称扁担肉，肌纤维长，色淡，结缔组织少，脂肪少，质嫩，宜于炒、熘、炸、煎、汆、涮等烹法。若和椎骨相连取下，即为大排，可以烧、焖等。肋骨连全部夹层肌肉取下的为肋排，即小排，适用于烧、煮、炸、焖、煨、蒸等烹法。硬肋，即硬五花肉，又称上五花，在肋骨下，脂肪与肌肉相夹成五层，宜于烧、烤、扒、清炖、粉蒸、红焖等。软肋，即下五花肉，无肋骨，组织疏松，脂肪多，肌层薄，宜于肉蓉、制馅等。奶脯，脂肪多，结缔组织多，用途狭窄，宜于炼油。里脊，又称梅条肉，位于腰椎处，呈长条形，色红，肌肉纤维长，脂肪少，质嫩，宜于炒、爆、熘、煎、汆、涮等。

c. 后肢部分：股二头肌，由弹子肉、黄瓜条、抹裆肉三块组合，外缘由筋膜包裹，剔除筋膜后，肌肉厚实，质嫩，宜于炒、熘、爆、炸、煎、汆等。臀板肉，长方形，质娇嫩，用法同上。后蹄，较前蹄小，用法同前蹄。

除上述三个部分的取料外，猪还有猪头、尾及下水，其用途如下：猪头，宜于扒、烧等；猪尾，宜于煮、卤、酱等；猪爪，宜于白煮、红烧、煨汤等；猪心，宜于炒、熘、卤、酱等；猪肝，宜于炖、煨、煮等；猪肚，宜于煮、煨、卤、酱等；猪腰，宜于炒、爆、汆等，也可制蓉作肝膏；猪肚，宜于煮、煨、卤、酱等；猪腰，宜于炒、爆、汆、涮、烩、炖等；猪肠，宜于煮，成熟后还适用于脆皮炸、炒、烧等；猪舌，宜于煮、卤、酱等。

**（2）牛肉的分解加工** 牛肉即成熟牛的肌肉，习惯上还包括肌肉间的结缔组织和脂肪组织。牛酮体因体积大，分量重，为运输和销售方便起见，通常将其分割为四分体，成为批发分割肉，由批发分割肉再行分割成为零售分割肉应市。牛的肌肉由于级别的不同、部位的不同，其烹调用途也各有差异。

① 牛头：皮多，骨多，肉少，脂肪少，以脸颊肉为最嫩，宜于卤、酱、白煮、制作冷菜等。

② 脖头：脖头即颈肉，瘦肉多，脂肪含量少，纤维纹理纵横，质量较差，属三级牛肉。宜于煮、酱、卤、炖、烧等，更宜于作馅。

③ 短脑：位于颈脖上方，其用途同于脖头。

④上脑：位于脊背的前部，靠近后脑，与短脑相连。其肉质肥嫩，属一级牛肉。宜于加工成片、丝、粒，宜于爆、炒、熘、炸、烤、煎等。

⑤ 前腿：位于短脑、上脑的下部，前腱子肉上部，属三级牛肉。前腿肉虽然较嫩，但肉块中有筋膜夹层，经过精选和剔除，部分肌肉也可作一级牛肉使用。其用途同于上脑。其余肌肉较老，宜于红烧、煨、煮、卤、酱及制馅等。

⑥ 胸口：胸口即胸膈，位于牛的前腿中间。肉质坚实，肥瘦间杂，属二级牛肉。宜于加工成块、片，适于红烧、滑炒等。

⑦ 肋条：肋条又称腑肋，牛脯，位于胸口肉后上方。肥瘦间杂，结缔组织丰富，属三级牛肉。宜于加工成块、条，适于红烧、红焖、煨汤、清炖等。

⑧ 弓扣：弓扣即腹脯，在肋条后下方，属三级牛肉，但筋膜多于肋条，韧性大，最宜于烧、炖、焖等方法。

⑨ 窝：窝位于牛后腿间的肉，属三级牛肉，其肉质与用途同弓扣肉。

⑩ 外脊：外脊即脊背肌肉，位于上脑后、米龙前的条状肉，为一级牛肉。其肉质松而嫩，肌纤维长。宜于加工成丝、片、条，适于炒、熘、煎、炸、扒、氽、爆等。

⑪ 里脊：里脊即牛柳，质最嫩，属一级牛肉，也有将其列为特级牛肉的。宜于煎、炸、扒、炒等。

⑫ 榔头肉：榔头肉即股二头肌的组成部分之一，属一级牛肉。肉质嫩，宜于切丝、片、丁，适于炒、烹、煎、烤、爆等。

⑬ 底板：底板即仔盖，属二级牛肉，若剔除筋膜取较嫩部位，可视为一级牛肉使用。用法与榔头肉相同。

⑭ 米龙：相当于猪的臀尖肉，属二级牛肉。肉质嫩，表面有脂肪，用法与榔头肉相同。

⑮ 黄瓜肉：与底板和仔盖肉相连，其肉质、用法与底板肉相同。

⑯ 仔盖：位于尾巴根部，后腱子上面，与黄瓜肉相连，属一级牛肉。其肉质嫩，肌

纤维长，宜于加工成丁、条、丝、片、块，适于煎、炒、熘、炸、烤等。

⑰ 前、后腱子肉：前腱子肉结缔组织较多，质较老；后腱子肉较嫩，但二者同属于二级牛肉。宜于卤、酱、拌、煮，是制作冷菜的好材料。

⑱ 牛尾：肉质肥嫩，结缔组织多，骨多，是煨、煮、炖、烩、烧的好材料。

除上述部位及用途外，牛还包括牛蹄、牛肝、牛心、牛肺、牛肚、牛腰等下水，其用途如下：牛蹄，宜于白煮、煨汤，也可在成熟后凉拌等；牛肝，宜于加工成片，适于炒、熘；牛心，宜于炒、爆、卤、酱等；牛肺，白煮后宜于烧；牛肚，有板肚和百页肚之分，可以卤、酱、白灼、爆等；牛腰，宜于加工成片后滑炒。

**（3）羊肉的分解加工**　羊在市场上通常有整只供应，也有二分体或四分体应市。既有带皮羊，也有剥皮羊。羊的部位取料和用途如下。

① 羊头：皮多，骨多，肉少，一般用于煮、卤、酱等。

② 羊尾：宜红烧、酱、煮等。

③ 前腿：属二级羊肉，肥多瘦少，筋膜不多，宜于红烧、炖、卤、煮等。

④ 颈肉：肉质较差，有筋，属三级羊肉，宜于制馅、烧、卤、酱、炖等。

⑤ 脊前：包括里脊和外脊，属一级羊肉。宜于切片、丝、条、丁，适于爆炒、煎、炸、烤、熘等。

⑥ 肋条：肥瘦夹层，肉质较好，属二级羊肉，适宜于涮、烧、焖、炖、扒等。

⑦ 胸脯：前胸肉质嫩，属一级羊肉，宜于爆、炒、烧扒等。

⑧ 腰窝：腰窝肉位于腹部肋后近腰处，质差筋多，属三级羊肉，宜于卤、酱、烧、炖等。

⑨ 后腿：属于二级羊肉，肉质嫩，肥瘦相间，去筋膜后可代替一级羊肉使用，宜于炒、爆、烤、涮等。

⑩ 前腱子：肉瘦筋多，属三级羊肉，宜于烧、卤、煨、炖等。

⑪ 后腱子：肉质同前腱子，用途也相同。

### 2. 家禽原料的分解加工

家禽原料的分割与剔骨加工主要包括鸡、鸭、鹅、鹌鹑、家鸽的分解加工。由于家禽原料在肌肉、骨骼的结构上大同小异，故这里仅以鸡的分割与剔骨加工为例阐述。

**（1）鸡的部位分解**　鸡的肌肉主要有鸡脯肉、鸡里脊肉、鸡大腿肉、鸡小腿肉、鸡翅膀肉。鸡的分割步骤是：将光鸡平放砧板上，在脊背部，自两翅间至尾部，用刀划一长口，再从腰窝处至鸡腿裆内侧，用刀划破皮。左手抓住一鸡翅，从刀口自肩臂骨骨节处划开，剔去筋膜。撕下鸡脯，同时将紧贴胸骨的鸡里脊肉取下。再将鸡翅与鸡脯肉分开。左手抓住一鸡翅，反关节用力，用刀在腰窝处划断筋膜，再用刀在坐骨处割划筋膜，用力即可撕下鸡腿，再从胫骨与跖骨关节处拆下，然后将鸡翅、鸡脯、鸡腿、鸡架、鸡爪分类放置即分割完成。

**（2）鸡的骨肉分解加工**　鸡的剔骨加工分为分档剔骨与整鸡剔骨两种。

① 分档剔骨：光鸡经过分割后，其分档剔骨的主要部位指鸡腿和鸡翅（因鸡脯已是净肉）。鸡腿剔骨：用刀从鸡腿内侧剖开，使股骨和胫骨裸露，从关节处将两骨分离，割断骨节周围的筋膜，抽出股骨；再用相同的方法取下胫骨。鸡翅剔骨：割断肱骨关节四周的筋膜，将翅肉翻转，再割断尺骨、桡骨上的筋膜，取下肱骨及尺骨、桡骨。翅尖部位的骨骼一般在生料剔骨时予以保留。

② 整鸡剔骨：划开颈皮，斩断颈骨：在鸡颈和两肩相交处，沿着颈骨直划一条长约6cm的刀口，从刀口处翻开颈皮，拉出颈骨，用刀在靠近鸡（鸭）头处，将颈骨斩断，需注意不能碰破颈皮。去前肢骨（翅骨）：从颈部刀口处将皮翻开，使鸡头下垂，然后连皮带肉慢慢往下翻剥，直至前肢骨的关节（即连接翅膀的骱骨）露出后，可用刀将连接关节的筋腱割断，使翅骨与鸡身脱离，先抽出桡骨、尺骨，然后再抽翅骨。去躯干骨：将鸡放在砧墩上，一手拉住鸡颈骨，另一手拉住背部的皮肉，轻轻翻剥，翻剥到脊部皮骨连接处，用刀紧贴着前背脊骨将骨割离；再继续翻剥，剥到腿部，将两腿向背部轻轻扳开，用刀割断大腿筋，使腿骨脱离；再继续向下翻剥，剥到肛门处，把尾椎骨割断（不可割破尾处皮），这时鸡的骨骼与皮肉已分离，随即将躯干骨连同内脏一同取出，将肛门处的直肠割断。出后肢骨（后腿骨）：将后腿骨的皮肉翻开，使大腿关节外露，用刀绕割一周；割断筋腱后，将大腿骨抽出，拉至膝关节处时，用刀沿关节割下；再在鸡爪处横割一道口，将皮肉向上翻，把小腿骨抽出斩断。翻转鸡肉：用水将鸡冲洗干净，要洗净肛门处的粪便，然后将手从颈部刀口伸入鸡胸膛，直至尾部，抓住尾部的皮肉，将鸡翻转，仍使鸡皮朝外、鸡肉朝里，在形态上仍成为一个完整的鸡；如在鸡腹中加入馅心，经加热成熟后，十分饱满美观。整鸡剔骨有较强的技术性，剔骨后的鸡应皮面完整，刀口正常，不破不漏。过嫩、过肥、过瘦的鸡不利于整料剔骨。

（3）鸡的分解取料和用途

① 鸡头：鸡颈、鸡架宜于煮汤。

② 鸡翅：宜煮、酱、卤、炸、烧、炖等。

③ 鸡腿：宜加工成丁、块，适于炒、爆、熘、炸、烧、煮、卤等。

④ 鸡脯：宜加工成丁、条、丝、片、蓉泥，适于炒、熘、炸、煎、氽、涮等。

⑤ 鸡里脊：宜加工成蓉，适于氽、养。

⑥ 鸡爪：宜酱、卤、煮等。

⑦ 鸡肝、鸡心、鸡肫等：可整用，也可加工成片，宜于卤、酱、炒、爆等。

### 3. 水产原料的分解加工

水产原料的品种繁多，主要有鱼类、虾蟹类、贝壳类等，其中贝壳类原料着重在于去壳和清理加工，鱼虾蟹类则根据烹调的需要，进行相应的分割与剔骨加工。

**鱼的分解加工** 鱼的分解加工对表现鱼的各部位特点、提高食用效果和经济效果具有一定的积极意义，正确的分割与剔骨，可以提高使用率和出肉率。

① 梭形鱼的分解加工

a. 梭形鱼部位的分解：梭形鱼是烹饪中使用较多的鱼类品种，常见的有鲤鱼、鳜鱼、草鱼、青鱼、黄鱼、鲢鱼等。它一般为三个部位，即头部、躯干部、尾部。鱼头可以胸鳍为界线直线割下，其骨多肉少、肉质滑嫩，皮层含胶原蛋白质丰富，适用于红烧、煮汤等。鱼尾俗称“划水”，可以臀鳍为界线直线割下。鱼尾皮厚筋多、肉质肥美，尾鳍含丰富的胶原蛋白质，适用于红烧，也可与鱼头一起做菜。躯干，去掉头尾即为躯干，中段可分为脊背与肚裆两个部分。脊背的特点是骨粗（一根脊椎骨又称龙骨）肉多，肉的质地适中，可加工成丝、丁、条、片、块、蓉等形状，适合于炸、熘、爆、炒等烹调方法，是一条鱼中用途最广的部分。肚裆，是鱼中段靠近腹部的部分。肚裆皮厚肉层薄，含脂肪丰富，肉质肥美，适用于烧、蒸等烹调方法。

b. 梭形鱼的骨肉分解：主要是对中躯的椎、肋骨的去除。其方法是：将鱼中段脊朝里，从右端椎骨上侧平向进刀，切断椎肋的关节，将其剖为软、硬相对的两片，带椎骨者叫硬片，反之为软片。在硬片一侧用同法取下椎骨，刮下附着在骨上的残存肌肉（骨可制汤）。然后用斜刀法批下肋骨及肋骨下端腹壁，即得净鱼肉。若制鱼蓉则需去除鱼皮，若用于炒，丝需去皮，片则可连皮，一般来讲，鱼尾不宜拆骨，大者可剖开为软、硬两片（连尾鳍也要两片），可与头的软硬边配合使用。

对梭形鱼的分割，应尽可能的综合运用各档位，扬长避短。以一条青鱼为例，头尾可做烧青鱼头尾，肚裆可熘瓦块鱼或烧腹裆，脊背硬边可作豆瓣青鱼方，脊背软边加工成净肉后，可以炒瓜姜鱼条，碎肉可制鱼蓉作“清汤鱼圆”。这样，青鱼各部位的优点都得到发挥，各显其长，物尽其用，达到了食用与经济的最好效果。

② 长形鱼的分解加工：长形鱼的分解加工一般以出骨加工为主，个别菜肴需要部位分档，也在出骨加工以后进行。如：熟鳝鱼去骨后，根据菜肴的要求进行部位分解，一般分为前脊背肉、尾脊背肉、腹肉三大部分；前脊背肉可用于炒制，如炒软兜；尾脊背肉可用于炝制，如炝虎尾；鱼腹可制汤菜，如煨脐门；还有背肉、腹肉连在一起的单背肉，可用于炒、炸等，脆鳝就是代表菜肴。

长形鱼的剔骨与梭形鱼剔骨稍有不同。长形鱼一般指鳝鱼、鳗鱼等，以鳝鱼为例，其剔骨方法有生鳝鱼剔骨和熟鳝鱼剔骨两种，熟鳝鱼剔骨行业内又称划长鱼（划鳝丝）。

a. 生鳝鱼剔骨：将鳝鱼宰杀放尽血，放砧板上，用刀从喉部向尾部剖开腹部，去内脏，洗净，抹干，再用刀尖沿脊骨剖开一长口，使脊部皮不破，然后用刀铲去椎骨，去头尾即成鳝鱼肉。用此鱼肉可制成炒蝴蝶片、生爆鳝背、炖鳝酥等。

b. 熟鳝鱼剔骨：将鳝鱼氽烫后，背朝外、腹朝里、头左尾右平放于案上，左手捏住鱼头，右手捏住划长鱼的刀（长鱼刀为骨制，尖刃窄身，厚约 1.5mm，长度 7～8cm，宽约 1.5cm），从颌下腹侧入刀，中指与无名指护住鱼身，顺椎骨向右移动，划开鱼体成腹、背两片，再同法将椎骨一侧划开，接着划出椎骨。将鱼腹与脊背分离的划法叫双背划，尚有腹背不分的单背划，即划的第一刀仅将其一侧划开，然后再取出椎骨。鳗鱼的剔骨与生鳝鱼剔骨的方法基本相同。

③ 扁形鱼的分解加工：扁形鱼体形扁平，肉质较薄，如鲳鱼、鳊鱼等。扁形鱼的分

解加工以剔骨出肉加工为主，扁形鱼的分解加工方法是：先将鱼头朝外、腹向左、平放在菜墩上，顺鱼的背侧线划一刀直到脊骨，再贴着刺骨批进去，直到腹部边缘，然后将一面鱼肉带皮取下。再将鱼翻过来，用同样方法，将另一面鱼肉取下。最后将余刺和皮去掉即可。这类鱼肉体较薄，一般适用于整片煎、炸等。

a. 整鱼剔骨：整鱼剔骨即在不破坏整鱼外观形象的情况下，将鱼体内的主要骨骼及内脏通过某处刀口取出的方法。适合整鱼剔骨的鱼有鲤鱼、鳜鱼、鲈鱼、刀鱼等，前三种鱼的重量以500~1000g/条为宜，刀鱼的重量以250g/条为宜。剔骨的方法主要有脊背部剔骨、颈部剔骨两种。

b. 整鱼脊背部剔骨：将鱼平放在砧墩上，鱼头朝外，腹向左，左手按住鱼腹，右手持刀紧贴背脊骨上部横批进去，从鳃后直到尾部批开一条长刀口，再从刀口紧贴鱼骨向里批，批过鱼的脊椎骨，直至将鱼的胸肋骨与脊椎骨相连处批断为止，使鱼身一面的脊椎骨与鱼肉完全分离。然后将鱼翻身，使鱼头朝里，用刀在鱼尾骨紧贴着背脊骨上部横批进去，刀法同前，直至将鱼的胸肋骨与脊椎骨相连处批断为止，使全身另一面的脊椎骨也与鱼肉完全分离。接着在背部刀口处将脊椎骨拉出，在鱼头和鱼尾处将脊椎骨斩断，取出，但头、尾仍与鱼肉连在一起。剔胸骨时，先将鱼腹朝下放在砧墩上，从刀口处翻开鱼肉，在被割断的胸骨与脊椎骨相连处，胸骨根端已露出，将刀略斜，紧贴着一排胸骨的根端往下批进去，使胸骨脱离鱼肉。然后将鱼身肉合起，在外形上仍成为一条完整的鱼。

c. 整鱼颈部剔骨：在鱼颈部的一面直切一口，切断椎骨；在鱼的另一面肛门处也直切一刀，切断椎骨。用长出骨刀由颈部刀口处插进，贴着鱼脊椎骨缓缓推行至肛门处，并上下、左右割划，令鱼肉与骨骼分离。然后将刀抽出，再从鱼肛门处的切口进刀，用同样方法割划这一侧。然后将鱼椎骨和胸骨及内脏从颈部刀口处抽出即成。

鱼类原料在出骨时必须注意是否彻底，一定要做到肉不带骨，否则会给食者带来伤害，还要做到骨不带肉，以减少浪费。不同的鱼出肉率差异也很大，如梭形鱼中的大黄鱼、小黄鱼的出肉率达到60%~65%，草鱼、青鱼的出肉率是40%~45%，鲤鱼的出肉率只有24%，长形鱼中的鳝鱼出肉率达到55%，带鱼达到63%，而鳊鱼只有27%。这些数据也是检查出骨加工质量的依据。

④ 虾的分解加工：虾的分解加工主要是去壳出肉加工。一般来说，大虾、活虾整只烹调既方便又鲜美，且色彩美观，但将虾去壳出肉后用于做菜则具有更多的使用价值。小虾的虾仁、对虾、龙虾的虾肉其运用范围更广，丰富了虾菜的品种，名菜也多，如炒虾仁、炸虾球、烧虾饼等。虾的去壳出肉一般是依据虾形的大小，采用剥和挤的方法。

a. 剥壳法：剥壳法主要用于大型虾，如对虾需从腹部先胸甲、次腹甲、再尾柄分节剥去甲壳。再以龙虾为例，先用抹布将虾头按住，用力转动虾身，使虾头与虾身分开，用刀从背壳与腹甲的连接处划开，然后从尾甲处开始慢慢地向头用力拉，将虾肉与背壳分离，再将腹甲剔去，即成一条完整的龙虾净肉。

b. 挤捏法：挤捏法主要针对中、小型虾，如草虾、青虾、白虾等。其方法是：左手捏住虾尾，右手捏住虾胸甲，两手同时用力挤压并向相反方向拉，使虾肉从甲壳中脱出。挤出的虾仁，其形体较小者，无须挑去沙线，只要用清水浸漂搅洗至色白即可，行业内称之为“打水”；形体较大者，背部沙线（即肠）明显，需要挑去，否则将影响虾肉的色泽、质量以致口感风味。

⑤ 螃蟹的去壳拆肉：螃蟹拆肉具有重要意义。螃蟹外壳十分坚固，步足管壁间、胸肋与胸甲相连的腔内肋间、骨缝中都有丰满的肌肉，这些肌肉由于肌浆较多，固体性较差。背胛与胸甲之间，有丰满的“脂肪”，雌性色呈橘红，称之为“黄”；雄性色呈乳白，称之为“脂”。由于螃蟹骨缝较多且肌肉固体性差，所以拆肉十分繁难，生拆不能达到目的，因此，必须采用熟拆方法。其加工流程是：蒸（煮）熟→卸下步足→撬出腿节→摘下屈腹→开背壳→剔出上壳内脂肪与肌肉→剔去食胃→摘除胸肋上肺叶→剔出肋间脂肪→将胸甲剪为左右两半→剖开胸肋成上下两半→剔去肋缝中的肌肉→撬开螯足剔出肌肉→分别剪去步足关节→压或扦出足壁间肌肉→剖开曲腹除屎肠→剔出腹中肌肉→分装保管。现在，有人设计了一整套剔拆蟹肉的工具，不仅小巧玲珑，而且非常有效，不妨予以采用。

### 4. 加工原料的分解工艺

加工原料一般已经过分解加工，即使没有分解的整只原料，其肉质的差异也不太明显，基本上不必再进行很细的分解加工。有个别的原料因菜肴的需要可做简单的分解加工，如火腿。火腿一般成熟后进行分解加工。

（1）**大爪** 用于制汤。

（2）**火瞳** 是指火腿的蹄，既可用于制汤、炖、焖，也可用于菜肴的配料。

（3）**中峰** 是指火腿的臀尖，质量最好，可制作火方，切成片做刀面等。

（4）**油头** 是指火腿的顶尖，火腿风干时此处向下，油从这里滴下，故称油头，可用于制汤。

（5）**骨头** 用于制作浓汤。

## 二、切割的刀法及应用

刀工指运用刀具对食料进行切割的加工。从清理加工到分割加工都离不开刀工，如对鸡的宰杀、对猪胴体的分割等都是通过刀工来实现的。然而，这里所指的刀工，其主要目的是对完整原料分解切割，使之成为组配菜肴所需要的基本形体，这是厨师手工工艺中重要的基本功之一。原料切割成一定形状后，不仅具有某种美观的形体，更重要的是为制熟加工提供了方便，为实现原料的最佳成熟度提供了尽善尽美的前提。因此说，分割加工的一切目的性意义，是依靠刀工来具体实现的。

### 1. 刀工用具的种类及使用特点

**（1）刀具的种类及使用特点** 为了适应不同种类原料的加工要求，必须掌握各类刀具的性能和用途。选择相应的刀具，才能保证原料成型后的规格和要求。刀具的种类很多，形状、功能各异。其分类方法主要有两种：一是手工刀具，二是机械刀具。手工刀具按刀的形状来分，有方头刀、圆头刀、马头刀、尖头刀、斧形刀等；按刀的用途来分，有批（片）刀、切刀、斩刀、前批后斩刀等。无论是以形状分，还是以用途分，就一把刀而言，其形状与用途是统一的。机械刀具主要从功能上分类，如切片机、粉碎机、去皮机等。

**（2）菜墩的种类与保养** 大多数菜墩是选用银杏、榆树、柳树等材料制成的，这些树的木质坚固而具有韧性，既不伤刀尺又不易断裂和腐烂，经久耐用，少量碎屑对人体也无害，其中以银杏树为最佳。制墩应选用外皮完整、不空不烂、无结疤、墩质淡青、色泽均匀、无花斑的材料。一般来说，新墩使用前应先用盐溶液浸渍，或放入大桶内煮透，使本质紧缩致密，能有效地防止虫蛀及腐烂。用时不应损坏皮层，否则易裂，如缺皮可采用新鲜猪皮筐圈。每次用后应刮净墩面，不宜固定在一个部位长时间切削排剁，而要四面调节，保持墩面平整。应满刮墩面，防止凸凹不平，影响刀工的进行。禁止在墩面硬砍硬剁，造成墩面的损坏。可在墩侧做出墩面的标示，便于墩面的使用和食品卫生安全的控制。墩板用后应洗净晾干，用洁布罩上，防止污染。墩板不宜在烈日下暴晒，以免炸裂。

**（3）刀具使用的规范化** 目前刀工主要还是手工操作，具有一定的劳动强度，刀工的规范化直接关系到操作者的身体健康。据有关资料反映，不正确的操作姿势是从事烹饪工作的专业技术人员职业病的重要原因之一，这些疾病包括腰肌劳损、梨状肌综合征以及肩周炎等，另外，一些人为的手指切伤也与此有关。正确的操作规范，对提高工作效率、省时省力、减少职业病具有重要作用，是刀工操作准确、迅速、精细、安全的保障。另外，在刀工进行时，工具的卫生与否，会对原料造成直接的影响。

### 2. 刀工的作用

刀工是烹调工艺的三大要素之一。原料的形态就是由刀工处理而确定的。但各种形态的确定并不是随心所欲的，必须根据烹调的具体要求进行刀工处理，其中调味要求也是刀工处理的依据之一。

**（1）便于入味** 前面我们曾经谈过，调味料扩散、吸附的量与原料重量实际所占表面积有关，表面积越大，扩散、吸附的量越多，原料入味的程度越好，从料形上看，蓉泥状的原料最易入味，长、丝、条次之，大块的原料较难入味。所以我们在制作蓉泥菜或长、丝、条状的菜肴时，不需要太长的烹调时间，就能达到入味的目的，而大块或整只的原料则需要较长的时间才能入味。料形小的原料适用于爆炒类的菜肴，大块原料适用于炖、焖的菜肴就是这个原因。有时为了成型的需要，直接将整只的原料进行烹制，但这类菜肴必须经过两道工序以利于原料的入味。

① 剞刀处理：剞刀处理就是在原料四周或两面剞上一定深度的刀纹，以扩大体表面

积，便于调味料的进入，当然在剞刀时为了增加美观，可将刀纹剞成整齐的或有一定图案的花纹。但剞刀的目的绝不仅是为了美观，例如：清燕鱼剞上柳叶刀、红烧鱼剞上十字花刀、醋熘鱼剞上牡丹花刀等，这些花刀都是把入味和美观相结合的刀工处理技术。

② 腌制：将整只或大块的原料在烹制前先进行入味处理，有时为了不破坏原料的外表或整体选型，我们常用竹扦在原料上排一些细孔，或在原料的内侧用刀斩一些刀口，便于腌制入味。例如，腌制牛肉、肴肉时，必须用竹扦反复排戳，使调味料在原料内部达到均匀化，否则容易出现色差和口味的浓淡不均。再如扒鸭、扒鸡一类的菜肴，为了不破表皮的完整，我们用刀在鸡、鸭的腹面排斩一些刀纹，使原料在烹制时吸收更多的调味料。

**（2）便于排除异味**　刀工处理对一般新鲜的、无异味的原料来说，可以帮助入味，但对含有一些异味的原料来说，又有帮助排除异味的作用。例如冬笋，新鲜的冬笋中含有一定的苦涩味，烹调前需将其排除，整只的冬笋不利于苦涩味的排出，必须经过改刀处理。传统技法在对鲜笋改刀时，一般不用直刀切的方法，而是先切一个刀口，再用刀掰开，使切面毛糙而疏松，便于苦涩味的排出，也利于吸附调味料，如果直接用刀一切到底，由于新笋质地较紧，如果切面光滑且紧实，既不利于异味的排出，也不利于吸收调味料。另外，我们在对野鸡、野鸭进行焯火处理时，要在肉厚的部位戳一些孔，这时的目的不是为了入味，而是便于肉中的腥臊异味彻底排出。

刀工处理在入味或异味排除时采用的刀法也不尽相同，有时为了不改变某种原料的形态而采用拍、剁、敲的刀法。如糖醋扬花萝卜，为了保持萝卜的形状，同时也要使调味料进入萝卜内部，可将萝卜放在砧板上，用刀轻轻拍松，这样既不破坏整体形状，又有一些裂纹，便于入味。茭白、马蹄、冬笋等质地较脆硬的原料也常采用此刀法处理。质地软韧并有外皮的原料则常用剁刀或用刀背轻捶的办法进行处理，例如酥烤长鱼，就是用刀背在长鱼肉面反复敲捶，使长鱼受热后肉质酥软起孔，以增加对调味料的吸附能力。淮扬菜中常用的“酥腰”，则采用剞刀的方法，在整腰的两面剞上直刀纹，然后再下锅煮，使腰中的臊味从刀口处排出，经过一段时间的煮焯以后，虽然没有去除腰臊，但臊味全无。

**（3）便于成熟**　整只原料经刀工处理后，使原料受热面积增加，内部传热时间缩短，加快了原料的成熟，同时还能保持原料在受热过程中内外成熟度一致。大型的原料在短时间加热中容易出现外熟内生的现象，改刀成小片或小块后，使原料受热均匀，保证了菜品的质量。

**（4）美化菜肴**　刀工能把各种不同形状的原料加工得整齐美观，各种原料形状规格一致，整齐划一，长短相等，粗细厚薄均匀，看上去清爽利落，诱人食欲。刀工技法更是花色菜肴的主要手法，植物原料的花刀技法、动物原料的剞刀技法都是通过刀工来实现的。

### 3. 基本刀法的种类及适用范围

刀法指对原料切割的具体运刀方法。依据刀刃与原料的接触角度，分为平刀法、斜刀法、直刀法和其他刀法四大类型。平刀法，指刀刃运行与原料保持水平的刀法，成形原料平滑、宽阔而扁薄，故行业中称为“片”或“批”。斜刀法，指刀刃运行与原料保持锐（钝）角的刀法，成形原料具有一定坡度，以平窄扁薄的料形为最终料形，故行业中称为“斜批”或“斜片”。直刀法，指刀刃运行与原料保持直角的刀法，直上直下，成形原料精细、平整规一，故行业中称为“切”或“剁”。其他刀法，指不常用的平、直、斜刀法以外的刀法。

**（1）平刀法** 根据用力方向，平刀法有平批、推批、拉批、波浪批和旋料批诸法。

① 平批：平批是将原料保持在刀刃的一个固定位置，平行批进，不向左右移动。对易碎的软嫩原料，如豆腐干、鸡血等常采用此法。

② 推批：推批是运用向外的推力，批料时，原料从刀尖入刃向刀腰移动断离。对脆嫩性蔬菜，如生姜、白菜、茭白、竹笋、榨菜等，常用此法。

③ 拉批：拉批是运用向里的拉力，批料时，原料从刀腰进刃向刀尖部移动断离。对韧性稍强的动物性原料，如鸡脯、腰子、猪肝、瘦肉等，常采用此法。

④ 锯批：锯批是推拉的结合，对韧性较强或软烂易碎或块体较大的原料常用此法。

⑤ 波浪批：波浪批又称抖刀批。刀刃进料后作上下波浪形移动，此法应用较少，仅指对菊花变蛋的批片。一些固体性较好的原料也可采用此法，如豆腐干、蛋糕等。

⑥ 旋料批：旋料批即批料时一边进刃一边将原料在墩面上滚动，专指对柱体原料的批片，旋料批可以切出较长的片，一般多用于植物性原料。

平刀法的运刀要用力平衡，不应此轻彼重，而产生凸凹不平的现象。

**（2）斜刀法** 依据运刀时刀身与砧墩的角度，斜刀法有内斜刀与外斜刀之分。

① 内斜刀法 右侧角度为40°~50°，一般来讲，内斜刀法运用的是拉力，故又称“斜拉批”。适用于软嫩而略具韧性的原料，如鸡脯、腰片、猪肝、鱼肉等。内斜刀法是切割柳叶片、抹刀片的专门刀法，能相对扩大较薄原料的坡度截面，增加与汤卤的接触面。在运刀时，要求两手同时相应运动，左手按料，刀走下侧，每批下一片即屈指取下，再按料进刀，反复进行。

② 外斜刀法：右侧角度为130°~140°。一般来说，外斜刀所用的是推力，故又称“斜推批”，适用于脆性而黏滑的原料，如熟牛肉、猪肚、葱段等。反斜刀法运刀时，左手按料，刀身倾斜抵住左手指节。

斜刀批料较为一致、平稳，故一般上好原料皆用斜刀批片。如果说平刀批的片大多数还需进一步切割成更小料形，那么，斜刀片则一般无须再切割。

**（3）直刀法** 直刀法是刀法中较复杂的、也是最主要的一类刀法。依据用力程度可分为切、剁、排三类。

① 切法：切法是运用腕力，刀刃离料0.5~1cm向下割离原料的方法。依据用力的方向又有直切、推切、拉切、锯切等方法。

② 直切：用力垂直向下，切断原料，不移动切料位置者即称直切，连续迅速切断原料叫“跳切”。适用于脆嫩性的植物原料，如萝卜、马铃薯、白菜等。

③ 推切：运用推力切料的方法，刀刃垂直向下、向前运行，适用于薄嫩易碎的原料，如豆腐干、猪肝、里脊肉、鱼肉等。推切要求一推到底，刀刀分清。

④ 拉切：运用拉力切料，刀刃垂直向下、向后运行，适用于韧性原料的加工，如一般肉。拉切要求一拉到底，刀刀分清，用力稍大。

⑤ 锯切：锯切是推切、拉切的结合。对酥烂易碎原料，如羊膏、脊肉等常采用此法。锯切要求以轻柔的韧劲入料，加大摩擦力，减弱直接的阻力，至2/3时再直切。

⑥ 铡切：运刀如铡刀切草，是切刀法的特殊刀法。刀刃垂直平起平落，称直铡法，适用于对薄壳原料的加工，如螃蟹、熟鸡蛋等；刀刃交替起落叫前后起落铡法，对小型颗粒原料，如虾米、金橘饼等的切碎常采用此刀法。铡切必须右手握刀柄，左手按住刀背前部，相应用力向下。

⑦ 滚料切：在切料时，一边进刀一边将原料相应滚动切制。此法是对球形或柱形原料取块的专门刀法，滚料切所成的块，称“滚刀三角块”。

**（4）剁法** 剁法是用力于小臂，刀刃距料5cm以上垂直用力，迅速击断原料的方法。根据用力的大小又可分为砧剁、排剁、跟刀剁、拍刀剁和砍剁五种刀法。

① 砧剁：将刀扬起，运用小臂的力量，迅速垂直向下，截断原料。带骨和厚皮的原料常用此法。砧剁运刀时，左手按料离刀稍远，右手举刀直剁而下，故又称直剁。砧剁不宜在原刀口上复刀，应一刀断料，干净迅速。否则易产生碎骨、碎肉，从而影响原料质量。适于砧剁的原料，一般有排肋、鱼段等。

② 排剁：即反复有规则、有节律地连续剁，是制肉蓉、菜泥的专门刀法。由于这种剁法是由左至右再由右至左地运刀，故称排剁。排剁要求具有鲜明的节律性，根据原料性质把握轻重缓急，要循序渐进，密度均匀。

③ 跟刀剁：是将原料嵌进刀刃、随刀扬起剁下断离的方法。一些带骨的圆而滑的原料，如鱼头等，常用此刀法。对这些原料采用跟刀剁的刀法能提高准确性与安全性。

④ 拍刀剁：是刀刃嵌进原料，左手掌猛击刀背、截断原料的刀法。其意义及所用原料与跟刀剁相似。

⑤ 砍剁：是借用大臂力量，将刀高扬、猛击原料的刀法，专指对大型动物头颅的开片刀法。砍剁要稳、准、狠，要充分注意安全，并注意刀的硬度。

**（5）排法** 排法是运用排剁的刀法，但又不将原料断离，只使之骨折、筋断、肉质疏松的方法。排刀法具有扩大原料表面积、增强浆糊的附着力、使致密结构疏松柔软、方便成形、便于入味、缩短加热时间、利于咀嚼食用等诸多功能。例如，猪排通过排刀，使肉质疏松；扒鸭通过排刀使身躯柔软；红酥鸡则通过排刀，使之松嫩并有利于肉蓉（糜）的黏接等。依据排刀的不同运刀部位，又有刀跟排与刀背排之区别。

① 刀跟排：即运用刀跟部刃口，在原料肉面进行排剁，使之骨折、筋断的刀法。适用于腱膜较多的块肉及扒、炖、焖的禽类原料。刀跟排深度不宜超过料厚的1/2。

② 刀背排：即用刀背对原料肉面排敲，使之肉质松嫩的刀法。适用于对猪排、牛排

的加工。

使用上述两种排法，皆应注意用力不宜过猛，应保持排刀的密度均匀，防止皮破、肉碎或凹凸不平的现象产生而影响原料的质量。

**（6）其他刀法** 平刀法、直刀法、斜刀法之外的刀法统称为其他刀法。绝大多数属于不成形刀法，所以不是刀工的主体，大多数是作为辅助性刀法使用的。有些虽然能使原料成形，但由于应用受原料的局限，而使用极少。这些刀法有削、剔、刮、拍、撬、剜、剐、割、铲、敲和剞刀（吞刀）等。

### 4. 剞刀的方法及运用

**（1）剞刀的性质与目的** 在原料的表面切割成某种图案条纹，使之受热收缩或卷曲成花形的加工，称为剞刀。剞刀是刀工的特殊内容，主要目的有以下几方面。

① 缩短成熟时间，使热穿透均衡，原料内外成熟老嫩度一致：一条 1kg 青鱼剞刀红烧，约 25min 成熟，剞刀后成熟时间缩短了一半，前者有明显的内外老嫩不均现象，后者无此现象。

② 便于异味散发，并利于对卤汁的裹附：剞刀扩大了原料表体的面积，有利于调料的渗透。以炒猪腰为例，不剞刀者内老里生，卤汁裹附不上，异味难以散发；若剞刀则在相同时间内，内外脆嫩一致，裹附卤汁较多，异味散尽，并在上述基础上最终实现料形的美化。

③ 美化菜品造型，丰富菜肴品种：剞刀的原料经烹饪后造型更加美观。而且运用剞刀手法可使菜品形式多变，是创造新菜品的途径之一。如鱼肉的剞刀，只要稍作变化就可形成多种造型的菜品，有菊花鱼、葡萄鱼、松鼠鱼、狮子鱼、珊瑚鱼、玉米鱼等。由上观之，剞刀是正常分解的特殊形式，并非单纯的装饰美化加工，而具有复杂的刀纹艺术表现。

**（2）剞刀的原料选择** 并不是任何原料都可以用来剞刀，剞刀对原料的使用有特定的选择依据，一般有如下三项标准。

① 具有剞刀的必要：如原料较厚，不利于热的均衡穿透，或过于光滑，不利于裹附卤汁，或有异味，不便于在短时间内散发，则具有剞刀的必要。

② 利于剞花的实施：原料必须具有一定面积的平面结构，利于剞刀的实施和刀纹的伸展。

③ 突出刀纹的表现力：所用原料应具备不易松散破碎、有一定韧性和弹性的条件，具有受热收缩或卷曲变形的性能，才能突出剞花刀纹的美观。

依据三项标准，常用于剞刀的原料一般有整形的鱼、方块的肉、畜类胃、肾、心、禽类的肫、鱿鱼和鲍鱼等，有时豆腐干也可用于剞刀。

**（3）剞刀的基本刀法和类型** 在剞刀的过程中，大多是对平刀法、直刀法、斜刀法的综合运用，故有人又称之为混合刀法。在这个意义上，剞刀的基本刀法有直剞、斜剞。

① 双直剞：双直剞是运用直刀法在原料表面切割具有一定深度的刀法，适用于较厚

原料。直剞条纹短于原料本身的厚度，呈放射状，挺拔有力。

② 双斜剞：双斜剞是运用斜刀法在原料表面切割具有一定深度刀纹的方法，适用于稍薄的原料。斜剞条纹长于原料本身的厚度，层层递进相叠，呈披覆之鳞毛状。

③ 直斜剞：直斜剞是先用直刀法在原料表面切割具有一定深度的刀纹，再用斜刀法与直刀纹交差的方向切割具有一定深度的刀纹，也可以先用斜刀法再用直刀法。

从剞刀的形式上有平面花纹和立体花纹两大类：平面花纹是指在原料表面划上一定形状的花纹，经加热后显现出来；立体花纹是指在原料上切入一定深度的刀纹，经加热后卷曲变形，形成独立的料形。

（4）剞刀法实例

① 平面花纹类

a. 万字、回字、棋格花刀：皆为肉面的剞刀花纹，即在方块肉皮面上直剞象征万字、回字和棋格的刀纹，深度一般在料厚的 2/3 左右。用于炖、焖、蒸、扒，如乳方、樱桃肉等。

b. 波浪花刀：用刀尖在鱼体两侧直剞象征波浪的曲线，共三层，深约料厚的 1/3。其作用与秋叶花刀同。

c. 蚌纹花刀：用刀尖在鱼的两侧直剞上象征蚌壳纹理的刀纹，深约料厚的 1/3。适用于较宽的鱼体，一般作为蒸的花形，如清蒸鲂鱼、网蒸鳜鱼等。

d. 人字花刀：在鱼体两侧直剞上象征人字的刀纹，为相背五对人字。适用于较宽鱼体，如鲳鱼、鲂鱼、鳜鱼等。深约料厚的 1/3，作用与蚌纹花刀同。

e. 双十字与一字花刀：在鱼体一侧直剞斜向双十字或一字条纹，深度至椎骨，约料厚的 1/2。对短厚的鱼体宜用此法，双十字为扇面鱼头尾的花形；一字为一般鱼头尾的花形。常用于烧，如红烧青鱼头尾。

f. 小字花刀：在鱼体两侧体侧线上，直剞象征小字的刀纹，呈弧形排列。适用于窄而厚长的鱼体，如青鱼、草鱼、大马哈鱼、鲮鱼等，宜烧。

g. 扇形花刀：在鱼体两侧直剞三条单线一组，共六组呈八字排列，深约料厚的 1/3。适用对体壁宽薄的鱼，如鲫鱼、鲤鱼等，宜烧。

h. 牡丹花刀：运用斜刀法在鱼体两侧斜剞弧形刀纹，深至椎骨，鱼肉翻开呈花瓣形。用于熘，体壁宽厚的鱼宜用此法，如醋熘牡丹鳜鱼。不应剞破腹壁。

i. 瓦楞花刀：在鱼体两侧直剞深至椎肋的横向刀纹，再平剞进 2~2.5cm，使鱼肉翻起呈瓦楞排列状。适用于体轴长窄、肌壁较薄的鱼，如黄鱼、鲈鱼、鲷鱼等，宜干熘。

j. 菱格花刀：在鱼的两侧直剞相叉十字刀纹，即呈菱格图案，深约料厚的 1/2，刀距约 2cm，适用于炸、烤，如脆皮鳜鱼、网烤鲤鱼等。剞菱格花刀的原料一般需拍粉、挂糊或上浆，否则易使表皮脱落。

k. 秋叶花刀：以鱼体作叶面，直剞上象征叶筋的条纹，深度约料厚的 1/3。适合较窄的鱼体，如白鱼、鲚鱼等，一般作蒸的花形。

② 立体花纹类

a. 麦穗花刀：逆肌纤维排列方向斜剞深约料厚的3/4、刀距约2mm的平行刀纹，再顺向直剞同等深度、刀距的平行刀纹，顺向切成5cm×2.5cm的条块，受热卷曲呈麦穗花形。适用于肌纤维平面排列的原料，为单向相对卷曲。尤宜鱿鱼，常用于炒或爆，如爆麦穗鱿鱼。

b. 卷筒花刀：顺肌纤维排列方向，略斜向直剞交叉十字刀纹，深为料厚的3/4，刀距约2mm。顺向切成约5cm×3cm的长方形块，受热卷曲如卷发筒形。适用原料与卷曲性质同麦穗花刀，如爆鱿鱼卷筒。

c. 荔枝花刀：在原料表面直剞十字交叉刀纹，深约料厚的3/4，刀距约2.5mm，切成3.5cm长的菱形块，受热卷曲成荔枝形。适用于肌肉纤维呈立面排列的原料，双向四面相对卷曲似球状。尤宜腰、肫、肚等原料，不宜鱿鱼。用于爆菜。

d. 绣球花刀：花纹与荔枝花刀同，只是料块切成等腰三角块。适用于肉层较厚的带皮的鱼块，受热三面卷曲如球状，如白汁绣球鲴鱼。

e. 蓑衣花刀：刀纹方向与麦穗花刀相反，于原料反面斜向推剞深约料厚的3/4、刀距2mm的平行刀纹，与正面呈透空网络状，切成3.5cm×3.5cm的方块，受热收缩卷曲呈蓑衣形。适用原料主要是腰子。宜炒，如蓑衣腰花。

f. 菊花花刀：从原料一端平剞深约料厚的3/4，再直切，剖开部分为长条，受热卷曲呈菊花形。适用鱼、肉、鹅肫等原料，卷曲呈放射状。宜熘、炸。

g. 鳞毛花刀：在原料肉面逆纤维走向斜剞深约料厚的3/4、刀距约4mm的平行刀纹，再顺向直剞同等深度、刀距、与前刀纹交叉呈90°的平行刀纹。拍粉油炸后呈鳞毛披覆状。此法宜对整条带皮鱼肉的加工，用于熘、炸，如松鼠鳜鱼。

h. 竹节花刀：将原料切成4cm×2.5cm的长方块，顺长直剞4条深约料厚的4/5的平行刀纹，再横向在原料两端约1mm处各直剞两道深约料厚的2/3、刀距2mm的平行刀纹，受热卷曲似竹节形，适用于鱿鱼、猪腰等原料，用于炒，如炒竹节腰花。

i. 眉毛花刀：又称鱼鳃或梳子花刀，即先直剞深约料厚的2/3、刀距约2.5mm的平行刀纹，再顶纹切或斜批成片。单片为梳子花刀，连刀片为眉毛花刀。

j. 篮花花刀：又称两面连花刀，因有透空孔格似竹篮孔格，故有此名。在原料两面平面略斜向直剞深约料厚的2/3、刀距2~4mm的平行相叉刀纹，拉开两面透孔呈篮格状。适用于腰、肫、肚尖和豆腐方干，前者用于氽、炒，如汤爆双脆，后者如卤篮花干子。

k. 葡萄花刀：在原料肉面交叉斜剞深约料厚的3/4、刀距1.2~1.5cm的斜向平行刀纹，受热卷曲呈一串葡萄形。适用于带皮较厚的鱼块，常用于熘、炸，如熘葡萄鱼。

**（5）剞刀的原则** 一是剞刀的深度与刀距皆应一致，否则由于收缩不均，翻卷不一，既不能受热均匀，又影响形体的美观。二是较薄原料采用斜剞的刀法，以增加条纹坡度，较厚原料宜采用直剞的刀法，表现条纹的挺拔，切不可盲目剞刀，因形伤质。三是所剞花形应符合加热特性，一般来说，炖、焖、扒、烧所用花形应稍大；爆、炒、熘、炸所用花形居中；氽、涮、蒸、烩所用花形应较小。四是剞刀的方向要正确，要区别所剞原料的正、反面。剞刀应以简单的形式达到较好的效果，并与具体菜肴相贴切。

### 5. 基本料形及应用特征

基本料形指构成菜肴的各种基本形状，料形既能反映出所构菜品的性质特征，也能反映出适应于某种制熟加工的鲜明倾向性。料形一经确定便为组配加工和制熟加工提供了实施的依据。在一般情况下，分主配料料形和调配料头两大类。主配料的基本料形有块、段、片、条、丝、丁、粒、末、蓉（泥）等形状，调配料头的基本料形有葱类料头、类叶料头、蒜类料头、洋葱类料头、辣椒类料头、蒜叶类料头及特殊料头等。这正是一个原料从大到小、由粗到细的加工过程。

（1）调配料头的基本料形

① 葱类料头：葱的料形有葱段、葱丝、葱末、葱条等，其中葱段的变化较多，如马蹄葱、花股葱、兰花葱、雀舌葱等。马蹄葱是先用直刀在与葱垂直方向切下，间隔 1cm 处用直刀在与葱交差 45°方向切下，即是马蹄形；花股葱是在葱段的中间用刀均匀地划入深的刀纹，并用清水浸泡后即成花股形；兰花葱是在葱段的一头或两头用刀均匀地划入深的刀纹，并用清水浸泡后即成兰花形；雀舌葱是用斜刀法将葱推切成斜刀片即成雀舌葱形。

② 姜类料头：姜的料形有姜丝、姜片、姜末、姜米等。切姜丝时一般要按顺丝方向切，否则切下的丝起毛不光滑，切好的姜丝要浸泡在清水中，使姜丝更清晰美观；姜片一般切成菱形片；姜米在行业中一般称为“桂花姜”，要求颗粒分明。

③ 蒜类料头：蒜的料形一般有蒜片、蒜泥两种，它们既可以直接用于炒菜，也可加工成油炸蒜泥，用于蒸鱼、蒸虾等特殊蒜香菜的制作。制作时先用清水冲洗，控干水分后，放入油中炸成金黄色即成。有时蒜头不需要改刀成形，直接油焐后与主料一起烧制，如蒜子烧鳗鱼、蒜子爆牛蛙等。

④ 洋葱类料头：洋葱一般以丝和粒为主，它本身既可以作为配料，也可以作调料，这里主要是指调料的形状。丝常用在铁板、葱烤的菜肴中，粒常用在炒、爆、煸等菜肴中。

⑤ 辣椒类料头：辣椒可加工成丝、条、粒、末、片等形状，丝状用于浇卤或淋油，一般放在菜肴的上面；粒、末用于炒、煸等菜肴，与菜品混合在一起；条、片有调味和配色双重功能。

⑥ 蒜叶类料头：蒜叶可加工成丝、末和花形，如兰花蒜，是将蒜叶根部斜切成断，用刀在叶部划成丝，经水泡后即成兰花蒜。蒜叶类料头一般在原料成熟后放入，以保证香味、色泽不变。

（2）主配料料形

① 块：块的成形可以通过切和剁来实施。块的种类很多，其选择主要是根据烹调的需要以及原料的性质而定。具体如下。

a. 正方块：呈正立方体，四边边长均等。在菜肴中常将大方丁以上的料形称之为方块，如红烧肉块约 3cm×3cm×3cm。

b. 长方块：即长方体，用在具体菜例上，一般有四种形制。烤方，长方形之最大形制，常用于肉，如烤酥方，约 25cm×20cm×4cm，重约 3kg。酱方，仅次于烤方为第二大形制，常用于肉，包括卤方、熏方皆属此类，适用于炖、焖，如松子熏方，约 16cm×13cm×3cm，重 500~750g，名菜有酱方、火方、枣方、松子熏方、松子肉、四喜肉、东坡肉等。蒸方，长方形之第三位，适用于鸡、鱼及冬瓜等，为蒸制常用方形，如八宝瓜方，约 6cm×4cm×2. 5cm，鸡、鸭方还小一些，一般为 5cm×3cm×2cm 左右。骨牌块，长方形的最小者，大小如骨牌，故名，较小而不称方，常将排骨加工成此形，如清滋排骨，约 2. 5cm×2cm×1. 5cm，适合炸、熘、烧、烩等。方块与长方块皆是依据原料厚度而确定其高度的，因此，高度无一定，而长和宽度则具有一定的规律性，如果长度超过宽度 2 倍以上者，则称之为条块。

c. 菱形块：边长相等，由相对钝、锐角构成，又称象眼块，由切法产生，可用不易变形的原料切成此形。用于冷盘造型，如肴肉、羊膏、酱牛肉、熟鸭脯等，规格通常以每边不超过 2. 5cm 为宜。

d. 三角块：块形如三角形，由切法产生，多用于豆腐、豆腐干、萝卜、土豆等，有等腰三角块与任意三角块两种。等腰三角块，又称正三角块，即三角的两腰边长相等，块面平整，常用于豆腐及豆腐干，如三虾豆腐，边长不超过 3cm。任意三角块，又称滚料切块，适于球体和柱体原料的块形，又有梳背三角与锥形三角之分，前者在滚料时，刀平行后移，后者则呈交错角度后移。一般底高不超过 3cm。

e. 瓦形块：即形似中国旧式小瓦的块形，由正斜刀法产生，常用于熘瓦块鱼、熏鱼的块形。宽度两端形成弓形弧度，长为 5~6cm。

f. 劈柴块：形似劈柴，由撬刀法产生，又称撬刀块，仅用于烩冬笋的料形，长约 4. 5cm，宽、厚约 1. 5cm，是一种特殊块形。

② 段：将柱形原料横截成自然小节叫段，如鱼段、葱段、芸豆段、山药段等。由于原料的自然形体的关系，段没有宽窄限制，如鱼段宽度可超过长度。保持原来物体的宽度是段的主要特征，另外，段没有明显棱角特征。在使用中，段的长度有一定的规定，分别为 3. 5cm、4. 5cm 和 5. 5cm 三种。前两个等级可作炒菜料形，后一等级可作大菜料形。如果鱼中段有超出这三种规格者，在传统上则称之为“鱼方”。在刀法的运用中，段可用直刀与斜刀法产生，因此，在形态上，段可分为直刀段与斜刀段两种。

③ 片：具有扁薄平面结构的料块叫片。运用平刀法、直刀法、斜刀法皆可成片，片形最为复杂多样，依据不同刀法的运用分平刀片、斜刀片和直刀片三个基本类型。

a. 直刀片：运用直刀法在宽条状原料上取下的片统称为直刀片。一般形体较小、整齐划一、体壁较薄、具有良好固体性质的脆、嫩、酥烂原料皆宜直刀法取片。常用形制有长方片、月牙片、小菱形片、尖刀片和佛手片等。

长方片：具有长方形结构，规格有大、中、小三等。大号规格约 6cm×2cm×0.2cm，大菜中使用，适用于扒、蒸、烩菜肴的辅料料形；中号规格约 5cm×2cm×0.2cm，常用于冷菜刀面料形；小号规格约 3.5cm×1.5cm×0.2cm，常用于热碟炒菜辅料料形。

月牙片：将柱形或球形原料剖开取片，半圆如月牙，一般以原料的半径决定其大小。用于热碟长度（直径）不超过 4cm。香肚、捆蹄半径较长，用于冷碟料形。

夹刀片：即一刀断一刀不断、两片相连的片形，大小视原料而定，在多数情况下，夹刀片由直刀法产生，也经常用斜刀法产生。

佛手片：在扁薄原料上取片，五刀相连，受热卷曲形似佛手，又称龙爪。用于炝、拌、炒、爆，名菜有佛手罗皮、龙爪长鱼、蓑衣黄瓜等，一般不超过 3.5cm×2cm。直刀片厚度依原料质地而定、易碎者应较厚，在 2~3mm，如一般鱼片、熟肉片等；有一定韧性的原料应稍薄，不超过 2mm，如灯影牛肉片、笋片等。切片时应注意原料的纤维纹理方向，较老者宜逆向，如牛肉片、笋片等；较嫩者宜顺向，如鱼片等。片的切面应滑，片体均匀，厚薄一致，宽长相等。另外，直刀片还有心形片、鹅毛片、秋叶片等许多种，皆用于冷盘造型，随形而设，随心所欲，众多变化，意在创造。

b. 平刀片：运用平刀法在较大物体上取下的片统称平刀片。主要是大方片或菱形片，如贴类菜肴的片形，典型品种有锅贴鸡、锅贴鱼等，锅贴鱼的片形规格约 6cm×4cm×0.2cm，其他皆需再加工。

c. 斜刀片：运用斜刀法在较大物体上取下的片统称斜刀片。主要有柳叶片、玉兰片、长条片和大菱形片等形制。

柳叶片：两头微尖，中间略宽，片体较薄，形似柳叶。从禽类胸肌或畜类肾脏等肌肉上横或斜向取下，用于滑炒或氽，规格为 5cm×1.5cm×0.1cm。

长条片：形体略长而窄，正、反斜刀法皆可取，体壁较厚，适用于大菜。常用于油发肉皮、鱼肚或熟肚取片，可烩制。我们通常将正斜刀条片称为“抹刀片”，长约 6cm，宽约 2.5cm，厚度依所用原料而定。

大菱形片：规格最大，一般从水发鱼皮、鱿鱼、鱼裙等原料上取片，用于扒、烩。规格为 6~8cm 长，作大菜料形。

④ 条与丝：将片形原料切成细长的形状，即为条或丝。条粗于丝，截面均呈正方形。一般将宽于 0.5cm 以上的细长料形称为条，有三个基本等级。一般将细于 0.3cm 以下的细工料形称为丝，也有三个基本等级。

a. 粗条：粗约 1.5cm，因如指粗，故又称为指条。一般不作终结料形，可再加工成丁，如鸡丁，有时也用于扒、炖，如扒羊肉条。

b. 中粗条：粗约 1cm，长 3.5~4cm，因粗如笔杆，故又称笔杆条。一般用于熘、炒、烩等，有时用于冷盘料形，如卤笋条、酱汁茭白等。可加工成丁。

c. 细条：粗约 0.5cm，长 3.5~4cm，因粗如竹筷，故又称筷子条。一般用于炒、烩等，如鱼条。可再加工成丁。

d. 粗丝：细约0.3cm，因细如绒线，故又称绒线丝。收缩率大或易碎原料宜切此形，如牛肉、鱼肉等。用于炒、烩、汆等。

e. 中细丝：细约0.15cm，因细如火柴梗，故又称火柴梗丝。收缩较小、具有一定韧性的原料宜切此丝，用于炒、拌、汆等。

f. 细丝：细约0.1cm以下，因细如麻丝，故又称麻线丝，可穿过针眼。适用于固体性强的原料，主要有姜丝、菜叶丝等。非特殊需要不用此料形。

条与丝虽形式相近，但切法不同。条较厚，需从厚片上切下，一般采用单片切的方式。丝较细，需从薄片上切下，一般采用叠片切的方式。但由于原料的不同，具体切时需有区别，有卷切式、铺切式和叠切式三种方式。

卷切式：将原料卷成柱形，再切成丝，适用于对薄而韧的大面积原料的加工，如百页、蜇皮、蛋皮等。

铺切式：将原料铺成整齐的瓦楞形，再切成丝，肉类原料宜用此法。

叠切式：将原料叠成方正的墩，再切成丝，适用软、脆嫩性原料，如豆腐、白菜等。丝的长度较条要长，一般在5~6cm。

⑤ 丁、粒、末：此三种料形皆分别从相应的条、丝上切下。

a. 丁：从条上截下的立方体料形叫作丁。丁分两种：大丁从一粗条上取下，又称指丁，常用于炸、熘、炒、烩等，如鸡丁，肉丁等；小丁从细条上取下，又称黄豆丁，常用于炒或作馅心料形，如瓜姜鱼米豆、五丁虾仁等。

b. 粒、末：从丝状原料上截下的立方体叫粒或末。粒取自粗丝，大小如末，故又称末，如松子鱼末、滑炒鸽松等，也可用作肉糜料形，为粗蓉。末取自细丝，前者适用于肌肉原料，如肉末；后者适用于植物原料，如生姜末、白菜末等，有锯末之称，多用于馅心、配料料形，若用于制肉糜，则统称为粗蓉。

⑥ 蓉（泥）：蓉（泥）是料形的最小形式，由排剁、刮等刀法产生，传统上称动物原料是蓉，植物原料为泥，鱼虾类为胶。蓉（泥）一般手触和目视皆无明显颗粒感，又称细蓉。蓉（泥）是制肉糜专门料形，其颗粒越小，与水的接触面越大，亲水性越强，质越细嫩。但吸水量过多，又是造成制蓉失败的原因之一。

一种料形的最终形成，在大多数情况下并不是一种刀法单独加工的结果，而是通过多种刀法相互配合才能产生。要准确地运用刀法，就必须加强严格的料形意识训练，刀工不是简单的唯料形的加工，而是与整个菜肴的营养与风味都有全面联系。均匀一致的料形，能够在加热过程中实现受热、生熟老嫩的一致性，同时给人的视觉以愉快的感受。料形的确定，还能起到对原料扬长避短的作用，使易碎的原料保持完整的形状，使老的原料变脆嫩，使瘦薄的原料变肥厚等。

在料形的运用上，一般用于高温速成和热碟菜肴的原料基本料形应小，用于中、低温慢制和大菜菜肴原料基本料形应略大。对整块（只）禽、肉原料的加工，应遵循分割于整形之中的原则，合理运用排刀和剞刀法，以适口咀嚼、筷夹食用为度。对料形的加工还应充分把握大料大用、小料小用的基本原则，防止大中取小，提高成本，造成浪费，为了单纯的料形美观而造成浪费是违反料形规律的。

## 三、切割分解的机械与设备

### 1. 绞肉机

绞肉机目前主要分为手动型和电动型。

（1）**手动型**　手动型的样式如图 2-1 所示，使用时将其固定在工作台边缘，上方进口加肉，手摇带动机械内部铰刀将肉搅成肉末。手动式绞肉机的特点是价格便宜，维护简单，工作效率低且费力。

（2）**电动绞肉机**　电动绞肉机主要分为两类，一类是适合家用的小规格绞肉机，其样式如图 2-2 所示，工作时将原料肉放入底部容器中，通过上方电机带动铰刀搅碎原料肉。

图 2-1　手动式绞肉机

图 2-2　小规格电动绞肉机

食堂、加工肉车间等需要大量制作碎肉的工作场所常使用大型的电动绞肉机，其样式如图 2-3 所示。其工作原理与手动式绞肉机相同，将肉料放入上方托盘后，电动铰刀将其搅成肉末。相比于手动式绞肉机，电动式的特点是效率高操作简单，但是价格相对较昂贵。

绞肉机一般的操作流程和规范主要有以下几点：

① 使用前应对绞肉机做全面检查，检查各传动部件是否有障碍物，各润滑位置是否加注润滑油，各安全防护装置是否可靠，出嘴刀片是否完好，有无松动，绞肉机是否清洁干净；

② 启动开关时手上不能有水。先开空机运转，观察有无异常现象，空机时间不能过长，防止损坏刀片；禁止戴手套操作；

③ 绞肉时严禁“手入绞肉口内”，进肉时不得用手往里按，应使用筷子或木棒往下

图 2-3 大规格电动绞肉机

按，不得使用金属工具按肉，以防绞笼碰到金属工具，弹出伤人和损坏绞肉机；

④ 添加肉块一定要均匀，不能过多，以免铰刀和电机损坏，如发现机械运转不正常，应立即停止工作，停机后检查原因；

⑤ 进肉的肉块不能过大，不能带骨头和肉皮，以防绞肉机卡死，发现绞肉机卡死应立即停止工作，不得强行运转；

⑥ 操作完毕后断开电源，将绞笼清理干净，确保饮食卫生。清洗绞肉机时，严禁用水冲洗电器部分，以免发生触电事故或烧坏电机；

⑦ 发现绞肉机，电器出现故障，必须马上停机，严禁私自拆卸机械和电器部分，必须由专业维修人员维修。

### 2. 肉类切片机

由于牛肉、羊肉等块状不宜贮藏和加工，常将其切成片状，常使用的切片机主要有手动和电动两种。

**（1）手动切片机** 手动切片机的样式如图 2-4，操作时将肉块固定在载肉台上，根据需要调整闸刀落下时的位置。其特点是价格便宜，设备轻巧，切出来的肉片均一度较差且费力。

**（2）电动切片机**

电动切片机的样式如图 2-5，操作时将肉块放入载肉台上，通过调整肉厚度旋钮得到自己需要的肉片的厚度，推动载肉台把手将肉与刀片接触并切分肉片。

切片机一般的操作流程和规范主要有以下几点：

① 调整好要切肉的厚度，把没有骨头的冻肉放在托架上压好压板；

② 冻肉最佳切割温度在-8～-4℃；

③ 打开电源后，先启动刀盘，再启动左右摆动；

④ 运转时手不要直接靠近刀片，易造成严重伤害；

⑤ 发现切割困难，停机检查刀刃口，用磨刀器磨利刀片；

⑥ 停机后需拔下电源插头，并挂在设备的固定位上；

⑦ 每周需在摆动导杆上加润滑油，用磨刀器磨利刀片。

图 2-4 手动式切片机

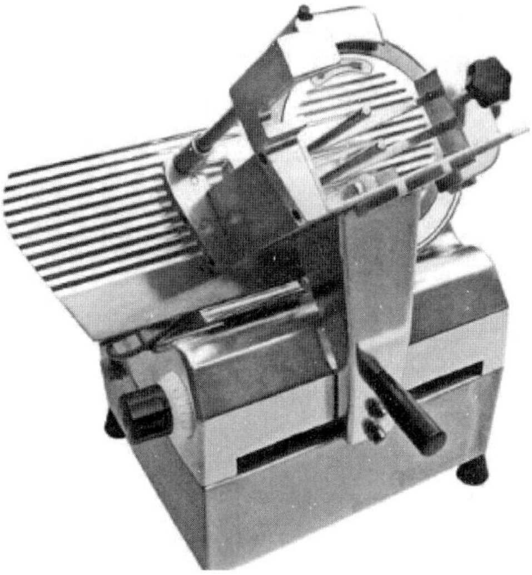

图 2-5 电动式切片机

### 3. 蔬菜类切片机、切丝机

切丝机（图 2-6）常用于蔬菜类切片切丝，具有体积小、功效高、功能齐全的优点，操作简便、工作可靠、功能齐全，可以根据加工需求，配置不同形式刀组，满足需求的多样性。同时切丝机弥补了人们在切片切丝上面不方便、不均匀的缺点，并且切出来的形状也更加的美观好看。

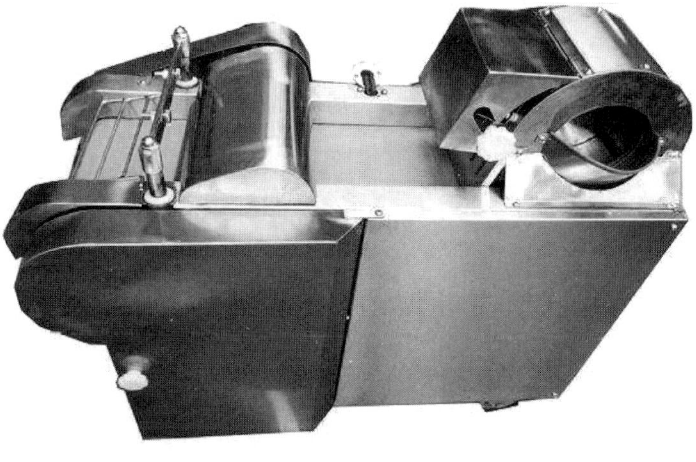

图 2-6 切丝机

切丝机一般的操作流程和规范主要有以下几点：

① 开机前应做详细检查，看其紧固部位有无松动现象，检查电源线是否破损，其料筒内有无异物，以防卡住转盘，检测使用电压是否达到要求，检查片刀、丝刀组合及活动板是否紧固，可根据自身需要调换所需要的刀组；

② 将机器放平稳后开机，机器安全运转1min后，拉开闸板，蔬菜将自动从料口落入切丝机桶内，切好后的蔬菜则从料口掉出，如果发现机器发生堵塞，立即停止工作，清理后再用；

③ 工作完毕后将机器清洗干净，将刀具擦净并涂食用油防锈。

### 4. 蔬菜切丁机

切丁机适用于脱水蔬菜、速冻蔬菜加工、果冻仙草蜜等软质食材及食品酱菜行业加工各种根、茎类蔬菜成正方体及长方体形状，其模型如图2-7。

图 2-7　切丁机

切丁机一般的操作流程和规范主要有以下几点：

① 起动设备前，必须保证进料区域所有异物和产品都已清除，确保机器没有缺、损、松的情况，确保机器处于完好的状态；

② 起动电动机，使其达到全速工作状态后，平稳、均匀地从进料口加料；

③ 操作过程中，不要让异物进入进料区域，以免损坏切割机零件；

④ 不要持续过量加料，以免电机过载，进料口堵塞或使切割刀具卡住，影响出料质量；

⑤ 严禁将手伸入进料口和出料口，以免发生意外；

⑥ 使用时间久了、用钝的刀片，必须刃磨后，才可继续使用；

⑦ 更换切料规格和维修设备时，必须先切断和锁上电源，确认设备已经完全停止使用后，才可取下盖板和防护板。

# 第四节
# 组 配 工 艺

## 一、组配的作用和要求

一份菜肴完整菜料的组配过程就是单个菜组配，或称为个体组配。它是按照标准菜谱的规定要求，将制作某种菜肴需要的原料种类、数量、规格选配成标准的分量，使其成为可供直接食用的菜肴，或能够直接烹调的半成品的操作过程。单个菜的完形构成是组配对象存在的最小最完整的基本单位，是组配工艺实践操作赖以存在和最终落实的依托。因此，研究单个菜组配构成法则、组配步骤、组配方法及组配规律，是组配工艺的基本问题。

### 1. 组配工艺的作用

**（1）奠定菜肴的质量基础**　原料是构成菜肴的物质基础，各种菜肴都是由一定质和量的烹饪原料构成的。所谓质，是指组成菜肴的各种原料的品质；所谓量，是指菜肴中原料的单位分量和各种烹饪原料之间在数量上的配比。固然，除组配工艺之外的所有制作工艺对菜肴质量或多或少地都有影响，甚而有时是否定性影响（如烹调制熟过程），但是组配工艺作为烹调工艺的关键环节，它规定和制约着菜料组成的优劣、精粗、营养成分、技术指数、用料比例、数量多少，对菜肴质量有重要影响。

**（2）奠定菜肴的风味基础**　菜肴的风味不是随机性的，各种菜肴感官性状、风味特征的确定，虽然离不开烹制工艺，但要达到菜肴的质量要求，组配工艺也起着非常重要的作用。通过组配工艺，能使菜肴的主体风味，即色、形、香、味、质等基本确定。

**（3）使菜肴的营养价值基本确定**　不同种类的烹饪原料所含的营养素种类不同；同一种类的烹饪原料，因其部位的不同，营养素的种类及含量也不同。从一定意义上来说，配菜人员就相当于“营养调剂师”。要达到人体所需要的营养要求，使各种营养素之间搭配合理，配菜起着决定性作用。

**（4）控制菜肴的成本**　菜肴的成本与菜肴所用的原料有很大的关系。各种烹饪原料有高、中、低档之分，不同原料数量的比例，同一原料不同部位的合理利用与否决定了菜肴成本的高低。所以合理配料，物尽其用，是控制成本、提高经济效益的重要措施之一。

**（5）菜品创新的基本手段**　菜肴创新的方式虽然很多，但在很大程度上是原料组配工艺的作用。原料组配形式和方法的变化，必然会导致菜肴的风味、形态等方面的改变。不同的原料，经过合理的搭配，或一种原料单独使用，或一种主料配多种不同的辅料，或几种相同的原料以不同数量搭配等，可以形成品种繁多的菜肴。

### 2. 组配的基本要求

**（1）要按照菜肴的质量标准和净料成本进行组配** 每盘菜肴都有其自身的质量标准，有用单一料的，有用主料和配料的，有包含不分主次多种料的。每份菜肴又因盛器的大小不等，原料的数量也不一样。配菜时，就要根据菜肴的质量标准和净料成本合理地掌握。既不能随意增加原料的数量，提高原料的质量，使菜肴成本增加，企业受损；又不能随意减少原料的数量，降低原料的质量及整个菜肴的成本，损害消费者利益。

**（2）必须将主料和辅料分别放置** 在配制两种或两种以上原料的菜肴时，应将不同性质的原料分别放置在配菜盘中。因为不同的原料，其性质和特点不同（如老嫩不一，生熟有别），成熟方法、调味方法也不一样。有的须先下锅，有的要后下锅，有的不下锅，而是在菜肴烹调好后撒在上面。如不分别放置，烹制时将无法分开，会造成生熟不匀的现象，既影响菜肴质量，也影响烹调的顺利进行。

**（3）物尽其用，综合利用** 烹饪原料种类繁多，性能各异，它们在烹调中发生的变化也不一样；同一种原料，因部位的不同，质量也不相同，适用范围也有差异；同一种原料，因为季节、产地、饲养和种植条件不同，又有优劣之分。在配料时，都要物尽其用，合理配合。

**（4）注意营养成分的配合** 不同原料所含营养成分的种类不同，数量也相差很大，而人体对各种营养素的需要则要求种类齐全、数量充足、比例适合。因此，在配菜时，要了解各种烹饪原料的营养特点，掌握合理营养的原则。

## 二、组配的基本形式和种类

### 1. 组配的基本形式

**（1）单一原料组配成菜肴** 这种形式对原料的要求特别高，必须是比较新鲜、质地细嫩、口感较佳的原料。

**（2）两种或两种以上无主辅之别的原料组配成菜肴** 菜肴中原料品种在两种或两种以上，而且数量上大致相等，无任何主辅之别。在配菜时应分别放置在配菜盘中，方便菜肴的烹调加工。

**（3）有主辅之分的原料组配成菜肴** 这是指有主料和辅料，并按一定的比例构成的菜肴。其中主料为动物性原料，辅料为植物性原料的组配形式较多，也有主料为植物性原料，辅料为动物性原料的组配形式，如“肉末豆腐”“大煮干丝”等。辅料可以只有一种，如“宫保鸡丁”“青椒肉丝”；也可以多种，如“五彩虾仁”“绣球鸡”等。组配时应掌握主料与辅料的特点，在质量方面以主料为主导，起突出作用，辅料对主料的色、香、味、形起衬托和补充的作用，对主料的营养起互补的作用，从而提高菜肴的营养价值。

### 2. 组配的种类

#### （1）冷菜组配和热菜组配

① **冷菜组配**：冷菜的烹调工艺流程可以简化为：[初步组配]→[烹调制熟]→[刀工优化]→[装盘造型组配]→菜肴成品。在冷菜的烹调制熟之前存在着初步组配的过程，是预备性的组配，组配对象是尚未成熟的生菜料。刀工优化后的组配是正式性装盘造型的组配，组配对象是能直接食用的生料或熟料。组配的过程和装盘造型的过程同化为一个过程，所以组配的过程实际上也是装盘造型的过程，组配过程的完结实际上也是装盘造型形式的确定，因而，称为正式性组配。

② 热菜组配：热菜的烹调工艺流程可以简化为：[刀工优化]→[菜料组配]→[烹调制熟]→[装盘造型工艺]→菜肴成品。热菜组配的对象来自刀工优化分解处理后的、不能直接食用的非熟菜料。

#### （2）一般菜组配和特色菜组配

① 一般菜组配：所谓一般菜是指那些菜料普通、构成简单、烹调容易、特色不明显的菜。这类菜组配工艺的实践操作的共点特点可概括为“易”，易在简单化、程式化，易在大众化、方便化。

② 特色菜组配：与一般菜相比较而言的特色菜组配工艺，其实践操作可用一个“难”字概括，或难在组配繁复，或难在形式要求高。

## 三、组配的基本原则

### 1. 原料色彩的组配原则

对原料的色彩组配，首先要确定其主要色彩，即“主调”或“基调”。在菜肴中通常以主料的色彩为基调，以辅料的色彩为辅色，起衬托、点缀、烘托的作用。主辅料之间的配色，应根据色彩间的变化关系来确定。

### 2. 原料香气的组配原则

**（1）主料香气较好时，应突出主料的香气**　就是在组配时以主料的香味为主，辅料、调料起辅佐、衬托主料香味的作用，使主料的香气更突出，感觉到主料的内在美。如“滑炒虾仁”，虾仁本身香味较好，只配白色淡味的调味品即可。

**（2）主料香味不足，应突出辅料的香气**　有些主料的香味较淡，可用香气较好的辅料弥补其不足，使主料吸收辅料的部分香气而增加香气。如水发鱼翅，本身没有什么香气，需用火腿、鸡脯肉、鲜笋、香菇等辅料以增加鲜香气。

**（3）主料有腥膻异味，可用调味品掩盖**　主料的异味较浓时，可突出调味品的香气，常用五香、桂皮、香叶、茉莉、荷叶、玫瑰、红糟等香气调料，给菜肴一个特定的香气。

3. 原料口味的组配原则

（1）以主料口味为主，辅料衬托并突出主料的滋味　如鸡、鸭、肉、鱼、虾、蟹等都含有较多的脂肪、醇、酚、醛、氨基酸等呈味物质，经加热后，会散发出浓郁的鲜香味。在这些主料内配入没有特殊异味的辅料，如茭白、冬笋、花菜、萝卜等，就可以突出主料鲜香味，增加菜肴的鲜美滋味。

（2）以辅料来补充主料滋味的不足　有些主料的滋味较淡，可用滋味较浓的辅料加以补充。如海参、蹄筋、肉皮、鱿鱼、木耳、琼脂等，往往配以干贝、虾米、火腿、香菇、各种鲜汤等。

（3）对味浓、油腻重的主料要冲淡或调和　有些主料味道过于浓重（如猪的五花条肉、蹄髈、肥鸭等），若配些味较清淡的新鲜蔬菜（如菜心、冬瓜、芋艿、萝卜、粉丝、粉皮等），既解腻又提鲜。也可以配些其他口味较浓重的原料，以达到相互渗透、相互调和的目的。

4. 料形状的组配原则

（1）依据加热时间长短来组配　原料的加热时间有长有短，加热时间比较短的，其形状宜小不宜大；加热时间较长的，其形状宜大不宜小。

（2）按照相似相近的原则组配　所配的主料、辅料必须和谐统一、相似相近，即在每一盘菜肴中，丁配丁、丝配丝、条配条、片配片、块配块，使主辅料形状一致。

（3）辅料的形状要服从主料　辅料在菜肴中处于从属地位，其形状大小不能超过主料，即要等于或小于主料。对于一些原料成熟后体积有所变化，生料的体积应考虑这一因素，配得稍大一些或小一些，使成熟后的形状符合要求。对于一些主料成熟后成花形、自然形，辅料的形状在方便的情况下，应与主料的形状相似。

5. 原料质地的组配原则

（1）同一质地原料组配　在菜肴原料的组配中，常以质地相同或基本相同的数种原料组配在一起，即原料质地“脆配脆”“嫩配嫩”“软配软”。

（2）不同质地原料相配　即将不同质地的原料组配在一起，使菜肴的质地有脆有嫩，口感丰富，给人以一种质感反差的口感享受。

6. 烹饪原料的性味搭配原则

药膳在制作时需精选具有某种功效的药物和含有某些成分的食物合理组合、搭配。由于药物和食物内所含成分复杂、作用各异，可使一种药物或食物与另一种药物或食物合用，产生毒性反应及强烈的副作用，或者减轻甚至消除原有的功效。因此在药膳的选料、配制时要遵循历代医学和膳食理论中的配伍禁忌原则。

## 四、组配的基本方法

在配制单一菜肴时，要突出原料的优点，尽量淡化原料缺陷。一般方法是直接采用盛器配料法，即在配菜时，根据菜肴的原料定额，由配菜人员将原料定量放入不同的盛器中。

### 1. 配单一原料构成的菜肴

按规定的质和量，取一种原料，放在盛器中即可。

### 2. 配主辅料构成的菜肴

由主辅料组成的菜肴，配菜时将主辅料分别放入盛器中即可。所用的主料以动物性原料的居多。辅料可以是一种，也可以多种。在质和量的配合上，以主料为主，辅料在色、香、味、形等方面衬托主料。但也不能随意用增加辅料数量的方法来降低菜肴的成本，一般辅料的数量不能超过菜肴的30%。主辅料菜肴的配制，应将主料的形状加工得比辅料大一些、厚一些、长一些、粗一些，主料数量应多于辅料。

### 3. 配无主辅之分原料构成的菜肴

这类菜肴在形态的配制上，如果是加工形成的形态，应将所配的原料加工成同一形态、同一规格；如果其中一种原料是自然的形态，应将其余的原料加工成与自然形相接近的形态，规格大小也相仿。在色泽的配制上，可采用如前所述的顺色或花色的方法配制。在具体操作上，应根据原料性质和烹调要求的不同，分别将原料放入相应的盛器中。

# 第五节 风味调配工艺

风味调配是指在烹调过程中，运用各类调料和各种手法，使菜肴的滋味、香气、色彩和质地等风味要素达到最佳效果的工艺过程。

风味调配是烹调工艺的重要内容。各种菜肴感官性状、风味特征的确定，虽然离不开烹制工艺，但要达到菜肴的质量要求，调配工艺也起着非常重要的作用。通过调配工艺可以使菜肴的风味特征如色泽、香气、滋味、形态、质地等得以确定或基本确定。风味调配工艺也是菜式创新的重要手段。调配形式和方法的变化，必然会导致菜肴的风味、形态等方面的改变，并使烹调方法与这种改变相适应。

调配工艺按其主要目的可分为调味工艺、调香工艺、调色工艺、调质工艺等方面。应当注意的是，调配工艺中的调味、调香、调色、调质是相互联系。调味的同时可能也在调色或调质，调色的同时可能也在调味或调香。我们之所以把它们分开，主要是为了学习和研究的方便。

## 一、调味工艺

调味工艺是运用各种调味原料和有效的调制手段，使调味料之间及调味料与主配料之间相互作用，协调配合，从而赋予菜肴一种新的滋味的过程。调味是风味调配工艺中心内容，其成败将直接影响菜肴的风味。

### 1. 菜肴的味型

菜肴的味型是指用几种调料调和而成的、具有一定规格特征、相对稳定而约定俗成的菜肴风味类型，它主要由滋味和香气来体现。菜肴味型主要借助调味料的调和，当然也有主、配原料的本味和火候运用等方面的辅助作用。

我国菜肴以味型丰富著称，常见的有咸鲜、咸甜、香咸、咸麻、香糟、椒盐、五香、酱香、荔枝、酸辣、麻辣、酸甜、怪味、蒜泥、姜汁、芥末、甜香、烟香、陈皮、椒麻、红油香、家常等味型，多达20余种，见表2-1。

表2-1 常见菜肴味型种类

| 味型 | 基本调料及其调法 | 口味特点 | 备注 |
|---|---|---|---|
| 咸鲜味 | 以精盐、味精为主调味，根据不同菜肴的风味酌加酱油、白糖、香油及姜、胡椒粉等形成不同的格调 | 咸鲜清香，突出鲜味，咸味适度 | 咸味适度，突出鲜味 |
| 香咸味 | 与咸鲜味相似，但调香料如葱、椒等用量要适当增加 | 以香为主，辅以咸鲜，醇厚浓郁 | 如梅菜扣肉、把子肉等 |

续表

| 味型 | 基本调料及其调法 | 口味特点 | 备注 |
|---|---|---|---|
| 椒麻味 | 花椒、香葱、酱油、味精、麻油、冷鸡汤等。以优质花椒，加盐与葱叶一同碾碎 | 椒麻为主味，咸香鲜为辅佐 | 多用于冷菜的调拌 |
| 椒盐味 | 精盐、花椒。先将花椒去梗去籽，然后与精盐按 1:4 混合，入锅炒至花椒壳呈焦黄色，冷却后碾成细末即成 | 香麻咸鲜 | 椒盐混合物不宜久放，可加入少量味精 |
| 五香味 | 五香并非只有五种调香料，而是泛指用花椒、八角、桂皮、丁香、小茴香、甘草、豆蔻、肉桂、草果、山柰、荜拨、陈皮等二三十种植物香料，或加水溶解成卤水卤制；或与盐、料酒、姜、葱等腌渍或直接烹制食物。应根据菜肴需要选用 | 浓香酸郁，口味咸鲜，广泛用于冷菜，热菜也可用 | 香料种类和数量视菜肴的实际需要酌情变化选用 |
| 酱香味 | 甜酱、精盐、酱油、味精和麻油，也可酌加白糖、胡椒面和葱、姜，有时可加辣椒 | 酱香浓郁，咸鲜带甜 | 多用于热菜 |
| 麻酱味 | 芝麻酱、芝麻、精盐、味精或浓鸡汁，有时也可酌加酱油或红油。调制时，芝麻酱要先用麻油调散 | 酱香咸鲜 | 多用于冷菜 |
| 烟香味 | 视菜肴风味需要，选用锅巴屑、茶叶、香樟叶、花生壳、食糖、稻壳、锯木屑（木材种类要选择）等作熏料，利用它们不完全燃烧时产生的浓烟，熏制已经过腌渍的食物原料，使其形成烟熏香味 | 烟香独特 | 冷、热菜均可 |
| 陈皮味 | 陈皮、精盐、酱油、醋、花椒、干辣椒节、姜、葱、白糖、红油、醪糟汁、味精、麻油等，白糖和醪糟汁用于提鲜，用量以略带回甜为度 | 芳香、麻辣回甜 | 陈皮用量不宜过多，否则回味带苦 |
| 咸甜味 | 精盐、白糖、料酒，也可酌加姜、葱、花椒、冰糖、糖色、五香粉、醪糟汁、鸡油等变化其格调。各地的风味不同，咸甜两味比重有差异，也有的加姜、葱、花椒、冰糖、糖色、五香粉、醪糟汁、鸡油等 | 以咸甜两味为主，鲜香味为辅。咸中有甜，甜中鲜香 | 视盐、糖用量，或咸甜并重，或咸中带甜，或甜中带咸 |
| 糖醋味 | 白糖和食醋，也可辅以精盐、酱油、姜、葱、蒜等。一般分为三种：①酸大于甜的“酸甜味型”；②甜味大于酸味的“甜酸味型”；③酸甜味基本对称，或称为酸甜适中的糖醋味型 | 甜酸适口，回味咸鲜 | 以适量的咸味为基础，但需重用糖醋，突出酸甜味 |
| 荔枝味 | 精盐、食醋、白糖、酱油和味精，并酌加姜、葱、蒜，但用量不宜多，仅取其辛香气味 | 要有足够的咸味，醋要略重于糖 | 酸甜似荔枝，而又不掩盖咸鲜 |

续表

| 味型 | 基本调料及其调法 | 口味特点 | 备注 |
| --- | --- | --- | --- |
| 香糟味 | 香糟汁（或醪糟）、精盐、味精和麻油，也可酌加胡椒粉或花椒、冰糖、姜、葱等 | 糟香醇厚，咸鲜回甜 | 冷、热菜均可 |
| 甜香味 | 白糖或冰糖，佐以食用香精、蜜饯、水果、干果仁、果汁等，糖桂花、木樨花等也常用 | 滋味以甜为正，辅以格调不同的香气 | |
| 咸辣味 | 精盐、辣椒、味精及蒜、葱、姜等 | 以咸辣两味为主味，鲜香味辅佐，咸中有辣、辣中香鲜 | 如京菜辣子里脊、川菜红油子鸡等 |
| 酸辣味 | 精盐、醋、胡椒粉、味精和料酒，对于不同菜肴，又有所变化 | 以酸辣两味为主味，鲜香味辅佐。一般酸大于辣、浓郁鲜香 | 以咸味为基础，酸味为主体，辣味相辅助 |
| 麻辣味 | 辣椒、花椒、精盐、味精和料酒，其中辣椒的形态有干辣椒、红油辣椒、辣椒粉等；花椒的形态有花椒粒、花椒末等，根据不同菜肴需要而选用，有时还要酌加白糖、醪糟汁、豆豉、五香粉、麻油等 | 麻辣两味为主味，咸鲜香味辅佐。麻辣鲜香、醇厚浓郁 | 调制时应注意辣而不燥，显露鲜味 |
| 家常味 | 豆瓣酱、精盐、酱油等，调制时常酌加辣椒、料酒、豆豉、甜酱、味精等 | 咸鲜微辣 | |
| 鱼香味 | 泡红辣椒、精盐、酱油、白糖、醋、姜米、蒜末、葱丁等 | 咸甜酸辣兼备 | 用于冷菜时，调料不下锅，不用芡，醋应略少，盐要略多 |
| 蒜泥味 | 蒜泥、盐（或酱油）、味精、麻油等调制而成，有时也酌加醋或辣油等 | 蒜香显著，咸鲜微辣 | |
| 姜汁味 | 姜汁、精盐、酱油、味精、醋、麻油等 | 姜汁浓香，咸鲜微辣 | |
| 芥末味 | 芥末酱，辅以精盐、醋、酱油、味精、麻油等 | 芥辣冲鼻，咸鲜酸香，解腥去腻 | |
| 红油味 | 以特制红油加酱油、白糖、味精调制而成，有些地区还加醋、蒜泥或麻油 | 咸鲜香辣，回味略甜 | 辣味不要太重，多用于冷菜 |
| 怪味 | 精盐、酱油、红油、花椒面、白糖、醋、芝麻酱、熟芝麻、麻油、味精等多种调料调制而成，有时还要加姜米、蒜末、葱花 | 咸、甜、辣、酸、鲜诸味兼备，麻香气味并存 | 各种调料要比例适当，互不消杀，多用于冷菜 |

### 2. 调味的方法和时机

调味的方法和时机，二者之间既有区别又有联系。调味方法则是指在烹调工艺中使原料入味（包括附味）的具体方法，调味时机是指调味的先后阶段和顺序。

**（1）调味的方法** 根据烹调加工中原料入味（包括附味）的方式不同，调味方法可分腌渍、分散、热渗、裹浇、粘撒、跟碟等几种方法。

① 腌渍调味法：将调料与主配料拌和均匀，或者将主配料浸泡在溶有调料的水中，经过一定时间使其入味的调味方法叫作腌渍调味法。所用调料主要有食盐、酱油、蔗糖、蜂蜜、食醋等。它分为干腌渍和湿腌渍两种形式。

② 分散调味法：将调料溶解并分散于汤汁中的调味方法，多用于水烹菜肴的制作。另外此法还常用于糜状原料的调味。糜状原料一般含自由流动水少，仅靠水的对流难以分散调料，而必须采用搅拌的方法将调料和匀。有时，还要把固态调料事先溶解成溶液，再均匀拌和到肉糜原料之中。

③ 热渗调味法：在加热过程中，使调料中的呈味物质渗入到原料内部去的调味方法，叫作热渗调味法。此法常与分散调味法和腌制调味法配合使用。热渗调味需要一定的加热时间，一般加热时间越长，原料入味就越充分。

④ 裹浇调味法：将液体状态的调料裹浇于原料表面，使其带味的方法叫作裹浇调味法。多用于热菜加热后及冷菜切配装盘后的调味，如脆熘菜及一些冷菜的浇汁等。

⑤ 粘撒调味法：将颗粒或粉末状的调料黏附于原料的表面，使其带味的方法称为粘撒调味法。通常是将加热成熟后的原料置于调料中，使其粘裹均匀，也可将调料投入锅中翻动，使原料裹匀调料。还可将原料装盘后，再撒上调料。

⑥ 跟碟调味法：将调料盛入小碟或小碗中，随菜一起上席，由用餐者蘸而食之的方法，多用于烤、炸、蒸、涮等的调味。跟碟上席可以一菜多味（上数种不同滋味的味碟），由食用者根据各自的需要自选蘸食。它较之其他调味方法具有较大的灵活性，能同时满足不同人的口味要求。

上述各种调味方法，在菜肴的调味中，可以单独使用，更多是根据菜肴的特点将数种方法综合应用。

（2）调味的时机

① 原料加热前的调味：原料在加热前的调味又称基本调味，其目的主要是使原料在烹制前就具有一个基本的滋味（即底味），同时改善原料的气味、色泽、硬度及持水性，适用于加热中不宜调味或不能很好入味的烹调方法，如蒸、炸、烤等。有些菜肴（如粉蒸类等）的调味在此阶段便可一次完成，而有些菜肴则还要经过其他调味阶段。

② 原料加热中的调味：原料加热中的调味，又称定型调味。其特征为调味在加热容器内进行，目的主要是使所用的各种主料、配料及调味品的味道融合在一起，从而确定菜肴的滋味。它主要适用于水烹法加热过程中的调味。

③ 原料加热后的调味：原料在加热后的调味，又称辅助调味，是指菜肴起锅后上桌前或上桌后的调味。很多冷菜及不适宜加热中调味的菜肴，一般都需要进行辅助调味。

### 3. 调味工艺的原则

**（1）突出本味**　突出原料的本味，主要表现为两个方面：一是处理调料与主、配料的关系时，应以原料本味为中心，无味者使其有味，有味者使其更美；味淡者使其浓厚，味浓者使其淡薄；味美者使其突出，味异者使其消除。二是在处理菜肴中各种主、配料之间的关系时，注意突出、衬托或补充各自鲜美的滋味。

（2）**注意时序** 注意时序是指调和菜肴滋味要合乎时序。因为季节气候的变化，人对菜肴的要求也会有改变。在天气炎热的时候，人们往往喜欢口味清淡、颜色清淡的菜肴；在寒冷的季节，则喜欢口味较浓厚、颜色较深一些的菜肴。在调味时，可以在保持风味特色的前提下，根据季节变化，灵活掌握。

（3）**强调适口** 人的口味受诸多因素的影响，如地理环境、饮食习惯、宗教信仰、性别差异、年龄大小、生理状态、劳动强度等。因此菜肴的调味要因人施调，以满足各种人不同的口味要求。我国菜肴的各种地方风味就是在“适口”的基础上形成的。

### 4. 调味工艺的一般要求

（1）**调味原料要优质多样** 调味料是形成菜肴滋味的物质基础，其品类越多，所调配的复合味就越丰富；其品质越优，所调配的菜肴滋味就越纯正。因此，调味前必须要先备调料，对调味料的要求不仅要各味俱全，而且要求每一味调料还应有较多的品种，同时每一品种应选品质最优者。

（2）**要了解各种基本味的特性和相互影响** 在调味工艺中，要了解各种基本味的特性。如咸味为“百味之本”，除甜味外，其他所有味都是以咸味为基础，然后再进行调和；甜味是甜味菜肴的基础味，是调整风味、掩蔽异味、增加适口性的重要因素，它对菜肴风味起协调平衡作用，在低浓度时对于某些菜肴有增鲜的作用。各种基本味之间相互影响，在感受过程中，常出现味觉的对比、相乘、消杀等现象，见表 2-2。

表 2-2 味觉之间互相作用的基本类型

| 类型 | 含义 | 实例 |
|---|---|---|
| 对比增强效应 | 将两种或两种以上不同味觉的呈味物质，以适当的浓度调和，使其中一种呈味物质的滋味增强的现象 | 在蔗糖溶液中加少量食盐，觉得糖更甜；味精中添加食盐使其鲜味增强 |
| 相乘增强效应 | 将同一种味觉的两种或两种以上呈味物质互相混合，其呈味效果大大超过单独使用任何一种时的现象 | 味精和肌苷酸钠的混合；再如甘草酸钠的甜度是蔗糖的 50 倍，当将其与蔗糖共用时，可使其甜度增至蔗糖的 100 倍 |
| 消杀减弱效应 | 将两种或两种以上不同味觉的呈味物质以适当比例混合后，使每一种味感都有所减弱的现象 | 蔗糖对食盐的咸味和醋的酸味都能起减弱的作用，同时又没有甜的感觉 |
| 转换变调效应（变味现象）（转化效应） | 某些呈味物质对其后续呈味物质的味觉类型产生明显的影响 | 喝了浓盐水之后，再喝淡水反而有甜的感觉 |
| 复合转化效应 | 将两种或两种以上的呈味物质，以适量的比例均匀调和（调和的方式可以是及细粉末混合，也可以是在水中同时溶解），则可以产生一种新的味道 | 用胡椒、姜黄、番椒、茴香、陈皮等粉末配制咖喱粉；用多种呈味物料调成的怪味料等 |
| 迟钝现象（适应现象） | 连续进食单一味觉的食物，随着时间推移则此种味觉越来越不灵敏，需要不断加大浓度方可感知 | 连续进食辣味食物后，再食同样辣的食物，则觉得其不太辣 |

**（3）投料要适量适时** 适量是指调味料的用量合适和比例恰当，适时指投放调味料的顺序正确，时机得当。

**（4）根据烹调工艺和菜肴的不同要求，采取不同的调味方法** 不同的烹调工艺和不同的菜肴，需要经历的调味阶段不同，适应的调味方法也不同，有的甚至要经过多道调味工序。因此，要做到随菜施调，同时保证各种菜肴的滋味层次分明，突出风味特色突出。

## 二、调香工艺

调香工艺是指运用各种呈香调料和调制手段，使菜肴获得令人愉快的香气的工艺过程。调香工艺对菜肴风味的影响仅次于调味工艺。通过调香工艺，可以消除和掩盖某些原料的腥膻异味，可配合和突出原料的自然香气。此外，调香工艺还是确定和构成菜肴不同风味特色的因素之一。

调香工艺是菜肴风味调配中一项十分重要的技术。尽管有时调香与调味、调色或调质交融为一体，但绝不等于调香工艺可由调味、调色或调质工艺来包容和代替，调香工艺有其自己的原理和方法。

### 1. 菜肴香气的来源

菜肴的香气并非由某一种呈香物质单独产生，而是多种呈香物质的综合反映。菜肴的香气主要来源于烹饪原料的天然香气及其在烹调过程中产生的香气。

**（1）原料的天然香气** 原料的天然香气，是指在烹调加热前原料自身固有的香气，其主要种类见表2-3。

表2-3 烹饪原料中天然香气的种类

| 种类 | 含义 | 举例 |
|---|---|---|
| 辛香 | 有刺激性的植物性天然香气 | 葱香、花椒香、胡椒香、八角香、桂皮香、香菜香、芹菜香等 |
| 清香 | 清新宜人的植物性天然香气 | 芝麻香、果仁香、果香、花香、叶香、青菜香、菌香等 |
| 乳香 | 动物性天然香气，包括牛乳及其制品的天然香气以及其他类似香气 | 乳粉、奶油、香兰素等香气 |
| 腥膻异香 | 一种令人厌恶的动物天然气味 | 鱼腥气、牛脂香、羊脂香、鸡油香、各种植物油的香气等 |

**（2）原料在烹调加工中产生的香气** 原料在烹调加工中产生的香气，有豆酱香、果酱香、醋香、酒香、腌腊香、烟熏香等（表2-4）。

### 2. 调香的基本方法

调香的方法，主要是指利用调料来消除和掩盖原料异味，配合和突出原料香气，调和并形成菜肴风味的操作手段。其种类较多，主要有以下几种。

表 2-4　　烹饪原料在烹调加工中产生的香气种类

| 种类 | 含义 | 举例 |
|---|---|---|
| 酱香 | 酱品类的香气 | 酱油香、豆瓣香、面酱香、腐乳香等 |
| 酸香 | 包括以醋酸为代表的香气和以乳酸为代表的香气 | 各种食醋香，某些泡菜、腌菜香等 |
| 酒香 | 各种饮用酒的香气 | 料酒香、米酒香、白酒香等 |
| 腌腊香 | 经腌制的鸡、鸭、鱼、肉等所带有的香气 | 火腿香、腊香、肉香、香肠香、风鸡香、板鸭香等 |
| 烟熏香 | 某些物质受热生烟产生的香气 | 茶叶烟香、樟叶烟香、糖烟香、油烟香等 |
| 加热香 | 某些原料本身没有什么香味，经加热可产生特有的香气 | 煮肉香、烤肉香、煎炸香等 |

**（1）腌渍调香法**　在加热前，用食盐、食醋、料酒、生姜、香葱等调料和有异味的原料拌匀后腌渍一段时间（动物内脏常用揉洗的方法），使调料中的有关成分渗透到原料之中，与其异味成分充分作用，再通过焯水、过油或正式烹制，使异味成分得以挥发除去的方法。此法使用范围很广，兼有入味、增香、助色的作用，在调香工艺中经常使用。

**（2）加热调香法**　就是借助加热使调料的香气大量挥发，并与原料的本香、热香相交融，形成浓郁香气的调香方法。调料中呈香物质在加热时迅速挥发出来，可溶解在汤汁中，或渗入到原料中，或吸附在原料表面，或直接从菜肴中散发出来，从而使菜肴带有香气。

**（3）封闭调香法**　封闭调香法属于加热调香法的一种辅助手段。调香时，呈香物质受热挥发，大量的在烹制过程中散失掉了，存留在菜肴中的只是一小部分。加热时间越长，香气散失越严重。为了防止香气在烹制过程中严重散失，将原料保持在封闭条件下加热，临吃时启开，可获得非常浓郁的香气，这就是封闭调香法。

**（4）烟熏调香法**　烟熏调香法是一种特殊的调香方法，常以樟木屑、花生壳、茶叶、谷草、柏树叶、锅巴屑、食糖等作熏料。把熏料加热至冒浓烟，产生浓烈的烟香气味，使烟香物质与被熏原料接触，并被吸附在原料表面，有一部分还会渗入到原料表层之中去，使原料带有较浓的烟熏味。

### 3. 调香的时机

**（1）原料加热前的调香**　原料在加热前多采用腌渍的方法来调香，其作用有两个：一是清除原料异味，二是给予原料一定的香气。其中，前者是主要的。

**（2）原料加热中的调香**　此阶段是确定菜肴香型的主要阶段，可根据需要采用加热调香的各种方法。其作用有两个：一是原料受热变化生成香气，二是用调料补充并调和香气。水烹过程中的调香，可以在加热中投入调香料。汽烹过程中的调香，则需要在蒸制前用调香料膨渍一下，也可以将调香料置于原料之上一起加热。干热烹制的调香，主要是原料自身受热变化的生香。

加热过程中的调香，香料的投放时机很重要。一般香气挥发性较强的，如香葱、胡椒粉、花椒面、小磨麻油等，需要在菜肴起锅前放入，才能保证浓香。香气挥发性较差的，如生姜、干辣椒、花椒粒、八角、桂皮等，需要在加热开始就投入，有足够的时间使其香气挥发出来，并渗入到原料之中，此外，还可以根据用途的不同灵活掌握。

**（3）原料加热后的调香** 即在菜肴盛装时或盛装后，淋入麻油，或者撒一些香葱、香菜、蒜泥、胡椒粉、花椒面等，或者将香料置于菜上，继而淋以热油，或者跟味碟随菜上桌。此阶段的调香主要是补充菜肴香气之不足或者完善菜肴风味。

## 三、调色工艺

菜肴的色泽是菜肴风味的重要内容之一。调色工艺就是根据原料的性质、烹调方法和菜肴的味型，运用各种有色调料和调配手段，调配菜肴色彩，增加菜肴光泽，使菜肴色泽美观的过程。调色工艺是菜肴风味调配工艺的关键技术和保证菜肴品质的重要手段。

### 1. 菜肴色泽的来源

菜肴的色泽主要来源于三个方面：原料的自然色泽、加热形成的色泽和调料的色泽。

**（1）原料的自然色泽** 原料的自然色泽，即原料的本色。菜肴原料大都带有比较鲜艳、纯正的色泽（表 2-5），在加工时需要予以保持或者通过调配使其更加鲜亮。

表 2-5 菜肴原料的自然色泽特征

| 色泽 | 菜肴原料 | 菜肴调料 |
|---|---|---|
| 白色 | 白萝卜、绿豆芽、莲藕、竹笋、银耳、鸡（鸭）脯肉、鱼白肉等 | 蛋清、乳制品 |
| 黄色 | 蛋黄、口蘑、韭黄、黄花菜等 | 蛋黄、酱油 |
| 绿色 | 绿色蔬菜、青椒、蒜薹、蒜苗、四季豆、莴笋等 | 绿叶菜汁 |
| 红色 | 火腿、香肠、午餐肉、腊肉（瘦）、红萝卜、红辣椒、番茄等 | 精色、番茄酱、红乳汁 |
| 紫红色 | 红苋菜、紫茄子、紫豆角、紫菜、肝、肾、鸡（鸭）肫等 | 着酱品、酱油 |
| 黑色或深褐色 | 香菇、海参、黑木耳、发菜、海带等 | 红醋 |

**（2）加热形成的色泽** 即在烹制过程中，原料表面发生色变所呈现的一种新的色泽。加热引起原料色变的主要原因是原料本身所含色素的变化及糖类、蛋白质等的焦糖化作用及羰氨反应等。

**（3）调料的色泽** 用有色调料直接调配菜肴色泽，在烹制中应用较为广泛。常见的有色调料有：酱油（可调配褐黄、褐红等色）、红醋（参与调配褐色）、酱品（用于调配褐红色）、糖色（用于调配较酱油鲜亮的红色）、番茄酱及红乳汁（用于调配鲜红色）、蛋黄（用于调配黄色）、蛋清（用于调配白色）。绿叶菜汁（用于调配绿色）、油脂（可增加菜肴光泽）等。

## 2. 调色工艺的方法

**（1）保色法** 保色法就是利用有关调色料来保持原料本色和突出原料本色的调色方法。此法多用于颜色纯正鲜亮的原料的调色，如绿色蔬菜和红色鲜肉等。

① 蔬果原料的保色

a. 加油保色：即借助附着在蔬菜表面的油膜，隔绝空气中氧气与叶绿素的接触，达到防止其氧化变色的目的。不过此法还不能阻止蔬菜组织中所含酶的作用，因此只能在一定时间内有效，时间稍长仍会变色。

b. 加碱保色：即利用叶绿素在碱性条件下，水解生成性质稳定、颜色亮绿的叶绿酸盐，来达到保持蔬菜绿色的目的。此法虽然可保持蔬菜的绿色，但是碱性条件下蔬菜所含的某些维生素损失较为严重，因此一般不提倡使用。

c. 加盐保色：有些绿色蔬菜遇盐后会改变颜色，如黄瓜、青椒等，这些蔬菜在加盐调味后绿色加重，并且可以保持一定的鲜度。但是加盐的数量要适当，保存的时间不能过长。时间放得越长，叶绿素被破坏得就越严重，其颜色就变得暗淡无光。

d. 水泡保色：有些蔬菜和水果如马铃薯、藕、苹果、梨等，削去皮或切开后，短时间内就变成褐色。防止褐变的方法是把去皮或切开的菜类或水果泡在水中（水量没过原料为度），这样就可用水把原料与空气隔绝。使用这种方法只能在短时间内有效，因为原料组织中的氧与水中的氧也可发生缓慢褐变。如再在水中加适量酸性物质，则可抑制酚酶的催化作用，会较长时间防止褐变。

② 红色鲜肉的保色：畜肉的瘦肉多呈红色，受热则呈现令人不愉快的灰褐色，有时在烹调时需要保持其本色。一般采用烹制前加一定比例的硝酸盐或亚硝酸盐腌渍的方法来达到保色的目的。硝酸钠的最大使用量为0.5g/kg，亚硝酸钠的最大使用量为0.15g/kg。

**（2）变色法** 变色法是利用有关调料改变原料本色，使之形成鲜亮色泽的调色方法。此法所使用的调料本来不具有所调配的色彩，而需要在烹制过程中经过一定的变化才能产生相应的颜色。此法多用于烤、炸等干热烹制的一些菜肴。按主要化学反应类型的不同，变色法有焦糖化法和羰氨反应法两种。

① 焦糖化法：此法是将糖类调料（如饴糖、蜂蜜、糖色、葡萄糖浆等）涂抹于菜肴原料表面，经高温处理产生鲜艳颜色的方法。糖类调料中所含的糖类物质在高温作用下，主要发生焦糖化作用，生成焦糖色素，使制品表面产生褐红明亮的色泽。

② 羰氨反应法：此法是将食醋作为菜肴原料的腌渍料之一，或者将蛋液刷于菜肴原料表面，使其经高温处理产生鲜艳颜色的方法。食醋不仅可以除去动物性原料的腥膻异味，还能改变原料的酸碱性，使羰基化合物和氨基化合物易于发生羰氨反应，形成被称为黑色素的红亮色泽。蛋液中富含蛋白质，在高温下很容易发生羰氨反应，有时作为烤制菜肴的调色剂使用。

**（3）调色法** 调色法就是利用有关调料，以一定浓度或一定比例调配出菜肴色泽的调色方法，多用于水烹菜肴的调色。常用的调料是一些有色调料，如酱油、红醋、糖色、番茄酱、红糟、甜酱、食用色素等。

**（4）润色法**　润色即增加菜肴色彩的明亮程度，在菜肴原料表面涂布薄薄的一层油脂，使菜肴色泽油润光亮的调色方法。此法的操作过程是和制熟过程同时进行的，主要手法有淋、拌、翻等。

### 3. 调色工艺的基本要求

**（1）要了解菜肴成品的色泽标准**　在调色前，首先要对成菜的标准色泽有所了解，以便在调色工艺中根据原料的性质、烹调方法和基本味型，正确选用调色料。

**（2）正确选料，先调色后调味**　根据原料的性质、基本味型和烹调方法正确选用调色原料和调料。添加调色料时，要遵循先调色后调味的基本程序。这是因为绝大多数调色料也是调味料，若先调味再调色，势必使菜肴口味变化不定，难以掌握。

**（3）控制好火候，讲究时机**　对于采用烹调生色的菜肴，火候的控制很重要。当烹调需要长时间加热时，影响生色的各种成分浓度发生变化，要注意调色的时机。油炸、油煎不要过火，否则色泽过深。酱油等在长时间加热时会发生因糖分减少、酸度增加使颜色加深的现象，过早加入酱油，到菜肴成熟时色泽就会过深，应在开始时调至七八成，在出锅前再来次调色，才能获得满意的色泽。

**（4）护好色，充分利用原料的自然色**　菜肴烹调的原料大多有很好的自然色，利用自然色调色，更赏心悦目，也是发展的趋势。黄瓜、青椒等可以用食盐护色；藕、红薯、马铃薯、苹果、梨等削皮后放在水中可以减轻褐变，维持本色；用油膜隔绝空气，避免蔬菜叶绿素的氧化可以护色；开水短时处理可以给绿色蔬菜护色；但这些方法的护色时间都不能过长。

**（5）要符合人的生理和安全卫生需要**　调色要符合人们的生理需要，因时而异。同一菜肴因季节不同，其色泽深浅要适度调整。一般夏天宜浅，冬季宜深。同时还要注意尽量少用或不用对人体有害的人工合成色素，保证食用的安全性。

## 四、调质工艺

质感和味感、嗅感一样都是评定菜肴质量的重要标志，是烹调工艺所追求的目的之一。调整好菜肴的质感，对提高菜肴质量，满足食者的多种需求具有重要的意义。所谓调质工艺，就是在烹调工艺中，用一些调质原料来改善菜肴原料质地（即质构）和形态的工艺过程。调质实际上是指对菜肴质构的构建和调整。

根据具体原理和作用不同，调质工艺一般可分为致嫩工艺、膨松工艺、增稠工艺等几种。

### 1. 致嫩工艺

致嫩工艺就是在烹饪原料中添加某些化学品或施以适当的机械作用，使原料原先的生物结构组织疏松，提高原料的持水性，从而导致其质构发生变化，表现出柔嫩特征的工艺过程。致嫩工艺主要针对动物肌肉原料。

**（1）物理致嫩** 对烹饪原料施以适当机械作用而致嫩的方法，如敲击、切割、超声振动分离和断裂肉类纤维，对牛肉采用挂的方法等。

**（2）无机化学物质致嫩**

① 碱致嫩：碱致嫩就是在动物性原料中添加碱性物质，使肌肉中的肌纤维膜、基质蛋白及其他组织遭受破坏，导致其结构疏松，提高蛋白质的水化能力，以达到致嫩效果的方法。但是，用碱嫩化的肉类原料，成菜常常会有一种不愉快的气味。更重要的是，原料的营养成分受到破坏，损失最大的为各类矿物质和 B 族维生素。

② 盐致嫩：盐致嫩就是在原料中添加适量食盐，使肌肉保持大量水分，并吸附足量水，从而达到致嫩的效果。

③ 酶法致嫩：在食物原料中添加某些酶类制剂而致嫩的方法。称为嫩肉粉，常用的酶类制剂有菠萝蛋白酶、无花果蛋白酶、胰蛋白酶、木瓜蛋白酶、猕猴桃蛋白酶、生姜蛋白酶等。

④ 添加持水性强的其他原料致嫩：在肉糜中加入一定量的淀粉、大豆蛋白、蛋清、乳粉等持水性强的其他原料，可以使制品的嫩度提高。

## 2. 膨松工艺

膨松工艺是采用各种手段和方法，在烹饪原料中引入气体，使其组织膨胀松化成孔洞结构的过程。膨松工艺可分为生物膨松、化学膨松和机械膨松三种。

**（1） 生物膨松** 生物膨松是利用生物膨松剂即酵团的发酵作用进行膨松的过程。导致膨松的气体为酵母发酵所产生的二氧化碳。

**（2）化学膨松** 化学膨松是由化学膨松剂通过化学反应产生二氧化碳使菜肴膨松的过程。在调糊中使用的化学膨松剂主要是发酵粉（泡打粉）。

**（3）机械膨松** 机械膨松是由搅打或搅拌等机械方式引入空气的工艺过程。机械膨松工艺主要用于蛋泡糊的调制，方法是利用蛋清蛋白质的发泡性，将蛋清打起泡沫（至筷子直立不倒），再拌入干淀粉搅匀即可。

## 3. 增稠工艺

增稠工艺是在烹调过程中添加某些物质，以形成菜肴需要的稠度、黏度、黏附力、凝胶形成能力、硬度、脆性、密度、稳定乳化等质构性能，使菜肴形成希望的各种形状和硬、软、脆、黏、稠等质构特征的工艺过程。用于增稠的物质，称为增稠剂或增黏剂、胶凝剂、乳化稳定剂等。

增稠工艺在食品工业中的应用比较普遍，在烹调工艺中主要是勾芡工艺中的淀粉和制冻工艺中的琼脂及猪皮冻。

## 4. 特殊调质工艺——上浆、挂糊、拍粉

**（1）上浆工艺** 上浆又称抓浆、吃浆，广东称“上粉”，是指在经过刀工处理的原料表面黏附上（或融入）一层薄薄的浆液的工艺过程。

① 上浆的佐助原料及调料：主要有精盐、淀粉（干淀粉、湿淀粉）、鸡蛋（全蛋液、鸡蛋清、鸡蛋黄）、油脂、小苏打、嫩肉粉、水等。

② 浆的种类及调制：浆的种类见表 2-6。

表 2-6　浆的种类及调制

| 种类 | | 浆料构成 | 调制方法 | 用料比例 | 适用范围 | 制品特点 |
|---|---|---|---|---|---|---|
| 水粉浆 | | 淀粉、水、精盐、料酒、味精等 | 将主料用调料（精盐、料酒、味精）腌入味，再用水与淀粉调匀上浆。浆的浓度以裹住烹饪原料为宜 | 主料 500g，干淀粉 50g，加入适量冷水（应视原料含水量而定） | 肉片、鸡丁、腰子、肝、肚等，多用于炒、爆、熘、汆等 | 质感滑嫩 |
| 蛋粉浆 | 蛋清浆 | 鸡蛋清、淀粉、精盐、料酒、味精等 | ①先将主料用精盐、料酒、味精拌腌入味，然后加入鸡蛋清、淀粉拌匀即可；②用鸡蛋清加湿淀粉调成浆，再把用调料腌渍后的主料放入鸡蛋清粉浆中拌匀即可 | 主料 500g，鸡蛋清 100g，淀粉 50g | 爆、炒、熘等 | 柔滑软嫩色泽洁白 |
| | 全蛋浆 | 全蛋液、淀粉、精盐、料酒、味精等 | 与蛋清浆相同。①全蛋粉浆需要更加充分地调和，以保证各种用料相互溶解为一体；②用全蛋粉浆浆制质地较老韧的主、配料时，宜加适量的泡打粉或小苏打，使主料经油滑后松软而嫩 | 与蛋清浆基本相同 | 炒、爆、熘等菜肴及烹调后带色的菜肴 | 滑嫩微带黄色 |
| | 蛋黄浆 | 水、盐、料酒、蛋黄、淀粉等 | 与蛋清浆相同 | 与蛋清浆基本相同 | 炒、爆、熘等菜肴及烹调后带色的菜肴 | 滑嫩黄色 |
| 特殊浆 | 苏打粉浆 | 鸡蛋清、淀粉、小苏打、水、精盐等 | 先把主料用小苏打、精盐、水等脱渍片刻，然后加入鸡蛋清、淀粉拌匀，浆好后静置一段时间使用 | 主料 500g、鸡蛋清 50g、淀粉 50g、小苏打 3g、精盐 2g、水适量 | 质地较老、肌纤维含量较多、韧性较强的原料，如牛肉、羊肉等。多用于炒、爆、熘等 | 鲜嫩滑润 |
| | 酱品粉浆 | 酱品（黄酱、面酱、辣酱等）或酱油和淀粉 | 将主料用调料（精盐、料酒、味精）腌入味，再用酱品（黄酱、面酱、辣酱等）或酱油和淀粉调匀 | 主料 250g、绍酒 10g、黄酱 30g、湿淀粉 10g | 炒、爆、熘等菜肴及烹调后要求是酱色的菜肴 | 滑嫩酱色 |

注：调浆时应注意，浆的稀稠度应根据烹饪原料水分含量的多少来定，以浆能够均匀地将原料包裹为度，不可过稀或过稠。此外，还应当考虑淀粉本身的性能。吸水能力强、糊化程度高的淀粉要控制用量。

③ 上浆所用主料的选择：上浆所用的主料宜选用鲜嫩的动物性原料，如猪精肉、鸡脯肉、牛肉、鱼肉、虾仁、鲜贝和内脏（猪肝、腰子、肚子、鸡肫、鸭肫等）。原料的刀工处理以加工成片、丝、丁、粒（米）、花刀型为主。

④ 上浆的操作要领

a. 灵活掌握各种浆的浓度。在上浆时，要根据原料的质地、烹调的要求以及原料是否经过冷冻等因素决定浆的浓度。较嫩的原料含水分较多，吸水力较弱，浆应适当稠一些；较老的原料本身含水分较少，吸水力较强，浆可适当稀一些。经过冷冻的原料含水分较多，浆应适当稠一些；未经冷冻的原料含水量相对较少，浆应适当稀一些。上浆后立即烹调的原料，浆应适当稠一些；上浆后要经过一些时间再烹调的原料，浆应适当稀一些。

b. 恰当掌握上浆过程中的每一环节。上浆一般包括三个环节：一是腌制入味，一般在原料中加少许精盐、料酒等调料腌渍片刻，浸透入味。腥味较大的主、配料，可酌加适量料酒，除入味外还可清除腥味。对老韧的原料（如牛肉），除加精盐、料酒外，还要另加适量的水和小苏打，这样不仅能入味，还可使肉质多吸收水分变嫩。二是用鸡蛋液拌匀，即将鸡蛋液调散（但不能抽打成泡）后加入原料中，将鸡蛋液与原料拌匀。三是调制的水淀粉必须均匀，不能存有渣粒，否则滑油时易造成脱浆现象；浆液对原料的包裹必须均匀，不能留有空隙，否则加热时会浸入热油，使这一部分质地变老、色泽变暗，影响菜肴的质量。

c. 必须达到吃浆上劲。上浆的目的是使原料由表及里均匀裹上一层薄薄的浆液，以便受热时形成完整的保护层，从而使菜肴达到柔软滑嫩的效果。在上浆操作中，常采用搅、抓、拌等方式，无论采用哪一种方式，都必须抓匀抓透。一方面使浆液充分渗透到原料组织中去，达到吃浆的目的，另一方面充分提高浆液黏度，使之牢牢黏附于原料表层，达到上劲的目的，最终使浆液与原料内外融合，达到上浆的目的。但在上浆时，对比较细嫩的原料如鸡丝、鱼片等，抓拌要轻，用力要小，既要充分吃浆上劲，又要防止断丝、破碎情况的发生。

d. 根据原料的质地和菜肴的色泽选用适当的浆液。要选用与原料质地相适应的浆液，如牛肉、羊肉中结缔组织较多，上浆时宜用苏打浆或加入嫩肉粉，这样可取得良好的嫩化效果。另外，菜肴的色泽要求不同，也要选用与之相适应的浆液。成品颜色为白色时，应选用蛋清浆；成品颜色为金黄、浅黄、棕红色时，可选用全蛋浆、蛋黄浆等。

**（2）挂糊工艺** 挂糊（又称着衣，广东称上浆，四川称码芡）是根据菜肴的质量标准，在经过刀工处理的原料表面，适当地挂上一层黏性粉糊的工艺过程。

① 调制粉糊的原料：调制粉糊的原料主要有淀粉（干淀粉、湿淀粉）、面粉、鸡蛋、膨松剂、油脂等。不同的用料具有不同的作用，制成糊加热后的成菜效果有明显的不同。

② 糊的种类及调制：糊的种类及调制方法见表 2-7。

表 2-7　　糊的种类及调制

| 种类 | 用料构成 | 调制方法 | 用料比例 | 适用范围 | 过油后的制品特点 |
|---|---|---|---|---|---|
| 水粉糊 | 淀粉、冷水 | 先用适量的冷水将淀粉澥开，再加入适量的冷水调制成较为浓稠的糊状 | 淀粉与冷水的用量约为 2：1 | 厚片、块或整形料，以炸、焦熘为主 | 外焦脆、里软嫩、色金黄 |
| 蛋清糊 | 鸡蛋清、淀粉（或面粉）、冷水 | 打散的鸡蛋清加入干淀粉，搅拌均匀 | 鸡蛋清与淀粉（或面粉）的用量为 1：1 | 刀口一般为条、块，多用于炸、拔丝等方法 | 质地松软，呈淡黄色 |
| 蛋黄糊 | 淀粉（或面粉）、鸡蛋黄、冷水 | 用干淀粉（或面粉）、鸡蛋黄加适量冷水调制而成 | 鸡蛋黄与淀粉（或面粉）的用量为 1：1 | 多用于炸、焦熘类菜肴 | 外层酥脆香、里软嫩 |
| 全蛋糊 | 淀粉（或面粉）、全蛋液 | 打散全蛋液加入淀粉（或面粉），搅拌均匀即可，切忌搅拌上劲 | 全蛋液与淀粉（或面粉）的用量为 1：1 | 多用于炸及炸熘类菜肴 | 外酥脆、内松嫩、色金黄 |
| 蛋泡糊 | 干淀粉、鸡蛋清 | 用蛋抽子（筷子或电打蛋器）将蛋清抽打成泡沫状态（以可以立一只筷子而不倒为度），而后加入干淀粉或面粉或兼而有之，调和均匀即成 | 鸡蛋清与干淀粉的用量为 2：1 | 鲜嫩、软嫩、柔软的原料，刀口为丁、条、片、球、块等，多用于松炸类菜肴 | 外形饱满、质地松软、色泽乳白 |
| 发粉糊 | 面粉、冷水、发酵粉 | 面粉先加少许冷水搅匀，再加适量冷水继续将粉糊澥开，然后放入发酵粉拌匀静置 20min 即可 | 面粉 350g、冷水 450g、发酵粉 15g | 多用于炸类菜肴 | 涨发饱满、松而带香、色泽淡黄 |
| 脆皮糊 | 用老酵母：面粉、淀粉、老酵面、油脂、精盐、水、食用碱面等 | 老酵母加水澥开，放入面粉、淀粉和适量精盐搅拌均匀，静置 3 ~4h（视气候而定），使粉糊发酵，以粉糊中产生小气泡且带酸味为准。临用前 20min 放入碱面水加入油脂搅匀（根据气候掌握放入碱面水的时间和数量） | 面粉 380g、淀粉 60g、老酵面 70g、清水 500g、食用碱面水 10g、适量精盐、油脂 100g | 适用于脆炸类菜肴 | 外松脆、内软嫩、色泽金黄 |
| | 用干酵母：面粉、干淀粉、干酵母、油脂等 | 干酵母用少许水稀释后，再加水、面粉、淀粉调成稀糊，静置 25min 左右进行发酵，待糊发起后加油脂调匀 | 面粉 350g、淀粉 150g、水 500g、干酵母 10g、油脂 100g | | |

③ 适宜挂糊的原料：挂糊的原料以动物原料为主，也可选择蔬菜、水果等；原料形状可以是整形的、大块的，也可是其他形状的。

④ 挂糊的方法

a. 先将糊调好，再蘸（或拖、拌、裹）糊。即先将粉状原料（如淀粉、面粉）和其他着衣糊料（如鸡蛋）、调味品调和均匀制成糊，而后再把加工好的原料（多为主料）放在糊中挂粘、裹匀、拖过的操作技法。

b. 将糊料和主料一起抓拌均匀。

⑤ 挂糊的操作要领

a. 要灵活掌握各种糊的浓度（同上浆）。

b. 恰当掌握各种糊的调制方法。在制糊时，必须掌握先慢后快、先轻后重的原则。

c. 挂糊时要用糊把主料全部包裹起来。否则在烹调时，油就会从没有糊的地方浸入主料，使这一部分质地变老、形状萎缩、色泽焦黄，影响菜肴的质量。

d. 根据主、配料的质地和菜肴的要求选用适当的糊液。成品颜色为白色时，必须选用鸡蛋清作为糊液的辅助原料；需要外酥里嫩或成品颜色为金黄、棕红、浅黄时，可使用全蛋液、蛋黄液作为糊液的辅助原料。

**（3）拍粉工艺** 拍粉，又称粘粉、上粉，是在加工成型的原料（多为主料）表面均匀地粘挂一层粉状原料的操作技法。拍粉的着衣粉料常用的有淀粉、面粉、米粉（大米粉、玉米粉、糯米粉）等粉状原料。拍粉时要注意现拍现炸，这是因为粉料非常干燥，拍得过早，则原料内部水分被干淀粉吸收，经高温炸制后菜肴质地会发干变硬，失去外酥脆、里鲜嫩的效果，影响菜肴的质量，同时，粉料吸水过多也会结成块或粒，造成表面粉层不匀，炸制后外表不光滑美观，也不酥脆。

# 第六节

# 食品加工过程中的安全与卫生

## 一、蔬菜加工过程中的卫生安全

### 1. 卫生安全问题

（1）**蔬菜的腐败变质**　蔬菜采收后，仍进行着呼吸作用从而使蔬菜腐烂变质。微生物可促进蔬菜中硝酸盐还原成亚硝酸盐，不仅加速蔬菜的腐烂，而且人食用后还可引起食物中毒。所以，新鲜蔬菜不宜长期储存在室温下，应及时食用或冷藏。

（2）**致病菌肠道和寄生虫卵的污染**　蔬菜栽培中，常以人畜粪便作肥料，致使肠道致病菌和寄生虫卵污染比较严重。虽然多生长在树上，但在采摘、运输过程中接触到土壤或放置在受污染的容器中，也会受到污染。所以，蔬菜在食用前，尤其是生食时，应彻底洗净消毒，削皮后吃。

（3）**农药和含氮化肥的污染**　蔬菜在栽培、种植过程中，各种农药的污染相当严重，所以应严格掌握农药使用量，喷洒农药后，必须达到安全间隔期，才能收获；食用前应彻底清洗，适当浸泡后方可食用。

（4）**生活污水和工业废水的污染**　生活污水和工业废水用于灌溉田地，虽然可以增加肥料，但生活污水可引起肠道致病菌及寄生虫卵的污染，工业废水可带来汞、铅、镉和酚类等有毒物质污染，因此生活污水和工业废水必须经处理达到要求后方可用于农田灌溉。

### 2. 蔬菜的卫生质量要求

优质蔬菜鲜嫩，无黄叶，无伤痕，无病虫害，无烂斑。质次蔬菜梗硬，老叶多，枯黄，有少量病虫害、烂斑和空心，挑选后可食用。变质蔬菜严重腐烂，呈腐臭气味，亚硝酸盐含量增多，有毒或严重虫蛀、空心，不可食用。

### 3. 蔬菜的卫生管理

（1）**贮藏的卫生**　根据蔬菜的不同种类和特性选择适宜的贮藏条件。贮藏时应防止损伤，经常检查，及时剔除已腐败变质的蔬菜。如果冷藏，要注意选择最适的冷藏温度，避免冻伤蔬菜和组织。

（2）**加工的卫生**　蔬菜加工时应剔除腐败变质及不可食部分。洗涤时要求清洗干净，直接食用的蔬菜最好消毒。

## 二、畜禽肉类加工过程中的卫生安全

### 1. 畜禽宰后的变化及其食品卫生学意义

畜禽宰后其肉品一般将发生四个阶段，即僵直阶段、成熟阶段、自溶阶段和腐败阶段的变化。前两个阶段的肉品称为新鲜肉。

**(1)僵直阶段** 刚宰杀后的畜、禽，其肉品呈中性或弱碱性，即 pH7.0~7.4。随着肌肉中组织酶的作用和微生物酶的作用，肌肉组织中的糖原和含磷有机化合物被分解为乳酸、磷酸，使肉品的酸度增加，pH 下降。当 pH 下降至 5.4 时，由于达到了肌凝蛋白的等电点，这时肌凝蛋白凝固，使肌纤维出现变硬僵直现象。僵直现象一般在牲畜宰后夏季 1.5h，冬季 3~4h 出现。

此时进入僵直阶段的肉品，其食品卫生学意义有以下几个方面：

① 最适宜冷藏：肉品若在僵直阶段冷藏，低温下维持僵直状态的时间可延长，则肉品保持鲜度的时间也因此延长。

② 肉品不适宜作烹饪原料：僵直阶段的肉品肌纤维发硬，不易煮烂，肉汤混浊，气味不良，烹调食用时风味较差，此时的肉品一般不宜作烹饪原料。

**(2)成熟阶段** 僵直期肉品中糖原仍然继续分解为乳酸，pH 继续下降，肌肉中结缔组织因而逐渐软化，肉品也就变得柔软多汁，具有弹性，味美鲜香，这个过程为肉的后熟，此时的肉品就进入成熟阶段。在 4℃ 环境温度时，肉品经 1~3d 就可完成成熟过程。环境温度较高时可缩短成熟阶段。

成熟阶段的肉品，其食品卫生学意义表现在以下几个方面：

① 最适合作烹饪原料：此阶段的肉品，其品质和风味达到最佳，最适合作烹饪原料。

② 适宜冷藏：低温环境下能够延长肉品的保存期。成熟阶段的肉品表面能形成一层干膜，有防止微生物侵入并阻止水分蒸发和肉品干燥的作用。在 4℃ 下可存放 10d 也不会变质。

③ 具有无害化作用：成熟过程中产生的乳酸，具有杀灭某些微生物的作用。如患有口疫的肉品通过成熟阶段产生的乳酸，可以达到无害化处理。

**(3)自溶阶段** 成熟阶段的肉品在室温或较高温度下存放，肌肉中组织酶的活性增强，即使在无菌情况下，组织中营养组分继续被分解，从而导致自溶现象的发生，此时肉品进入自溶阶段。由于内脏含组织酶比肌肉多，因此内脏自溶速度较肌肉快。

自溶阶段的肉品，其食品卫生学意义有以下几个方面：

① 肉品品质下降：此阶段的肉品，其蛋白质的分解产物硫化氢、硫醇与血红蛋白或肌红蛋白中的铁作用可生成硫化血红蛋白，在肌肉的表层及深层出现绿色，此时肌纤维呈现松弛现象，降低了肉品的质量，同时也为微生物的大量生长繁殖创造了条件。自溶初期的肉品，由于变质程度较轻，经高温处理后尚可食用。自溶阶段标志着肉品腐败变质的开始。

② 失去贮藏性：自溶肉品由于营养组分分解，质量下降，必须尽快处理，不宜贮藏。

**(4)腐败阶段** 自溶阶段的肉品，在大量微生物的作用下，营养成分分解并引起肉品恶臭、变绿、发黏的过程即为肉的腐败。此时的肉品进入腐败阶段。腐败肉因含有蛋白质、脂肪被分解时产生的胺类、醛类、酮类、硫化氢、硫醇、粪臭素及细菌毒素等腐败产物，其食品卫生学意义是禁止食用。

### 2. 肉类食品的卫生安全问题

（1）肉类原料卫生问题

① 腐败变质问题：畜禽宰杀后，肉品由于保管不善，在达不到适宜贮藏条件时容易受细菌污染而引起腐败变质，不仅引起不良的感官性状变化，并且还可产生细菌毒素，严重时不能食用。

禽类体表污染的细菌主要是假单胞杆菌，在适宜条件下大量繁殖，使肉发臭、发黏。冻禽冷藏时，只会产生绿色的假单胞菌繁殖，所以腐败的禽肉多呈绿色。没有摘取内脏的禽肉，腐败变质速度更快。所以，禽类宰杀后应立即取出内脏，若不马上烹调，须及时冷藏或冷冻。禽类常被沙门菌和其他致病菌污染，若食前没有彻底加热灭菌，有可能发生食物中毒。

② 人畜共患传染病和寄生虫病：牲畜的疾病如炭疽、鼻疽、口蹄疫、布氏杆菌病等对人有传染性，患有这类疾病的牲畜肉品一般不能直接食用，根据污染轻重作相应处理。有些疾病如猪瘟、猪肺疫等虽不感染人，但当牲畜患病后，可继发感染沙门菌，食用这种病体的肉，易引起食物中毒。

畜肉可传播缘虫病、旋毛虫病等寄生虫病。因此，必须加强肉品卫生检验检疫，根据污染轻重给予不同处理。

禽类传播的传染病主要为“禽流感”。引起禽流感（AID）的病原体为禽流感病毒（AIV）。一般禽类和人类之间，病毒的直接传播不会发生，但 A 型流感病毒不仅能引起禽类的严重疾病，而且对人类和低等哺乳动物也具感染性。人被感染禽流感主要是直接接触了受感染的禽类及其粪便。防止禽流感的主要办法是宰杀、焚烧或深埋受感染的禽类。

③ 化学污染：化学农药可通过受污染的饲料引起肉类食品中农药的残留。动物使用抗菌素、饲料中添加的动物激素容易残留在动物体内，人食用后可引起过敏反应，或致畸、致癌作用。如己烯雌酚具有蛋白质同化作用而促进畜禽发育，雌激素引起幼儿性发育异常。因此，肉中雌激素残留问题已经引起了广泛的注意。

④ 掺伪：肉类掺伪主要表现在增重和掩盖劣质，牟取暴利。正常生猪宰杀出肉率为60%~65%，灌水 1~2 次出肉率增加 7%~10%，灌水 3~4 次出肉率增加 8%~13%，而开膛从主动脉插入乳胶管直接灌水的出肉率高达 109%，增加 38%。光鸭泡水增重也常见。在日本就发现有人在老牛身上注射木瓜酶促使肌纤维软化，屠宰后肉质像小牛一样，借此高价出售。

（2）肉制品的卫生问题　肉制品种类繁多，包括肉干、肉松等干制品，咸肉、火腿、腊肉等腌制品，香肠、肉肠、粉肠、红肠等灌肠制品，卤肉、酱肉、熟副产品等熟肉制品及各种烧烤制品，各具特殊风味，并能保存较长时间。它们的卫生问题有以下几个方面：

① 肉源问题：利用未检疫肉、病死肉和毒死肉制作成各种肉制品；添加大量香料来

掩盖变质肉；加过量硝酸盐增色防腐等。

② 微生物污染问题：肉制品在加工生产过程中由于灭菌不彻底或用盐量不足，可引起微生物的繁殖，并且在保藏、运输和销售中也很容易感染微生物，可造成肉品腐败变质，如肉松、肉干的霉变。

③ 脂肪氧化酸败：由于食盐能促进脂肪氧化酶的活性，因此，腌腊制品的脂肪容易氧化酸败，尤其是猪肉脂肪较其他动物更易氧化酸败，其原因是脂肪氧化酶含量多。

④ 虫蚀的污染：首先是腌腊制品中的火腿，其次是成肉最易遭虫蚀，虫蚀严重时，可将肉品蛀蚀成蜂窝状，虽不影响食用，但肉品质量下降。

⑤ 多环芳烃族的污染：制作熏肉、火腿、烟熏香肠及腊肉、各种烧烤制品时，在加工过程中因直接和炭火接触或烟熏，可受到多环芳烃族化合物的污染，这类化学致癌物可附着在食品表面，并能逐渐渗透到肉品深层。

⑥ 滥用食品添加剂问题：在肉类制品如香肠、火腿、午餐肉、腌肉等制作过程中，需要使用发色剂硝酸盐或亚硝酸盐，使肉品保持良好的色泽。但是发色剂过量使用，可引起亚硝酸盐食物中毒，并且亚硝酸盐和胺类物质可合成致癌物质亚硝胺。所以，我国食品添加剂使用卫生标准中规定：肉类制品中硝酸钠使用量≤0.5g/kg，亚硝酸钠≤0.15g/kg。

## 3. 肉类食品的卫生评价

**（1）鲜肉的卫生评价** 鲜肉指畜、禽类屠宰后，经防疫部门卫生检验符合市场鲜销的肉品。肉鲜度的检查，按其是否变质，可分为良质肉、次质肉和变质肉三种。另外，鲜肉与冻肉也有一定的区别，可参考表2-8、表2-9、表2-10。

表2-8 鲜肉质量鉴别

| 指标 | 良质肉 | 冻猪肉 | 次质肉 | 变质肉 |
|---|---|---|---|---|
| 色泽 | 肌肉有光泽，红色均匀，脂肪洁白 | 肌肉有光泽，红色或稍暗，脂肪呈白色 | 肉色稍暗，脂肪无光泽 | 肌肉无光泽，脂肪灰绿色 |
| 弹性 | 外表微干或微湿，不粘手 | 肉质紧密，有坚韧性，解冻后指压凹陷恢复较慢 | 外表略湿，略粘手 | 粘手 |
| 气味 | 正常气味 | 解冻后具有猪肉固有的气味，无异味 | 略有氨或酸味 | 有臭味 |
| 肉汤 | 透亮澄清，脂肪团聚于表面，有香味 | 澄清透明或稍有混浊，脂肪团聚于表面 | 稍混浊，脂肪滴浮于表面，稍有异味 | 混浊，有絮状物和臭味 |

表2-9 鲜禽肉的质量

| 指标 | 良质肉 | 次质肉 | 变质肉 |
|---|---|---|---|
| 眼睛 | 眼球饱满，角膜透明 | 眼球稍陷，角膜稍混浊 | 眼球凹陷，角膜混浊 |
| 色泽 | 肌肉因品种不同呈淡黄、淡红、灰白、灰黑色，有色泽，脂肪黄色 | 肌肉色稍暗，脂肪缺乏色泽 | 肌肉无光泽，脂肪灰绿色 |
| 黏度 | 外表微干或微湿润，不粘手 | 外表略湿，稍粘手 | 外表发黏起腐，粘手 |

续表

| 指标 | 良质肉 | 次质肉 | 变质肉 |
|---|---|---|---|
| 弹性 | 指压后凹陷立即恢复 | 指压后凹陷恢复慢且不完全恢复 | 指压后凹陷不能恢复，留有明显痕迹 |
| 气味 | 具有鲜禽肉正常气味 | 略有氨味或略带酸味 | 有臭味 |
| 肉汤 | 透明澄清，脂肪团聚于表面，具有香味 | 稍有混浊，脂肪呈小滴浮于表面，稍有哈喇味 | 混浊，有絮状物，不见脂肪滴，有臭味 |

表 2-10　生牛肉、羊肉、兔肉鲜度判定

| 指标 | 鲜牛肉、羊肉、兔肉 | 冻牛肉、羊肉、兔肉 |
|---|---|---|
| 色泽 | 肌肉有光泽，红色均匀，脂肪洁白或微黄色 | 肌肉有光泽、红色或稍暗，脂肪白或微黄色 |
| 黏度 | 外表微干或湿润，不粘手，切面湿润 | 外表微干或有风干膜或外表湿润不粘手，切面湿润不粘手 |
| 组织状态 | 纤维清晰，有韧性 | 肉质紧密，坚实 |
| 气味 | 具有鲜牛肉、羊肉、兔肉固有的气味，无臭味无异味 | 解冻后具有牛肉、兔肉固有的气味，无臭味 |
| 弹性 | 指压后凹陷立即回复 | 解冻后指压凹陷恢复慢 |
| 肉汤 | 澄清透明，脂肪团聚于表面，具有香味 | 澄清透明或稍有混浊，脂肪团聚于表面，具有特殊香味 |
| TVBN 量（mg/100g） | ≤20 | ≤20 |

**（2）注水肉的识别鉴定**　经灌水后的肌肉色泽浅淡，具有渗水光泽，组织多汁柔软，脏器充血、水肿。有的在前后腿肌肉厚实部分注射盐水增重，此肉可见局部组织脱水，呈灰白色，结缔组织呈黄色胶冻样浸润，嗅之有成味。注水猪肉的肌肉中肌纤维肿胀，切面可见血水渗出，指压后凹陷恢复缓慢，压时能见液体从切面流出，外观湿润，并有血水渗出，较正常鲜猪肉味淡或带有血腥味，煮后肉汤混浊，脂滴不匀，缺少香味，有的上浮血沫，有血腥味。可以用纸巾贴在瘦肉表面，稍压片刻，待纸略湿后揭下来。若是注水猪肉，餐巾纸由于吸水过多就揭不下来，成为碎湿纸片，而正常肉上的纸只略有些湿，尚能基本完整地揭下来，并且可以点燃、烧着。

**（3）“瘦肉精”肉的识别鉴定**　“瘦肉精”是一种白色或类似白色的结晶体粉末，无臭、味苦，全称为“盐酸克伦特罗”，是一种可用作兴奋剂的激素药物。由于化学性质稳定，加热到 172℃时才能分解，因此，一般烹调加热方法不能将其破坏。这种药物胃肠道吸收后 15~20min 即起作用。长期食用，有导致染色体畸变的可能，会诱发恶性肿瘤。作为兽药和畜禽饲料的添加剂，饲料中只要添加适量的盐酸克伦特罗后，就可使猪等禽兽生长速率、饲料转化率、瘦肉率提高 10% 以上。1997 年农业部发文明令禁止使用“瘦肉精”。2002 年发布的《最高人民法院、最高人民检察院关于办理非法生产、销售、使用禁止在饲料和动物饮用水中使用的药品等刑事案件具体应用法律若干问题的解释》中，将

使用“瘦肉精”这类问题作为刑事案件进行法律追究。但仍然有“瘦肉精”肉问题出现，例如2006年上海就发生食用“瘦肉精”肉导致300多人中毒的事件。含有“瘦肉精”的猪肉特别鲜红，脂肪层通常不足1cm，但用眼很难准确识别，对此的建议是猪内脏的“瘦肉精”残留量更多，不要食用。食用猪肉后，一旦出现面色潮红、头痛、头晕、胸闷、心悸、心慌、四肢麻木和手脚颤抖等症状，应立即到医院治疗，并将吃剩的食品留样，以备检测；如果进食后症状轻微，只要停止进食，平卧，多饮水，静躺0.5~1h后会好转，但对心律失常、高血压、青光眼、糖尿病、甲状腺机能亢进等疾病的患者有较大危害。

**（4）肉制品的卫生质量评价** 肉制品的卫生质量评价见表2-11。

表2-11 肉制品的卫生质量评价

| 品种 | 良质 | 次质 |
|---|---|---|
| 肉馅 | 红白分明，气味正常，无脏肉、砧屑、血筋等杂物 | 呈灰暗色或暗绿色，有氨味、酸味或臭味，含血筋、脏肉、砧屑等杂物较多 |
| 香肠（腊肠） | 肠衣干燥完整而紧贴肉馅，无黏液和霉味，坚实而有弹性，切面有光泽，肌肉呈玫瑰红色，脂肪白色或微带红色，具有香肠固有的风味 | 肠衣湿润、发黏，易与肉馅分离并易断裂，表面霉点严重，抹后仍有痕迹，切面不齐，裂缝明显，中心部有软化现象，肉馅无光泽，肌肉呈灰暗色，有酸味或臭味 |
| 腊肉 | 色泽鲜明，肌肉暗红色，脂肪透明呈乳白色，肉干燥结实，有腊肉的固有香味 | 肌肉灰暗无光，脂肪黄色，有霉点，肉体松软带黏液，有酸败味或臭味 |
| 咸肉 | 肌肉呈红色，脂肪白色，肉质紧密，具有咸肉的固有香味 | 肌肉呈暗红色或灰绿色，表面发黏，有霉斑、虫蚀，有酸臭味（骨骼周围明显），有严重哈喇味 |
| 火腿 | 肌肉桃红色，脂肪白色，有光泽，肉质紧密结实，有火腿的固有香味 | 肌肉切面呈酱色，脂肪呈褐黄色，无光泽，有霉斑，肉质疏松，有哈喇味或酸味 |
| 肉松 | 呈金黄色，有光泽，肌肉纤维清晰疏松，无异味和臭味 | 呈黄褐色，无光泽，潮湿，粘手，有酸味和臭味 |

**（5）内脏的卫生质量标准** 内脏的卫生质量标准见表2-12。

表2-12 内脏的卫生质量标准

| 品种 | 良质 | 次质 |
|---|---|---|
| 肠 | 乳白色，稍软，略带坚韧，黏液无异味，无脓点，无出血点 | 淡绿色或灰绿色，组织软化，有臭味 |
| 胃 | 乳白色，黏液干净，质地结实，无异臭 | 灰绿色，无光泽，组织松弛，有臭味 |
| 肾 | 淡褐色，有光泽，有弹性，组织结实，无异臭 | 灰绿色，无光泽，组织松软，无弹性，有臭味 |
| 心 | 淡红色，脂肪乳白色或微红色，组织结实，有弹性，无异味 | 红褐色或绿色，组织松软，无弹性，有臭味 |
| 肺 | 粉红色，有弹性，无异臭 | 灰绿色，无弹性，无光泽，有臭味 |
| 肝 | 棕红色或淡黄色，有光泽，略有弹性，组织结实，无异味 | 变绿，无光泽，无弹性，有臭味 |

（6）**活禽屠宰与死禽冷宰的鉴别**　活禽屠宰与死禽冷宰的鉴别见表 2-13。

表 2-13　活禽屠宰与死禽冷宰的区别

| 指标 | 活禽屠宰 | 死禽冷宰 |
|---|---|---|
| 放血 | 放血良好、彻底、切口不平整 | 放血不良、不彻底，切口平整 |
| 杀口 | 周围组织被血液浸润，呈鲜红色 | 周围组织不被血液浸润，呈暗红色 |
| 皮肤 | 表面干燥紧缩，无淤血点 | 表面粗糙，可见淤血点 |
| 脂肪 | 淡黄色，看不见小血管 | 暗红色，看得见小血管 |
| 胸肌腿肌 | 切面干燥有光泽，有弹性，胸肌为微红色，腿肌色稍深 | 切面不干燥，可见暗紫色淤血溢出，色暗红，无弹性 |

# 三、水产品加工过程中的卫生安全

## 1. 水产品卫生安全问题

（1）**腐败变质**　与肉类原料相比，水产类原料更易腐败变质。鱼类易腐败变质的原因有以下几个方面：

① 鱼类水分含量高：很多鱼体内的水分含量可高于 80% 以上，远远超过了细菌繁殖所要求的水分条件。

② 鱼体内酶活性高：0~50℃是鱼体内酶作用的适宜温度范围，在此温度范围内，外界温度每升高 10℃，酶的活力就会增加 2~3 倍。除极少数种类的酶在温度升高至 30℃时活力就开始下降外，一般情况下在 40~50℃时酶活力最强，所以鱼类死后，体内酶导致组织分解，在室温下极易腐败。

③ 鱼体 pH 较高：一般来说，除淡水鱼和暗色肌肉的海产鱼 pH 较低外，多数白色肌肉的海产鱼 pH>7，虾蟹类水产品 pH 可高达 8.0 以上，这种弱碱性肌内组织有利于细菌繁殖。

④ 生产环节的污染：鱼类从捕捞至烹饪加工的各个环节，要接触各种容器、包装材料、运输工具等物品，这类物品和设备，若事先未经清洗消毒，其表面带有各种细菌，可使鱼类受到大量腐败菌污染，从而加速鱼类的腐败变质。

（2）**工业废水和化学农药的污染**　工业废水和化学农药污染水域，可造成水产品的污染，对人体造成一定的危害。例如，由于“多宝鱼（学名大菱鲆）”本身抗病能力较差、养殖技术要求较高，一些养殖者为降低养殖成本大量使用违禁药物如呋喃西林、红霉素、土霉素等抗菌药，用来预防和治疗鱼病，导致“多宝鱼”体内药物残留严重超标。

（3）**有毒有害的水产品**　有些水产品体内含有天然毒素，如几乎全身都含毒的河豚，肝脏含毒的鲅鱼、旗鱼、鲨鱼等。有些水产品本身无毒，是人们经常食用的，但当摄入有毒藻类以后，就会有较强的毒性，如贝类麻痹毒和珊瑚礁附近鱼类的雪茄毒等。有些水产品本身也无毒，但其腐败变质后，组织中产生了有害物质，如沙丁鱼、金枪鱼等青皮红肉海产鱼类腐败时会产生大量组胺，引起组胺中毒。

**（4）病原微生物的污染** 由于人畜粪便和生活废水的污染，水产生物越靠近海滩，各种肠道致病菌污染程度越重。源于水产品的致病菌可分为自身原有细菌和非自身原有细菌。自身原有细菌广布于各地海域及海滩上，嗜冷性细菌肉毒梭菌和李斯特菌常见于较冷气候的地区，而嗜热性类型霍乱弧菌、副溶血性弧菌则代表着一部分滨海或温暖热带水域中鱼体上的自然种群。非自身的细菌与水污染和在不卫生条件下加工水产品有关，如鱼制品上的肠杆菌科（沙门菌、志贺氏菌、大肠埃希氏菌）和金黄色葡萄球菌，最常见的感染途径是水环境被粪便或污物污染以及通过带菌的食品加工者传播。我国水产制品卫生应控制的病原微生物主要是肠道致病菌和副溶血性弧菌。水产品易受副溶血性弧菌、沙门菌、霍乱弧菌以及肠道病毒等病原微生物污染，海产品更易受到副溶血性弧菌的污染，这是引起我国沿海地区夏秋季常见的食物中毒的主要原因。牡蛎和泥蚶等贝壳类水产品容易受到甲肝病毒的污染，常引起甲肝暴发流行。另外，诺沃克病毒、雪山力病毒、小杯病毒、星形病毒，会引起与水产有关的疾病。

**（5）传播寄生虫病** 鱼体和贝类中有50多种蠕虫寄生，可引起人类疾病，如猫后睾吸虫、横川后殖吸虫、异形吸虫、卫氏并殖吸虫、有棘颚口线虫、无型吸虫、华枝睾吸虫等，其中最常见的是华枝睾吸虫。我国常见的经水产品传播的寄生虫病有华枝睾吸虫病（肝吸虫）、卫氏并殖吸虫病等。华枝睾吸虫的囊蚴寄生在淡水鱼虾体内，其中以鲤形目中的鲤科鱼阳性率最高，其次为鳅科及绘形目中的绘科鱼。淡水鱼类为华枝睾吸虫的中间宿主。卫氏并殖吸虫的囊蚴寄生在淡水蟹类和喇蛄体内，当生食或半生食感染幼虫的这些水产品时，人就可能感染这类寄生虫病。要预防感染这些寄生虫，须改变饮食习惯，不吃生鱼或半生不熟的鱼，采用不同的加工技术如用腌渍处理等杀死鲜鱼肉中的线虫等以及淡水鱼养殖禁止用人粪作饲料。2006年北京发生的“福寿螺”事件就是很好的教训。

## 2. 水产品卫生评价

对水产品鲜度的感官评定主要靠视觉、味觉、嗅觉和触觉进行。如对鱼鳃、鱼眼的状态、鱼体表面黏液的量、色泽和气味、鱼皮的色泽和完整度、鳞片的色泽和脱落情况、鱼体肌肉的松紧程度以及鱼肉横断面的色泽等方面综合评定，确定其鲜度和质量等级。

**（1）鱼类** 鱼的质量鉴别见表2-14。

表2-14 鱼的质量鉴别

| 项目 | 新鲜 | 次鲜 | 变质 |
|---|---|---|---|
| 表面 | 有光泽，有清洁透明的黏液，鳞片完整不易脱落，具有海水鱼或淡水鱼固有的气味 | 光泽较差，有混浊黏液，鳞片较易脱落，稍有异味 | 暗淡无光，有污秽黏液，鳞片脱落不全，有腐败臭味 |
| 眼睛 | 眼球饱满、凸出，角膜透明 | 眼球平坦或稍陷，角膜稍混浊 | 眼球凹陷，角膜混浊 |

续表

| 项目 | 新鲜 | 次鲜 | 变质 |
| --- | --- | --- | --- |
| 鳃 | 色鲜红，鳃丝清晰 | 色淡红、暗红或紫红，有混浊黏液，鳃丝稍清晰 | 呈灰褐色，有污秽黏液，鳃丝不清晰 |
| 腹部 | 坚实，无胀气、破裂现象，肛孔白色凹陷 | 发软，但膨胀不明显，肛孔稍凸出 | 松软，膨胀，肛孔凸出，有时破裂流出内脏 |
| 肉质 | 坚实，有弹性，肉刺不分离 | 肉质稍软，弹性较差，肉刺稍分离 | 松弛，弹性差，指压后凹陷不恢复，肉刺分离 |

① 鲜度良好鱼类：处于僵硬期或僵硬期刚过，但腹部肌肉弹性良好，体表、眼球保持鲜鱼固有状态，色泽鲜艳，口鳃紧闭，鳃体鲜红，气味正常，鳞片完整并紧贴鱼体，肛门内缩。

② 鲜度较差鱼类：腹部和肌肉组织弹性较差，体表、眼球、鳞片等失去固有的光泽，颜色变暗，体表黏液变稠，口鳃微启，鳃体变暗紫或紫红，气味不快，肛门稍有膨胀。

③ 接近腐败变质鱼类：腹部和肌肉失去弹性，眼球下陷，混浊无光，黏液浓稠，体表鳞片灰暗色，口鳃张开，鳃体暗紫色并有臭味，肛门凸出呈污红色。

④ 腐败变质鱼类：鳃体有明显的腐败臭，腹部松软、下陷或穿孔（腹溃）等。

**（2）虾类**　鲜虾的质量鉴别见表 2-15。

① 新鲜虾类：头尾完整，有一定的弯曲度，虾身较挺，呈青白色，半透明不发红，外壳有光泽，稍湿润，煮熟后呈红色，香味浓，身体紧，呈弯曲。

② 不新鲜虾类：外壳无光泽，头部脱落或易离开，不能保持原来弯度，虾体呈红色，有异味，肉质松软，经高温处理后方可食用。

③ 腐败变质的虾类：发腥臭味，不可食用。

表 2-15　　鲜虾的质量鉴别

| 质量检查项目 | 新鲜 | 次鲜 |
| --- | --- | --- |
| 头与体连接程度 | 头体连接紧密 | 头体连接松弛 |
| 体表色泽 | 青白色或青绿色，外壳清晰透明 | 虾体泛红，透明度较差 |
| 体表是否干净 | 手摸有干燥感 | 手摸有滑腻感 |
| 伸屈能力 | 有 | 无 |

**（3）蟹类**　鲜蟹的质量鉴别见表 2-16。

① 新鲜蟹类：腿肉坚实，肥壮，蟹壳纹理清楚，用手夹持背腹两面平直，体重、气味正常。

② 不新鲜蟹类：蟹壳纹理不清，蟹脚下垂，开始脱落，体轻，肉质松软，脐变黑（即有“胃印”，为胃内容物腐败后出现的黑印），经高温处理后方可食用。

③ 腐败的蟹类：有臭味，重量减轻，腿足已掉或不完整，不可食用。

表 2-16　　鲜蟹的质量鉴别

| 质量检查项目 | 新鲜 | 次鲜 |
| --- | --- | --- |
| 肢体连接程度 | 连接紧密，提起蟹体时，步足不松弛下垂 | 连接松弛，提起蟹体时，步足松弛下垂 |
| 胃印 | 无 | 有 |
| 蟹黄是否凝固 | 凝固 | 不凝固 |
| 鳃 | 鳃色清洁，鳃丝清晰 | 鳃色不洁，鳃丝粘连 |

（4）**贝类**　贝类的质量鉴别见表 2-17。

① 新鲜贝类：外壳紧密，肉质新鲜，无臭味，两贝壳相碰时发出响声。

② 不新鲜贝类：外壳展开，两贝类相碰时发出空响，壳内部有黑色斑出现。

③ 腐败的贝类：肉质发生腐烂，有异味，不应食用。

表 2-17　　贝类的质量鉴别

| 质量检查项目 | 新鲜 | 次鲜 |
| --- | --- | --- |
| 外壳 | 外壳合拢紧密，两贝壳相碰发出清脆响声 | 外壳展开，两贝类相碰时发出空响 |
| 壳内 | 洁净，无异常色斑 | 壳内有黑色斑出现 |
| 气味 | 无异味 | 有异味 |

（5）**水产制品类**　水产制品的质量鉴别见表 2-18。

表 2-18　　水产品质量鉴别

| 名称 | 新鲜 | 变质 |
| --- | --- | --- |
| 鱼干 | 外表洁净，有光泽，鳞片紧贴，肉质干燥、结实，呈白色或淡黄色 | 外表污秽，暗淡无光，鳞片脱落，肉质松软，呈黄色、深黄色或发红 |
| 虾米 | 味淡且鲜美，外表洁净，呈淡黄色，有光泽，无搭壳现象，肉质干燥、结实、坚硬，无异味 | 碎米多，表面潮湿，暗淡无光，呈灰褐色或黄褐色，搭壳严重，肉质松软，有异味或霉味 |
| 虾皮 | 外壳洁净，有光泽，呈淡黄色，体形完整，尾弯成钩状，头部与躯体紧连，紧握一把后松开能自动散开，无杂质，无异味 | 外壳污秽，暗淡无光，呈苍白色或淡红色，体形不完整，紧握一把后松开相互粘连不易散开，有异味或霉味 |
| 海蜇 | 色泽光亮，呈淡黄色，质地结实且脆 | 外表发黑，有脓样液，质地发软易碎裂，有腐臭味 |

## 四、调味品的卫生安全

调味品能调节食品口味，按来源可分为天然和人工合成两大类。由于其用量低，一般不作为提供营养素的食物来源。因此，调味品的卫生质量评价成为主要的卫生问题。

### 1. 酱油和酱

（1）**微生物的污染**　我国酱油都是酿造酱油，不允许生产化学酱油。在生产过程中，如果卫生条件差，易引起腐败菌的污染，并且还易受到大肠杆菌、沙门菌、痢疾杆菌等致病菌污染。在夏秋季，如果保存不当，会受到产膜性酵母污染，使酱油表面出现一层白膜。此外，如果发酵菌种含有杂菌，如黄曲霉，则使产品中带有黄曲霉毒素。这些微生物的污染，不仅影响了酱油的风味和品质，严重者还可引起人体中毒。为减少酱油中微生物的污染，一般要求酱油中食盐浓度在18%~20%，以达到抑菌的目的；生产的酱油，必须经过巴氏消毒后才可食用；对包装容器必须进行清洗消毒，以防止二次污染；对发酵用菌种应经常检测，以防止杂菌污染。

**（2）添加剂的污染** 酱油有防腐剂和着色剂，我国只允许在酱油中使用苯甲酸（钠）或山梨酸（钾）作为防腐剂，使用量≤1g/kg。为改善酱油的色泽，允许加入按传统方法生产的酱色作为着色剂。我国禁止添加加胺法生产的酱色，也不得用味精废液配制酱油。“毒酱油”含有可引起人和动物惊厥的4-甲基咪唑。

**（3）酱油的卫生评价** 具有正常酿造酱油的色泽、气味和滋味，无不良气味，不得有酸、苦、涩等异味和霉味，不混浊，无沉淀，无霉化浮膜。

### 2. 食醋

食醋能抑菌、帮助钙等无机盐吸收、软化纤维素、保护维生素C和一些B族维生素等营养。食醋的卫生问题与酱油基本相同。食醋应具有正常酿造食醋的色泽、气味和滋味，不涩，无其他不良气味和异味，不浑浊，无悬浮物及沉淀物，无霉化浮膜，无“醋蝕”“醋虱”。

### 3. 味精和食盐

味精即谷氨酸钠，是人们常用的增鲜物质。味精应具有正常的味精色泽和滋味，不得有异味及夹杂物。世界卫生组织规定了味精摄取的明确限量：每千克体重每天容许摄取量以不超过120mg为宜（12周岁以下的婴幼儿不在此例）。同时，凡需经过高温烹制的菜肴，不可将味精与生菜同时下锅，以免产生致癌物质。若摄取过量味精会引起胎儿畸形及其他疾病，如骨骼及骨髓发育变异，神经异常，情绪焦躁，兴奋过度。国外曾经有个所谓“中国餐馆综合征”，即摄入味精过量的症状。味精遇热分解会产生变异物质，可引起结肠、小肠、肝脏、大脑等部位的癌病变。食盐中的钙、镁盐含量不能超标，否则有苦涩味；重金属、氟等过高会导致中毒。

### 4. 食用油脂

食用油脂按其来源分为动物油脂和植物油脂，常用的精制食用调和油一般是多种植物油脂按一定比例配制而成的混合性油脂。

**（1）食用油脂的酸败及其预防**

① 食用油脂酸败的原因：油脂因含有杂质或在不适宜条件下久藏，可发生一系列化学变化，引起感官性状恶化，称为油脂酸败。

油脂酸败的原因有两方面：一是由于动植物的组织残渣或微生物中的酶引起的酶解过程，可使甘油三酯分解成甘油和脂肪酸，使油脂酸度增高，并在此基础上进一步氧化；二是在氧气、紫外线、水等外界因素作用下所引起的脂肪酸，尤其是不饱和脂肪酸的自身氧化过程。铜、铁、锰等金属离子可催化油脂的氧化过程。油脂的自身氧化是引起油脂酸败的主要原因。

② 食用油脂酸败的食品卫生学意义：

a. 感官性状发生变化：这是因为油脂酸败产生的醛、酮、过氧化物等有害物质使油脂带有不愉快的气味和滋味，即所谓的哈喇味。

b. 营养物质被破坏，导致食用价值降低：食用油脂中的亚油酸，维生素 A、维生素 D 在油脂酸败过程中可因氧化而遭到破坏。

c. 对人体的损害作用：油脂酸败产物对机体的酶系统如琥珀酸脱氢酶、细胞色素氧化酶等有明显的破坏作用，影响体内正常代谢，危害人体健康。因油脂酸败而引发的食物中毒在国内外均有报道。

③ 防止油脂酸败的措施

a. 从加工工艺上确保油脂纯度：在加工过程中油脂应避免动植物组织残渣的存在；控制水分含量，我国规定含水量不得超过 0.2%；防止微生物污染。

b. 采用正确的储存方法：油脂适宜的储存条件是密封、隔氧、避光、低温；在加工和储存过程中应避免重金属污染。

c. 添加抗氧化剂：添加油脂抗氧化剂是防止食用油脂酸败的重要措施。我国常用的抗氧化剂有丁基羟基茴香醚（BHA）、二丁基羟基甲苯（BHT）、没食子酸丙酯（PG），其最大使用量分别为 0.2、0.2、0.1g/kg，若以上三种混合使用时，BHA、BHT 总量应小于 0.1g/kg，PG 应小于 0.05g/kg。维生素 E 对热稳定，与 BHA、BHT 一起使用效果更好，其添加量在动物脂肪为 0.001%~0.5%、植物油为 0.03%~0.07%。

（2）高温加热油脂的毒性及其预防

① 高温加热油脂的毒性

a. 感官性状的变化：高温加热油脂可使油脂感官性状发生变化，如油脂色泽变深变黑、变黏稠等。

b. 营养价值降低：高温加热油脂可使油脂中必需脂肪酸和脂溶性维生素遭到破坏，油脂的消化吸收率降低，其营养价值也随之降低。

c. 产生有害气体：油脂高温加热时，甘油和脂肪酸经脱水生成丙烯醛、低分子碳氢化合物，这些物质有强烈的刺激性臭味，随油烟一起挥发，给人体带来危害。

d. 产生大分子聚合物：高温加热尤其是反复循环加热油脂，油脂中不饱和脂肪酸可发生聚合作用，即两个或两个以上的不饱和脂肪酸相互聚合，形成二聚体、三聚体等聚合物和多环芳烃化合物，其毒性较强，不仅可使动物生长停滞，肝脏肿大，生育功能和肝功能发生障碍，还可能有致癌作用，并且阻碍其他食物中营养成分的吸收。

② 防止高温加热油脂毒性的措施

a. 应选用发烟温度较高的油脂：精炼过的植物油发烟点都较高，为 230℃左右，以避免丙烯醛、低分子碳氢化合物对人体黏膜的强刺激作用。

b. 油炸油煎温度不宜超过 190℃：因为一般烹调温度下油脂几乎不产生聚合物，所以油温不宜超过 190℃。

c. 减少反复使用次数，随时添加新油，并注意清除漂浮的食物碎屑和底部沉渣，以防止聚合物的大量生成。

**（3）食用油脂卫生问题**　霉菌毒素的污染 油料种子由于储存不当，可被霉菌及其毒素污染，如花生易受到黄曲霉毒素污染，榨出的油按每千克计，黄曲霉毒素高达数千微克，可通过碱炼法和吸附法去毒，我国规定一般食用油中黄曲霉毒素≤10μg/kg，花生油黄曲霉毒素≤20μg/kg。

多环芳烃类化合物的污染 油脂在生产和使用过程中，可能受到多环芳烃类化合物的污染，其污染来源有环境中多环芳烃的污染、油料种子直接用火烘干产生、浸出溶剂残留、反复使用的油脂在高温下发生热聚合产生。

食用油脂中存在的天然有毒物质主要包括：

① 芥酸：芥酸是一种二十二碳单不饱和脂肪酸，存在于菜籽油中，含量 20%～50%，可引起动物心肌细胞中脂肪积聚和心肌纤维化及使动物的生长和生殖功能下降。为了预防芥酸对人体可能带来的危害，欧洲共同体规定食用油脂芥酸含量≤5%。

② 芥子苷：芥子苷存在于十字花科植物中，油菜籽中含量较多。芥子苷在植物组织中的葡萄糖硫苷酶作用下分解成硫氰酸酯、异硫氰酸酯和腈类。这些物质毒性较大，硫氰化物能致甲状腺肿大，原因是阻断甲状腺对碘的吸收，使甲状腺代偿性肿大，腈类物质能抑制动物生长或致死。这些物质具有挥发性，在加热过程中可去除。

③ 棉酚：棉酚是存在于棉籽中的有毒物质，包括游离棉酚、棉酚紫和棉酚绿。棉酚紫经热处理或加酸水解，可产生游离棉酚。游离棉酚有一定毒性，可使人皮肤灼热难忍、无汗或少汗、心慌、无力、肢体麻木、头晕、皮肤潮红、气急、降低生殖功能。应食用经过炒、蒸或碱炼后的棉籽油。

**（4）食用油脂的卫生评价**　食用植物油脂应具有正常的色泽、透明度、气味、滋味，无焦臭酸败及其他异味。动物油脂（猪油）应为白色或带微黄色泽，组织细腻，呈软膏状态，融化后微黄色、澄清透明，具有猪油（或其他动物油脂）的固有香味及滋味。

食用植物油脂的色泽主要来源于种子的色素，一般都为橙黄色，冷榨油和精制油颜色淡一些，色拉油基本无色，油中含磷脂较多时会使油变为褐色。正常油脂在液体状态时为透明，如含有水分、磷脂、蜡以及油脂变质后产生的高熔点物质，或加工时有未除尽的机械性杂质均能降低油脂的透明度或发生混浊现象。影响油脂气味的因素有原料、加工方法、精制程度、保管条件和储存时间的长短等，如由发芽、发霉和炒焦的种子制取油时，油有霉味、焦味等令人不快的气味，如油脂酸败变质则带有酸味和哈喇味，如溶剂未除尽的出油带有溶剂气味，冷榨油几乎没有气味，热榨油就带有各种油的特有气味。正常的油不带有任何滋味，在保管条件不适宜，油脂变质时就带有酸味或辛辣味，发霉种子制取的带有苦味，加工时种子加热炒焦时则带有焦姆等异味。

人造奶油应为淡黄色固体，具有奶油香味，切面整齐，均匀细致，无水泡，无杂质，无斑。而变质人造奶油污秽不洁，有油渗出，表面有霉斑，或有油脂酸败味。代可可脂应为白色固体，组织坚实，无不良气味，无污秽不洁。而劣质代可可脂有溶剂味，色深。

第三章

# 食材的贮藏与保鲜

★★★

# 第一节 蔬菜类的保鲜技术

## 一、蔬菜贮藏保鲜的基础知识

蔬菜生产都有特定的季节性、地域性和易腐性，而蔬菜采收后仍然是“活”的、有生命的有机体，会进行旺盛的呼吸和蒸发等各种生理代谢活动，从而分解消耗能量和有机养分，并释放出呼吸热，使蔬菜变质、变味、萎蔫、腐烂，造成严重损耗。蔬菜采后会进行呼吸和蒸发等复杂的生命活动，仍消耗 $O_2$ 排出 $CO_2$。蔬菜代谢是由糖酵解、三羧酸循环和电子传递链等系列酶促反应的复杂过程组成。这些活动都与蔬菜贮藏保鲜密切相关，影响和制约着蔬菜的贮藏寿命，其中影响蔬菜代谢活动及贮藏效果的外界因素主要是温度、湿度和气体成分。因此，我们必须要做好蔬菜的贮藏保鲜工作，有效地延长新鲜蔬菜的贮藏期，保证旺季不烂，淡季不断，这不仅可以改善人们的生活水平，增加蔬菜生产经营者的收入，对丰富人们的菜篮子具有相当重要的意义。

温度、湿度和气体成分等贮藏条件对蔬菜品质的影响很大，保证蔬菜品质的良好必须有适宜的贮藏条件，这成了许多保鲜技术设计的根本理论依据。

## 二、蔬菜贮藏保鲜的方式

目前国内外的蔬菜采后贮藏保鲜技术方法主要分为三类，即物理方法、化学方法和生物方法。其中物理方法可分为两类：一是针对微生物控制的手段，主要包括热处理、冷藏、减压、臭氧等；另一类是控制环境条件的物理手段，目的是保持蔬菜采后较佳品质，如控制温度方面的冰温贮藏、低温胁迫和变温贮藏，以及控制湿度的窖藏、聚乙烯薄膜等高阻湿材料的包装贮藏等。

化学方法保鲜蔬菜是目前国内采用较多的一种手段。化学保鲜剂种类繁多，采用较多的有 1-MCP、$SO_2$、$Na_2SiO_3$、$K_2SiO_3$、$H_2O_2$、HClO 等。虽然化学保鲜效果显著，但会带来潜在的健康危害和环境污染等问题，因此在选择保鲜剂的种类和剂量方面需要慎重。

生物保鲜技术具有贮藏环境小，贮藏条件易控制，处理费用低，污染小等优点，目前受到人们的普遍关注。生物保鲜技术总体可分为三类：一是利用拮抗菌来保鲜。微生物拮抗保鲜主要利用菌体次生代谢产物或直接利用微生物菌体和抗菌肽对食品进行保鲜。二是利用天然提取物质及仿生保鲜剂进行保鲜处理。主要利用中草药植物浸提液保鲜、利用天然植物精油的防腐保鲜以及利用动物源提取物的防腐保鲜，如壳聚糖、蜂胶等。三是利用基因工程将蔬菜采前与采后相结合的保鲜技术，例如：采前和采后的抗性诱导、采前利用转基因技术抑制采后乙烯的合成、利用转基因技术控制蔬菜细胞壁降解酶的活性等技术。

### 1. 冷藏保鲜

低温冷藏可降低蔬菜的呼吸代谢、病原菌的发病率和腐烂率，达到阻止组织衰老、延长蔬菜贮藏期的目的。冷藏是现代化蔬菜贮藏的主要形式之一，它是采用高于蔬菜组织冻结点的较低温度来实现蔬菜的保鲜。可在气温较高的季节周年进行贮藏，以保证蔬菜的周年供应；其次是通过低温作用抑制微生物的繁殖，减缓蔬菜的氧化和腐败速度。同时，低温保鲜是目前食品保鲜方式中成本最低、保鲜期较长、效果较好的一种方法。在低温贮藏的环境中加气体调节就是低温气调库，能进一步提高保鲜效果。另外，低温保鲜技术不需要速冻杀虫过程，方法简便易行，成本较低，而且不使用任何化学药剂，不存在药品残毒残留问题，有利于常温运输和销售。

### 2. 气调贮藏保鲜

气调贮藏保鲜是通过调节贮藏环境中氧气和二氧化碳的比例，使蔬菜呼吸作用降低，营养物质消耗减少，抑制贮藏物的代谢作用和微生物的活动，同时抑制乙烯的产生和乙烯的生理作用，从而使后熟衰老过程减缓，以延长蔬菜储存期的一种保鲜技术。气调贮藏保鲜包括人工气调和自发气调两种方法。人工气调是利用机械制冷的密闭储库，配用气调装置和制冷装置。自发气调保鲜是将需要保鲜的蔬菜进行单个包装，并用抽真空的办法降低包装内气压，以达到保鲜目的的一种方法。

包装膜材料是气调保鲜包装的基础，为保持或维持包装容器内的气氛状态，对包装材料提出不同的要求，小型充气包装材料选用 PET、PA、PVDC、EVAL 等为基材的复合包装薄膜。目前采用的新型硅橡胶膜做成气体交换窗，镶嵌在气调库的墙上或封闭塑料薄膜上用于蔬菜贮藏。由于其较高的选择透气性，可以起到容器内外自动调气的作用，相对稳定容器内气调组成。气调保鲜作为一种安全有效的保鲜手段，在国外发达国家已得到广泛应用，而在中国尚处于起步阶段。近年来，经过中国科研工作者的不断努力，某些新鲜食品采用气调包装已可达到 5~14d 保鲜期，基本达到国外同类食品气调包装的保鲜期，但大范围的推广应用还需要成熟的技术支撑。

### 3. 减压贮藏保鲜

减压保鲜又称低压贮藏，是在冷藏和气调贮藏的基础上进一步发展起来的一种特殊气调贮藏方法。减压贮藏将蔬菜置于密闭容器内，抽出容器内的部分空气，使内部气压降到一定程度，同时经压力调节器输送新鲜湿空气，整个系统不断地进行气体交换，以维持贮藏容器内压力的动态恒定和保持一定的湿度环境。由于降低空气的压力，也就降低了空气中氧的含量，从而降低蔬菜的呼吸强度，并抑制乙烯的生物合成，而且低压条件下，可推迟叶绿素的分解，抑制类胡萝卜素和番茄红素的合成，减缓淀粉的水解、糖的增加和酸的消耗等过程。由此来延缓蔬菜的成熟和衰老，达到保鲜的目的。

减压贮藏对蔬菜原料无污染及残留，是一种理想的安全保鲜手段。国内已研制成功真空冷却气调保鲜设备，其保鲜技术装备在杨梅、黄桃、龙眼、荔枝、河北鸭梨、山东大樱桃、辽西冬枣等特色果品保鲜中取得了理想效果。应用该技术后，最难保存的江浙杨梅第一次批量进入美国、法国、意大利和新加坡市场。使用真空保鲜装置保鲜，一般可以比冷藏延长保鲜时间至少2~4倍。

### 4. 涂膜保鲜

通过包裹、浸渍、涂布等途径在果实的表面上形成厚薄适中的膜，可以减少水分的蒸发而防止果实干瘪，抑制呼吸作用，延续后熟衰老，阻止微生物的入侵，增加果实表面的光泽，提高产品的质量。在操作过程中，我们可以在涂料中加入适当的防腐保鲜剂，可以保持果实新鲜状态，降低腐烂损耗。构成膜基质的主要成分是生物大分子—蛋白质与多糖。其中最常用的是可食膜。可食膜是指以天然可食性物质（如多糖、蛋白质等）为原料，添加可食性增塑剂、交联剂等物质，通过不同分子间相互作用而形成的无毒可食的薄膜。蔬菜的涂膜技术是在蔬菜的表面通过喷涂或浸渍等手段以形成一层极薄的膜，以此来抑制蔬菜的呼吸作用，阻止蔬菜水分散失，防止外界氧气与蔬菜内部成分发生氧化作用，提高蔬菜抗机械损伤的能力及抵御病菌侵蚀的能力而提高蔬菜的贮藏性能，进而保护蔬菜的营养成分、色、香、味、形，延长蔬菜的货架期。

可食性涂膜保鲜技术的关键是涂膜剂的选择，它是影响涂膜效果的首要因素。各国已经开发出多种新型可食性膜材料，已被确认具有良好涂膜效果的涂膜剂有淀粉、果胶、壳聚糖、乳清蛋白、醇溶蛋白等，它们在涂膜保鲜中具有各自的特点并且应用安全。目前，可食性膜正在由过去的单一膜逐渐向复合膜的方向发展。可食性涂膜保鲜技术作为一种无污染、安全、简单易行的保鲜技术，越来越受到国内外同行的关注。

### 5. 防腐保鲜剂保鲜

防腐保鲜剂保鲜主要是利用一些化学药剂处理采收之后的蔬菜，以消灭病菌，防止贮藏过程中病菌的侵染，从而延长蔬菜的贮藏期限。防腐保鲜剂作为蔬菜贮藏保鲜的辅助技术得到了逐步的提高和大量的推广，其中世界各国常用的主要化学合成防腐剂有苯甲酸钠、山梨酸钾、二氧化硫、亚硫酸盐、丙酸盐及硝酸盐和亚硝酸盐等。我国批准可使用的化学合成防腐剂只有苯甲酸、苯甲酸钠、山梨酸钾和二氧化硫等少数几种。

由于食品安全问题频发，目前的蔬菜保鲜剂研究越来越集中于安全性更高的生物保鲜剂。生物保鲜主要是通过将有害菌的天然拮抗菌喷涂到蔬菜上，达到降低有害菌所引起的腐烂或致病的可能，延长贮藏期。该技术无环境污染、抗药性、药物残留等问题，且易控制、成本低。

## 三、常见蔬菜的贮藏保鲜技术

### 1. 白菜贮藏保鲜技术

白菜贮藏方式很多，其中常见的有堆藏、沟藏（即埋藏）、窖藏和冷库贮藏。

（1）**堆藏**　长江中下游、华北南部适宜堆藏。在露地或大棚内将大白菜倾斜堆成两行，底部相距 1m 左右，向上堆码时逐层缩小距离，最后两行合在一起成尖顶状，高1.2~1.5m，中间自上而下留有空隙，有利通风降温。堆码时每层菜间可交叉放些细架杆，支撑菜垛使之稳固。堆外覆盖苇帘或芦苇，两端挂草包片。开闭草包片以调控垛内温、湿度。华北地区初冬时节也采取短期堆藏，一般在阴凉通风处将白菜根对根、叶球朝外、双行排列码垛，两行间留有不足半棵菜的距离，气温高时，夜间将顶层菜（封顶）掀开通风散热；气温下降时覆盖防寒物。堆藏需勤倒动菜，一般 3~4d 倒一次。该法贮期短，又费工，损耗大。

（2）**沟藏**　把已晾晒、整修好的菜根向下直立排列入沟，排满后在菜的上面加一层草或菜叶。以后随气温下降逐渐在上面覆土保湿，覆土厚度随地区、气温而定，掌握原则是以严寒季节不使覆土冻透为度。此法将覆盖土作为主要的管理手段。又因埋入沟中不易检查，并受地温影响较大，故需注意做到以下几点：第一，埋藏沟应尽早挖好，经充分晾晒后十分干燥；第二，杜绝并清除病、伤菜入贮；第三，在不受冻的前提下尽量推迟埋藏时间；第四，白菜的包心程度不得超过 70%~80%；第五，开春地温回升后适时结束贮藏。沟藏法简便易行，但损耗较大。

（3）**窖藏**　这是较经济、实惠而方便的一种贮藏方法，在华北、东北、西北地区应用极为普遍。窖藏优于堆藏和沟藏，尤其是通风贮藏窖贮效更佳。因窖内设有隔热保温层，有较完善的通风系统，建筑面积大，有的可出入大货车，便于作业和管理。但因窖跨度大，窖内温度不大均匀，严寒季节温差大，天窗口的菜易受冻，而窖的墙角处因通风不良又易受热。

窖藏及其管理：将备贮菜入窖，码成高 1.5m 左右、1~2 棵菜宽的条形垛，垛与垛之间留一定距离，以便通风和操作。码垛方法随地区而异，如东北地区多为实心垛，入窖初期根对根地双行排列，进入严寒时期改为叶球对叶球排列，以利保温防寒。这种方法贮量大，垛稳固，但通风效果差。北京地区码单批，即以一颗菜排列成单行码放，每层根或叶排列方向一致，上下层则相反。批与批之间相隔横放一颗菜的距离，码批时可在批件每隔 2~3 层放几颗菜以保持批件的距离并增加批的稳定性，最后留出一定空间，便于管理人员倒菜。管理要点在于适度通风换气与及时倒菜。利用天窗、气孔、窖墙窗换气或开启风机强制通风，可以引进外界冷凉空气，排出窖内湿热、污浊空气，从而达到调节窖内温、湿度的目的。倒菜既能排出垛内的呼吸热和内源乙烯，又能检查菜的状况，及时剔除黄、烂叶片及病株，以保持其良好状态。

（4）**冷库贮藏**　此种方法可有效地控制贮藏环境条件，但贮藏成本加大。为提高库容量，在冷库中采用装筐码垛或用活动架存放，每筐可装 20~25kg，可码 10~12 只筐高，每平方米可码 40~48 筐，贮量在 800~1000kg 以上。筐装白菜入库应分期分批进行，每天进入量不宜超过库容量的 1/5，以防短期内库温骤然上升而影响白菜的贮藏品质。垛要顺着冷库送风的方向码成长方形。筐、垛间均需留有一定空隙。要随时查看各层面、各部分的温度变化，通过机械输送冷空气来控制适宜温度。20d 左右需倒一次菜，倒菜时应注意变换上下层次。一般库内应用冷风降温，以防止白菜失水过多，可在筐垛四周及顶部覆盖一层塑料薄膜。采用此种方法贮藏白菜质量好，操作简单，可贮藏至第二年 6 月份。

**（5）鲜切保鲜** 由于新鲜白菜本身含水分高，鲜切后又造成大量的切口，会刺激其代谢活性的增强，因此，如果处理不当，极易发生腐烂变质。在鲜切过程中采用适当的杀菌措施，并借助于适当的贮藏方式，可延长鲜切大白菜的保鲜时间，保持其良好的食用品质。

鲜切白菜常用的保鲜技术是物理杀菌方法，物理杀菌包括紫外线、超声波、脉冲光、高压和辐射等杀菌技术。紫外线可减少鲜切白菜表面的污染，能够抑制微生物 DNA 复制，导致微生物突变或死亡，但是只能直接照射鲜切表面，对产品背部和内部均无杀菌效果，且对芽孢和孢子作用不大。超声波多用于鲜切白菜加工前期的清洗过程，利用低频高能量的超声波的空穴效应在液体中产生瞬间高温、高压使某些细菌死亡，病毒失活。脉冲光是采用强烈的白光闪照的方法进行灭菌的技术，其杀菌机制目前尚不明确，可能是对菌体细胞中的 DNA、细胞膜、蛋白质和其他大分子产生不可逆的破坏作用。高压杀菌的机制是通过高压作用来破坏微生物的组织结构，同时抑制酶活，促使细胞 DNA 变性，适合质地较硬的鲜切白菜微生物控制，常用的方法有高静压技术和高压二氧化碳技术。辐照是利用电磁波射线或加速电子照射被杀菌的产品，是一种公认安全、无任何化学变化的杀菌技术，在鲜切果蔬方面常用的是短波紫外线辐照和 $\gamma$ 射线辐照技术。

### 2. 马铃薯贮藏保鲜技术

**（1）堆藏法** 选择通风良好、场地干燥的仓库，先用福尔马林和高锰酸钾混合熏蒸消毒，之后，将土豆入仓，一般每平方米堆 750kg，高约 1.5m，周围用板条箱、箩筐或木板围好，中间放若干竹制通气筒。此法适于短期贮藏和秋土豆的贮藏。

此外还需按休眠期不同分开贮藏。马铃薯品种不同，休眠期不同；同一品种成熟度不同，休眠期也不同。休眠期较长的马铃薯与休眠期较短的马铃薯贮藏在一起，其休眠期会缩短，所以应按品种、成熟度不同分开贮藏。

**（2）通风库贮藏法** 将马铃薯装筐堆码于床内，每筐约 25kg，垛高以 5~6 筐为宜。此外还可散堆在床内，堆高 1.3~1.7m，薯堆与库顶之间至少要留 60~80cm 的空间。薯堆中每隔 2~3m 放一个通气筒，还可在薯堆底部设通风道与通气筒连接，并用鼓风机吹入冷风。秋季和初冬，夜间打开通风系统，让冷空气进入，白天则关闭，阻止热空气进入，冬季注意保温，必要时还要加温。春季气温回升后，则采用夜间短时间放风、白天关闭的方法以缓和库温的上升。

**（3）药物贮藏法** 贮藏中采用青鲜素或萘乙酸甲酯等药剂处理，可以抑制或减少发芽，还能抑制病原微生物的繁殖，并能防腐。方法是：98%的萘乙酸、丙酮、细泥土、土豆比为 1∶2∶100∶3300。以 500kg 薯块为例，需要 98%的萘乙酸甲酯 1.5g，溶解在 30g 丙酮或酒精中，再慢慢拌入 1~1.25kg 干细泥土中，快速充分拌和后，装入纱布或粗麻布袋中，然后将药物均匀地撒在500kg薯块上，药物要现用现配。在贮藏时，四周可遮盖1~2层细板纸。使药物在相对密闭的环境中挥发。药物处理的时间以收获后2个月左右比较适宜（即在休眠期）。否则经过休眠期开始萌芽的马铃薯，即使用药物处理，仍不能抑止发芽。

**（4）鲜切保鲜**　鲜切马铃薯经去皮、切分，使产品暴露于空气中，会受到包括大肠杆菌等在内的多种微生物的污染。由于马铃薯属于低酸性食品，高湿及较大的切割表面为微生物提供了理想而良好的生长条件，因此，鲜切产品如不进行控制微生物处理，产品会很快腐烂变质，失去食用价值；即使外观仍然保持较新鲜，其微生物数量可能已经超过了该产品微生物标准，不能食用。

目前，控制微生物污染的措施主要有两类，一类是使用化学试剂或防腐剂控制微生物，加入苯甲酸钠和二氧化氯后能降低pH，在一定程度上能控制低酸菌的数量。另一类是物理方法。紫外线是目前控制微生物最有效的物理方法之一。紫外线控制微生物的效果与紫外线照射的强度和时间有关。当处理强度相同时，处理的时间越长，杀菌效果越好。当处理时间过长，不但工艺操作费时，而且易导致产品变色，故在能有效控制产品微生物的基础上，处理时间越短越好。

### 3. 萝卜贮藏保鲜技术

萝卜产量大，水分多，如无科学方法贮藏，极易开裂、糠心、腐烂，下面介绍四种有效的贮藏方法。

**（1）埋藏**　首先要挖宽1m左右，深0.6~1.5m（气温不同沟深也不一样，一般在冻土层以下稍深处）的土沟，然后将萝卜码在沟底。堆码时萝卜根部朝上，一个接一个排紧，摆放一层后用干净、湿润的细土覆盖一薄层（一般用沟底土覆盖），上面再摆一层萝卜，再覆盖一层细土，如此操作，最后用细土覆盖，整平，压实。一周后在上面浇水一次，浇水量可根据土壤性质、土壤湿度、贮藏品种而定。浇水用干净水，不应用污水。为了防止热伤或冻害，在初期覆盖土层一定要薄，使沟内萝卜热量易排出；后期因外界气温下降，要适当覆盖一些土或盖草袋等。沟内温度保持1~3℃。

**（2）窖藏**　萝卜窖藏前要进行预贮，待外界气温降至1~2℃时再将萝卜入窖，窖内摆放方式有码垛和散堆两种，堆或垛的高度为1~1.5m，堆或垛内每隔1m可设置10cm左右的通风筒，堆与堆或垛与垛之间要留出一定的空隙，以利于散热和通风。为了防止萝卜糠心，窖底要铺8~10cm的湿细砂，然后一层萝卜一层细砂交替进行。萝卜入窖约1个月后可以翻倒1次，上下置换，并挑出有病伤等不能贮藏的萝卜。在贮藏期间窖内温度控制为1~2℃，相对湿度为90%~95%。

**（3）气调保鲜**　通过气调保鲜，人萝卜可以贮藏到翌年5月，还能保持鲜嫩状态。首先将萝卜在贮藏前晾晒一天，然后装入筐内，在贮藏间内码成方形垛，每垛48筐，在筐外用聚乙烯塑料帐密封，采用自然降氧法进行贮藏。帐内氧气控制在2%~5%，二氧化碳在5%以下。库内温度在（1±0.5）℃，库温不应波动太大，防止出现凝结水而引起腐烂。

（4）**鲜切保鲜** 萝卜鲜切后会造成呼吸强度加强，乙烯生成加快，由细胞破碎导致的酶和底物直接接触而发生酶促和非酶促褐变，加速鲜切果蔬组织的衰老和腐败。同时汁液外流造成维生素 C、胡萝卜素等营养成分的损失，增加微生物污染的机会。因此萝卜在去皮或切分后，应用氯化水或酸化水冲洗护色，添加食品添加剂后放入透气薄膜包装贮藏保鲜。

### 4. 番茄贮藏保鲜技术

番茄在我国南北方皆可种植，产量大，营养丰富，味道鲜美，价钱便宜，深受群众喜爱。番茄是浆果植物，皮薄肉嫩，不易贮载。目前常用的贮藏保鲜方法有下面几种：

（1）**冷藏** 番茄在 0~2℃冷藏可保存 8~10d。减压冷藏将贮藏期延长至 30~45d，贮藏条件为 0~2℃，13.33kPa。

（2）**涂膜** 将油酸钠或蔗糖酯溶于水，再加入酪蛋白、高速搅拌（6000t/min）生成乳化液，将番茄在乳化液中浸泡片刻，将在番茄表面生成一层保护膜，这层保护膜可以抑制果实的气体交换，降低呼吸强度，从而减少营养物质的消耗，并减少水分的蒸发损失，保持果实饱满新鲜的外表和较高的强度。由于果实有一层薄膜保护，也可以减少病原菌侵入而造成的腐烂。果实表面的涂料层要适当，如果涂层过厚会导致果实的呼吸作用不正常，趋向于缺氧呼吸，引起生理失调，从而使果实的品质风味迅速劣化，产生异味、并且快速衰老以致腐烂。

（3）**化学药剂保鲜** 将过氧化钙、硬脂酸、活性炭混合在一起制成保鲜剂。把番茄和这种保鲜剂一同装入聚乙烯袋中，在 30℃可保存 14d 不变质。用亚硫酸盐和明矾为主要成分制成药剂，把这种药剂装入多孔透气的小袋内，再和番茄一起放入大袋里。这个大袋应是不透水，并且留有开口或硅窗以使番茄保持正常呼吸。亚硫酸盐分解放出杀菌气体 $SO_2$、明矾用来控制 $SO_2$ 的释放速度，使 $SO_2$ 得以均匀、缓慢而持续地放出。用这种方法保鲜番茄，可贮藏 21d 不变质。

（4）**鲜切保鲜** 鲜切番茄在我国不常见，但鲜切番茄片常在国外作为三明治、汉堡等快餐的配料进行使用。国外常用减压包装进行贮藏保鲜，改善切片后微生物情况，提高含水量和感官质量。

### 5. 大葱贮藏保鲜技术

（1）**窖藏** 将采收后的大葱先放在地里原晒数日，待其半干后捆成 7~10kg 重的捆，直立排放于干燥、有阳光、避雨的地方晾晒，每半个月检查 1 次，以防腐烂。当气温降到 0℃以下时入窖贮藏。贮藏期间要注意防热防潮，如发现有潮湿现象，应及时通风散湿或直接将葱捆搬到有阳光的地方晾晒一下。有腐烂株时要及时剔除。此法适于产地和采种大葱的贮藏。

（2）**冷藏** 冷藏法是在冷库内贮藏，主要用于青葱的短期保鲜。将大葱据成 7~10kg 重，装入筐内，入冷库堆码贮藏，保持库温 0~1℃，相对湿度 80%~85%。贮藏期间要定时检查，及时剔除腐烂葱。冷藏青葱时，为防止失水，可在青葱上洒水，也可把青葱（小葱）适当包装在打蜡的纸箱或有塑料薄膜衬的容器中，保持库温0℃左右，能使青葱贮藏3~4周，若再配合调气，使氧气含量达到1%，二氧化碳含量达到5%，青葱最长可储6~8周。

**（3）冻藏**　大葱比较耐冻，冻藏法应用比较普遍。采收后的大葱须晾晒数日，使其叶子萎靡，然后将葱捆成捆，放在通风背阴处或干燥的阴棚下自然冻结。冻结后的大葱不要轻易翻动，以免解冻时因细胞壁破损而失水，不易恢复原有的新鲜状态。冻藏不易腐烂变质，但用于采种的大葱种株不宜用冻藏，以免影响种株定植的正常生长，降低采种量。

**（4）鲜切保鲜**　鲜切大葱（葱段）的保鲜常用冻藏法。与整葱冻藏的方法不同点是，切割后的葱段需要进行杀菌，一般是250mg/L次氯酸钠杀菌3min，然后在清水中漂洗。漂洗后葱表面会滞留一些水滴，这对冻结是不利的，容易使冻结后的葱相互黏结，不利于日后取出与解冻。

# 第二节
# 畜禽类的保鲜技术

## 一、畜禽类贮藏保鲜的基础知识

肉与肉制品是人们日常生活中必不可少的食物。肉类食品腐败变质的主要原因是肉中的酶以及微生物的作用，使蛋白质分解以及脂肪氧化而引起的。肉类保鲜便是针对这几个腐败因素采用不同的方法及方法组合，杀死腐败微生物或抑制其在肉类食品中的生长和繁殖，并控制脂肪氧化，从而达到延长肉类食品的贮藏时间。

## 二、畜禽类贮藏保鲜的方式

### 1. 低温保鲜

低温保鲜是人们普遍采用的技术措施，鉴于我国的国情，冷链系统是肉类保鲜最为重要的手段。冷藏是肉品保存在略高于其冰点的温度，通常在2~4℃，这一范围内大部分致病菌停止繁殖，嗜冷腐败菌仍可生长。细菌在肉中的生长速度相当快，在适宜的条件下，有些细菌繁殖时间只为20min或更短，实际上，一般情况下，如此快的速度达不到，因为所有的环境条件同时满足是不可能的，细菌增长期的长短取决于菌种、营养成分及温度、pH和水分活性，低温保鲜有以下缺点：

① 冷冻和解冻过程会因冰晶形成和盐析效应，使肉的品质下降；

② 如包装不良，表面水分会升华而造成“冻烧”现象；

③ 冻藏时运输成本高。

### 2. 添加剂保鲜

肉类常用的添加剂分为化学添加剂和天然添加剂，肉制品中与保鲜有关的食品添加剂分为四类：防腐剂、抗氧化剂、发色剂和品质改良剂。添加剂保鲜机制一般来说是多种作用的结果，主要有破坏微生物的细胞膜，干扰微生物的新陈代谢，影响生物过程的电性平衡和抑制酶的活性，对细胞原生质部分的遗传微粒结构产生影响。显然，并不是每种添加剂都具有全部的作用，而这些作用是相互关联、相互制约的，添加剂经常成对使用或与其他保鲜技术结合。总的来说，添加剂起到保鲜作用的最重要因素是抑制了酶的反应，或者抑制了微生物细胞中酶的合成，一般是抑制细胞中基础代谢的酶活，或者是抑制细胞重要成分的合成，如蛋白质的合成、核酸的合成。原则上说，添加剂也能对人体细胞有同样的抑制作用，但决定的因素是添加剂的使用浓度，在微生物细胞中所需要的抑制浓度远比人体细胞中要小。就大多数添加剂而言，添加剂在人体器官中很快被分解或从体内排泄出去，因此在一定的使用浓度范围内，不会对人体造成显著的伤害。

**（1）化学添加剂**　化学防腐剂主要是各种有机酸及其盐类。肉类保鲜中使用的有机酸包括乙酸、甲酸、柠檬酸、乳酸及其钠盐、抗坏血酸、山梨酸及其钾盐、磷酸盐等。许多试验已经证明，这些酸单独或配合使用，对延长肉保存期均有一定效果，其中使用最多的是亚硝酸盐、乙酸、山梨酸及其盐等。

鲜肉中的肌红蛋白为还原型，呈暗紫色，很不稳定，易被氧化变色。还原型肌红蛋白分子中二价铁离子上的结合水被分子状态的氧置换，形成氧合肌红蛋白，色泽鲜红。此时的铁仍为二价，因此这种结合不是氧化而称氧合。当氧合肌红蛋白在氧或氧化剂的存在下进一步将二价铁氧化成三价铁时，生成褐色的高铁肌红蛋白。为了使肉制品呈现鲜艳的红色，在加工过程中常添加硝酸盐与亚硝酸盐，它们往往是肉类腌制时混合盐的成分。硝酸盐在亚硝酸菌的作用下还原成亚硝酸盐，亚硝酸盐在酸性条件下可生成亚硝酸。一般宰后成熟的肉因含乳酸，pH 为 5.6~5.8，故不需外加酸即可生成亚硝酸。近年来，人们发现亚硝酸盐能与多种氨基化合物（主要来自蛋白质分解产物）反应，产生致癌的 *N*-亚硝基化合物，如亚硝胺等。亚硝胺是目前国际上公认的一种强致癌物，动物实验结果表明：不仅长期小剂量摄入有致癌作用，一次性摄入足够的量也可致癌。因此，国际上对食品中添加硝酸盐和亚硝酸盐的问题十分重视，在没有理想的替代品之前，应把用量限制在最低水平。

乙酸从浓度 1.5%开始就有明显的抑菌效果，在 3%范围以内，乙酸不会影响肉的颜色，因为在这种浓度下，由于乙酸的抑菌作用，减缓了微生物的生长，避免了霉斑引起的肉色变黑变绿；但当浓度超过 3%时，对肉色有不良作用，这是由酸本身造成的。国外研究表明，用 0.6%乙酸加 0.046%甲酸混合液浸渍鲜肉 10s，不单细菌数大为减少，还能保持其风味，对色泽几乎无影响；单独使用 3%乙酸处理时虽可抑菌，但对色泽有不良影响，采用 3%乙酸和 3%抗坏血酸处理时，因抗坏血酸的护色作用，肉色可保持很好。

山梨酸钾在肉制品中的应用很广，抑菌作用主要在于它能与微生物酶系统中的巯基结合，从而破坏了许多重要的酶，达到抑制微生物增殖和防腐的目的。山梨酸钾在鲜肉保鲜中可单独作用，也可和磷酸盐、乙酸结合作用。

磷酸盐作为品质改良剂可防腐保鲜，在肉制品中有以下作用：明显提高肉制品的保水力；利用其加合作用，延缓肉制品的氧化酸败，增强防腐剂的抗菌效果。自从 1982 年美国农业部规定在肉制品中可添加 0.5%的磷酸盐后，它已成为肉类工业中不可缺少的添加剂。

**（2）天然添加剂**　天然保鲜剂在卫生上有保证，也更符合消费者的需要。目前，国内外在这方面的研究十分活跃，使用天然防腐剂是今后防腐剂发展的趋势。例如，茶叶中抗氧化变质的茶多酚对肉品的防腐保鲜从三个方面发挥作用：抗脂质氧化，抑菌，除臭味物质；许多香辛料中含有杀菌、抑菌成分，提取后作为防腐剂，既安全又有效；大蒜中的蒜辣素和蒜氨酸、肉豆蔻所含的肉豆蔻挥发油、肉桂中的挥发油以及丁香中的丁香油等，均具有良好的杀菌、抗菌作用。

乳酸是一种天然食品防腐剂，人们在长期生活中发现，发酵食品如发酵乳制品、发酵香肠、泡菜等均有较长的保存期，最初认为是发酵过程中的代谢产物如有机酸、丁二酸、二氧化碳、过氧化氢有一定的杀菌作用，并使 pH 下降而抑菌，后来，人们逐渐发现有些乳酸菌可以分泌一类具有很强抑菌活性的蛋白，称为乳酸菌素。例如，乳酸链球菌素由于具有良好的抗菌活性和理化稳定性、对人体无害，目前已被世界 50 多个国家广泛应用于食品加工业，它的抗菌特性除了对革兰阳性菌有抑菌作用外，更重要的是，对能造成肉制品严重危害的许多耐热的芽孢菌有强烈的抑菌作用。肉中的耐热芽孢菌多数是由于附着在香料上而被带入肉制品中的，这类菌耐热能力强，在 80℃仍能存活，即使加热到 100℃也难以全部杀灭。而多数肉制品特别是市场上销量大的低温肉制品，在炉内加热温度一般为 80~90℃，肉制品的中心温度 68~75℃，如果温度过高，对乳化的脂肪和肉的发色不利，但这样的温度很难杀灭耐热芽孢菌，而乳酸链球菌素恰好具有强烈的抑制这类菌的能力，因而受到人们的重视并得到应用。我国也允许在肉制品中应用。

### 3. 真空包装保鲜

真空包装保鲜技术广泛应用于食品保藏中，我国使用真空包装的肉类产品日益增多。真空包装的作用主要有三个方面：

① 抑制微生物生长，防止二次污染；

② 减缓脂肪氧化速度；

③ 使肉品整洁，提高竞争力。真空包装有三种形式，第一种是将整理好的肉放进包装袋内，抽掉空气，然后真空包装，接着吹热风，使受热材料收缩，紧贴于肉品表面；第二种方法是热成型滚动包装；第三种方法为真空紧缩包装，这种方法在欧洲广泛应用。

### 4. 气调包装保鲜

气调包装保鲜技术也称换气包装，是在密封标准中放入食品，抽掉空气，用选择好的气体代替包装内的气体环境，以抑制微生物的生长，从而延长食品货架期。气调包装常用的气体有以下三种：

**（1）$CO_2$** $CO_2$抑制细菌和真菌的生长，尤其是细菌繁殖的早期，也能抑制酶的活性，在低温和 25%浓度时抑菌效果更佳，并具有水溶性。

**（2）氧气** 氧气的作用是维持氧合肌红蛋白，使肉色鲜艳，并能抑制厌氧细菌，但也为许多有害菌创造了良好的环境。

**（3）氮气** 氮气是一种惰性填充气体，氮气不影响肉的色泽，能防止氧化酸败、霉菌的生长和寄生虫害。在肉类保鲜中，二氧化碳和氮气是两种主要的气体，一定量的氧气存在有利于延长肉类保质期，因此，必须选择适当的比例进行混合，在欧洲鲜肉气调保鲜的气体比例为氧气：二氧化碳：氮气=70：20：10 或氧气：二氧化碳=75：25。

目前国际上认为最有效的鲜肉保鲜技术是用高二氧化碳充气包装的 CAP 系统。

## 三、常见畜禽类的贮藏保鲜技术

### 1. 家畜类肉及肉制品保鲜贮藏

家畜是指人类为满足肉、乳、毛皮以及担负劳力需要，经过长时间饲养而驯化的哺乳动物，家畜肉是供烹饪运用最主要的肉制类来源，主要包括猪、牛、羊等。家畜肉保鲜贮藏的方法有很多，主要包括低温保鲜贮藏、低水分活度保鲜贮藏、气调保鲜、防腐剂保鲜贮藏等。

**（1）低温保鲜贮藏**　低温保鲜是人们普遍采用的技术措施，鉴于我国的国情，冷链系统是肉类保鲜最为重要的手段。低温保鲜主要分为低温冷藏和冻藏两种方式。

低温可以抑制微生物的生命活动和酶的活性，从而达到贮藏保鲜的目的。由于能保持肉的颜色和状态，方法易行，安全卫生，冷藏量大，因而低温冷藏的方法在我国广泛应用。每次将肉放入冷冻室或机器内前，使冷却间温度预先降到-2～3℃，进肉后约经过14～24h的冷却，待肉的温度达到0℃左右时使冷却间温度保持在0～1℃。为了延长冷却肉的贮藏期，可使产品深处的温度降低到-6℃左右。此时肉的保鲜质量主要取决于冷藏环境的温度和湿度。

表 3-1　　家畜肉冷藏温度、湿度和预期贮藏期

| 品种 | 温度/℃ | 相对湿度/% | 预计贮藏期/d |
| --- | --- | --- | --- |
| 牛肉 | -1.5～0 | 90 | 28～35 |
| 小牛肉 | -1～0 | 90 | 7～21 |
| 羊肉 | -1～0 | 85～90 | 7～14 |
| 猪肉 | -1.5～0 | 85～90 | 7～14 |
| 腌猪肉 | -1～0 | 80～90 | 102～180 |

冻藏即将肉的温度降低到-10℃以下，肉中绝大部分水分（80%以上）形成冰结晶。该过程称其为肉的冻藏。冻结肉冷藏间的空气温度通常保持在-18℃以下，在正常情况下温度变化幅度不得超过1℃。在大批进货、出库过程中一昼夜不得超过4℃。冻结肉类的保藏期限取决于保藏的温度、入库前的质量、种类、肥度等因素，其中主要取决于温度。因此对冻结肉类应注意掌握安全贮藏，执行先进先出的原则，并经常对产品进行检查。

冻结工艺分为一次冻结和二次冻结。一次冻结是宰后鲜肉不经冷却，直接送进冻结间冻结。冻结间温度为-25℃，风速为1～2m/s，冻结时间16～18h，肉体深层温度达到-15℃，即完成冻结过程，出库送入冷藏间贮藏。二次冻结是宰后鲜肉先送入冷却间，在0～4℃温度下冷却8～12h，然后转入冻结间，在-25℃条件下进行冻结，一般12～16h完成冻结过程。为了增加低温贮藏的效果，常配合防腐剂共同使用。

**（2）低水分活性保鲜**　水分活性并不是食品中全部水分含量，而是指微生物可以利用的水分。微生物的繁殖速度及微生物群构成种类取决于水分活性（$A_w$）。大多数细菌只

能繁殖于 $A_w$ 高于0.85的基质中，肉毒杆菌水分活性要求为0.94~0.96，沙门菌为0.92，一般细菌为0.90，金黄色葡萄球菌为0.87~0.88。当将水分活性降至0.7左右时，绝大部分的微生物均被抑制。在肉制品内部及表面可分离出45种青霉菌，在低水分活性和较高温度时，只有曲霉菌才能生长，最常见的低水分活性保鲜方法有干燥处理及添加食盐和糖。其他添加剂如磷酸盐、淀粉等都可降低肉品的水分活性。

（3）气调保鲜　家畜肉气调保鲜常用气体通常为 $CO_2$、$O_2$ 和 $N_2$，每种气体对鲜肉的保鲜作用不一样。

$CO_2$ 是气调包装的抑制剂，对大多数需氧菌和霉菌的繁殖有较强的抑制作用。$CO_2$ 可溶于肉中，降低了肉的pH，可抑制某些不耐酸的微生物。但 $CO_2$ 对塑料包装薄膜具有较高的透气性和易溶于肉中，导致包装盒塌落，影响产品外观。因此若选用 $CO_2$ 作为保护气体，应选用阻隔性较好的包装材料。

$O_2$ 可以抑制鲜肉贮藏时厌氧菌繁殖，在短期内使肉色呈鲜红色，易被消费者接受。但是氧的加入使气调包装肉的贮藏期大大缩短，在0℃的条件下，贮藏期仅为两周。

$N_2$ 是惰性气体，对包装物不起作用，也不会被食品吸收，此外氮对塑料包装材料透气率很低，因而可作为混合气体或平衡气体，并可防止因 $CO_2$ 溢出包装盒受大气压力压塌。

气调保鲜肉用的气体须根据保鲜要求选用由一种、两种或三种气体按一定比例组成的混合气体。通常有以下三种比例：

① 100%纯 $CO_2$ 的气调包装；

② 75% $O_2$ 和25% $CO_2$ 的气调包装；

③ 50% $O_2$、25% $CO_2$ 和25% $N_2$ 的气调包装；

### 2. 禽肉保鲜贮藏

禽肉是亚洲地区饮食中主要的蛋白质来源，常见的包括鸡、鸭、鹅等。切分后禽肉保鲜常用的方法和畜肉类似，不同的是禽类经常以胴体的状态进行保鲜贮藏。

宰杀和加工后的家禽，肉体平均温度在37~40℃。具有这样高的体温和潮湿表面的禽体，十分适于酶反应和微生物的生长繁殖，如不立即销售或作加工原料使用，就应及时进行冷却保鲜，使肉体温度降至3~5℃。

在国内一般是在冷却间内使肉禽吊在挂钩上进行空气冷却。即用架子吊挂冷却，将每一胴体都以其脚倒悬在横档上，互相不接触，空气流动通畅。吊挂冷却可以缩短冷却时间10%~20%，冷却间的室气温度为2~3℃，相对湿度为80%~85%，风速为1.0~1.2m/s，经过7h左右，鹅、鸭的胴体温度即可降低到3~5℃，鸡的冷却时间不需这样长即可达到冷却要求。但在冷却过程中，因禽体吊挂下垂，往往引起胴体伸长，需要人工整形，以保持外形丰满。

目前也发展了低温吹风的连续冷却方法，冷却速度快，外观质量好。连续冷却法的第一区段，首先利用15℃的干空气吹15min，以吹去表面过多的水分，在这同时水分蒸发也有冷却效果。在第二区段，用-1～0℃的高速气流冷却75min，胴体温度冷却至10℃或10℃以下，恰好符合包装条件，包装后在-2℃的高速气流中，继续进行冷却，冷却时间为165min，全部冷却过程大约4h。该方法冷却的禽体外观好看，而且包装袋内又无汁液渗出，冷藏期延长。

宰杀后的家禽，在直接冻结前要进行塞嘴、包头和整形工作。这样不仅可以防止微生物从口腔中侵入，还可使禽体美观。整形的方法通常是采用翻插腿翅法，即将双翅从关节以下反贴在禽体的背部，双腿从关节以下向臀部反贴，使双胫对称，双脚趾践分开并贴身。

用塑料袋包装禽的操作方法是：将装入塑料袋中的禽腹部朝上，一手按住禽的胸口部位，一手伸入袋内，将两腿向胸部推，使其缩紧形成球状，然后将塑料袋上的图案摆正，将袋口拉起，使禽竖立，袋口绕紧后用玻璃纸胶带封口，再顺手在禽背上向胸口处推一下，把缩到尾部的皮肤推回原处，以防冻结后颈根发红。

真空收缩袋是一种较新的包装方式，其提供的真空包装，在产品上有如第二层皮肤，而且会使肉类产品拥有亮眼的外观，紧实的封口方式可防止血水的外漏，适合应用于冷冻产品。包装袋紧贴产品可以避免袋中结霜、脱水干燥等情况，明显改善了生鲜禽肉在贮藏期的质量并使其外形更加诱人。真空收缩袋所提供的紧密包装能防止包装外的水渗入，也可以防止血水外漏，以这种形式包装的保鲜禽肉在冷却步骤上也可以使用较有效率的冷盐水或液态乙二醇浸泡的降温方式，即使在禽肉完全降温前就先包装，仍能用这些方法达到快速降温的目的，将肉温快速地降至-2℃以下，防止细菌滋生，减少污染的机会，延长保存期限，保证食品的安全性。优质的保鲜禽肉包装还必须具有耐磨的特性，保障产品从装箱运送到拆封的过程中包装保持完整无损，且光亮如新，这样的包装才能真正地保护产品。

# 第三节 水产品的保鲜技术

## 一、水产品贮藏保鲜的基础知识

鲜度是评价水产品食用价值最重要的指标之一，是决定其价格的主要因素。因为水产品容易腐败变质，所以必须加强水产品的保鲜和保活。当水产品失活后，在其体内进行着一系列的物理、化学和生理上的变化。在开始阶段，肝糖元无氧降解，生成肌酸，肌磷酸也分解成磷酸，肌肉变成酸性，pH 下降，同时肌肉中的 ATP 分解释放出能量而使体温上升，这样将导致蛋白质酸性凝固和肌肉收缩，使肌肉失去伸展性而变硬。接着，在 ATP 分解完后，肌肉又逐渐软化而解硬，并进入自溶作用阶段，蛋白质分解成一系列的中间产物及氨基酸和可溶性含氮物，而失去固有弹性，而又由于多酚氧化酶（PPO）的作用生成黑色素物质，出现黑斑。包括腐败微生物在内的各种微生物会通过甲壳、胃、肠腺浸入肌肉组织，在自溶后期，微生物在体内迅速繁殖，将肌肉组织中的蛋白质、氨基酸以及其他含氮物进一步分解成 $NH_3$、三甲胺、硫化氢、硫醇、吲哚、尸胺以及组胺等，使水产品不堪食用。总之，由于水产品组织柔嫩，蛋白质和水分的含量较高，若任其自然放置，很快就会变质腐败，失去食用价值，因此，必须加强水产品的保鲜工作。

## 二、水产品贮藏保鲜的方式

目前应用于水产品保鲜贮藏的技术主要分为物理方法、化学方法和生物方法。

### 1. 物理保鲜法

常见的物理保鲜法包括冰藏保鲜、冻藏保鲜、气调保鲜等。

**（1）冰藏保鲜** 冰藏保鲜是历史最悠久的传统保鲜方法，也是使渔获物的质量最为接近鲜活品生物特征的方法，因而冰藏保鲜是目前渔船作业最常用的保鲜技术。冰藏保鲜的对象最好是刚刚捕获的或者鲜度较好的渔获物。具体操作是在容器或船舱底部铺上碎冰，壁部也垒起一定厚度的冰墙，将水产品整齐、紧密地铺盖在冰层上，然后在鱼层上均匀地撒上一层碎冰；如此这般一层冰一层鱼一直铺到容器顶部，在最上面一层要撒一些冰，铺的厚一些。这样水产品可被冷却到 0~1℃，一般在 7~10d 鲜度能够保持得很好。

**（2）冻藏保鲜** 冻藏保鲜就是将鱼体的温度降低到其冰点以下，温度越低，可贮藏的时间就越长。在-18℃时可贮藏 2~3 个月，在-30~-25℃可贮藏 1 年。贮藏时间的长短还与原料的新鲜度、冻结方式、冻结速度、冻藏条件等有关。水被冻成冰后，水产品内的液体成分约有90%变成固体。随着水分活度的降低，微生物本身也产生生理干燥，造成不良的渗透条件，使微生物无法利用周围的营养物质，也无法排出代谢产物。没有水，大部分化学反应和生物化学反应不能进行或不易进行。因此，冻结保鲜能维持较长的保鲜期。

**（3）气调保鲜**　气调保鲜技术是在适宜的低温条件下，改变贮藏库或包装内气体的组成，来抑制细菌、霉菌的生长繁殖，减弱鲜活水产品的呼吸作用的同时保持水产品的色泽，从而达到防腐保鲜延长货架期的目的。鱼贝类中的高度不饱和脂肪酸二十二碳六烯酸（DHA）和二十碳五烯酸（EPA）的功能性，已经广泛引起人们的关注，它可以降血脂、降血压、提高记忆力等，但是在鱼贝类的贮藏保鲜过程中，这些脂肪酸特别容易被氧化，由此而产生的低级脂肪酸、羰基化合物具有令人生厌的酸臭味和哈喇味。这种不良的氧化作用可以用隔阻空气的气调包装来避免。水产品气调包装采用的气体是$CO_2$、$N_2$或真空包装。用气调包装来保鲜水产品能够保持好的颜色，防止脂肪氧化，抑制微生物，延长保鲜时间。气调包装技术对于延长水产品保鲜期的效果主要取决于原材料特性，气体组成的比例以及贮藏温度等，其中贮藏温度是最重要因素。

## 2. 化学保鲜法

化学保鲜技术即通过添加各种化学试剂，达到杀菌或抑菌的目的，以延长水产品保存期的保鲜技术。根据使用不同的化学试剂，化学保鲜法可分为盐藏保鲜法、烟熏保鲜法、使用食品保鲜剂保鲜法等。其中盐藏保鲜法、烟熏保鲜法是比较传统的水产品保鲜技术。

**（1）盐藏保鲜法**　盐藏保鲜是利用食盐溶液的渗透脱水作用，使鱼体水分降低，通过破坏鱼体微生物和酶活力发挥作用所需要的湿度（一般讲微生物菌体的生长繁殖需水分为50%以上），抑制微生物的繁殖但不影响酶的活性，从而达到保鲜的目的，主要方法有干腌法、湿腌法和混合腌法。干腌法是利用固体食盐与鱼体析出的水分形成食盐溶液，对鱼体进行盐渍保鲜；湿腌法是将鱼体先放入盐仓，再加入预先配制好的过饱和食盐溶液进行盐渍保鲜；混合腌法是将干腌法和湿腌法有机结合运用。

**（2）烟熏保鲜法**　利用熏烟中的多种具贮藏作用的化合物（如甲醛等），与加热处理结合使用，以杀灭鱼体中的微生物。根据熏室温度不同，可将熏制分为冷熏法、温熏法。冷熏法主要以贮藏为目的，温熏法主要以调味为目的。

① 冷熏法：将原料鱼长时间盐腌，使盐分含量稍重，然后吊挂在离热源较远处，经低温（15~30℃，平均25℃）长时间（1~3周）熏干，这一方法称为冷熏法。冷熏法生产的产品贮藏性好，可以保藏1个月以上，但风味不及温熏制品。由于熏制温度较低（25℃左右），因此，要求室外的气温应在16~17℃以下，在夏季气温高的情况下难以生产。这样的熏制温度对微生物无热杀菌效果。熏制时间长，为了防止熏制初期的变质，原料鱼需先经高浓度盐进行盐渍后立即进行脱盐，使肉容易干燥，脱盐的程度掌握在使最终产品的盐分含量为8%~10%，冷熏品的水分含量较低，一般在40%左右。

② 温熏法：在添加适量食盐的调味液中短时间浸渍烟熏原料，然后在比较接近热源

之处，用较高温度（50~80℃，有时高达90℃）短时间（2~12h）熏制，这种方法称为温熏法。由于只是略加干燥，产品水分含量在50%以上，不耐贮藏，一般为4~5d，但味道甚好。温熏法熏干温度高，常年均可生产。温熏产品的水分为45%~60%，盐分为2.5%~3%，因此，温熏产品的贮藏性较差。

### 3. 生物保鲜法

生物保鲜剂是从动植物、微生物中提取的天然的或利用生物工程技术改造而获得的对人体安全的保鲜剂。自然界中生物活性物质资源丰富，生物保鲜剂的来源十分广泛，包括植物源、动物源、微生物源和酶类生物保鲜剂。目前国内外用于水产品保鲜的植物源性生物保鲜剂主要有：茶多酚、蜂胶等；动物源性生物保鲜剂主要有：壳聚糖、抗菌肽等；微生物源性生物保鲜剂主要有：乳酸链球菌素、双歧杆菌等；酶类生物保鲜剂主要有：溶菌酶，脂肪酶、葡萄糖氧化酶、谷氨酰胺转氨酶等。生物保鲜剂是安全无害的食品添加剂，很小的用量可以达到保持水产品良好风味的目的，同时由于它的专一性，可针对特定的微生物，提高抑菌效率，同时生物保鲜剂结合别的保鲜方法也会增强水产品的保鲜效果。

## 三、常见水产品的贮藏保鲜技术

### 1. 鱼类主要保鲜技术

引起鱼类品质改变的主要原因是微生物和酶发生作用，其中温度对微生物的代谢繁殖以及酶的活力具有很大的影响。因此低温贮藏是鱼类保鲜中运用最广，同时也是成本最低的方法。鱼类常见的方法是冷藏保鲜和冻藏保鲜。冷藏保鲜是在鱼体表面铺上一层冰，将鲜鱼温度降低至接近冰点但不冻结进行贮藏。这种鱼贮藏后的质量最接近活鱼的生物特性，其所需的设备简单，温度比较容易控制，是最常用的鱼类保鲜方法。冻藏保鲜是将鱼体中心温度降低至-18℃以下，其组织中水分大部分被冻结，然后保持在-18℃贮藏的一种保鲜方法。低温冻藏可以有效减少鱼肉在贮藏过程中鲜度降低的程度，还能有效减缓蛋白质的降解作用，延长鱼肉的品质保藏期。

表3-2　冻结鱼类产品贮藏期与温度的关系

| 种类 | 预期贮藏时间/月 | | | 温度系数 $Q_{10}$ | |
|---|---|---|---|---|---|
| | -10℃ | -20℃ | -30℃ | -20~10℃ | -30~20℃ |
| 少脂鱼类 | 0.5 | 4 | 8 | 1.7 | 1.5 |
| 多脂鱼类 | 0.8 | 2.5 | 6 | 1.9 | 1.6 |
| 熏鱼 | 1 | 3.5 | 7 | 2 | 1.5 |

此外，低温贮藏常和气调贮藏技术同时使用。改变容器或者包装内空气的组成，降低氧气量，增加二氧化碳含量，以减弱鲜活水产品的呼吸强度，抑制微生物的生长，达到延长保鲜期和提高保鲜效果的目的。气调保鲜技术常用的三种气体是$CO_2$、$O_2$和$N_2$，$CO_2$具有抑制大多数腐败细菌和霉菌生长繁殖的作用，是保护气体中的主要抑菌成分；$O_2$具

有抑制大多数厌氧腐败细菌生长繁殖，保持鲜肉色泽，保持鲜度的作用；$N_2$ 是惰性气体，与食品不起作用，常作为填充气体。因此，根据不同的鱼类通过调整不同的气体比例和充气比率就可以达到不同的保鲜效果。

对于鱼类干品，则多采用腌制法和烟熏法。

鱼类的腌制方法可分为干法腌制、湿法腌制和混合腌制。干腌法又称盐渍法、撒盐法。用固体食盐直接涂抹鱼体以形成食盐溶液盐渍鱼的方法。操作时，将食盐直接撒在完整的鱼体或切开腹部去内脏的鱼体四周。1 层鱼 1 层盐，加足底盐和封面盐，出卤后压上重物，此法腌制时间长，产品得率低，食盐渗透不均匀。但产品风味较好，且耐贮藏。湿腌法又称盐水渍法。将鱼体浸入配制好的食盐溶液，该法广泛用于淡咸鱼生产的干制或熏制原料的腌制，方便迅速，但不宜生产各种咸鱼。湿腌法主要缺点是湿腌时由于鱼体水分的析出，使盐浓度逐渐降低，产品风味不浓。但腌制速度快，且渗透均匀。混合腌制法是干法腌制和湿法腌制相结合的方法。先将食盐擦于鱼体，干腌一段时间再放入腌制液中腌制或先在腌制液中腌制再进行擦盐干腌。此法腌制充分利用了干法腌制和湿法腌制的优势，互相弥补不足。

目前鱼类烟熏法常见的有冷熏和热熏。

### 2. 虾类主要保鲜贮藏技术

虾类死亡后，机体在酶类作用下进行无氧降解，当糖原和 ATP 减少到一定程度时，虾体开始变硬，随着降解作用的进行，很快进入僵硬期，当体内 ATP 分解完后肌肉逐渐软化而解僵，这时候，虾体内微生物的分解作用逐渐加剧，虾肉成分进一步分解，直至腐败变质。而保鲜就是尽可能延长从死后到解僵的时间。

目前应用于虾类的保鲜技术众多，如低温保鲜、化学保鲜、气调保鲜等。在这些保鲜方法中，以低温保鲜应用最为广泛。低温保鲜又分为冷藏保鲜、微冻保鲜和冻藏保鲜。

冷藏保鲜是将虾类放于 0~4℃条件下贮藏的保鲜方法，通常有冰藏和冰箱冷藏两种。在该温度条件下，虾体内源酶及微生物的活性受到抑制，对虾原有的性质得到最大程度的保持，新鲜度改变很小，其独特的风味得到保证。然而，在 0℃条件下贮藏虾类，其内源酶与微生物的作用仍然缓慢地进行着，长时间贮藏依然会出现变质问题。因此该方法局限于短距离近海作业。

微冻保鲜是将虾类的温度降至略低于其冰点以下（-3℃左右）的一种轻度冷冻或部分冷冻的保鲜方法，也称为超冷却或部分冷冻。由于微冻保鲜的温度正好处于最大冰晶生成带-5~-1℃，在虾类冻结时，为了使冻结过程有最大的可逆性，通过该温度带时要尽可能快，因此在实际操作过程中，经常先将过冷的盐水喷淋在刚捕捞的虾体表面，使虾体表面快速冻结，虾体内部快速降温（但不冻结），然后再置于-3~-2℃左右的冰箱内贮藏，这种方法能显著抑制酶和微生物的作用，且能显著减少干耗，解冻时汁液流失也较少，已广泛应用于远洋渔业的保鲜。

冻藏保鲜是将虾类产品快速冷冻到-30℃左右，进行包冰衣处理后再于-18℃低温保存，在该温度下，虾体的微生物生长受到抑制，虾体内的各种酶反应和化学反应处于停顿状态，因此可以抑制虾肉的腐败变质。但是冷冻条件下，虾肉本身的蛋白质发生变性，而且在冷冻过程中虾肉水分容易丧失，这给解冻后虾体的外观和口感带来不良影响，并且解冻时汁液大量流失，不符合人们追求天然食品的要求。

化学保鲜和气调保鲜也是常见的虾类贮藏保鲜技术。化学保鲜就是在虾类中加入具有抑菌效果且对人体无害的化学物质来提高虾肉贮藏性能的一种保鲜方法。近年来，随着食品安全事件多次曝光，化学物质保鲜虾类所带来的负面效应（抗菌素残留、细菌耐药性等）越来越显著，以至世界各国对许多化学物质都实施了禁令。为此国内外通过研究，已先后开发出一些食品级的虾类保鲜剂如虾鲜宝、Op-Ca 保鲜剂、PPR-1 保鲜剂等。但是在采用这些保鲜剂处理虾体时，往往在短期内能达到抑制细菌生长、改善虾类品质的目的，而在延长虾类保鲜期上的效果却始终不理想。气调保鲜是以不同浓度的混合气体（$CO_2$、$N_2$、$O_2$）置换包装内的空气，来抑制微生物生长和营养成分氧化变质。目前国内对于这两种保鲜技术单独使用的报道很少，常见的为与低温贮藏联合保鲜方法，这样不仅可以延长虾类贮藏的货架期，而且也大大降低了成本。

### 3. 蟹类主要保鲜贮藏技术

蟹类是我国特色水产品，蟹肉兼具鲜美的滋味和良好的营养，蟹肉中含大量的蛋白质、呈味成分和多不饱和脂肪酸等，因此蟹类保鲜贮藏十分困难，常见的保鲜方法为整蟹速冻和制作蟹肉罐头。

速冻蟹产品分为冷冻全蟹、冷冻切蟹和冻熟蟹三种。冷冻全蟹是将整只新鲜的螃蟹装塑膜袋进行冷冻；冷冻切蟹是将新鲜螃蟹去盖后，切为 2 块或 4 块装塑料盒贮藏；冻熟蟹是将螃蟹分级、清洗、煮熟后，在-15℃下出冻装箱。

蟹肉罐头是一种将蟹蒸煮、调味后罐装、杀菌得到的一种可以长期贮藏的方便食品。蟹罐头制作经过原料验收、原料处理、蒸煮、取肉、挑选、漂洗、装罐、封罐、杀菌、保温试验、包装这几个步骤。蟹肉通过 0.5%柠檬酸溶液浸泡，可以有效防止罐中蟹肉变黑；避免使用粗盐及海水处理原料，杀菌后迅速冷却，以及将蟹肉用有机酸处理均可防止磷酸铵镁结晶析出；加工过程中，蟹肉需以冰或冰水（10℃以下）降温，并严防微生物污染，以此防止肉质液化；充分蒸煮破坏氧化酶，煮后立即浸入稀有机酸液中可以防止产生青斑。

# 第四节
# 食品贮藏保鲜过程中的品质控制

## 一、影响食品贮藏保鲜过程中品质变化的主要因素

### 1. 蔬菜品质变化的主要因素

**（1）蔬菜本身的生理作用**　蔬菜采摘后仍会不断地进行呼吸，分解体内有机物质，以维持其本身的生命代谢活动。蔬菜的呼吸作用是在氧和酶的参与下进行的缓慢氧化过程，在这个过程中要消耗其体内营养物质如葡萄糖等，从而会使蔬菜形态、品质、色泽、风味等不断发生质变，最后枯萎、腐烂、变质从而失去食用价值，并使得贮藏期缩短。而且，蔬菜在呼吸作用下会产生热量并不断积累，如不能及时的散发，往往会加快蔬菜腐败变质。同时，由于呼吸作用蔬菜还会分解出水分，这不仅使有害微生物生长繁殖，而且会加快蔬菜的霉变。

**（2）储运环境的影响**　蔬菜采摘后，蔬菜的呼吸会使其不断释放出乙烯、乙醛和乙醇等生理刺激性气体，使得物流环境中这些气体的浓度逐渐增高，这些气体反过来又促进了蔬菜的呼吸代谢，加快了蔬菜的成熟，导致蔬菜加速衰老。储运环境的温度是影响蔬菜变质速度的重要因素。温度会影响到蔬菜的呼吸作用，影响微生物的生命活动，在一定的温度范围内，每升高10℃蔬菜呼吸强度就增加一倍。而温度过低又会造成蔬菜有机体的冷害或冻害，使其衰老进程加快，抵抗力下降，易遭受病菌侵害，容易腐烂；同时蔬菜内部组织也会发生变化，大大的缩短蔬菜的贮藏寿命。

**（3）生物学因素——微生物作用**　在蔬菜发生腐败变质的过程中，起重要作用的是微生物。引起食品腐败变质的微生物种类很多，一般可以分为细菌、酵母和霉菌。一般情况下细菌比酵母占优势。如果某一食品经过彻底灭菌或过滤除菌，则蔬菜长期保藏也不会发生腐败。反之，如果污染了微生物，一旦条件适宜，就会引起变质。故微生物的污染是导致蔬菜发生变质的主要根源。

### 2. 肉及肉制品

在贮藏过程中，肉及肉制品的变化主要表面在三个方面：色泽的消褪；微生物的污染与繁殖；脂肪的氧化酸败。这三个因素又相互关联、作用：脂肪的氧化主要发生部位在细胞膜磷脂，而肉食品肌红蛋白氧化与细胞膜磷脂氧化的关联紧密，另外，微生物大量生长，消耗氧气使肉表面氧分压下降，促进氧化肌红蛋白的形成；有些细菌产生一些副产物，如HS等；不稳定的肌红蛋白反应产生硫血红蛋白等；微生物产酸或其他分泌物、改变pH，也可引起褪色。

（1）pH

pH 是影响肉色稳定的重要因素。在贮藏、加工过程中，氧化肌红蛋白的还原对于鲜肉颜色的保持至关重要：一是防止肌红蛋白在肉表面的积累；二是其还原态肌红蛋白可逆结合氧，是产生鲜肉红色的唯一形式。肉体系中氧化肌红蛋白的还原主要是与酶有关的，而该酶活性深受 pH 影响。另外 pH 还可直接作用于肌红蛋白本身。较高 pH 能促进肌红蛋白还原，而低 pH，尤其 $pH<6$，氧化肌红蛋白发生还原的能力降低，这是因为低 pH 诱导肌红蛋白的球蛋白部分变性。蛋白展开后，肌红蛋白非常容易自动氧化，而氧化肌红蛋白更难还原，肉色不稳定。

**（2）添加剂** 目前，为了使产品具有良好的色泽，一般在肉品中添加硝酸盐或亚硝酸盐作为发色剂，同时又可增强防腐性，延长保质期，并赋予产品独特的风味。磷酸盐也是肉制品的常用添加剂，添加磷酸盐对猪肉色泽有改善作用。食品抗氧化剂具有清除自由基特性，在肉食品中添加抗氧化剂可减少酸败和褪色，这些抗氧化剂包括 α-生育酚（维生素 E）、类胡萝卜素、来源于植物提取的酚类物质、维生素 E 及维生素 C。维生素 E 单独或与其他抗氧化剂合用，一直被用于牛排表面处理，对贮藏中的肉色进行稳定化，与其他抗氧化剂合用时，维生素 C 起协同效应会提高其抗氧化效果。维生素 C 有助于红色稳定，其作用原理不是因为它降低了 pH。添加 α-生育酚在高氧环境下对于保持肌红蛋白的氧合状态较为有利，也有将维生素 E 添加于饲料中喂养猪，用以改善肉及其制品的色泽，但研究结果不大一致。迷迭香提取液具有很强的抑制过氧化氢的能力，许多研究报道了其在不同肉中的抗氧化活性。肉品中使用乳酸钠/二乙酸钠，在销售时可以保持较高的红度。在肉制品生产过程中，大多数厂家都会加入一定量的天然红色素赋予肉制品以鲜艳的红色。

**（3）包装** 包装的形式主要有三种：气调包装、真空包装、脱氧包装，用于肉制品包装最常用的气体为 $CO_2$、$O_2$、$N_2$，包装材料也由单一型向复合型变化，使肉及肉制品在贮藏期间可达到避光、阻氧、防潮、防止芳香物质挥发等多种保存要求。另外一些新型材料的出现，如生物可降解材料、聚乙烯苯、可食性包装材料等，符合食品包装的新要求。

**（4）脂类氧化** 脂类氧化是肉品腐败变质的原因之一。脂类氧化的程度与脂类含量、不饱和程度有密切关系。不管贮藏、辐照和包装类型如何，猪肉香肠的 TBARS 值随脂肪含量增高而上升。肉类食品中的不饱和脂肪酸主要有油酸、亚油酸、亚麻酸和花生酸，这些脂肪酸的自身氧化可产生各种过氧化物，由于醛类物质在脂肪氧化程中迅速生成，且其风味阈值比碳水化合物呋喃和醇类都低，因此醛类物质被认为是肉类正常风味损失的主要因素。脂类氧化除影响食品风味外，其对健康的危害也开始得到广泛关注。

脂肪氧化与肉色紧密相关。脂肪氧化产生的自由基促进氧化肌红蛋白的积累，游离脂肪酸及肌肉磷脂会加速氧合肌红蛋白的自动氧化。反过来，氧合肌红蛋白氧化释放的超氧阴离子能生成过氧化氢和羟基自由基，对磷脂具有很强的氧化能力。采用抗氧化剂，尤其是天然抗氧化剂是防止脂肪氧化的有效措施。

（5）**微生物**　肉品营养丰富，是微生物容易生长繁殖的介质。肉品微生物主要有：葡萄球菌、链球菌、杆状菌、大肠杆菌、假单胞菌等，真空包装是防止包装食品中微生物繁殖的有效方法，但真空包装的食品往往难以达到预期的贮藏效果，常会有发黏、变臭和气体引起的膨胀等腐败现象。微生物变化的影响因素有氧、光线、pH、辐照、包装等。采用天然防腐剂，以及利用防腐剂间的协同增效作用，选用合适的包装材料与方法，如抗菌性包装材料的开发，是目前肉品微生物控制的研究热点。食品微生物腐败多发生在食品表面，使用抗菌包装材料后，食品加工生产过程中不用像传统过程那样加入大量的防腐剂，因为多数食品体系内部不需要防腐剂，只是在食品表面才需要，这样就会减少人们对防腐剂的摄入量，另外抗微生物干预方法也多用于原料肉的微生物控制。

### 3. 水产品及其制品

研究表明微生物是引起水产品腐败变质的主要原因。鱼类表面组织脆弱、鳞片易于脱落，容易遭受微生物的侵入，壳类水产品外壳与肉体之间的空隙同样容易受到微生物侵入。同时，水产品除消化道外，体表也附有各种微生物，体表黏液更是起到培养基的作用，成为微生物繁殖的好场所。水产品中含有较多的假单胞菌属、无色杆菌属、黄杆菌属、小球菌属、芽孢杆菌属弧菌属等微生物。当水产品个体死亡后，体内蛋白质在自身酶作用下的分解生成大量低分子营养物质和游离氨基酸，微生物就利用这些物质进行大量繁殖，分解代谢体内的营养物质，最终导致水产品个体的腐败变质。水产品的防腐保鲜实质上就是创造一定的环境，抑制其体内酶的活性，降低生化反应的速率，阻止附着在水产品上引起腐败变质的微生物的生长繁殖，推迟腐败进程，达到保持鲜度的目的。

## 二、食品品质检验标准与法规

目前我国相关法律法规包括：《中华人民共和国食品安全法》《中华人民共和国产品质量法》《中华人民共和国农产品质量安全法》《中华人民共和国农业法》《中华人民共和国食品安全法实施条例》等。

国家标准是指由国家标准化主管机构批准，并在公告后需要通过正规渠道购买的文件，除国家法律法规规定强制执行的标准以外，一般有一定的推荐意义。国家标准由国务院标准化行政主管部门编制计划，协调项目分工，组织制定（含修订），统一审批、编号、发布。法律对国家标准的制定另有规定的，依照法律的规定执行。不同的农副产品有不同的品质检验标准，以猪肉为例，主要包括：

《辐照猪肉卫生标准》（GB 14891.6—1994）；

《鲜、冻猪肉及猪副产品　第 1 部分：片猪肉》（GB 9959.1—2019）；

《冷却包装分割猪肉辐照杀菌工艺》（GB/T 18526.7—2001）；

《牛猪肝肾和肌肉组织中玉米赤霉醇、玉米赤霉酮、己烯雌酚、己烷雌酚、双烯雌酚残留量的测定　液相色谱-串联质谱法》（GB/T 20766—2006）；

《猪肝脏、肾脏、肌肉组织中维吉尼霉素 M1 残留量的测定　液相色谱-串联质谱法》(GB/T 20765—2006);

《猪肉、牛肉、鸡肉、猪肝和水产品中硝基呋喃类代谢物残留量的测定　液相色谱-串联质谱法》(GB/T 20752—2006);

《牛和猪肌肉中安乃近代谢物残留量的测定　液相色谱-紫外检测法和液相色谱-串联质谱法》(GB/T 20747—2006);

《牛、猪的肝脏和肌肉中卡巴氧和喹乙醇及代谢物残留量的测定　液相色谱-串联质谱法》(GB/T 20746—2006);

《猪肉、猪肝和猪肾中杆菌肽残留量的测定　液相色谱-串联质谱法》(GB/T 20743—2006);

《猪肉制品中植物成分定性 PCR 检测方法》(GB/T 23815—2009);

《食品安全国家标准　食品中污染物限量》(GB 2762—2017);

《食品安全国家标准　食品微生物学检验　沙门氏菌检验》(GB 4789.4—2016);

《食品安全国家标准　食品微生物学检验　志贺氏菌检验》(GB 4789.5—2012);

《食品安全国家标准　食品微生物学检验　金黄色葡萄球菌检验》(GB 4789.10—2016);

《食品安全国家标准　食品微生物学检验　单核细胞增生李斯特氏菌检验》(GB 4789.30—2016);

《食品安全国家标准　食品微生物学检验　大肠埃希氏菌 O157：H7/NM 检验》(GB 4789.36—2016);

《猪肾和肌肉组织中乙酰丙嗪、氯丙嗪、氟哌啶醇、丙酰二甲氨基丙吩噻嗪、甲苯噻嗪、阿扎哌隆、阿扎哌醇、咔唑心安残留量的测定　液相色谱-串联质谱法》(GB/T 20763—2006);

《食品安全国家标准　食品微生物学检验　总则》(GB 4789.1—2016);

《食品安全国家标准　食品微生物学检验　菌落总数测定》(GB 4789.2—2016);

《食品安全国家标准　食品微生物学检验　大肠菌群计数》(GB 4789.3—2016);

《食品卫生微生物学检验　肉与肉制品检验》(GB 4789.17—2003);

《食品安全国家标准　食品中总汞及有机汞的测定》(GB 5009.17—2014);

《肉与肉制品卫生标准的分析方法》(GB/T 5009.44—2003)。

第四章

# 食材的包装

★★★

包装起源于人类生存持续的食物贮藏需要，人类社会发展到有商品交换和贸易活动时，包装已逐渐成为商品的组成部分；现代包装已成为人们日常生活消费中必不可少的内容，人类生活离不开包装，却也为包装所困扰。

食品包装从始至今，历来都是包装的主体。食物易腐败变质而丧失其营养和商品价值，食品必须适当包装才能贮藏和成为商品流通。随着科学技术水平和人们消费水平的日益提高，对食品包装的要求也越来越高。食品包装的迅猛发展和千姿百态，既丰富了人们的生活，也逐渐改变着人们的生活方式。

# 第一节
# 包装的概论

## 一、包装的基本概念

### 1. 包装的定义

根据《包装术语　第1部分：基础》（GB/T 4122.1—2008）的定义：为在流通过程中保护产品、方便储运、促进销售，按一定技术方法而采用的容器、材料及辅助物品的总体名称；也指为了达到上述目的而采用容器、材料和辅助物的过程中施加一定技术方法等的操作活动。

世界各国对包装的定义有不同的理解，说法也不尽相同，但基本意思一致，都以包装的功能作用为其核心内容。例如，美国对包装的定义为：包装，是使用适当的材料、容器，而施于技术，使其能将产品安全到达目的地运送过程中的每一阶段，不论遭到怎样的外来影响，皆能保护其内装物，而不影响产品价值。而日本包装工业标准JIS Z 0101—1951对包装有如下定义：包装是在商品的运输与保管过程中，为保护其价值及状态，以适当的材料、容器等对商品所施加的技术处理，以及施加技术处理后保持下来的状态。加拿大认为：包装是将产品由供应者送到顾客或消费者手中，而能保持产品完好状态的工具。英国则认为：包装是为货物的运输和销售所做的艺术、科学和技术上的准备工作。

国际上各个国家对现代包装的定义不尽相同，但其含义基本一致，可归纳成两个方面：一是关于包装商品的容器、材料及辅助物品；二是关于实施包装封缄等的技术活动。

食品包装（food packaging）：采用适当的包装材料、容器和包装技术，把食品包裹起来，以使食品在运输贮藏流通过程中保持其原有品质状态和价值。

包装件：食品经过包装所形成的总体。

包装容器：为储存、运输或销售而使用的盛装食品或包装件的器具的总称，简称容器。

包装材料；用于制造包装容器和构成食品包装的材料总称。

包装食品：包装在容器中的食品。

内装物：包装内所装的产品。

运输包装：以运输储存为主要目的的包装。

销售包装；以销售为主要目的、与食品一起到达消费者手中的包装。

标签：在食品包装容器上或附于食品包装容器的一切附签、吊牌、文字号及其他说明物。

保存日期：指预示在任何标签上规定的条件下，食品可以食用的最终日期。在此之后，该食品不再适于食用。

保质日期：指预示在任何标签上规定的条件下保证食品质量的日期。在此期间，食品完全适用于出售，并符合标签或产品标准中所规定的质量，但超过此期限，食品仍然可能是可以食用的。

集合包装：为了便于装卸、储存和运输，将若干包装件或食品包装在一起，形成一个合适的搬运单元。

回收包装：能回收再用的包装。

### 2. 包装的功能

现代商品社会中，包装对商品流通起着极其重要的作用，包装的科学合理性会影响到商品的质量可靠性，及传达到消费者手中的完美状态，包装的设计和装潢水平直接影响到商品本身的市场竞争力乃至品牌、企业形象。现代包装的功能有四个方面：

**（1）保护商品** 包装最重要的作用就是保护商品。商品在贮运、销售、消费等流通过程中常会受到各种不利条件及环境因素的破坏和影响，采用科学合理的包装可使商品免受或减少这些破坏和影响，以期达到保护商品之目的。

对食品产生破坏的因素大致有两类：一类是自然因素，包括光线、氧气、温湿度、水分、微生物等，可引起食品氧化、变色、腐败变质和污染；另一类是人为因素，包括冲击、振动、跌落、承压载荷、人为盗窃、污染等，可引起内装物变形、破损和变质等。

不同食品、不同流通环境对包装保护功能的要求不同。如饼干易碎、易吸潮，其包装应耐压防潮；油炸豌豆极易氧化变质，要求其包装能阻氧避光照；而生鲜食品为维持其生鲜状态，要求包装具有适度的氧气、二氧化碳和水蒸气的透过率。因此，包装时首先应根据包装产品的定位，分析产品的特性及其在流通过程中可能发生的品质变化及其影响因素，选择适当的包装材料、容器及技术方法对产品进行适当的包装，保护产品在一定保质期内的质量。

**（2）方便运输** 包装能为生产、流通、消费等环节提供诸多方便：方便物流过程的搬运装卸、存贮保管和陈列销售，也方便消费者的携带、取用和消费。现代包装还注重包装形态的展示方便、自动售货及消费开启和定量取用的方便。一般说来，现代产品没有包装就不能贮运和销售。

**（3）促进销售** 包装是提高商品竞争能力、促进销售的重要手段。精美的包装能在心理上征服消费者，增加其购买欲望，超级市场中包装更是充当着无声推销员的角色。随着市场竞争由商品内在品质、价格、成本竞争转向更高层次的品牌形象竞争，包装形象将直接反映一个品牌和一个企业的形象。

现代商品包装设计已成为企业营销战略的重要组成部分。企业竞争的最终目的是使自己的产品为广大消费者所接受，而产品包装包含了企业名称、标志、商标、品牌特色以及产品性能、成分容量等商品信息，因而包装形象比其他广告传媒更直接生动、更真实地面对消费者。消费者从产品包装可得到更直观精确的产品品牌和企业形象信息。食品作为商品所具有的普遍和日常消费性特点，使得其通过包装来传达和树立品牌企业形象更显重要。

**（4）提高商品价值**　包装是商品生产的继续，产品通过包装才能免受各种损害而避免降低或失去其原有的价值。因此，投入包装的价值不但在商品出售时得到补偿，而且能给商品增加价值。

包装的增值作用不仅体现在包装直接给商品增加价值，而且更体现在通过包装塑造名牌所体现的品牌价值——一种无形而巨大的增值方式。当代市场经济倡导名牌战略，同类商品名牌与否差值巨大。品牌本身不具有商品属性，但可以被拍卖，通过赋予它的价格而取得商品形式，而品牌转化为商品的过程可能会给企业带来巨大的直接或潜在的经济效益。

包装增值策略的运用得当将取得事半功倍、一本万利的效果。

### 3. 包装的分类

现代包装种类很多，因分类角度不同形成多种分类方法。

**（1）按在流通过程中的作用分类**　包装可分为销售包装和运输包装。

① 销售包装（sale packaging）：又称小包装或商业包装，不仅具有对商品的保护作用，而且更注重包装的促销和增值功能，通过包装装潢设计手段来树立商品和企业形象，吸引消费者、提高商品竞争力。瓶、罐、盒、袋及组合包装一般属于销售包装。

② 运输包装（transport packaging）：又称大包装，应具有很好的保护功能及方便贮运和装卸功能，其外表面对贮运注意事项有明显的文字说明或图示，如“防雨”“易燃”“不可倒置”等。瓦楞纸箱、木箱、金属大桶、各种托盘、集装箱等属于运输包装。

**（2）按包装结构形式分类**

① 贴体包装（appressed packaging）：将产品封合在用塑料片制成的，与产品形状相似的型材和盖材。

② 泡罩包装（blister packaging）：将产品封合在用透明塑料片材料制成的泡罩与盖材之间的一种包装形式。

③ 热收缩包装（shrink packaging）：将产品用热收缩薄膜裹包或装袋，通过加热使薄膜收缩而形成产品包装的一种包装形式。

④ 可携带包装（portable packaging）：在包装容器上制有提手或类似装置，以便于携带的包装形式。

⑤ 托盘包装（salver packaging）：在产品或包装件堆码在托盘上，通过捆扎、裹包或黏结等方法固定而形成包装的一种包装形式。

⑥ 组合包装（combined packaging）：将同类或不同类商品组合在一起进行适当包装、形成一个搬运或销售单元的包装形式。

此外，还有悬挂式包装、可折叠式包装、喷雾式包装等。

**（3）按包装材料和容器分类**　包装按包装材料和容器分类见表 4-1。

表 4-1　　　　包装按包装材料和容器分类

| 包装材料 | 包装容器类型 |
|---|---|
| 纸与纸板 | 纸盒、纸箱、纸袋、纸罐、纸杯、纸质托盘、纸浆模塑制品等 |
| 塑料 | 塑料薄膜袋、中空包装容器、编织袋、周转箱、片材热成型容器、热收缩膜包装、软管、软塑料、软塑箱、钙塑箱等 |
| 金属 | 马口铁、无锡钢板制成的金属罐、桶等，铝、铝箔制成的罐、软管、软包装袋等 |
| 复合材料 | 纸、塑料薄膜、铝箔等组合而成的复合软包装材料制成的包装袋、复合罐、软管等 |
| 玻璃陶瓷 | 瓶、罐、坛、缸等 |
| 木材 | 木箱、板条箱、胶合板箱、花格木箱等 |
| 其他 | 麻袋、布袋、草或竹制包装容器等 |

**（4）按被包装产品分类**　包装可分为食品包装、化工产品包装、有毒物品包装、易碎物品包装、易燃品包装、工艺品包装、家电产品包装、杂品包装等。

不同产品对包装有不同的要求，某些特殊产品还有相应的包装法规规范。

**（5）按销售对象分类**　包装可分成出口包装、内销包装、军用包装和民用包装等。

**（6）按包装技术方法分类**　包装可分：真空充气包装、控制气氛包装、脱氧包装、防潮包装、软罐头包装、无菌包装、热成型包装、热收缩包装、缓冲包装等。

## 二、包装的原理与方法

### 1. 环境因素对食品品质的影响

食品品质包括食品的色香味、营养价值、应具有的形态、质量及应达到的卫生指标。几乎所有的加工食品都需包装才能成为商品销售。尽管食品是一种品质最易受环境因素影响而变质的商品，但每一种包装食品在设定的保质期内都必须符合相应的质量指标。

食品从原料加工到消费的整个流通环节是复杂多变的，它会受到生物性和化学性的侵染，受到流通过程中出现的诸如光、氧、水分、温度、微生物等各种环境因素的影响。如图 4-1 所示为包装食品在流通过程中因环境因素影响而发生的质量变化，研究这些因素对食品品质的影响规律是食品包装设计的重要依据。

**（1）光对食品品质的影响**

**① 光照对食品的变质作用**：光对食品品质的影响很大，它可以引发并加速食品中营养成分的分解，发生食品的腐败变质反应，主要表现在几个方面：促使食品中油脂的氧化反应而发生氧化性酸败；使食品中的色素发生化学变化而变色；使植物性食品中的绿、黄、红色及肉类食品中的红色发暗或变成褐色；引起光敏感性维生素如维生素 B 和维生素 C 的破坏，并与其他物质发生不良化学变化；引起食品中蛋白质和氨基酸的变性。

② 维生素的光分解：维生素对光照（尤其是紫外线）敏感，表 4-2 所示为维生素 $B_2$ 在水溶液中的光分解程度与 pH 的关系。由表 4-2 知维生素 $B_2$ 的光分解程度随 pH 的升高

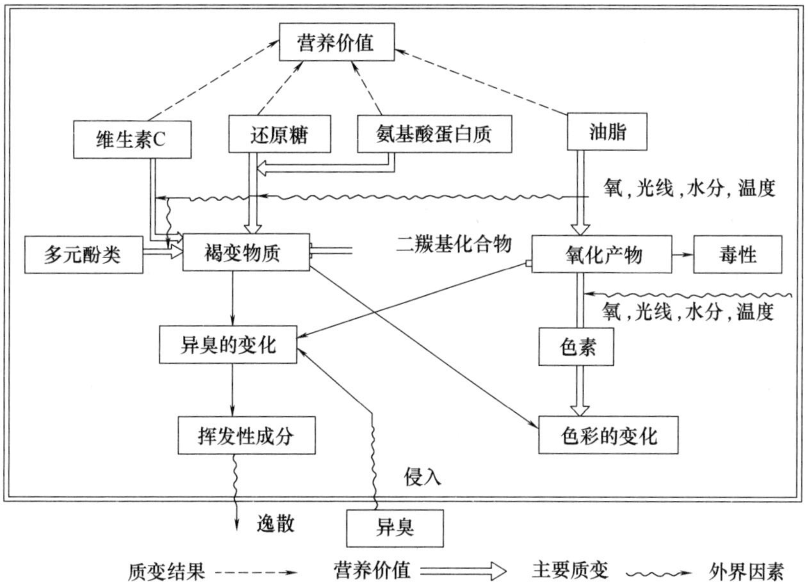


图 4-1　包装食品在流通过程中可能发生的质变

而增加，当维生素 $B_2$与维生素 C 共存时可抑制其光分解，而维生素 C 则因与维生素 $B_2$共存而更容易分解，如牛乳经日光暴晒后维生素 C 显著减少，就是因牛乳中维生素 $B_2$促使维生素 C 的光分解。

表 4-2　　维生素 $B_2$在不同 pH 溶液中用人工光照 30min 后的存留率

| pH | 维生素 $B_2$存留率/% | pH | 维生素 $B_2$存留率/% |
|---|---|---|---|
| 4.0 | 42 | 6.0 | 46 |
| 4.6 | 40 | 6.6 | 35 |
| 5.0 | 40 | 7.0 | 27 |
| 5.6 | 46 | 7.6 | 20 |

③ 光线对蛋白质及氨基酸的影响：蛋白质也可因日光、紫外光照射而变化。酪蛋白溶液在荧光物质存在下经日光照射，其中的色氨酸分解而使其营养价值下降；卵蛋白经紫外光照射，其黏度虽无变化，但表面张力减小，这是与热变性不同的一种蛋白质变化。

氨基酸中因光引起分解的是色氨酸，其溶液经日光暴晒后着色而变褐，经紫外光照射可生成氨基丙酸、天冬氨酸、羟基邻氨基苯甲酸。另外，色氨酸、胱氨酸、甲硫氨酸、酪氨酸等如与荧光物质、维生素 $B_2$、荧光黄素等共存时，经日光暴晒将引起光分解，但此光分解反应可在二氧化碳、氮气环境中得到抑制。硫呋、维生素 C 也可阻止此反应。

④ 光照对食品的渗透规律：光照能促使食品内部发生一系列的变化是因其具有很高的能量。光照下，食品中对光敏感的成分能迅速吸收并转换为光能，从而激发食品内部发生变质的化学反应。食品对光能吸收量越多、转移传递越深，食品变质越快、越严重。

食品吸收光能量的多少用光密度表示，光密度越高，光能量越大，对食品变质的作用就越强。根据 Lamber—Beer 定律，光照食品的密度向内层渗透的规律：

$$\mu_x = \mu_i \qquad (4\text{-}1)$$

式中　$x$——内部 $x$ 深处的密度

$i$——照射在食品表面处的密度

$\mu$——一定成分的食品对特定波长光波的吸收系数

显然，入射光密度越高，透入食品的光密度也越高，深度也越深，对食品的影响也越大。

食品对光波的吸收量还与光波波长有关，短波长光（如紫外光）透入食品的深度较浅，食品所接收的光密度也较少，反之，长波长光（如红外光）透入食品的深度较深。此外，食品的组成成分各不相同，每一种成分对光波的吸收有一定的波长范围（图 4-2）；未被食品吸收的光波对食品变质没有影响。

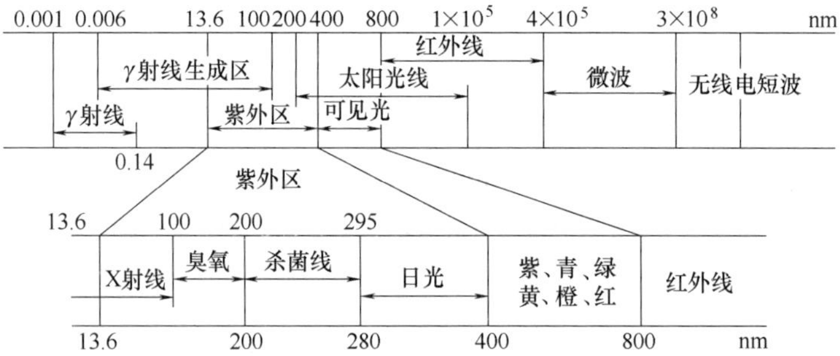


图 4-2　光谱图

⑤ 包装避光机制和方法：要减少或避免光线对食品品质的影响，主要的防护方法：通过包装将光线遮挡、吸收或反射，减少或避免光线直接照射食品；同时防止某些有利于光催化反应因素，如水分和氧气透过包装材料，从而起到间接的防护效果。

光线在包装材料和食品中的传播和透入的光密度分布规律见图 4-3。包装材料可吸收部分光线，从而减弱光波射入食品的强度，甚至可全部吸收光波而阻挡光线射入食品内。因此，选用不同成分、不同厚度的包装材料，可达到不同程度的遮光效果。

图 4-4 所示为几种食品软包装材料透光率比较曲线。由图可知，不同包装材料其透光率不同，且在不同的波长范围内也有不同的透光率。大部分紫外光可被包装材料有效阻挡，而可见光能大部分透过包装材料。同一种材料内部结构不同时透光率也不同，加高密度 PE 和低密度 PE。此外，材料的厚度对其遮光性能也有影响，材料越厚，透光率越小，遮光性能越好。

图 4-5 所示为三种不同玻璃透光率比较曲线，说明同种材料不同着色处理产生不同的遮光效果。

食品包装时，可根据食品和包装材料的吸光特性，选择一种对食品敏感的光波具有良好遮光效果的材料作为该食品的包装材料，可有效避免光对食品质变的影响。为了满足食

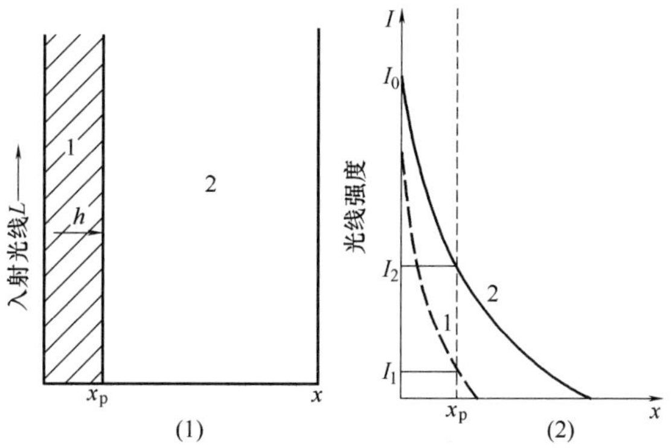


图 4-3　包装食品对光的吸收

（1）包装材料对光线的阻挡吸收（1. 包装材料　2. 食品）

（2）光线透过包装材料后对食品的渗透（1. 短波长光波　2. 长波长光波）

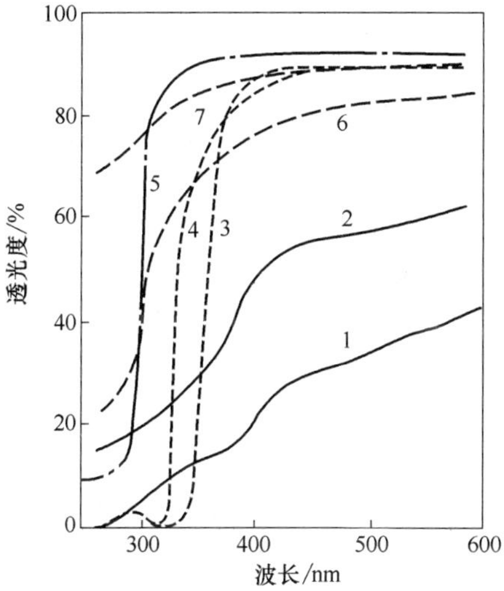


图 4-4　光线对于几种柔软新包装材料的穿透作用

1—高密度 PE，厚 0.089mm　2—蜡纸，厚 0.089mm

3—PVDC，厚 0.028mm　4—PET，厚 0.036mm

5—氯化橡胶，厚 0.036mm　6—醋酸纤维素

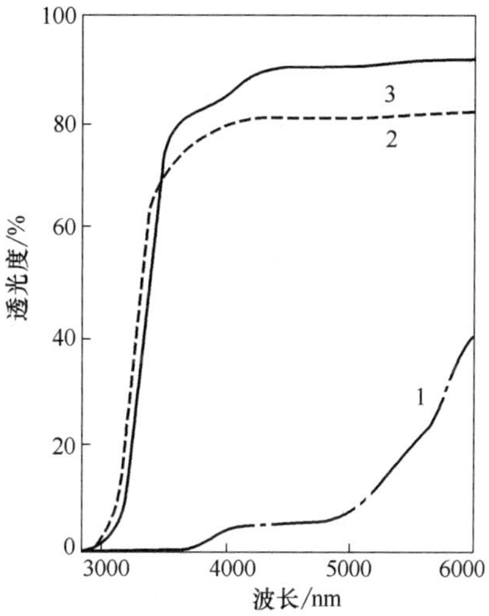


图 4-5　光线对三种玻璃的穿透性能

1—琥珀色玻璃，厚 3.0mm

2—透明乳白色玻璃，厚 3.0mm

3—窗户透明玻璃，厚 3.02mm

品不同的避光要求，可对包装材料进行必要的处理来改善其遮光性能，如玻璃一般采用加色处理，从图 4-5 已知：有色玻璃抵抗紫外光的能力相对较强，对可见光也有较好的遮光效果。有些包装材料可采用表面涂覆遮光层的方法改变其遮光性能。在透明的塑料包装材料中，也可加入着色剂或在其表面涂覆不同颜色的涂料，达到遮光效果。

**（2）氧对食品品质的影响**　氧气对食品的品质变化有显著影响；氧使食品中的油脂发生氧化，即使是在低温条件下这种氧化也能进行；油脂氧化产生的过氧化物，会降低食品的安全品质。氧会使食品中的维生素和多种氨基酸失去营养价值，加剧食品的氧化褐变反应，使色素氧化褪色或变成褐色；对于食品微生物，大部分细菌由于氧的存在而繁殖生

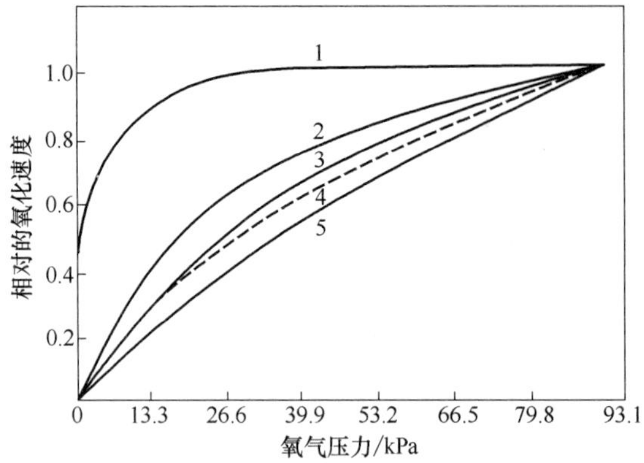


图 4-6 亚油酸相对氧化速率与氧分压和接触面积的关系
1—温度为 45℃，振动样品 2—温度为 37℃，表面积为 12.6cm²
3—温度为 57℃，表面积为 12.6cm² 4—温度为 37℃，
表面积为 3.2cm² 5—温度为 37℃，表面积为 0.515cm²

长，造成食品的腐败变质。

食品因氧气发生的品质变化程度与食品包装及贮藏环境中的氧分压有关。图 4-6 所示为亚油酸相对氧化速率随氧分压而变化的规律：油脂氧化速率随氧分压的提高而加快，并与食品和氧的接触面积有关，图中曲线 2、4、5 分别表示了同一温度条件下亚油酸与氧气接触面积不同而产生不同的氧化结果，在氧分压和其他条件相同时，接触面积越大，氧化速度越高。

此外，食品氧化程度与食品所处环境的温度、湿度、时间等因素也有关。

氧气对新鲜果蔬的作用则属于另一种情况，由于生鲜果蔬在贮运流通过程中仍在呼吸，以维持其正常的代谢作用，故需要吸收一定数量的氧而放出一定量的二氧化碳和水，并消耗一部分营养。

食品包装的主要目的之一，就是通过采用适当的包装材料和一定的技术措施，防止食品中的有效成分因氧气而造成品质劣化或腐败变质。

**（3）水分或湿度对食品品质的影响** 水是许多食品的基本组成成分之一，见表 4-3。一般食品都含有不同程度的水分，这些水分是食品维持其固有性质所必需的。水分对食品品质的影响很大，一方面，水能促使微生物的繁殖，助长油脂的氧化分解，促使褐变反应和色素氧化；另一方面，水分使一些食品发生某些物理变化，如有些食品受潮而发生结晶，使食品干结硬化或结块，有些食品因吸水吸湿而失去脆性、香味等。

表 4-3 某些代表性食品的典型水分含量

| 食物名称 | 番茄 | 莴苣 | 甘蓝 | 柑橘 | 苹果汁 | 牛乳 | 马铃薯 | 香蕉 | 鸡肉 | 猪肉 | 面包 | 果酱 | 蜂蜜 | 奶油 | 面粉 | 稻米 | 乳粉 |
|---|---|---|---|---|---|---|---|---|---|---|---|---|---|---|---|---|---|
| 水分含量/% | 95 | 95 | 95 | 87 | 87 | 87 | 78 | 75 | 70 | 65 | 35 | 28 | 20 | 16 | 12 | 12 | 4 |

食品中所含的自由水在某种程度上决定了微生物对某种食品的侵袭而引起食品变质的程度，用水分活度（$A_w$）表示。食品中水分含量与水分活度（$A_w$）的关系曲线见图 4-7，当食品含水量低于干物质的 50%时，水分含量的轻微变动即可引起 $A_w$ 的极大变动。

一般地，食品可根据 $A_w$ 分为三大类：$A_w>0.85$ 的食品称为湿食品，$A_w=0.6\sim0.85$ 的食品称为中等含水食品，$A_w<0.6$ 的食品称为干食品。各种食品具有的水分活度值范围表明食品本身抵抗水分的影响能力的不同。食品具有的 $A_w$ 值越低，相对地越不易发生由水带来的生物生化性变质，但吸水性越强，即对环境湿度的增大越敏感。因此，控制包装食

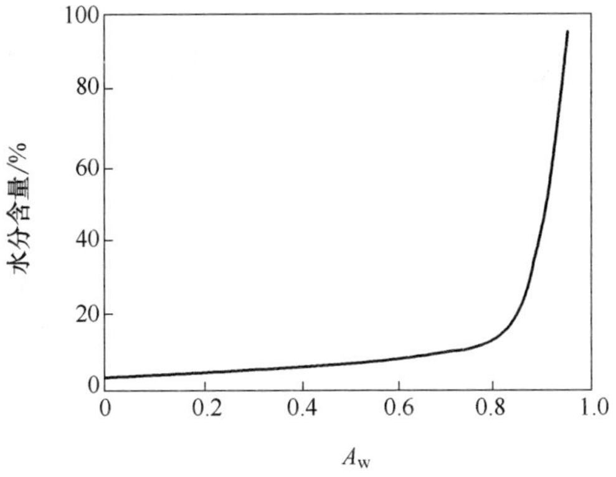


图 4-7　食品在不同含水量时的 $A_w$

品环境湿度是保证食品品质的关键。

**（4）温度对食品品质的影响**　引起食品变质的原因主要是生物和非生物两个方面的因素，温度对这两方面都有非常显著的影响。

① 温度升高对食品品质的影响　在一定湿度和氧气条件下，温度对食品中微生物繁殖和食品变质反应速度的影响很大，一般来说，在一定温度范围内（10~38℃），食品在恒定水分条件下温度每升高 10℃，许多酶促和非酶促的化学反应速率加快 1 倍，其腐变反应速度将加快 4~6 倍。当然，温度的升高还会破坏食品的内部组织结构，严重破坏其品质。

过度受热也会使食品中蛋白质变性，破坏维生素特别是含水食品中的维生素 C，或因失水而改变物性，失去食品应有的物态和外形。

为了有效地减缓温度对食品品质的不良影响，现代食品工业采用食品冷藏技术和食品流通中的低温防护技术，可有效地延长食品的保质期。

② 低温对食品品质的影响　温度对食品的影响还表现在低温冻结对食品内部组织结构和品质的破坏。冻结会导致液体食品变质：如果将牛乳冻结，乳浊液即受到破坏，脂肪分离、牛乳蛋白质变性而凝固。易受冷损害的食品不需极度陈结，大部分果蔬采收后为延长其细胞的生命过程要求适当的低温条件，但有些果蔬在一般冷藏温度 4℃下保存会衰竭或枯死，随之发生包括产生异味、表面斑痕、各种腐烂等变质过程。表 4-4 所示为部分果蔬在冰点以上温度下冷藏的败坏情况，说明冷藏可以有效保藏食品，但温度并非越低越好。

表 4-4　　部分果蔬在冰点以上低温贮藏的败坏现象

| 水果和蔬菜名称 | 大致最低安全温度/℃ | 在 0℃至安全温度范围下贮藏的损害特点 |
|---|---|---|
| 苹果（某些品种） | 1 ~2 | 内部褐变，塌陷 |
| 梨 | 7 | 内部褐变 |
| 香蕉（生或熟） | 13 | 成熟时色泽暗淡 |
| 青刀豆 | 7 ~ 10 | 取出时有疤痕或呈暗褐色 |
| 黄瓜 | 7 | 有疤痕，水浸斑点，腐烂 |

续表

| 水果和蔬菜名称 | 大致最低安全温度/℃ | 在0℃至安全温度范围下贮藏的损害特点 |
|---|---|---|
| 茄子 | 7 | 有疤痕或呈暗黑色 |
| 柠檬 | 13~14 | 内部变色，有疤痕 |
| 莱姆酸橙 | 7 | 有疤痕 |
| 芒果 | 10 | 内部变色，有疤痕 |
| 罗马甜瓜 | 7 | 有疤痕，表面腐烂 |
| 甘露甜瓜 | 5~10 | 有疤痕，表面腐烂 |
| 卡萨巴甜瓜 | 5~10 | 有疤痕，表面腐烂 |
| 西瓜 | 1 | 有疤痕，气味不正常 |
| 鲜橄榄 | 7 | 内部褐变 |
| 甜椒 | 7 | 有疤痕，沿花萼处变色 |
| 木瓜 | 7 | 内部褐变 |
| 菠萝 | 7 | 成熟时呈暗绿色 |
| 马铃薯 | 5 | 赤褐色变 |
| 冬南瓜 | 10~13 | 腐烂 |
| 甘薯 | 13 | 腐烂，有疤痕，内部变色 |
| 番茄　青熟 | 13 | 成熟时色泽较差，有快速腐烂趋势 |
| 番茄　成熟 | 10 | 塌陷 |
| 加利福尼亚橙 | 1.5~2.5 | 果皮不规则 |

**（5）微生物对食品品质的影响**　人类生活在微生物的包围之中，空气、土壤、水及食品中都存在着无数的微生物。如猪肉火腿和香肠，在原料肉腌制加工后的每克原料肉细菌总数为$10^5$~$10^6$个，其中大肠杆菌$10^2$~$10^4$个。完全无菌的食品只限于蒸馏酒、高温杀菌的包装食品、无菌包装食品等少数几类。虽然大部分微生物对人体无害，但食品中微生物繁殖量超过一定限度时食品就要腐败变质。微生物是引起食品质量变化最主要的因素。

①食品中的主要微生物：与食品有关的微生物种类很多，这里仅举出常见的、具有代表性的食品微生物菌属。细菌：细菌在食品中的繁殖会引起食品的腐败、变色、变质而不能食用，其中有些细菌还能引起人的食物中毒。细菌性食物中毒案例中最多的是肠类弧菌所引起的中毒，约占食物中毒的50%；其次是葡萄球菌和沙门氏菌引起的中毒，约占40%；其他常见的能引起食物中毒的细菌：肉毒杆菌、致病大肠杆菌、产气荚膜梭菌、蜡状芽孢杆菌、弯曲杆菌属、耶尔森氏菌属。

真菌：食品中常见的真菌主要为霉菌和酵母。霉菌在自然界中分布极广、种类繁多，常以寄生或腐生的方式生长在阴暗、潮湿和温暖的环境中。霉菌有发达的菌丝体，其营养来源主要是糖、少量的氮和无机盐，因此极易在粮食和各种淀粉类食品中生长繁殖。

大多数霉菌对人体无害，许多霉菌在酿造或制药工业中被广泛利用，如用于酿酒的曲霉，用于发酵制造腐乳的毛霉及红曲霉，用于制造发酵饲料的黑曲霉等。然而，霉菌大量繁殖会引起食品变质，少数菌属在适当条件下还会产生毒素。到目前为止，经人工培养查明的霉菌毒素已达 100 多种，其中主要的产毒霉菌及毒素种类见表 4-5。

表 4-5　　主要产毒霉菌及毒素种类

| 主要产毒霉菌 | 毒素种类 | 致癌霉菌毒素 |
|---|---|---|
| 黄曲霉、寄生曲霉 | 肝脏毒素 | 黄曲霉毒素，毒性强 |
| 岛青霉、杂色曲霉 | 肝脏毒素 | 杂色曲霉毒素 |
| 黄绿青霉 | 神经毒素 | 毒性强 |
| 橘青霉 | 肾脏毒素 | 展开青霉素 |

② 微生物对食品的污染：作为食品原料的动植物在自然界环境中生活，本身已带有微生物，这就是微生物的“一次污染”。食品原料从自然界中采集到加工成食品，最后被人们所食用为止整个过程所经受的微生物污染，称为食品的二次污染。

食品二次污染过程包括食品的运输、加工、贮藏、流通和销售。由于空气环境中存在着大量的游离菌，如城市室外每立方米空气中一般含有 $10^3 \sim 10^5$ 个微生物，其中大部分是细菌，而霉菌约占 10%，这些微生物很容易污染食品。因此，在这个复杂的过程中，如果某一环节不注意灭菌和防污染，就可能造成无法挽回的微生物污染，使食品腐败变质。

由于一次污染和二次污染的存在，市场上销售的食品中含有大量的微生物。优质食品中的微生物情况如表 4-6 所示。

表 4-6　　主要优质食品中的微生物

| 编号 | 食物名称 | pH | $A_w$ | 具有一定杀菌效果的处理方式 | 参与腐败的微生物 | | | | | | | |
|---|---|---|---|---|---|---|---|---|---|---|---|---|
| | | | | | 革兰阴性杆菌 | | 过氧化氢酶阳性球菌 | 过氧化氢酶阴性球菌 | 乳酸杆菌属 | 芽孢杆菌属 | 霉菌 | 酵母 |
| | | | | | 非发酵的 | 发酵的 | | | | | | |
| 1 | 鲜肉、鱼、贝、禽、蛋、蛋制品 | >4.5 | >0.95 | 无 | +++ | + | + | ± | 0 | 0 | + | 0 |
| 2 | 蔬菜 | >4.5 | >0.95 | 无 | +++ | ± | 0 | ± | | + | + | 0 |
| 3 | 谷粒、豆类 | >4.5 | >0.95 | 无 | + | + | + | 0 | + | + | +++ | + |
| 4a | 果实 | >4.5 | >0.95 | 无 | 0 | ± | 0 | 0 | ++ | 0 | ++ | + |
| 4b | 果汁 | >4.5 | >0.95 | 无 | + | ± | 0 | ++ | ++ | 0 | ± | ++ |
| 5 | 牛乳 | >4.5 | >0.95 | 低温杀菌 | ± | ± | ± | + | ± | ++ | 0 | 0 |
| 6 | 加热香肠、大型灌装火腿 | >4.5 | 约 0.95 | 加热 | 0 | 0 | ± | + | + | ++ | 0 | 0 |
| 7 | 面包、夹馅面包、糕点 | >4.5 | 约 0.95 | 加热 | 0 | 0 | 0 | 0 | 0 | + | ++ | ± |
| 8a | 干菜、豆、谷类、可可 | >4.5 | <0.95 | 不定 | 0 | 0 | 0 | 0 | 0 | 0 | +++ | 0 |
| 8b | 杏仁酥、巧克力馅糕点 | >4.5 | <0.95 | 无 | 0 | 0 | 0 | 0 | 0 | 0 | + | ++ |
| 8c | 干燥果脯 | >4.5 | <0.95 | 干燥 | 0 | 0 | 0 | 0 | 0 | 0 | ++ | ++ |

续表

| 编号 | 食物名称 | pH | $A_w$ | 具有一定杀菌效果的处理方式 | 参与腐败的微生物 | | | | | | | |
|---|---|---|---|---|---|---|---|---|---|---|---|---|
| | | | | | 革兰阴性杆菌 | | 过氧化氢酶阳性球菌 | 过氧化氢酶阴性球菌 | 乳酸杆菌属 | 芽孢杆菌属 | 霉菌 | 酵母 |
| | | | | | 非发酵的 | 发酵的 | | | | | | |
| 9 | 奶酪、人造奶油 | 约4.5 | 约0.95 | 无 | 0 | 0 | ± | ± | 0 | 0 | + | + |
| 10a | 密封包装的肉、鱼、蔬菜、牛乳 | >4.5 | >0.95 | 调味加工 | 0 | 0 | ± | 0 | 0 | ++ | 0 | 0 |
| 10b | 密封包装的水果、果汁 | >4.5 | >0.95 | 调味加工 | 0 | 0 | 0 | 0 | 0 | ± | ++ | + |

表4-6为主要优质食品中的微生物。大部分食品根据其来源、化学成分、物理性质及加工处理的条件，分别形成各自独特的微生物群，并在食品贮藏期间，因微生物群中某一特定菌种有适合其繁殖的环境条件而使食品变质腐败。

光、氧、水分、温度及微生物对食品品质的影响是相辅相成、共同存在的，采用科学有效的包装技术和方法避免或减缓这种有害影响，保证食品在加工流通过程中的质量稳定，更有效地延长食品保质期，是食品包装科学研究解决的主要课题。

## 2. 包装食品的微生物及其控制

**（1）环境因素对食品微生物的影响** 影响微生物生长繁殖的环境因素主要有水分、温度、氧气和pH。

① 水分：水分是微生物生存繁殖的必要条件，水分的增加使微生物活性增高。食品中微生物与水分的关系可以用水分活度（$A_w$）说明，一些微生物开始繁殖的最低水分活度值见图4-8：大部分细菌在水分活度 $A_w=0.90$ 以上的环境中生长，大部分霉菌在 $A_w=0.80$ 以上的环境中繁殖。

不同种类微生物繁殖所需要的水分活度最低限不一样，部分微生物只能在水分活度较高的食品中才能繁殖，而有的却在水分活度极低的相当干燥的食品中也能生存繁殖。由图可见，大部分革兰阴性菌在较高的水分活度环境中繁殖受阻，而部分霉菌和酵母等却在水分活度较低的环境中也能繁殖。但食品的水分活度低于某一限度（$A_w=0.50$）时，其中的微生物不能繁殖。大部分细菌在 $A_w=0.90$ 以上的环境中生长活跃，大部分霉菌在 $A_w=0.80$ 以上的环境中繁殖，部分霉菌和酵母在水分活度较低的环境中也能繁殖。

食品微生物在水分活度较低的干燥环境中不能繁殖，但值得注意的是干燥食品从环境中吸收水分的能力较强，一旦吸湿，水分活度又将提高而适宜微生物繁殖。要想降低食品的水分活度，就得使食品干燥或在食品中添加盐、糖等易溶小分子物质。

② 温度

微生物生存的温度范围较广（-10～90℃），图4-9所示为多种微生物的繁殖温度范围。根据适宜繁殖的温度范围微生物可分为嗜冷细菌（0℃以下）、嗜温性细菌（0～55℃）和嗜热性细菌（55℃以上）。

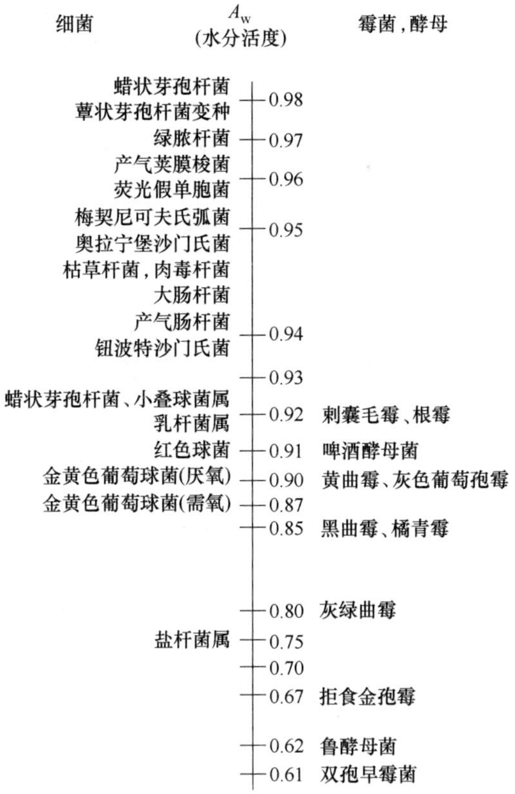


图 4-8　引起微生物繁殖的最低水分活度

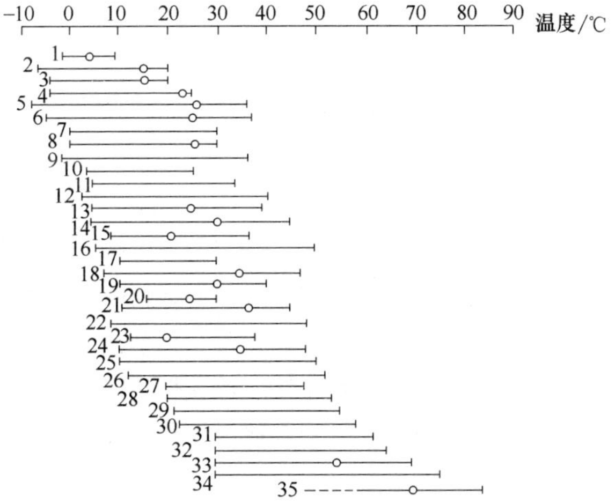


图 4-9　多种微生物的繁殖温度范围（○表示最适合繁殖温度）

1—弧菌属　2—假丝酵母菌属　3—海产弧菌　4—嗜冷微球菌　5—带马瓦无色杆菌　6—荧光假单胞菌　7—噬纤维菌属
8—胶状红串酵母菌属　9—弯曲假单胞菌　10—隐状酵母属　11—假单胞属的一种　12—啤酒酵母　13—嗜胡萝卜伊文氏杆菌
14—E 型肉毒杆菌　15—扩展短杆菌　16—粪链球菌　17—植物乳杆菌　18—金黄色葡萄球菌　19—霉实假单胞菌
20—滴状无色杆菌　21—副溶血弧菌　22—大肠杆菌　23—黄杆菌属的一种　24—A、B 肉毒杆菌　25—产气夹膜梭菌
26—烟色霉菌　27—丙酮丁酸梭菌　28—嗜热链球菌　29—环形杆菌　30—嗜热圆酵母　31—热解剖梭菌
32—嗜热乳杆菌　33—致黑脱硫肠状菌　34—短杆菌属的一种　35—嗜热栖热菌

食品在贮藏、运输和销售过程中所处的环境温度一般在55℃以下，这一温度范围正处在嗜温性和嗜冷性细菌繁殖生长威胁之中，而且侵入食品的细菌随温度的升高而繁殖速度加快，一般在20~30℃时细菌增殖最快。

③ 氧气：氧有利于需氧细菌的繁殖，且繁殖速度与氧分压有关，由图4-10可见，细菌繁殖速率随氧分压的增大而急速增高。即使仅有0.1%的氧化，也就是空气中氧分压的1/200的残留量，细菌的繁殖仍不会停止，只不过缓慢而已。这个问题在食品进行真空或充气包装时应特别注意。

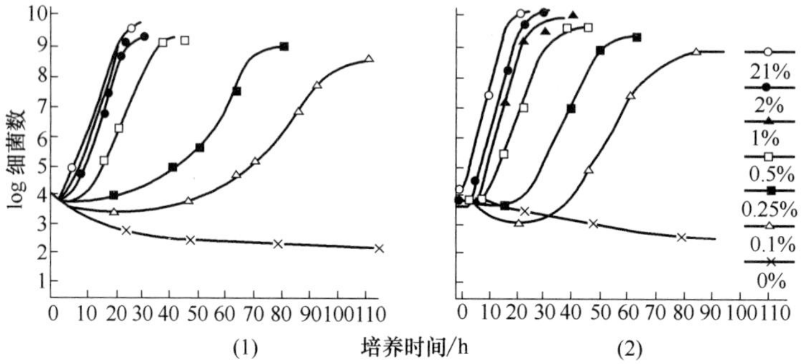


图4-10 需氧型细菌的繁殖和气体氧分压的关系

（1）无色杆菌属 （2）假单胞菌属

④ pH：适合微生物生长的pH范围为1~11。一般食品微生物得以繁殖的pH范围：细菌3.5~9.5，霉菌和酵母2~11；对食品微生物最适宜的pH：细菌为pH 7附近，霉菌和酵母为pH 6左右。

大多数食品均呈酸性，酸性条件下微生物繁殖的pH下限：细菌4.0~5.0，乳酸菌3.3~4.0，霉菌和酵母1.6~3.2。适当控制食品的pH也能控制微生物的生长和繁殖。

### （2）包装食品的微生物变化

① 因包装发生的环境变化对食品微生物的影响：食品经过包装后能防止来自外部微生物的污染，同时包装内部环境也会发生变化，其中的微生物相也会因此而变化。以肉为例，生鲜肉经包装后其内部环境的氧气和二氧化碳的构成比例不断发生变化，这是因肉组织细胞和微生物的呼吸而使氧气减少、二氧化碳增加；包装内环境的气相变化反过来又会影响食品中的微生物相，即需氧性细菌比例下降，厌氧性细菌比例上升，霉菌的繁殖受抑制而酵母等却在增殖。在包装缺氧状态下，食品腐败产物为大量的有机酸，而在氧气充足的条件下食品腐败时多产生腐胺二氧化碳。

② 包装食品可能引起的微生物二次污染：如前所述，大部分市售包装食品都会有一定数量的微生物，如果把这些常见微生物都当作污染来处理是不现实的，但弄清在流通过程中食品所含的细菌总数或明确其菌群组成，不仅有利于从微生物学角度查明食品腐变等质量事故的原因，且对包括加工、包装工艺在内的从食品制造到消费的整个流通过程中的微生物控制有实际的指导意义。

微生物对包装食品的污染，可分为食品本身的污染和包装材料污染两方面。在食品加工过程中的各个工艺环节，如果消毒不严或杀菌不彻底，在产品流通过程各阶段的处理，尤其在分装操作中，如果微生物控制条件欠佳等，均有二次污染的可能。随着货架期或消费周期的延长，不仅会大量繁殖细菌，也会给繁殖较慢的真菌提供蔓延机会。这种现象在防潮或真空充气包装中也常常发生。

包装材料较易发生真菌污染，特别是纸制包装品和塑料包装材料，在包装容器制品的制造和贮运期间，会受到环境空气中微生物的直接污染和器具的污染。就外包装而言，由于被内装物污染，包装操作时的人工接触，就附有机物，或吸湿或吸附空气中的灰尘等都能导致真菌污染。因此，如果包装原材料存放时间较长且环境质量又差，在包装操作前若不注意灭菌处理，包装材料的二次污染则成为包装食品的二次污染。

近年来，基于健康考虑及人们饮食嗜好的变化，大多数食品趋于低盐和低糖，且大多采用复合软塑材料包装以提高包装的阻隔保护性，这样处理可能会助长真菌的污染和繁殖。

表 4-7 为霉菌对食品污染的主要表现。

表 4-7　　霉菌对食品的污染

| 食品种类 | 霉菌污染情况 |
|---|---|
| 盒饭、面包、米糕 | 这类食品含有较多水分，包装后会在包装容器内壁布满水汽，适合霉菌的生长繁殖，明显降低其保存性能 |
| 糕点类、果酱类及巧克力食品 | 蛋糕等甜味糕点最易发霉变质，果酱巧克力等吸湿后也常发霉，这些食品与干货类食品一样，以生长嗜干性霉菌为主，尤其以出现的黄色散囊菌属霉菌斑点以及褐色弗里米菌斑点格外显眼 |
| 加热杀菌包装食品 | 罐头及蒸煮袋食品一般都经杀菌消毒。但实际上由于杀菌不彻底或封口不良以及材料本身质量而有残菌或造成二次污染。加热杀菌包装食品一般在常温下流通，且消费周期长，也易引起微生物污染 |
| 果汁、清凉饮料 | 果汁糖度高、pH 低，易受真菌和酵母污染引起变质，特别在杀菌不彻底及流通环境温差大的情况下引起果汁膨罐或爆瓶。清凉饮料一般利用 $CO_2$ 抑菌，灌装后不再杀菌，如果 $CO_2$ 压力小于 1MPa 时，pH 和 $CO_2$ 抑菌作用变弱，尤其是果汁清凉饮料，如果不杀菌处理，酵母菌便会大量繁殖而使其变质 |
| 生鲜食品 | 果蔬类食品易发生因霉菌（尤其是果胶酶）引起的腐烂病害、在收获或运输过程中由于损伤易侵入交替霉菌属、葡萄孢菌属、酒曲菌属等霉菌；果蔬用薄膜包装后，其呼吸作用使包装内温、湿度增大而易使霉菌繁殖，从而使霉害加重 |

（3）包装食品的微生物控制

① **包装食品的加热杀菌**：绝大多数微生物在 20～40℃ 的温度范围内生长迅速，若使食品的温度偏离这个温度范围，就能灭杀细菌或制造一个不利于微生物生长的环境。

高温可以达到杀菌效果，因而大部分包装食品都要进行加热杀菌，然后才能流通和销售。加热杀菌方法可分为湿热杀菌法和干热杀菌法。所谓湿热杀菌是利用热水和蒸汽直接加热包装食品以达到杀菌目的，这是一种最常用的杀菌方法；所谓干热杀菌就是利用热风、红外线、微波等加热食品以达到杀菌目的。例如，把经过杀菌的食品用热收缩包装薄膜包装后，再用150~160℃的热风加热5~10min，一方面使包装膜收缩，另一方面可有效地杀死附着在包装材料表面的微生物。

② 微生物的耐热性：食品中最耐热的病原菌是肉毒杆菌，但有些非病原性、能形成孢子的腐败菌，如厌氧腐败菌、嗜热脂肪芽孢杆菌等比肉毒杆菌更耐热。因此，通常的加热杀菌是以杀死各种病原菌和真菌孢子为目的，也可通过变性作用使酶失去活性。表4-8所示为湿热下微生物的耐热性。

表4-8 微生物在湿热下的耐热性

| 微生物 | 加热温度/℃ | 死亡所需时间/min |
| --- | --- | --- |
| 肉毒杆菌孢子A型、B型 | 100<br>110<br>120 | 360<br>36<br>4 |
| 肉毒杆菌孢子E型 | 80<br>90 | 20~40<br>5 |
| 枯草杆菌孢子 | 100<br>120 | 175~185<br>7.5~8 |
| 沙门氏菌 | 60 | 4.3~30 |
| 大肠杆菌 | 57 | 20~30 |
| 四链球菌 | 61~65 | <30 |
| 葡萄球菌 | 60 | 18.8 |
| 乳酸菌 | 71 | 30 |
| 肠炎弧菌 | 60 | 30 |
| 霉菌孢子 | 65~70 | 5~10 |
| 酵母营养细胞 | 55~65 | 2~3 |
| 酵母孢子 | 60 | 10~15 |

影响微生物耐热性的因素：食品成分会不同程度地增强微生物耐热性；高浓度糖液对细菌孢子有保护作用，食品中的淀粉和蛋白质也有保护微生物的作用；油脂对微生物及其孢子的保护作用较大，除直接保护外，还能阻止湿热渗透；水分是一种有效的传热体，它能渗入微生物细胞或孢子中，因而一定温度条件下湿热比干热更具有致死性；如果微生物被截留在脂肪球内，那么水分就不易渗入细胞，湿热致死效果就与干热相近，因此，同一食品物料中，液相内的微生物可以迅速地被致死，而油相内菌群却不易杀死，这就使得油脂类食品的杀菌温度更高、时间更长而造成风味损失。

另外，食品成分对微生物的耐热性有间接影响，即不同食品成分物料的热传导率有差别，如脂肪的导热性比水差。更重要的是微生物的耐热性与食品稠度有关，如果把足够的淀粉或其他增稠剂添加于食品中，使其内部的对流加热系统转化为传导加热系统，那么除了对微生物有直接保护作用外，还会缓解热量至容器内或食品物料内部冷点的热渗透速率，这样就间接地保护了微生物。

③ pH 对加热杀菌的影响

pH 对加热杀菌也有很大的影响，高酸可提高热的杀菌力。表 4-9 所示为不同 pH 下破坏厌氧性产毒性肉毒杆菌孢子的杀菌温度和时间。由表可知，pH 越低，杀菌所需的加热温度也越低、时间越短。如果有足够的酸度，用 93℃、15min 加热杀菌便可达到要求。

表 4-9　　不同 pH 下破坏食品中肉毒杆菌孢子的杀菌温度和时间

| 食品种类 | 食品的 pH | 杀菌时间/min | | | | |
|---|---|---|---|---|---|---|
| | | 90℃ | 95℃ | 100℃ | 105℃ | 108℃ |
| 去皮玉米粒 | 6.95 | 600 | 495 | 345 | 34 | 10 |
| 玉米 | 6.45 | 555 | 465 | 255 | 30 | 10 |
| 菠菜 | 5.10 | 510 | 345 | 255 | 20 | 10 |
| 青刀豆 | 5.10 | 510 | 345 | 255 | 20 | 10 |
| 南瓜 | 4.21 | 195 | 120 | 45 | 15 | 10 |
| 梨 | 3.75 | 135 | 75 | 30 | 10 | 10 |
| 李干 | 3.60 | 60 | 20 | | | |

④ 加热杀菌温度和时间组合

从表 4-9 和表 4-10 可看出：加热杀菌温度和时间密切相关，即温度越高，破坏微生物所需时间越短。虽然温度和时间是破坏微生物所需要的，但同样有效破坏微生物的不同温度-时间组合对食品的损害作用远远不同。这是现代食品加热杀菌技术中最重要的实践，也是目前先进包装技术的基础。

表 4-10　　高温杀菌牛乳温度对加热杀菌时间、褐变、食品营养的影响

| 加热温度/℃ | 芽孢破坏相对速度 | 褐变反应相对速度 | 杀菌时间（完全杀灭） | 相对褐变程度 | 杀菌孢子致死时间 | 食品营养成分保存率/% |
|---|---|---|---|---|---|---|
| 100 | 1 | 1 | 600min | 10000 | 400min | 0.7 |
| 110 | 10 | 2.5 | 60min | 25000 | 36min | 33 |
| 120 | 100 | 6.5 | 6min | 6250 | 4min | 73 |
| 130 | 1000 | 15.6 | 36s | 1560 | 30s | 92 |
| 140 | 10000 | 39.0 | 3.6s | 390 | 4.8s | 98 |
| 150 | 100000 | 97.5 | 0.36s | 97 | 0.6s | 99 |

在杀菌温度-时间组合中，高温对微生物的致死至关重要，但对损害食品色泽、风味、质地、营养价值等更重要的因素是长时间，而不是高温。在微生物与各种食品之间，敏感性在时间和温度方面的差异是一种普遍现象。表 4-10 为高温杀菌牛乳温度对芽孢破坏速度、加热时间及褐变反应的比较。微生物对高温的相对敏感性比食品成分大，温度每上升 10℃，大致能使导致食品变质的化学反应速率加快 1 倍，而当温度高于微生物的最高生长温度时，每上升同样的 10℃，会使微生物破坏的速率加快 10 倍。

由于使用较高的温度允许使用较短的灭菌时间，因此，只要技术条件可能，对热敏性食品应尽可能采用高温瞬时灭菌处理。例如，对酸性果蔬汁进行巴氏杀菌时，目前一般采用瞬间巴氏杀菌：88℃、1min，100℃、12s 或 121℃、2s。尽管 3 种温度-时间组合其灭菌效果相同，但 121℃、2s 杀菌处理可在果汁风味和维生素的保留上获得最好质量。然而，

如此短的杀菌保温时间使杀菌设备更加复杂和昂贵。

⑤ 加热杀菌方法

食品工业上通常根据产品特性采用最低标准温度进行加热杀菌，一般根据温度的高低可分为以下 3 种杀菌方法。

低温杀菌又称巴氏杀菌（pasteurization），由于杀菌温度低于 100℃，食品中还残存微生物，除了嗜热性乳杆菌外，均为芽孢菌的芽孢，而大部分芽孢细菌在 5℃以下的低温环境中是不能繁殖的，故在 80℃左右巴氏杀菌的包装熟食品，在低温下贮藏，其保质期也是较长的。巴氏杀菌目的是杀灭致病菌和腐败菌，同时保证食品有较好的品质、弹性和风味。

高温杀菌主要适用于罐装、瓶装及蒸煮袋食品的杀菌。一般罐头食品在 115℃左右进行 60~90min 的杀菌处理，普通蒸煮袋（RP-F）采用 115~120℃杀菌 20~40min，高温蒸煮袋（HiRP-P）采用 121~135℃杀菌 8~20min，超高温杀菌蒸煮袋（URP-F）采用 135~150℃、2min 的超高温杀菌。

高温短时杀菌（HTST）和超高温瞬时杀菌（UHT），这是两种适合于流动性液态或半液态食品的短时杀菌方法，能有效地保全食品原有的营养和风味质量，常用于无菌包装的食品杀菌。

⑥ 低温贮藏

各种生鲜食品和经过处理调制的加工食品一般都含有较高水分，这些食品在常温下短时间内放置，就会因微生物大量繁殖而腐败变质，若采用冷藏或冻结，其腐变反应速度会明显降低。

⑦ 冷藏：冷藏能降低嗜温性细菌的增殖速度，嗜热性细菌一般也不会繁殖。目前常用 3 种方法。

低温与真空并用。食品低温贮藏时所产生的代表性腐败菌一般是需氧性假单胞杆菌，而大部分厌氧性细菌的繁殖温度下限为 2~3℃，若在无氧的低温环境［(0±2)℃］下保藏食品，可大幅度地延长食品保质期，这种方法称冰温贮藏。图 4-11 所示为牛肉冰温贮藏的保质效果。

低温和二氧化碳并用。二氧化碳能抑制需氧细菌的繁殖，如果降低包装内的含氧量，再充入二氧化碳进行低温贮藏，能产生更显著的贮藏效果。

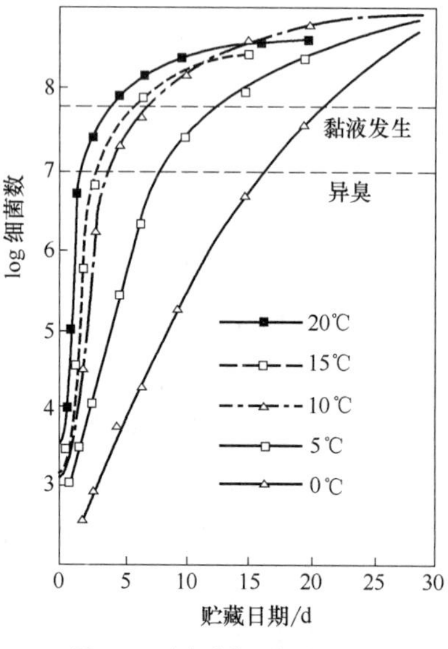

图 4-11　牛肉贮藏温度和细菌数

低温与放射杀菌并用。如果采用能杀灭食品中所有微生物的照射剂量进行放射杀菌，食品会产生严重褐变和异臭而根本不能食用。对于鱼类和畜肉类食品，如果用不影响食品质量的低剂量（10~40Gy）照射杀灭其中的假单胞菌属等特殊的腐败菌，然后进行低温贮藏，其贮藏期可延长2~6倍，这种方法称辐射杀菌法（radurization）。

⑧ 冻结：普通食品在-5℃左右，其水分的80%会冻结，降温至-10℃时低温性微生物还能增殖，温度再下降，微生物就基本上停止繁殖，但化学反应和酶反应仍未停止。一般认为，食品在-18℃以下保质期可达1年以上。

冷冻调理食品多采用塑料及其复合材料包装，并在冻结状态下流通和销售，这类材料必须具备优良的低温性能，常用的有PA/PE、PET/PE、BOPP/PE、Al箔/PE。托盘包装采用PP、HIPS、OPS等。现代食品包装常采用真空、充气和脱氧包装技术与低温贮藏相结合的方法来有效地控制微生物对食品腐变的影响。

⑨ 辐射防腐：食品辐照处理是利用放射源散射的放射能作用于食品，使食品中的微生物和酶钝化而达到抑制或杀灭微生物的目的。目前，食品辐射处理常用$\gamma$射线和$\beta$粒子线，由于其穿透力强，不会在食品中产生显著的热量，故被称为食品的“冷杀菌”。$\gamma$射线具有穿透力强、可辐射到食品深处且较为均匀等优点，现广泛应用于包装食品的辐射杀菌处理。$\beta$粒子穿透力弱，只能用于食品等表面或薄膜及片状食品的辐射处理。

⑩ 辐射作用机制

在生物细胞中，维持生命现象的各种生物化学活性物质是以溶解于水的状态而存在，食品物料大都也是水，当高能量辐射线通过时，水分子被改变而获得高度易反应的氢基和羟基，再与水中的溶氧起反应，并广泛与其他有机、无机分子和能溶解或悬浮于水中的离子起反应。这种辐射反应的结果，生物化学活性物质被钝化，代谢作用损伤扩大，细胞生活机能被破坏。生物体对辐射的感受性，以其繁殖机能的感受破坏性最高。

在食品辐射保藏中，微生物和酶可以通过辐射而被钝化，但食品其他成分（主要为水溶液）同样会受到辐射水解产生游离基而使其品质劣化。因此，辐射过程中便不希望有的微生物和酶钝化，但应使食品组分产生的变化减少到最低程度。采用在食品冻结状态辐射、在真空或惰性气氛下辐射、游离基接受体（如抗坏血酸）的添加等方法已取得良好效果，这些方法不仅能保护食品组分，同时也对微生物和酶提供了一定程度的保护，在使用时常适当提高其辐射处理剂量。

⑪ 微生物和食品耐辐射——辐射剂量：辐射保藏食品时，辐射剂量的选择必须考虑几方面因素：食品的安全卫生性、食品感官质量受辐照损坏的耐力、微生物的耐辐射力、辐射处理费用等。

食品中最能耐受辐射处理的微生物为肉毒杆菌。破坏公共卫生意义上的罐头肉特定肉毒杆菌（A型）及其毒素所需的最低辐射剂量（$\gamma$射线）为4.5万Gy和7.0万Gy。大多数食品酶类甚至比肉毒杆菌孢子更能耐受电离辐射，高剂量辐射虽可钝化酶类，但会导致食品成分的高度破坏，也会损害食品的安全性。为此，凡求稳定贮藏而要求破坏酶时，可通过辐射和适度加热处理的综合方法加以解决，将破坏微生物的辐射剂量与热处理综合运用是绝对有效的。

就有些食品而言，低剂量辐射巴氏杀菌在商业上是可行的，而辐射杀菌会提高辐射费用则不可行。目前用辐射处理保藏食品要比加热、冷藏、冻结保藏费用大，凡这些方法可用的场合一般不会用辐射处理。但辐射处理为冷杀菌，所处理的保藏食品几乎没有通常高温处理导致的任何风味变化，且低剂量巴氏杀菌已能使冷冻水产品、水果蔬菜的正常贮藏期从几天延长到几周，因而辐射保藏有一定的市场实用意义。

⑫ 辐射食品的卫生安全性：由于辐射处理能改变食品和包装的化学分子，且足够剂量还会导致放射性，因此辐射食品的安全与卫生性涉及以下 3 个方面：辐射处理对食品营养价值的影响；辐射可能产生的毒性物质和有害放射性；在辐射食品中产生致癌物质的可能性。

由于安全与卫生性方面的复杂性，各国对食品辐射处理总是加以严格控制，法规要求在对任何新的食品资源做辐射处理和流通之前，必须经食品与药物管理机构立案和批准。

⑬ 微波灭菌：微波是具有辐射能的电磁波，与其他电磁辐射的区别主要在于波长和频率，其波长为 $10^{-3} \sim 10^{-1}$m 数量级，频率为 300MHz～300GHz。我国对工业微波加热设备常用的固定专用频率有两种：915MHz 和 2450MHz。微波用作食品加热处理已有一定历史，而用作食品灭菌处理的研究只有 60 多年的历史，其工业化则时间更短。

⑭ 微波灭菌机制：微波与生物体的相互作用是一个极其复杂的过程，生物体受微波辐射后会吸收微波能而产生效应，而且生物体在微波场中其生理活动也会发生反应和变化，这种非热的生物效应也会影响微生物的生存。微波辐照细菌致死可认为是微波热效应和非热力生物效应共同作用的结果，两种效应相互依存、相互加强。

微波致死细菌的机制与传统加热杀菌致死完全不同。细菌的基本单元是细胞，细胞的存活与细胞膜电位差有关，如果维持细胞正常生理活动的膜电位状态被破坏，必然会影响到细胞的生命状态。微生物处在相当高强度的微波场中，其细胞膜电位会发生变化，细胞的正常生理活动功能将被改变，以致危及细胞的存活。

组成微生物的蛋白质、核酸和水介质作为极性分子在高频微波场中被极化的理论也是常见的微波灭菌机制的一种解释：极性分子在高频高强度微波场中将被极化，并随着微波场极性的迅速改变而引起蛋白质分子团等急剧旋转及往复振动，一方面相互间形成摩擦转换成热量而自身升温，另一方面将引起蛋白质分子变性。对微生物细胞来说，如果细胞壁受到某种机械性损伤而破裂，细胞内的核酸、蛋白质等将渗漏体外而导致微生物死亡。此外，微波辐射还能使酶失活或者功能紊乱。

微波辐射可杀菌，也可杀死虫和虫卵，这对于杀灭混杂在食品原料和食品中的虫卵，延长保藏期并减少营养损失是非常有利的，其杀灭机制也可由极性分子极化理论来解释。

比较一般加热灭菌方法，在一定温度条件下微波灭菌缩短了细菌死亡时间，或者微波灭菌致死的温度比常规加热灭菌的温度低，这是微波灭菌与传统加热灭菌最重要的区别。当然，微波灭菌处理时能有较高的温度状态，对充分灭菌是极为有利的。

⑮ 微波灭菌的热力温度特性：传统加热灭菌其热力由食品表面向里层传递，传热速

率决定于食品的传热特性，这就决定了食品表层和中心的温度差，以及中心升温的滞后性，从而延长了食品整体灭菌所需要的总时间，而且单纯的热力作用较难杀灭耐热性较强的芽孢杆菌。微波透入食品加热传热的特性使食品升温时间大大短于传统加热升温时间，而且微波灭菌使细菌致死的因素还有非热力的生物效应，这使得微波灭菌时间更短，且温度较低，这为保持食品的色香味和营养成分创造了条件。

必须指出，灭菌是对食品整体而言的，微波灭菌时食品表面温度可能会因散热或水分散失而低于其内部温度，致使食品表面的细菌残留存活，这一微波灭菌工艺上的问题应予注意和解决。

⑯ 微波灭菌工艺：间歇微波灭菌工艺。脉冲式微波灭菌能在短时间内产生较强微波电场间歇作用于食品而使食品升温，因按时间积分平均值计其总能量不大，食品物料升温并不大，但瞬时强微波电场对食品物料的极化作用十分强烈，从而大大提高了灭菌效果。

连续微波辐照工艺。一般采用较低场强、适当延长微波辐照时间。隧道式箱型微波设备的箱体内功率密度较低，能适合于连续微波灭菌工艺。在物料对温度及加热时间允许的前提下，适当延长辐照时间将有利于强化灭菌效果，同时也能使物料加热状态均衡，减少物料内外温差。如用2450MHz、5kW的可调微波设备对复合膜包装的调味海带做连续灭菌，处理40s~2min大肠杆菌完全杀灭，而传统加热杀菌需蒸煮30min。

多次快速加热辐照和冷却杀菌工艺。该工艺能快速地改变微生物的生态环境温度，且多次实施微波辐照灭菌，从而避免被杀菌物料连续长时间处于高温状态，可有效保持食品的色、香、味和营养成分，适合于对热敏感的食品灭菌保鲜。

微波灭菌作为食品加工新技术应用于传统加工食品的保鲜工艺近年来得到较大的发展。如糕点类、豆制品、畜肉加工制品、鱼片干等经微波灭菌处理，可较好地保全食品原有风味特色，并有效延长货架保质期。由于微波灭菌保鲜食品其保鲜期长于冷冻食品，可高于0℃冷藏而无须低温冻藏，且食用时烹调快、能与家用微波炉配套使用，因此，食品微波灭菌技术将有更广的应用前景。

### 3. 包装食品的品质变化及其控制

**（1）包装食品的褐变、变色及其控制**　食品的色泽不仅给人以美感和消费倾向性，也是食用者心理上的一种营养素。食品所具有的色泽好坏，已成为食品品质的一个重要方面。事实上，食品色泽的变化往往伴随着食品内部维生素、氨基酸、油脂等营养成分及香味的变化。因此，食品包装必须有效地控制其色泽的变化。

① 食品的主要褐变及变色：食品褐变包括食品加工或贮藏时，食品或原料失去原有色泽而变褐或发暗。图4-12表示几种产生褐变的食品成分及其反应机制。

褐变反应有三类：食品成分由酶促氧化引起的酶促性褐变；非酶促性氧化或脱水反应引起的非酶促性褐变；油脂因酶和非酶促性氧化引起酸败而褐变。在导致褐变的食品成分中，以具有还原性的糖类、油脂、酚、抗坏血酸等较为严重，尤其是还原糖引起的褐变，如果与游离的氨基酸共存，则反应非常显著，即美拉德反应。

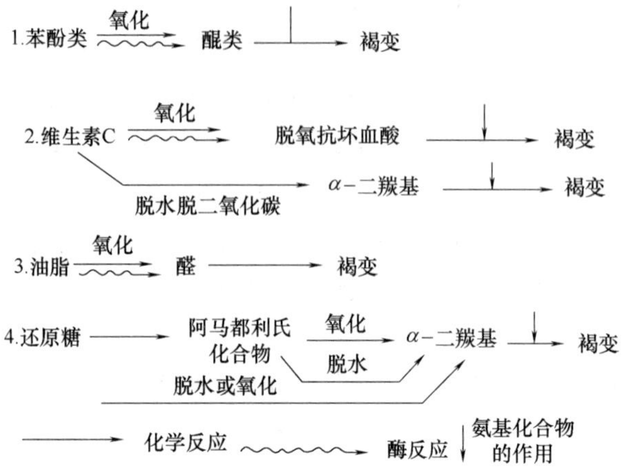


图 4-12　产生褐变的食品成分及其反应机制

典型的非酶褐变有氨基—羰基反应和焦糖反应等，从影响食品质量的角度来分析，氨基—羰基反应又可分为基本上无氧也能进行的加热褐变和在有氧条件下发生的氧化褐变；前者在食品加工过程中赋予食品以令人满意的色香味，后者因褐变而呈暗色和产生异臭。

典型的酶促褐变如苹果、香蕉、茄子、山药等果蔬受伤去皮之后，其组织与氧接触引起的褐变，其反应是在多酚氧化酶、过氧化酶等作用下酚类物质氧化成醛类，并使其聚合而着色。酶促性褐变需有酚类、氧化酶、氧等基质，因此，加热使酶失活，降低 pH，或使用亚硫酸盐等可抑制酶促褐变，真空或充气包装也能有效减缓褐变反应。

食品的变色主要是食品中原有颜色在光、氧、水分、温度、pH、金属离子等因素影响下的褪色和色泽变化。

② 影响褐变及变色的因素：主要有光、氧、水分、温度、pH、金属离子等。

a. 光：光线对包装食品的变色和褪色有明显的促进作用，特别是紫外线的作用更显著。天然色素中叶绿素和类胡萝卜素是一种在光线照射下较易分解的色素。图 4-13 和图 4-14 所示为光的波长对 $\beta$-胡萝卜素和叶绿素分解的影响。由图可知，波长 300nm 以下的紫外线对色素分解的影响最为显著。

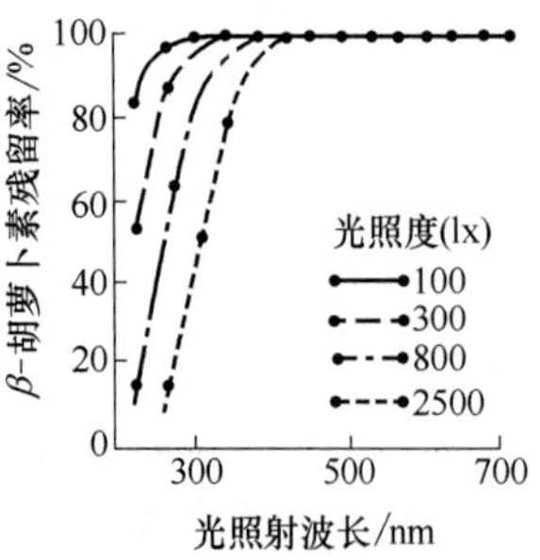


图 4-13　光的波长对 $\beta$-胡萝卜素分解的影响

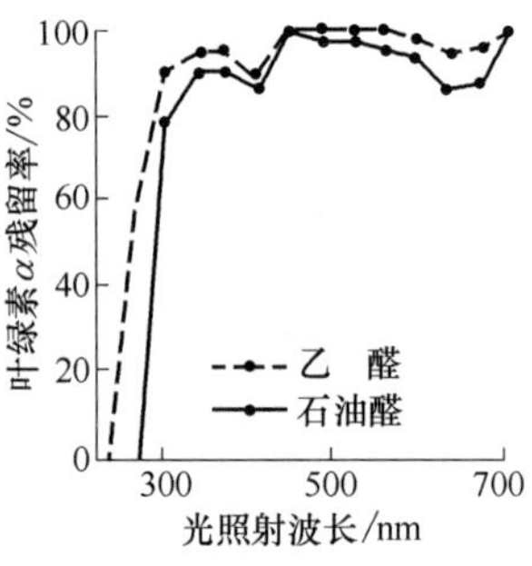


图 4-14　光的波长对叶绿素分解的影响

图 4-15 为焦油系色素在太阳光下褪色的情况，由图可知，色素不同，其分解褪色性能也有很大差别。

玻璃和塑料包装材料虽能阻挡大部分的紫外线，但所透过的光线也会使食品变色和褪色，缩短食品保质期。为减少光线对食品色泽的影响，选择的包装材料必须能阻挡使色素分解的光波。

b. 氧气：色素是容易氧化的，类胡萝卜素、肌红蛋白、血红色素、酮类、花色素等都是易氧化的天然色素。在苯酚化合物中，如苹果、梨、香蕉中含有绿原酸、白花色等单宁成分，还原酮类中的维生素 C、氨基还原酮类，碳基化合物中的油脂、还原糖等，这些物质的氧化会引起食品的褐变、变色或褪色，随之而来的是风味降低、维生素等微量营养成分的破坏。

氧是氧化褐变和色素氧化的必需条件。因此，包装食品对氧化的控制是至关重要的保质措施，图 4-16 所示为不同透氧性的塑料薄膜包装咸味熟牛肉其贮藏温度对牛肉色泽的影响，显然包装材料的透氧率越高，温度越高，色素的分解越快。

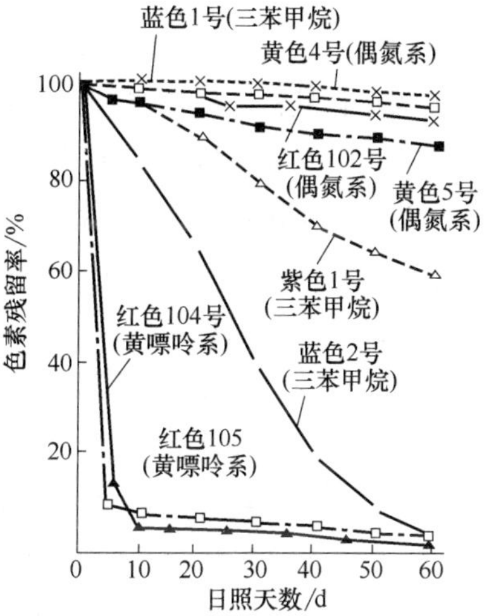


图 4-15　太阳光线对食用色素的显色作用

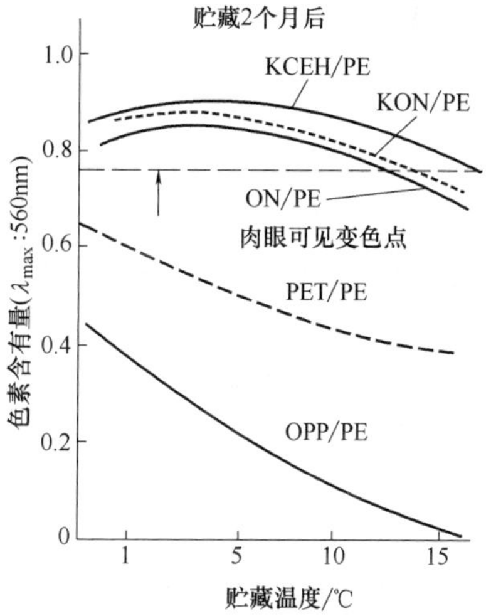


图 4-16　包装材料的阻隔性对咸味熟牛肉色泽的影响

c. 水分：褐变是在一定水分条件下发生的，一般认为：多酚氧化酶的酶促褐变是在 $A_w$ = 0.40 以上，非酶褐变在 $A_w$ = 0.25 以上，反应速度随 $A_w$ 上升而加快，在 $A_w$ = 0.55 ~ 0.90 的中等水分中反应最快。若水分 $A_w$ 再增加时，其基质浓度被稀释而不易引起反应。

水分对色素稳定性的影响因色素性质不同而有较大差异。类胡萝卜素在活体上非常稳定，但在干燥后暴露在空气中就非常不稳定；叶绿素、花色素系色素在干燥状态下非常稳定，但在水分达 6% ~ 8% 以上时，就明显地迅速分解，尤其在光、氧存在条件下很快褪色。

d. 温度：温度会影响食品的变色，温度越高，变色反应越快。干燥食品吸湿就会褐变或褪色，这种反应与环境温度关系密切。由氨基-羰基反应引发的非酶促褐变，温度提高10℃其褐变速度提高2~5倍。高温会使食品失去原有的色泽，如干菜、绿茶、海带等含有叶绿素、类胡萝卜素的食品，高温能破坏色素和维生素类物质而使风味降低，若长期贮藏，应关注环境温度的影响。

e. pH：褐变反应一般在pH=3左右最慢，pH越高，褐变反应越快。从中等水分到高水分的食品中，pH对色素的稳定性影响很大，叶绿素和氨苯随pH下降、分子中$Mg^{2+}$和$H^+$离子换位，变为黄褐色脱镁叶绿素，色泽变化显著；花色素系和蒽醌系色素，pH对色素稳定性的影响各异，红色素在pH=5.5~6.0以上时易变成青紫色，檀色素、青色素等在pH 4左右时变成不溶性而不能使用，故包装食品的色泽保护应考虑pH的影响。

f. 金属离子：一般地，Cu、Fe、Ni、Mn等金属离子对色素分解起促进作用，如番茄中的胭脂红、橙子汁中的叶黄素等类胡萝卜素只要有1~2mg/kg的铜、铁离子就能促进色素氧化。

③ 控制包装食品褐变及变色的方法

食品变色是食品变质中最明显的一项，尽管褐变变色的因素很多，但通过适当的包装技术手段可有效地加以控制。

a. 隔氧包装：在常温下，氧化褐变反应速度比加热褐变反应速度快得多，对易褐变食品必须进行隔氧包装。对于诸如浓缩肉汤和调味液汁类风味食品，即使包装内有少量的残留氧，也能引起褐变变色，降低食品的风味和品质。真空包装和充气包装是常用的隔氧包装，要完全除去包装内部的氧，特别是吸附在食品上的微量氧是困难的，必须在包装中封入脱氧剂，用以吸除包装内的残留氧，并可吸除包装食品在贮运过程中透过包装材料的微量氧，这样处理可长期地保持包装内部的低氧状态，有效防止食品氧化褐变，目前大部分食品采用软塑包装材料，隔氧包装应选用高阻氧的如PET、PA、PVDC、Al箔等为主要阻隔层的复合包装材料。

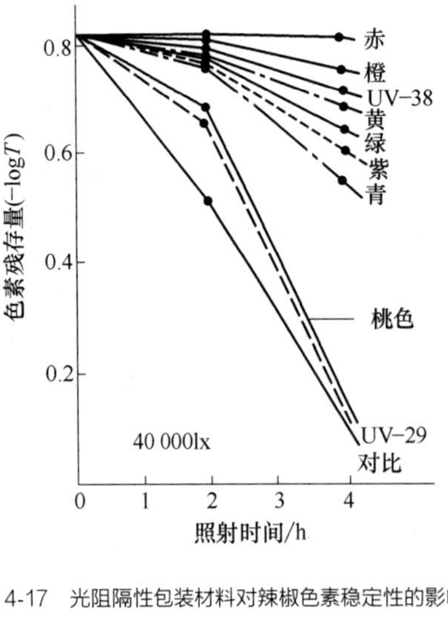


图4-17 光阻隔性包装材料对辣椒色素稳定性的影响

b. 避光包装：用包装材料对一定波长范围内光波的阻隔性，防止光线对包装食品的影响，选用的包装材料既不失内装食品的可视性，又能阻挡紫外线等对食品的影响。例如，能阻挡400nm以下光的包装材料，适用于油脂食品包装，用在含有类胡萝卜素及花色素类的食品也有效。然而，对于一般色素，可见光也会加速光变质，对长时间暴露在光照下的食品，可对包装材料着色或印刷红、橙、黄褐色等色彩，这样虽部分丧失了包装的可视性，但能有效地阻挡光线对食品品质的影响，而且通过丰富多彩的图案装潢设计，可增加食品的陈列效果和广告促销作用。图4-17所示为各种颜色的光阻隔性包装材料对辣椒色素稳定性的影响。

现代食品包装，也采用阻光阻氧阻气兼容的高阻隔包装材料，如铝箔、金属罐等防止光、氧对食品的联合影响，大大延长食品保质期。

c. 防潮包装：水分对食品色泽的影响包括两方面含义：其一是对一定水分含量（20%~30%）的食品，如带馅的点心等糕点食品，由于脱湿而发生变色；其二是干燥食品会因吸湿增大食品中的水分而变色：前者防止变色的方法是采用适当的包装材料保持其原有水分，而后者主要是保持食品干燥而使色素处于稳定状态，采用阻湿防潮性能较好的包装材料或采用防潮包装方法，能较好地控制因水分变化引发的褐变、变色。

**（2）包装食品的香味变化及其控制** 在食品的感官指标中，香味或滋味是评判一种食品优劣的重要指标，控制食品香味变化是食品包装所要研究和解决的一大课题。

① 包装食品产生异味的主要因素及控制：包装食品的香味变化主要是由于包装及内部食品的变质因素产生的异味所造成，追溯风味变化的起因是非常复杂的问题，图 4-18 所示为风味变化及主要因素。

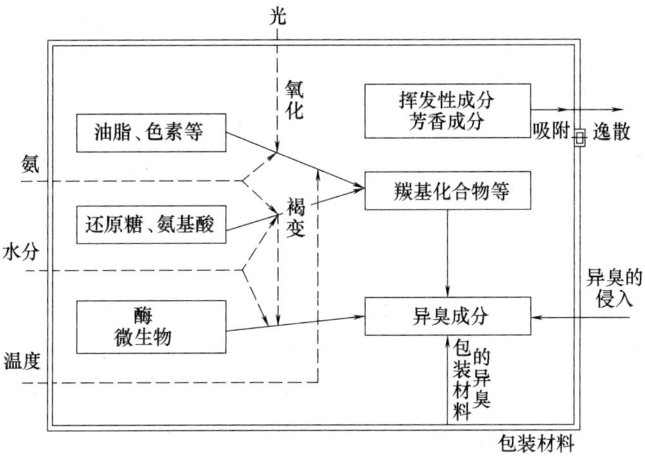


图 4-18 包装食品的风味变化

a. 食品所固有的芳香物：食品主要成分或在加工过程中产生的挥发性成分，一般是人们较为欢迎的香味，这种香味成分应用保香性较好的包装材料来包装，尽可能减少透过包装的逸散。

b. 食品化学性变化产生的异臭：包装食品贮运过程中因油脂、色素、碳水化合物等食品成分的氧化或褐变反应而产生的异味会导致食品风味的下降。这种氧化、褐变是由残留在包装内部或透过包装材料的氧所引起，故对易氧化褐变食品应采用高阻隔性，特别是高阻氧性包装材料进行包装，还可采用控制气氛包装、遮光包装来控制氧化和褐变的产生。

c. 由食品微生物或酶作用产生的异臭：这种因素可以根据食品的性质状态选择加热杀菌、低温贮藏、调节气体介质、加入添加剂等各种适当的食品质量保全技术和包装方法来加以抑制和避免。

d. 包装材料本身的异臭成分：这是引起食品风味变化的一个重要问题，特别是塑料及其复合包装材料的异味。应严格控制直接接触食品的包装材料质量，并控制包装操作过程中可能产生的塑料过热分解所产生的异味异臭污染食品。

图 4-19 所示为食品在加工流通过程中产生异臭的主要途径，这些因素可通过严格的质量管理及流通贮运过程中严格的防范措施来避免或减缓。

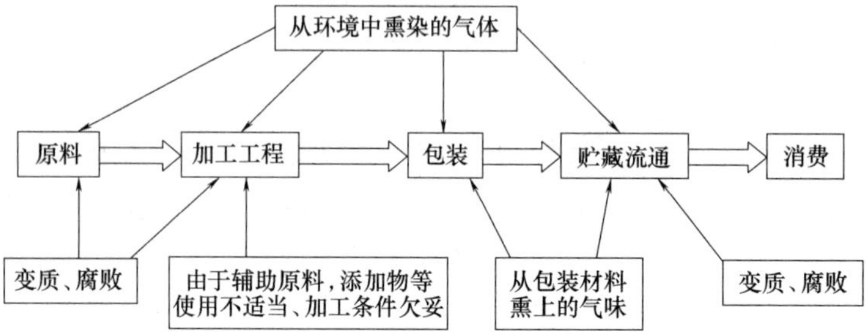


图 4-19　食品在加工流通过程中产生异臭的主要途径

② 塑料包装材料的渗透性引起的异味变化：塑料包装材料都具有不同程度的透气性能，包装食品后能使食品香味不逸散，但由于氧气的渗入，会引起食品氧化、褐变等而产生异味。同时，对没有经过杀菌处理或杀菌不彻底的包装食品，也会因微生物和酶的作用而产生异臭或风味变化。这是塑料与玻璃和金属包装材料相比的一大缺陷。为防止因材料透氧所引起的食品风味变化，应选用新型高阻气性复合包装材料，并采用各种食品质量保全新技术。

a. 塑料包装材料的气味渗透性：不同塑料薄膜对挥发性芳香物的渗透性有很大差异，从保护食品质量和风味角度考虑，包装材料对挥发性物质的渗透性至关重要。

有关各种塑料薄膜对挥发性物质渗透性试验数据很多，但由于所用薄膜、挥发性物质的种类和状态不同，且测定方法及测定结果的表示方法也有差异，故很难进行统一的比较。表 4-11 所示为塑料薄膜对各种香精的渗透性比较（薄膜包装香精后，用人体器官功能判断气味残留情况而得到）：PE 及 Ny 薄膜对香气的渗透性很大，而 PET、PC 薄膜则小些。图 4-20 所示为各种塑料复合薄膜小袋装入挥发性物质的蒸气后，用气相色谱法跟踪测定其残留物质得到的结果；表 4-12 所示为用各种塑料小袋封入乙醇，用质量测定法测定的乙醇渗透速度。由图、表结果可知；PC、PET、EVAL、PVDC 等薄膜对挥发性物质有较高的阻隔性，保香性较好。

表 4-11　　　　塑料薄膜对各种香精的渗透性比较

| 香精种类 | 低密度聚乙烯 | 高密度聚乙烯 | 聚丙烯 | 氯化乙烯基 | 聚酰胺 | 聚酯 | 聚碳酸酯 | 聚氯乙烯 | 防潮玻璃纸 |
|---|---|---|---|---|---|---|---|---|---|
| 华尼拉(香草)香精 | ○ | ○ | ⊕ | ⊙ | ○ | ● | ⊕ |  | ○ |
| 熏制香精 | ○ | ○ | ⊕ | ⊕ | ○ | ● | ● | ⊕ | ○ |
| 杨梅（草莓）香精 | ○ | ○ | ⊕ | ⊕ | ○ | ⊙ | ⊕ | ⊕ | ○ |

续表

| 香精种类 | 低密度聚乙烯 | 高密度聚乙烯 | 聚丙烯 | 氯化乙烯基 | 聚酰胺 | 聚酯 | 聚碳酸酯 | 聚氯乙烯 | 防潮玻璃纸 |
|---|---|---|---|---|---|---|---|---|---|
| 橘香精 | ○ | ○ | ⊕ | ⊕ | ○ | ○ | ⊕ | ○ | ○ |
| 柠檬香精 | ○ | ○ | ⊕ | ⊕ | ○ | ⊕ | ● | ○ | ○ |
| 咖喱香精 | ○ | ○ | ⊙ | ⊙ | ○ | ⊙ | ● | ⊙ | ⊙ |
| 姜香精 | ○ | ⊕ | ⊙ | ⊙ | ○ | ⊕ | ● | ⊕ | ○ |
| 大蒜香精 | ○ | ○ | ○ | ⊙ | ○ | ● | ● | ⊕ | ⊕ |
| 咖啡香精 | ○ | ○ | ⊕ | ⊕ | ○ | ● | ● | ⊙ | ● |
| 可可茶香精 | ⊕ | ⊕ | ⊙ | ⊙ | ○ | ● | ● | ⊕ | ● |
| 辣酱油香精 | ○ | ○ | ⊕ | ⊙ | ○ | ⊙ | ⊕ | ⊕ | ○ |
| 酱油香精 | ○ | ○ | ⊕ | ⊕ | ○ | ⊙ | ⊕ | ⊕ | ○ |
| 咸辣椒 | ○ | ○ | ○ | ⊕ | ○ | ● | ⊙ | ⊕ | ⊕ |

注：○1h 内，⊕1d 内，⊙1 周内，●2 周以上。

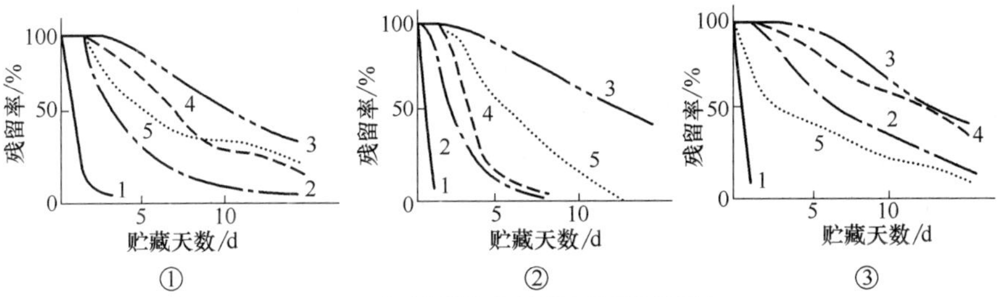


图 4-20 各种塑料薄膜对挥发性物质的渗透性

①乙醛 ②乙酸乙酯 ③异戊醇

1—PT/PE（70） 2—BOPP/PE（72） 3—PET/PE（70） 4—BOPP/PT/PE（72） 5—KBOPP/PE（70）

表 4-12 各种薄膜的乙醇渗透速率 单位：g/（$m^2 \cdot d$）

| 包装材料的组成与厚度 | 通过速度 | | |
|---|---|---|---|
| | 20℃ | 30℃ | 40℃ |
| PE(100) | 1.29 | 5.5 | 1.35 |
| CPP | — | 1.0 | — |
| ONY(15)/PE(60) | 1.26 | 5.3 | 12.60 |
| K 玻璃(#350)/PE(60) | 0.17 | 1.20 | 4.20 |
| OPP(20)/PE(60) | 0.12 | 0.90 | 3.00 |
| KOPP(22)/PE(60) | 0.083 | 0.66 | 2.10 |
| OPP(26)/EVAL(15)/PE(60) | — | 0.87 | 2.93 |
| OPP(30)/EVAL(17)/PE(85) | — | 0.42 | — |
| EVA(17)/OPP(35) | — | 0.111 | 0.40 |

渗透性物质与塑料薄膜间的亲和性不同，其渗透的难易程度也有变化。PE、PP 等疏水性薄膜容易渗透酯类疏水性分子；尼龙、PA 等亲水性薄膜易渗透乙醇等亲水性物质而

不易透过脂类等疏水性物质。由此可知，风味食品选择包装材料时应考虑挥发成分的性质，来决定可否选用亲水性薄膜等。由于环境温湿度对挥发性物质的渗透性有较大的影响，对亲水性物质的渗透性影响尤为显著，因此，为防止温湿度带来的不利影响，可采用PVDC、PE等多层复合薄膜来包装含一定水分的风味食品。

b. 异臭的侵入和香味的逸散：包装食品受环境异臭的影响，这也是由薄膜对挥发性物质的渗透性这一因素所造成。若食品贮藏环境有异臭源，或者把包装食品存放在有异臭的仓库、货车或冷库等场所，常由于异臭成分的侵入及香味的逸散而导致食品风味下降。这种事件经常发生却不被人们所重视，因而目前关于这方面的实验研究报告也很少。

食品中的蛋白质、脂肪等强极性分子易吸附环境气氛中的异臭分子。如果把白蛋白、酪蛋白、马铃薯淀粉、蔗糖等食品原材料分别放在乙醇、甲乙基酮、乙酸乙酯、苯等蒸气中，观察上述原材料对挥发性物质的吸附量时会发现，不论哪一种食品原料，其吸附量的大小顺序：乙醇>甲乙基酮>乙酸乙酯>苯。如果用同一种挥发性物质进行比较时，白蛋白和淀粉易吸附挥发性物质，而蔗糖对任何一种挥发性物质的吸附性都不大。

因食品的性质及异臭的种类和性质不同，用塑料包装材料包装食品时对食品的异臭污染也有很大差异，在选用包装材料和技术方法时应加以关注。

**（3）包装食品的油脂氧化及其控制** 现代加工食品构成中大多含有油脂成分，油脂不仅能改善食品的风味，也能提供更多的热，对人体发育和生理机能也起着重要作用。但油脂一旦氧化变质会发生异臭，不仅失去食用价值，氧化产物——过氧化物（POV）对人体也有一定的毒害。

① 油脂的氧化方式：根据氧化的条件和机制可分为三类。

a. 自动氧化：这是油脂常温下放置在空气中的氧化现象，其小的不饱和脂质在环境条件（光、水分、金属离子）作用下的一个连锁复杂的反应过程，从而使油脂分解生成有害的氧化生成物。自动氧化在低温环境中也会缓慢进行。

b. 热氧化：油脂在与空气中氧接触状态下加热所产生的氧化现象，此时明显产生有较强毒性的碳基化合物和聚合物，且不饱和脂肪酸和饱和脂肪酸一起被氧化。

c. 酶促氧化：主要是脂肪氧化酶（*lipoxidase*）及棒曲霉（*aspergillus*）、镰刀霉（*fusarium*）和酒曲霉（*rhizopus*）的各属的酶促作用，促进食品中的饱和脂肪酸及不饱和脂肪酸氧化。

油脂氧化与油脂种类、光、氧、水分、温度、金属离子、放射线等因素密切相关。

② 油脂类食品变质的影响因素和控制方法

a. 光线：光能明显地促进油脂氧化，其中紫外线的影响最大。包装食品直接暴露在阳光下的机会很少，但会长时间受到橱窗和商店内部荧光灯产生的紫外线照射。表4-13所示为光波波长和油脂氧化的关系，500nm以下的光线对氧化的影响极大，为防止包装食品因透明薄膜引发的光氧化，最好采用红褐色薄膜或者采用铝箔等作为富含油脂食品的包装材料。

表 4-13　　　　使用各种波长的光照玉米油和棉籽油以后的过氧化值

| 滤纸的透过性范围/nm | 过氧化值 | | | |
|---|---|---|---|---|
| | 玉米油 | | 棉籽油 | |
| | 试料 1 | 试料 2 | 试料 1 | 试料 2 |
| 360~420 | 20.9 | 20.2 | 17.6 | 17.3 |
| 420~520 | 8.7 | 8.5 | 12.4 | 12.5 |
| 490~590 | 4.5 | 4.9 | 8.1 | 7.9 |
| 590~680 | 1.1 | 1.4 | 3.1 | 3.4 |
| 680~790 | 1.0 | 1.2 | 2.1 | 1.8 |

表 4-14 所示为荧光灯照射对低温保存的奶油乳酪氧化影响。奶油乳酪对空气中的氧是相对稳定的，当受到荧光照射时就会迅速氧化，当用 5000lx 荧光灯照射时仅几个小时，奶油乳酪就会产生异味，但使用蛋白的奶油乳酪可抑制光氧化，这是因蛋白质阻挡了部分光线的作用。

表 4-14　　　　低温保存的奶油乳酪的过氧化值受荧光灯照射的影响

过氧化值：单位：mmol/kg

| 照度/lx | 1000 | | | 3000 | | | 5000 | | |
|---|---|---|---|---|---|---|---|---|---|
| 照射条件 | 1d | 3d | 5d | 1d | 3d | 5d | 1d | 3d | 5d |
| 奶油乳 | 2.52 | 3.77 | 6.18 | 4.80 | 9.58 | 12.36 | 7.89 | 13.67 | 25.33 |
| 使用蛋白的奶油乳酪 | 1.33 | 1.69 | 2.43 | 1.93 | 3.41 | 4.72 | 2.08 | 4.60 | 6.57 |
| 猪油混合奶油乳酪 | 1.89 | 3.37 | 4.65 | 4.12 | 7.81 | 11.00 | 4.94 | 12.10 | 17.70 |

图 4-21 所示为添加玉米油的小麦粉光照实验：在商店明亮处照度为 500～1000lx 能明显促进包装食品的氧化，当照度为 20000lx、温度 37℃条件下，其包装食品的氧化速度是照度为 1000lx 时的 7 倍，是 500lx、30℃条件下的 15 倍。

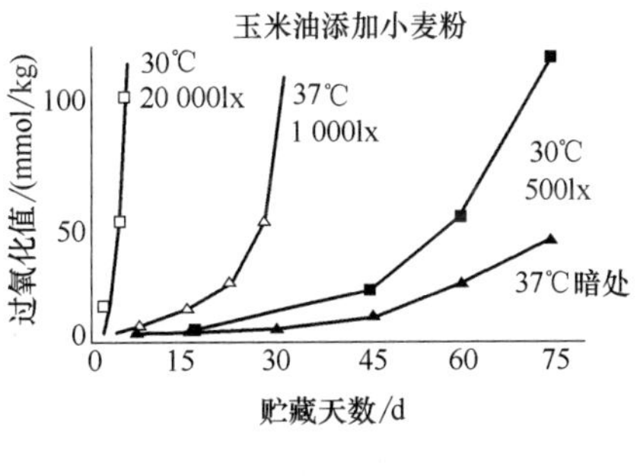


图 4-21　荧光灯照明度与氧化的关系

因荧光灯照射引起的包装食品氧化，即使其过氧化值较低，也会使食品产生特有异味，并使香味降低。因此，对光氧化敏感的食品，必须采用防荧光包装材料和包装方法。近年来铝箔及其复合包装材料的大量采用，使光线对食品氧化的作用减少，但为了提高包装食品的透视性以便吸引消费者，大部分食品依然采用透明性包装，故光线对食品氧化变质的影响一直存在。解决这个问题的方法只能局部或大部地牺牲包装食品的可视性，采用装潢印刷，制成完全避光的包装材料来保全光氧化敏感食品的风味和品质。

b. 氧气：食品中油脂氧化与氧分压密切相关，图 4-22 所示为氧浓度与亚油酸乳浊液氧化速度的关系，当氧气降至2%以下时，氧化速度明显下降，故油脂食品常采用真空或充气包装。

食品油脂氧化还与接触面积和油脂稳定性有关，若食品中油脂稳定性差则极易氧化变质，这时可采用封入脱氧剂的包装方法，使包装内的氧浓度降低到0.1%以下。

对添如小麦粉的过氧化值（POV）、总羰基值（COv）与耗氧量的关系如图4-23所示：含油脂量15%的小麦粉15g包装在10cm×15cm的薄膜袋中，包装的容差空间为160mL，其中氧占油脂量的2.06%，在60℃暗处保存，当耗氧量相当于油脂的0.1%时，POV值为60meq/kg，COV值为28meq/kg，发生明显的氧化变质。

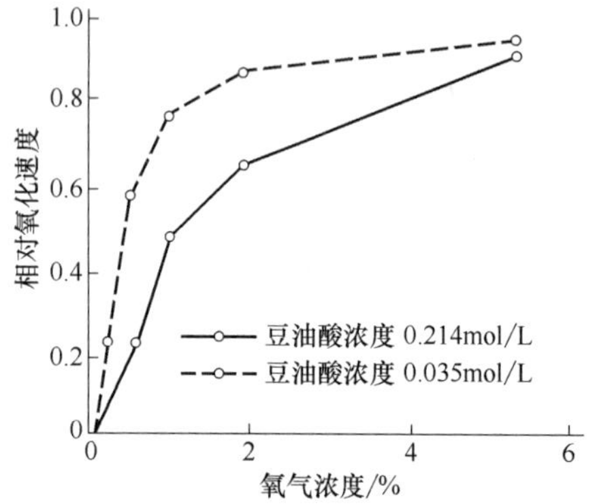


图4-22　亚油酸乳浊液氧化速度与氧浓度的关系

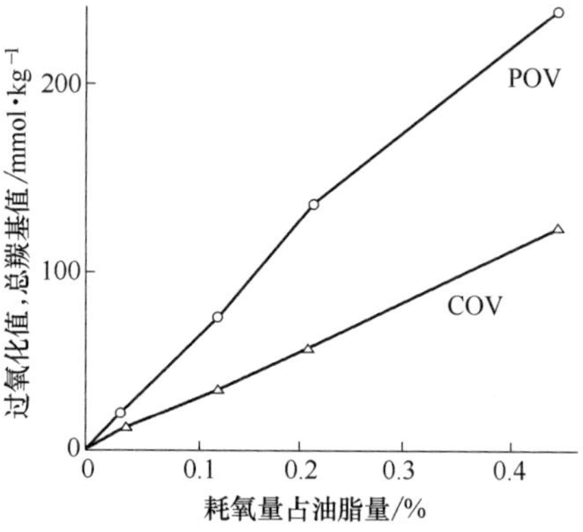


图4-23　添加小麦粉POV、COV与耗氧量的关系

c. 水分：食品中的水分以自由水和结合水两种形式存在。干燥食品中结合水的存在对保护食品质量稳定非常重要，过度干燥并失去了化合水的食品，其氧化速度很快，水分的增加又会助长水分解而使游离脂肪酸增加，并且会使霉菌和脂肪氧化酶增殖，故应尽可能保持食品的较低水分活度。水分对油脂氧化的影响是复杂的，对油脂食品的包装，一般以严格控制其透湿度为保质措施，即不论包装外部的湿度如何变化，采用的包装材料必须使包装内部的相对湿度保持稳定。

d. 温度：油脂的氧化速度随温度的升高而加快，低温贮藏能明显减缓食品中油脂的氧化。

**（4）包装食品的物性变化**　包装食品的物性变化土要是因水分变化所引发，无论是生鲜食品还是加工食品，都存在着食品本身失水趋于干燥的脱湿过程或吸收空气中水分的吸湿过程。食品的脱湿或吸湿，其物性就会发生变化，干燥时发生裂变和破碎现象，吸湿时发生潮解和固化现象，两者都会引起食品的品质风味下降，直至失去商品价值。

① 食品的脱湿：一般食品含有一定水分，只有在保持食品一定水分条件下，食品才有较好的风味和口感。蔬菜、鱼肉等生鲜食品含水量一般在70%～90%，贮藏过程中因水分的蒸发，蔬菜会枯萎，肉质变硬，其组织结构劣变；加工食品中，中等含水食品也会因水分散失而使其品质劣变。

如图4-24所示为蛋糕水分蒸发与品质及商品价值的关系：在30℃温度条件下，无包装放置3d，其水分蒸发率为6%，表面出现裂纹和碎块，蛋糕失去商品价值；用防潮玻璃纸包装，在30℃温度条件下放置12d失去商品价值；用PVDC包装在30℃温度条件下放置20 d，仍保持其完好状态。若蛋糕水分蒸发4%~5%时，因表面出现裂纹而丧失其商品价值。

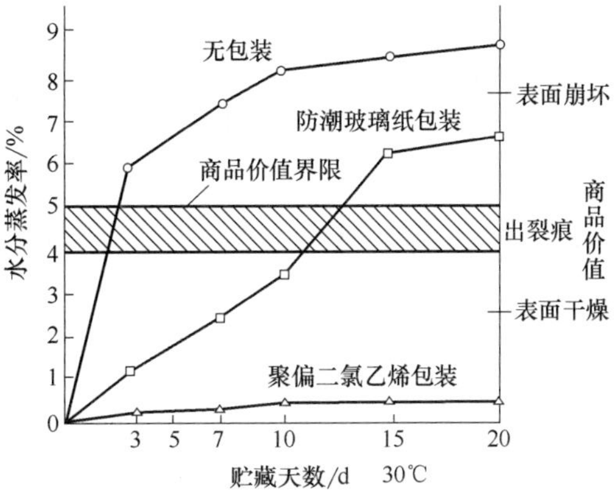

图4-24 蛋糕的水分蒸发率与商品价值

一般情况下，含35%以上水分的食品，会因脱湿产生物性变化而使食品品质劣变。如采用防潮包装材料进行包装，可在一定时间内保持食品原有水分含量和新鲜状态。

② 食品的吸湿

a. 平衡相对湿度：每一种食品各有其平衡相对湿度，即在既定温度下食品在周围大气中既不失去水分又不吸收水分的平衡相对湿度。若环境湿度低于这个平衡相对湿度，食品就会进一步散失水分而干燥，若高于这个湿度，则食品会从环境气氛中吸收水分。

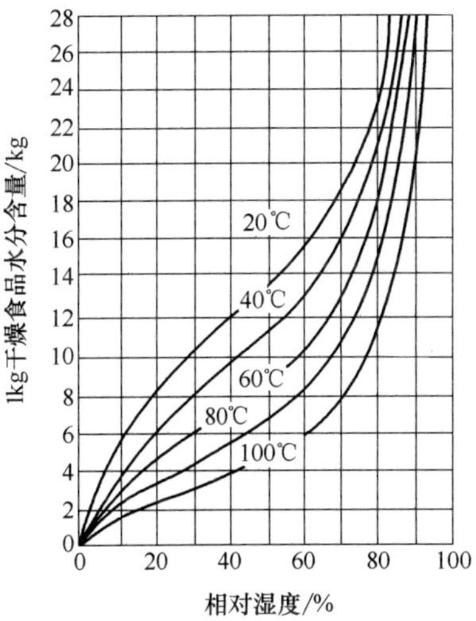

图4-25 马铃薯等温吸湿线

b. 吸湿等温曲线：测定不同温度下食品的平衡相对湿度，可获得一组食品的吸湿等温曲线，方法是把干燥食品露置在已设定温度、不同湿度气氛的钟形罩内，经几小时露置后称重，即可获得一组不同湿度条件下的平衡含水量数据，绘制成曲线即为该食品在设定温度的吸湿等温曲线。如图4-25所示为马铃薯吸湿等温线，在20℃和40% RH时，马铃薯的平衡水分值为12%。

不同性质食品其等温吸湿特性完全不同。水溶性物质在相对湿度达到一定值之前，完全不吸湿或吸湿很少，如果相对湿度超过某一定值，则开始急剧吸湿。从理论上讲，其吸湿进行到完全溶解且水溶液的浓度和外界的相对湿度相平衡为止。如图4-26所示为糖、盐等水溶性物质的等温吸湿曲线，这些食品在相对湿度70%或80%之间，水分含量并不增加，但超过某一限度，则急剧吸湿而潮解。如图4-27所示为几种天然食品的等温吸湿曲线，这些天然高分子物质随着湿度的增加而其水分也不断地增加。

粉末食品或固体食品一般由蛋白质、碳水化合物、脂肪及其他诸如砂糖、食盐、谷氨

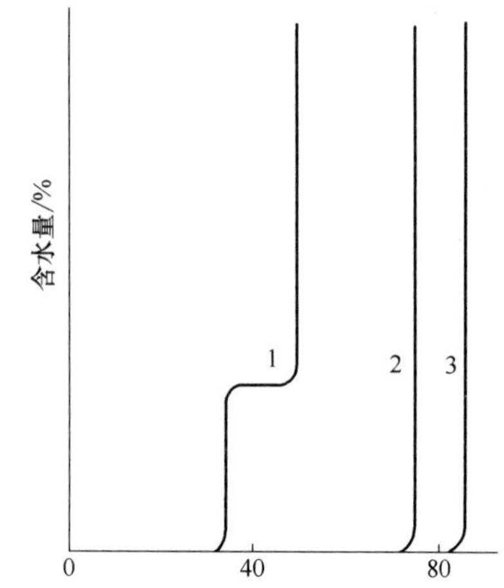


图 4-26　粉状物品的等温吸湿线

1—非食物化学品　2—食盐　3—糖

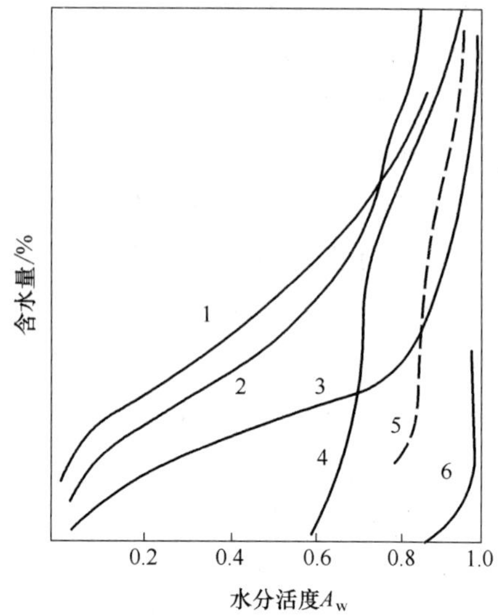


图 4-27　天然食品的等温吸湿线

1—淀粉　2—蛋白质　3—纤维素

4—葡萄糖　5—蔗糖　6—脂类

酸钠等组成，这些食品因其组织成分不同，各有不同的吸湿平衡特征。如乳粉、肉汁粉末等吸湿性强的食品，其低湿处的吸湿性较低，而高湿处的吸湿性则急剧增加。再如脱脂乳粉使其吸湿后再干燥制成的速溶乳粉，其吸湿性比原料乳粉的吸湿性小得多。

c. 食品的临界水分值：干燥食品究竟吸收多少水分才会使其质量低劣呢？表 4-15 所示为几种食品在 20℃、90%RH 条件下的饱和吸湿量及质量低劣的极限吸湿量——临界水分值。

表 4-15　　各种食品的饱和吸湿量（20℃、90%RH）和临界水分值

| 食品 | 吸湿量/% | 临界水分/% |
|---|---|---|
| 椒盐饼干 | 43 | 5.00 |
| 脱脂乳粉 | 30 | 3.50 |
| 乳粉 | 30 | 2.25 |
| 肉汁粉末 | 60 | 4.00 |
| 洋葱干粉末 | 35 | 4.00 |
| 果汁粉末 | 60 | — |
| 可可粉末 | 45 | 3.00 |
| 干燥肉 | 72 | 2.25 |
| 蔗糖 | 85 | — |
| 干菜(番茄) | 20 | — |
| 果脯(苹果) | 70 | — |

由表 4-15 可知，椒盐饼干的水分含量超过 5%时，则引起食品的物性变化，使椒盐饼干失去其酥脆可口的风味。肉汁粉末其水分含量超过 4%时，则出现固化潮解等现象。另

外，如肉汁粉末、咖啡等易吸湿食品，即使吸收比较低的水分，包装内的粉粒也会黏结成块而失去粉末特性，故确定其质量低劣的临界水分值较低。

干燥食品其临界水分值与饱和吸湿量差别很大，这意味着这类食品极易吸湿使其含水量超过临界水分值而失去原有物性并变质。因此，必须采用阻气、阻湿性高的包装材料进行包装，并可采用封入吸湿剂的防潮包装方法。

### 4. 包装食品的货架期

#### （1）食品货架期及其影响因素

① 食品货架期定义：大多数食品随着贮藏时间延长而品质下降，直到消费者最终不能接受。食品货架期（shelf life of food）即从成品开始到最终不被消费者接受的这段时间，出于影响因素很多、过程复杂，确定食品货架期成为复杂的食品科学问题。

早期，美国食品科技协会对食品货架期的定义为“食品从生产出来至被购买时的时期，在此期间产品在营养价值、滋味、质地和外观都具有满意合格的质量”；这一定义忽略了消费者在使用该产品之前在家贮藏的时间，这段时间也将会影响食品质量，为此，美国食品科学与工业研究所对“食品货架期”修正为“在适宜贮藏条件下食品能够保持其安全性的时间，在此期间内食品具有良好的感官、理化、微生物指标和功能特性，营养成分符合产品标签标注”。简言之，货架期就是指食品的所有主要特性可以被消费者接受且满足其质量要求的时间长度，因此，货架期的时间应包括食品变成无法接受之前停留在零售商和消费者手中的总时间。

食品货架期通常都由该产品的生产商决定，生产商必须考虑生产流通过程影响食品品质的因素和控制成本、方便贮运流通销售和消费者、延长食品货架期的可行性及技术运作成本等方面，因此，货架期的研究成为食品生产必不可少的一部分。

② 影响食品货架期的因素：食品贮运流通销售过程中影响其品质的因素很多，就食品货架期而言可概括为三个主要方面：

a. 产品的自身特性（内在因素）。食品的自身特性包括 pH、水分活度、酶、微生物和反应物的浓度等，这些内在因素可以通过原料成分和加工工艺参数的选择而受到控制。

食品易腐败性。根据在贮藏期间的性质改变，食品可分为三种类型：易腐败型、较易腐败型和不易腐败型。食品也可根据货架期的长短，分为极短货架期产品、中短货架期产品和中长货架期产品。

易腐败型的食品如果要贮藏较长时间，必须进行冷藏或低温处理流通，如牛乳、鲜畜禽肉、鱼肉、初加工食品和新鲜果蔬等。较易腐败型的食品有些是自身具有天然的抑制剂（如干酪、根茎菜和鸡蛋），有些则进行了轻微的防腐处理（如巴氏杀菌奶、烟熏火腿和醋渍蔬菜），这些产品在贮运和配送期间对环境条件有较大的耐受性。不易腐败型的食品可以在室温下存放不易发生腐败。对于加工过的食品如果其经过热杀菌处理、添加防腐剂（如软饮料）、减少其含水量的干制处理（如葡萄干或硬饼干），它们的货架期一般比较长，其前提条件是其包装完好无损，能够保证内容物不受外界环境影响。即便如此，这类食品的货架期也是有限的，它们会在室温条件下发生化学反应而腐败变质，而这主要取决于包装的性能和包装材料的透气透水性。

产品包装的空余体积。产品包装的空余体积影响着食品的含氧率，如果食品是在空气中包装，其空余体积越小越好，否则，包装所含的氧气残留量越大。一般地，包装的表面积越大和堆积密度越小，越容易使氧气透过。

b. 包装材料阻隔性能：包装材料，尤其是纸基类和塑料包装材料对水蒸气、氧气、二氧化碳等各种气体和光线均有渗透性能。对于特定食品，包装材料的渗透性会引发食品氧化、褐变变色和微生物腐败变质等品质变化反应，因此，包装材料的性能极大地受许多外在因素对食品货架期的影响，也可通过改变包装材料的组成成分、功能、加工参数、包装体系或贮藏环境来改变产品货架期。

c. 包装和产品的相互作用：包装材料对产品而言并非完全惰性，之间的相互作用也会影响到最终货架期。马口铁罐包装番茄、柑橘果汁类产品一般采用内涂层材料，但在室温下贮藏一定时间内涂层也会发生降解反应，会使马口铁中的锡和铁发生溶解，其结果会使产品褐变变色、口味下降。因此，马口铁罐的内涂层材料会影响产品货架期。

纸塑类复合材料对食品成分也非完全惰性，将橙汁包装于复合纸盒中（LDPE 和纸复合组成），在 25℃下贮藏 75d 后，与玻璃容器包装的橙汁有很大差异，与橙汁直接接触的 LDPE 会吸收橙汁中的柠檬烯和抗坏血酸，结果使果汁发生褐变。因此，由于包装材料对产品风味物质的吸收，产品的货架期由其风味物质的变化而定，复合纸盒包装的柑橘类果汁货架期限制在 9 个月左右。

d. 产品贮运流通环境（外界因素）：外界因素包括温度、湿度、光照、总气压和不同气体的分压等，这些因素可以影响到食品货架期内各种腐败反应的速率。

包装食品的品质下降与包装中物质和热量的转移有关。在物质转移过程中，优先考虑的是物流环境中水蒸气和气体的变化，由于包装材料的渗透性能，包装中氧气和水蒸气的变化会影响品质；氮气和二氧化碳的转移也会影响食品品质，因为它们的存在会抑制或降低食品腐败反应的速率。因此，物流环境的气候条件（温度和湿度）在很大程度上影响包装食品腐败的速率，就影响到食品货架期。

**（2）确定食品货架期的方法** 货架期研究是客观地、系统地决定食品能够达到预期时间而采用的方法。目前确定食品货架期所采用的方法主要有两大类。

直接方法：将产品贮藏在预先确定的条件下，其贮藏时间比预期的货架期要长，且在规定的时间内检查食品，考察其开始变质的时间。这是易腐败型食品最常用的方法。

间接方法：不易腐败型食品有较长货架期，一般不用整个贮藏试验方法，目前最常用的两种间接方法为动力学模型预测和加速货架期实验。

① 确定货架期的直接方法：

a. 确定引起该食品变质的主要因素：每个食品都有限制其货架期的主要因素，原料成分水分活度、pH、氧气、温度、包装材料等都会影响到食品货架期，从这些众多影响因素中确定出影响该类食品品质的主要因素。

选择实验的方法：食品品质变化的程度要通过实验的方法进行考察和衡量，常用的方法有以下几种。

感官评价：通过评定食品的气味、外观、风味和质地，用感官来监控和记录食品的各种变化，最终确定出货架期。

微生物评估：通过检测微生物指标，评估货架期内食品中腐败微生物的数量和种类变化。

理化分析：通过物理化学指标的测定，分析整个货架期内食品品质变化。

制定测定计划：包括测试内容、测试间隔时间、测试样品量等详细计划，在研究过程中样品所处的贮藏条件应该与正常产品一样，定期检查和记录温湿度。

确定货架期：当产品不再满足质量标准时，就已达到终点。通过所记录和观察的所有数据，决定产品的货架期。

b. 监控货架期：由于现实贮藏条件的多变性，产品在实际流通环境中的货架期会有所变化，在这期间要对分销和零售系统的不同点进行抽样，不断监控产品以确保在整个货架期内产品是安全的，如发现任何问题，需要重新调整货架期。

② 动力学模型预测食品货架期：动力学模型预测食品货架期的最重要一步是选择一个合适、可靠的模型来模拟食品的品质变化，为货架期试验提供有效的设计。该货架期预测的方法是将试验建立在食品品质变化模型的基础上，由食品体系中所发生的不同变质反应的动力学模型公式来预测食品货架期。

a. 水蒸气敏感型食品货架期的预测：水是食品中各种生化反应及微生物生长繁殖的必要条件之一，影响着食品中各种腐败反应的速率。包装材料具有水蒸气透过性，食品在包装后水分含量的变化会影响各类腐败反应的速率，从而影响产品货架期。

b. 氧气敏感型食品货架期的预测：氧气直接影响着食品的货架期，食品中微生物的生长、新鲜肉和熏制肉的色变、脂肪氧化酸败、果蔬的衰败等均与氧气有关。密封包装中（如金属罐和玻璃容器）影响氧化反应的主要是包装时内部残留的总氧量；在有一定透气性的包装（如塑料包装）中引起氧化反应有两种情况，包装时内部残存的含氧量和贮藏期间透过包装材料渗入的氧气。

c. 受温度影响食品货架期的预算：温度是决定食品货架期的主要因素之一，温度影响着食品贮藏期间各种反应的进程，如果已知引起食品货架期终止的主要品质变化反应，那么就可以利用反应速率和温度的关系，预测出在某温度下该食品的货架期。

大多数情况下贮藏期内由于环境温度和湿度的变化，包装食品既存在着水分变化，也存在着温度变化，这使得货架期的预算更为复杂，实际包装材料不是完全隔绝水分的，食品的水分活度也会随时间发生而变化，此时，反应速率常数由温度和水分活度共同决定，这使得食品货架期的准确预算十分困难，因此，常采用加速货架期试验方法来预测食品货架期。

③ 加速货架期试验：加速货架期试验（accelerated shelf-life testing，ASLT）采用加速某已知环境因素，使得产品的腐败比正常速度更快，从而在短时间内预测出产品的货架期。该方法要求，环境条件对产品货架期的影响可以量化。在食品上使用的加速手段主要有：提高温度、增加湿度、光照等，其中温度加速试验使用较为广泛。

a. 加速货架期试验（ASLT）基本原理：ASLT 方法的基本假设就是温度、湿度、空气和光照等外部因素对食品腐败反应速率的影响可以应用化学动力学的方法进行量化。通过控制一个或多个外部因素使其处于一个比正常条件更高的水平，那么腐败反应速率则会加强，短时间内就能实现食品的腐败，因为这些外部因素对食品腐败反应速率的影响是可以量化的，通过本节所述动力学模型由加速反应的结果就可以计算出在正常条件下的真实货架期。

b. ASLT 方法的步骤：确定产品的微生物学安全性和质量参数；选择关键变质反应，哪些会引致产品品质衰退且消费者所不能够接受；决定作为判定产品货架期结束的因素指标，并确定试验测试因素指标（感官评价或仪器测试）；选择包装材料并进行系列测试，选择或确定为经济有效的包装；选择要加速试验的外部因素。ASLT 试验中最常用的是温度加速试验，如表 4-16 所示（至少选择两个温度）；确定在每个测试温度下的货架期。使用坐标曲线，记录在测试温度下产品的货架期，如果未知 $Q_{10}$ 值，必须进行全面的 ASLT 测试；确定测试的次数，公式如下：

$$f_2=f_1 Q_{10}^{\Delta t/10} \tag{4-2}$$

式中 $f_1$——在最高测试温度 $t_1$ 下的测试间隔时间；

$f_2$——在最低测试温度 $t_1$ 下的测试间隔时间；

$\Delta t$——$t_1$ 与 $t_2$ 的摄氏温度差。

表 4-16　　ASLT 温度加速实验中最常用的测试温度

| 产　品 | 测试温度/℃ | 对照温度/℃ |
| --- | --- | --- |
| 冷冻食品 | -7，-11，-15 | <-40 |
| 冷藏食品 | 5，10，15，20 | 0 |
| 干制品 | 25，30，35，40，45 | -18 |
| 罐装食品 | 25，30，35，40 | 4 |

计算所需测试样品的数量，包括每个测试条件下的样品数和对照组的样品数；在进行 ASLT 方法时，为了方便处理数据，可以适当的增加或减少取样量；测试每个贮藏条件下的参数，算出 $k$ 或 $\theta$，通过上述数学模型估算出在实际贮藏条件下产品的货架期。如果结果表明该产品的货架期至少与公司预期的一样长，那么该产品才有可能满足市场。

（3）ASLT 应用举例

a. 脱水产品：脱水蔬菜中，脂肪的氧化水解、非酶褐变以及叶绿素的降解都是主要的变质反应。脱水水果则主要发生非酶褐变反应。例如在 30℃ 和 40℃ 下对绿豆切片和洋葱切片进行加速腐败试验，当水分活度为 0.56 时，发现在 40℃ 时，洋葱的货架期比 20℃

时缩短 11 倍，30℃则缩短 3.5 倍。

b. 冷冻食品：冷冻食品通常贮藏于-18℃，其加速试验一般在-10℃或-8℃下进行，这使得冷冻食品货架期的预测能在几周或几个月内完成。-8℃一般作为冷冻肉类 ASLT 加速试验的最高温度。此外，应该知道有些产品比如冷冻培根存在的所谓“逆稳定”现象，其贮藏在-5℃的质量反而比-25℃下更好。在进行冷冻食品的 ASLT 加速试验时，应该考虑产品中的冰晶形成，冰晶的形成会使未冷冻水相的浓度增加，因为腐败反应由温度和浓度共同决定，此时反应速率会因水相浓度的增加受到影响。当低于-7℃时，未冻结水相浓度的相对变化比较小，当在-7~0℃的温度时，除了一些特殊的系统外，反应速率一般会增加，因此，在温度高于-7℃时，还未有广泛适用的方法来预测低温冷藏食品的货架期。

c. 罐藏食品：罐藏食品一般不易发生微生物腐败，如果产品在加热灭菌工序之后冷却处理不充分，会在较高温度贮藏时发生嗜热菌腐败。罐藏食品中常出现的变质反应往往限制在产品自身组织的变化，如变色、变味和营养下降。肉类罐头最易出现的变质问题是由于罐头内壁腐蚀而产生氢气，发生胀罐。产品在 37.8℃下进行加速试验，当 $Q_{10}$ 为 1.3 时，发现产品在 37.8℃时的货架期仅是在 4.4℃时的 40%。

d. 易氧化产品：在所有的 ASLT 方法中，温度是最常用到的加速因素。根据脂肪氧化的总活化能（$E_A$）来分析温度对脂肪氧化速率的影响。上述测试的一个最基本假设就是在有抗氧化剂和没有抗氧化剂时，$E_A$ 都是相同的，事实上无抗氧化剂时 $E_A$ 要比有抗氧化剂时低。另外，一些常用到的加速因素包括氧分压、反应物底物接触、添加催化剂。这些因素的影响通常没有温度影响那么重要，但用金属容器包装的高脂肪产品除外，金属对产品的污染是影响货架期的最重要因素。

应该说明：应用 ASLT 方法预测包装食品的实际货架期都会受到一些限制；加速实验只是一种快速评价货架期的方法，不能代替正常的贮藏实验。因此，对于某一特定食品，需要在实际环境条件下测试产品货架期，才能证实 ASLT 预测的货架期。如果在预测模型下推断的货架期与实际的货架期一致，ASLT 就可以应用于该产品加工与包装中参数的确立。另外，ASLT 方法只适用于温带气候，对于那些在热带气候中生产的或销往热带地区的食品，其所处的环境温度一般为 30~40℃，在仓库和运输车中会更高，ASLT 方法将不能代表在热带环境中食品发生的腐败反应，不能用于预测货架期。

## 三、包装与资源环境

资源的消耗和环境的保护是全球生态的两大热点问题，包装与其密切相关，并且成为这两个问题的焦点之一。包装工业消耗大量的自然资源，包装工业产生的有毒三废污染环境，数量巨大的包装废异物成为环境的重要污染源，这些因素均在助长自然界恶性生态循环，世界各国为此投入巨大，问题有所控制，但依然严峻。

### 1. 包装与资源

地球的自然资源并非取之不尽、用之不竭，每一种物质的形成都需要漫长的时间。包装行业对资源的需求量巨大，如美国用于包装的纸和纸板占纸制品总量的90%，这充分说明包装消耗着相当数量的自然资源。森林的大量采伐已严重破坏地球的气候和生态平衡，我国森林面积已不足国土总面积的14%。

各种包装材料或容器的生产和使用均需要能源，表4-17所示为几种包装容器的生产所需总能源比较，其中以纸箱、纸盒包装的生产最节能。

表4-17　　几种包装容器的生产所需总能源的比较

| 包装容器 | 玻璃瓶罐 | | | | 金属罐 | 纸箱 | 纸盒 | 塑料袋 |
|---|---|---|---|---|---|---|---|---|
| 周转次数 | 1 | 8 | 20 | 30 | | | | |
| 内装量/mL | 200 | 200 | 200 | 200 | 250 | 1000 | 500 | 200 |
| 单位容器重所需能源/（kJ/g） | 28.59[①]<br>22.40 | 8.37 | 5.78 | 5.19 | 119.45 | 98.05 | 116.43 | 287.13 |
| 单位内装量所需总能源/（kJ/g） | 17.84[①]<br>13.94 | 15.03 | 10.34 | 9.29 | 14.91 | 3.14 | 4.65 | 8.33 |

注：① 外包装用瓦楞纸箱，其他则用塑料格箱。

从省料、节能、减排的观点出发，包装应力求精简合理，防止过分包装和夸张包装，并充分考虑包装材料的轻量化，采用提高材料综合包装性能等措施探索容器薄壁化和寻求新的代用材料，在满足包装要求的前提下，用纸塑类代替金属、玻璃包装材料。

### 2. 包装与环境保护

包装在促进商品经济发展的同时，对环境造成的危害也日趋严重。据统计资料表明：我国县以上城市固态垃圾年产量约2亿t，美国约1.5亿t，日本约0.5亿t。其中包装废弃物发达国家约占垃圾总量的1/3，我国约占1/10，即每年达2000万t。据日本的调查表明：包装废弃物中塑料占总量的37.8%、纸占34.8%、玻璃占16.9%、金属占10.5%。在我们生活的周边环境中，塑料造成的白色污染到处可见，按照塑料在自然界的降解速度推算，我们生活的城市很快就会被塑料等包装废弃物所包围。

综上所述，人类在进行产品包装的同时，应注重生态环境的保护，从单纯解决人类最基本的功能性需求，转向人类生存环境条件的各方面要求，最注重产品包装与产品本身一起，与人及环境建立一种共生的和谐关系。因此，包装工业应力求低耗高效、节能减排，使产品获得合理包装的同时，解决好废旧包装的回收利用和适当处理。

就食品包装来说，首先要解决好产品和包装的合理定位问题，避免华而不实的包装，优先采用高新包装技术和高性能包装材料，在保证商品使用价值的前提下，尽量减少包装用料和提高重复使用率，降低综合包装成本；其次应大力发展绿色包装、生态包装，研究包装废弃物的回收利用和处理问题。

我国作为发展中国家，应避免走发达国家先污染再治理的道路，在社会主义市场经济条件下，包装工业应高度重视环境保护和生态平衡问题，优先发展易于循环利用，耗资、耗能少的包装材料；开发可控生物降解、光降解及水溶性的包装材料，并在推出新型包装材料的同时，同步推出其回收再利用技术，把包装对生态环境的破坏降低到最低程度。

### 3. 绿色包装体系

绿色包装（green packaging）即有利于保护人类生存环境的包装，其特征就是有利于环境和资源保护。研究和开发绿色包装是社会发展的必然趋势，也是未来包装市场的竞争热点。因此，一些发达国家正在积极投入和探索，建立相应的绿色包装体系，促进绿色包装事业的发展。

与绿色食品（green food）的倡导、评价和管理体系一样，绿色包装体系的建立应该包括绿色包装的政策和法律体系、绿色包装技术体系利绿色包装应用体系，通过这一完整的体系来评判、鼓励和扶持绿色包装，限制或取消那些严重破坏生态环境的包装及其行为，从而使得绿色包装像绿色食品一样得到推崇和发展。

就目前食品所使用的包装材料而言，如纸、塑料或是纸塑复合材料，从资源与环境两方面综合评判是否为绿色包装，即从资源利用、制造到使用后的处理来综合比较，结论是否定的。因此，绿色包装的技术体系应该解决包装在使用前后的整个过程中对生态环境的破坏问题，研究和寻找理想的绿色包装技术，或针对商品的不同要求去开发研究相应的绿色包装制品和方法。

倡导绿色包装的实际意义在于促进建立和完善包装资源的回收和再生系统，使包装废弃物得到充分利用，大大减少对生态环境的污染和破坏，同时又大量减少自然资源的消耗，使得人类的生存环境更安全、更清洁、更舒适。

# 第二节 塑料包装的材料

塑料是以合成树脂为原料，加入适量的稳定剂、增塑剂、抗氧化剂、着色剂和防腐剂等助剂制成，在加工过程中能流动成型的材料，是合成的高分子化合物，可以自由改变形体样式。

众所周知，塑料广泛用于产品的包装，尤其在食品包装中起着重要的作用，在食品行业中日益成为不可少的包装材料。用于食品包装的塑料种类主要有聚乙烯（PE）、聚氯乙烯（PVC）、聚丙烯（PP）和聚酯（PET 或 PETP），随着塑料包装技术的不断进步也使食品行业采用新工艺和新技术的应用成为可能。食品塑料包装对食品价格、安全卫生、功能提升起着举足重轻的作用。环境问题严峻，资源、能源日趋紧张，塑料包装材料将迎来新的机遇，也将经受严峻的挑战。为适应新时代的要求，塑料包装材料除要求能满足市场包装质量和效益等日益提高的要求外，还进一步要求其节省能源、节省资源、用后易回收利用或易被环境降解为技术开发的出发点。为此，塑料包装材料正向高阻隔、多功能性、环保适应性、采用新型原材料、新工艺、新设备及拓宽应用领域等方向发展。

## 1. 塑料包装材料的优点

（1）比重小、重量轻　塑料的比重很小，小于其他包装材料。塑料中比重最小的有 LDPE-0.92，PP-0.90；大的有 PVDC-1.65~1.72，聚四氟乙烯-2.1~2.3。而玻璃为 2.24，铝为 2.71，铁为 7.86，铜为 8.50。这一特点产生两个效果：

① 符合食品包装的一般要求：体积小，重量轻，运输、贮藏、使用方便。

② 强度/重量值大，可代替某些强度较大的材料制造承重量大的容器（桶、筐、箱）。如啤酒周转箱。

（2）塑料品种繁多、性质各异，能适应商品对包装功能的不同要求。

（3）塑料的加工工艺性好，便于加工成不同的形式（薄膜、片材）和外形（棒状、管状、瓶、桶、箱、盒、异形容器等）。

（4）可制成无色透明或具不同颜色的包装材料和容器，便于装潢。

（5）多数塑料的密封性、耐化学腐蚀性、防潮性都优于纸张或金属材料。

（6）资源丰富，耗能少，设备投资不大。塑料的基本原料来源于石油、煤，非常丰富。加工成型所需能量比冶炼金属、熔化玻璃小得多。

## 2. 塑料包装材料的缺点

（1）耐热性差，多数塑料难以承受 150℃以上的温度：热塑性塑料软化，热固性塑料焦化。

（2）常温下的物理、机械强度（表面硬度、抗压强度、抗变强度等）低于金属和玻璃。

（3）热膨胀系数较大。

（4）当塑料厚度较小时，仍存在一定程度的透气性和透湿性。

（5）塑料包装接触液体（饮料、牛乳、汤汁）时，尚存在不同程度的单体迁移现象，受到法规的限制。

（6）多数塑料易带静电。由此产生的不良后果前面已经讲过。

（7）比重小，包装缺乏重量感和高贵感。

（8）冷加工性能不如金属（在不加热的情况下，要把塑料加工成一定的形状比较困难）。如金属可以弯曲成型，而塑料片材的弹性很好，不易弯曲成型。

（9）传统塑料废旧处理困难，易造成“白色污染”。

所以在塑料选材时要充分考虑其特点，扬长避短，科学选材。

## 一、塑料包装制品

塑料以原料丰富、成本低廉、重量轻、运输方便、化学稳定性好、易于加工以及良好的保护作用等特点，成为食品销售包装最主要的材料，体现了现代食品包装形式的丰富多样、流通使用方便的发展趋势。

### 1. 塑料包装制品的种类

#### （1）常见塑料包装制品

① **塑料薄膜**：塑料薄膜通常指厚度 0.25mm 以下的平整而柔软的塑料制品。塑料薄膜是塑料包装材料中使用最为广泛的一个品种，其品种繁多，除普通塑料包装袋用的塑料薄膜之外，还有许多专用品种，如液体包装薄膜、收缩薄膜、缠绕膜、冰箱保鲜膜、果蔬保鲜膜、表面保护膜、扭结膜等。塑料薄膜主要用于制备各种包装袋，此外，比较常见的还有缠绕包装、扭结包装、表面保护等一些包装形式。

目前我国塑料薄膜的产量约占塑料制品总产量的 40%，是塑料制品业中产量增长最快的。我国现有塑料薄膜生产企业 2240 多家，产量在 5000t 以上的企业有 65 家，1 万 t 以上的企业有 25 家，超过 5 万 t 的企业有 5 家。我国生产塑料薄膜所使用的合成树脂主要有聚丙烯、聚氯乙烯、聚乙烯和聚对苯二甲酸乙二醇酯等。加工方式为吹塑、双向拉伸、流延等。塑料薄膜的市场约 2/3 用作包装材料，市场上主流产品是国产 PE 保鲜膜和 PVC 保鲜膜。

② 食品软塑包装复合膜：食品软塑包装复合膜是指两层或两层以上不同品种可挠性材料，通过一定技术组合而成的“结构化”多层材料。所用的复合基材有塑料薄膜、铝箔和纸等，其中塑料占据了食品软塑包装复合膜基材的大部分。

单层塑料薄膜与软塑包装复合膜统称食品包装的软包装膜，又称软塑包装材料。软塑包装材料是指单种塑料薄膜或塑料与塑料的复合薄膜，又是指以塑料为主体，包含纸、玻璃纸或铝箔等其他挠性包材的复合薄膜材料。

软包装是目前市场食品药品包装的发展趋势，随着人民生活水平的提高，食品软塑包装复合膜市场前景光明。

③ 塑料容器：容器是可以与塑料薄膜相提并论的广泛使用的另一类大塑料包装制品，包括中空容器、周转箱、热成形杯盘和塑料编织袋等容器。使用基材有 PVC、LDPE、HDPE、PET、PS、PC 和 PP 等高分子材料。

除以上几种塑料包装制品外，还有食品塑料辅助包装材料如打包带、塑料网等。

（2）常用食品包装用塑料薄膜

① 普通塑料薄膜：普通塑料薄膜是指采用各种成型法成型的未经拉伸处理的一类薄膜，包装性能主要取决于树脂的品种。主要用作液体包装薄膜、收缩薄膜、缠绕膜、冰箱保鲜膜、果蔬保鲜膜等，食品包装常用的有 PE、CPP、PS、PVC、PVDC、PVA、Ny、PET、EVA 等热塑性塑料薄膜。塑料的品种很多，性能差异很大，分类方法很多，通常根据塑料在加热和冷却时表现出来的性质不同，把塑料分为：

a. 热塑性塑料：主要以加成聚合树脂为基料，加入适量添加剂制成。在特定温度范围内能反复受热软化流动和冷却硬化成型，而树脂化学组成基本性能不发生变化的塑料品种。包装上常用的有：聚乙烯、聚丙烯、聚氯乙烯等塑料。这类塑料成型加工简单，包装性能良好，可反复成型，但刚性低，耐热性不高。

b. 热固性塑料：主要以缩聚树脂为基料，加入填充剂、固化剂及其他适量添加剂，在一定温度下经一定时间固化制成。再次受热，只能分解，不能软化，因此不能反复塑制成型。具有耐热性好，刚硬、不溶、不熔等特点，但较脆，且不能反复成型。包装上常用的有：氨基塑料、酚醛塑料等。

② 定向拉伸塑料薄膜：将普通塑料薄膜在其玻璃化温度至熔点的某一温度条件拉伸到原来长度的几倍，然后在紧张状态下保持几秒钟，进行热处理定型，最后急速冷却至室温，处理后的薄膜称为定向拉伸塑料薄膜。定向拉伸处理后其机械性能、阻隔性能和耐热耐寒性均能得到提高。

拉伸薄膜的性能与拉伸方向有关，又分为：

a. 单向拉伸塑料薄膜有：OPP、OPS、OPET、OPVDC 等；

b. 双向拉伸塑料薄膜：BOPP、BOPS、BOPA 等。

定向拉伸膜的缺点：延伸率降低，热封性能变差，独立使用时不易封口，使用时一般与 PE 等具有良好热封性的薄膜复合。

③ 热收缩塑料薄膜：指未经热处理定型的定向拉伸塑料薄膜。收缩性是热收缩薄膜的一个重要性能。由于塑料品种、拉伸条件和拉伸后定向分子的结晶化等因素影响，拉伸塑料膜有不同的收缩能力。有的收缩率可达 30%～60%。

常用的热收缩薄膜有：PE、PP、PVC，其次有 PVDC、PET、EVA 等。

④ 弹性（拉伸）薄膜：是一种具有特殊性能的薄膜，具有较大的延伸率而又有足够

的强度，有良好的拉伸弹性和弹性张力。

a. 自黏性：指薄膜之间接触后的黏附性；

b. 韧性：是薄膜抗戳穿和抗撕裂的综合性质；

c. 许用拉力：保持包装所能施加的最大拉伸；

d. 应力滞留：指在拉伸裹包过程中，对薄膜施加的张力能保持的程度。

常用拉伸薄膜：食品包装上有 PVC、EVA、LLDPE，其中 EVA 和 LLDPE 弹性好，是理想品种。

**（3）复合软包装材料**　复合结构的塑料软包装材料发展的很快，其品种已有几百种。塑料软包装复合材料是指两层或两层以上不同种可挠性材料通过一定技术组合而成的“结构化”多层材料。所用的复合基材有塑料薄膜、铝箔和纸等。现在已经能够达到耐蒸煮、耐高温烘烤和深度冷冻、隔气、防潮、遮光等防护功能。单一材料有一定的优异的性能，但不可避免地存在一定的缺点，而不能满足食品包装的要求。将不同的包装材料复合，使其拥有多种综合包装性能，是食品包装材料的最主要的品种和国际性发展方向。

① 复合软包装材料基本要求：内层要求（直接和食品接触的层面）：无毒、无味，耐油、耐化学性能好，具有热封性，如 PE，CPP，EVA。外层要求：光学性能好（看起来比较美观），印刷性好，如 PA，PET，BOPP，PC，铝箔及纸。中间层要求：耐磨耐热，具有强度和刚性，具有高阻隔性（阻气、阻香、防潮和遮光），如铝箔和 PVDC。

表示方法：复合材料纸/PE/Al/PE，从左至右依次为外层、中间层和内层材料。外层纸提供印刷性能，中间 PE 层起黏结作用，中间 Al 层提供阻隔性和刚度，内层 PE 提供热封性能。

② 复合的工艺方法

a. 涂布法：在一种基材表面涂上涂布剂并经干燥或冷却后形成复合材料的加工方法。如涂布 PVDC 主要用于提高薄膜阻隔性，涂布 PE 是要提供良好的热封层。

b. 共挤法：用两台或两台以上的挤出机，分别将加热熔融的异色或异种塑料从一个模孔中挤出成膜的工艺方法。主要用于材料相近或相同的多层组合共挤。

c. 层合法：用黏合剂把两层或两层以上的基材黏合在一起而形成复合材料的一种工艺方法。适用于某些无法用于挤出复合工艺加工的复合材料。关键是选择合适的黏合材料和黏结剂。

**（4）可降解塑料**　近年来随着石油资源的日益紧缺，导致塑料原料价格飞涨。尤其是随着可持续发展战略的深入人心，解决塑料材料与环保的协调发展问题越发凸显。高分子聚合物树脂在包装上的应用，改变了食品作为商品的加工流通、销售和消费方式，促进了食品工业及包装工业的发展，但也带来了严重的环境污染问题。

随着可生物降解塑料技术的发展，聚乳酸、生物聚酯等生物降解材料的逐渐成熟，将推进塑料制品可生物降解化，为减少废旧塑料制品带来的污染，并为最终实现资源和环境的可持续性发展找到出路。环境可降解塑料：在特定环境条件下，其化学结构发生明显变化，并用标准的测试方法能测定其物质性能变化的塑料。

国际上关于环境可降解塑料的含义可归纳为三个方面：

a. 化学（分子水平）上：其废弃物的化学结构发生显著变化，最终完全降解成二氧化碳和水。

b. 物性（材料水平）上：其废弃物在较短时间内，力学性能下降，应用功能大部分或完全丧失。

c. 形态上：其废弃物在较短时间内破裂、崩碎、粉化成对环境无害或易被环境消化。

① 生物可降解塑料：生物可降解塑料是指在自然环境下通过微生物的生命活动能很快降解的高分子材料，分解产物为$CO_2$、$H_2O$或一些低分子化合物。按其降解特性可分为完全生物可降解塑料和生物破坏性塑料。按其来源则可分为天然高分子材料、微生物合成材料、化学合成材料和掺混型材料等。天然高分子型是利用淀粉、纤维素、甲壳质、蛋白质等天然高分子材料制备的生物降解材料。这类物质来源丰富，可完全生物降解，而且产物安全无毒性，日益受到重视。

微生物合成高分子聚合物是由生物发酵方法制得的一类材料，主要包括微生物聚酯和微生物多糖，其中以前者研究较多。研究发现，目前可用于合成微生物聚酯的细菌约有80多种。这类产品有较高的生物分解性，且热塑性好，易加工成型，但在耐热和机械强度等性能上还不够好，而且其成本高，尚未得到良好的应用，现正在尝试改用各种碳源以降低成本。

化学合成型材料大多是在分子结构中引入酯基结构的脂肪族聚酯，在自然界中其酯基易被微生物或酶分解。目前已开发的主要产品有聚乳酸、聚己内酯、聚丁烯琥珀酸酯等。掺混型是将2种或2种以上的高分子共混聚合，其中至少有1种组分为生物可降解物，该组分多采用淀粉、纤维素等天然高分子，其中又以淀粉居多。兼具光、生物双降解功能的光生物可降解塑料是目前主要的开发方向之一。其制备方法是采用在通用高分子材料（如PE）中添加光敏剂、自动氧化剂、抗氧剂和作为微生物培养基的生物降解助剂等的添加剂技术途径。光生物可降解塑料可分为淀粉型和非淀粉型2种类型，目前采用淀粉作为生物降解助剂的技术比较普遍。

生物可降解塑料不仅在生产过程中有节能减排效果，而且在使用过程也具有环境友好的特征。普通聚烯烃塑料的合成会排放大量二氧化碳等尾气及污染物，而塑料制品大量使用，尤其是农用薄膜和包装材料又造成了日益严重的白色污染。但生物可降解塑料则不然，其原料来源是可以再生的农作物，农作物在生长过程中通过光合作用可以吸收二氧化碳放出氧气，其制品废弃物可以在掩埋堆肥条件下完全降解成水和二氧化碳，无污染物产生。近年来，用转基因植物生产生物可降解塑料的研究已经取得很大进展。随着重组DNA技术的发展，未来用转基因植物生产生物可降解塑料的商业化，必将促进生物可降解塑料的广泛应用，进一步节约石油资源，减轻环境压力。因此，生物可降解塑料产业规模不断扩大的过程，其实就是二氧化碳减排的过程，可逐渐消除困扰全世界多年的温室效应和白色污染两大难题，促进人类、经济与环境和谐发展。

② 光降解塑料：光降解塑料是指光照作用下能发生降解的一类塑料。主要应用在农业用薄膜、购物袋等短期应用的领域。其降解机制主要是阳光中的紫外线成分被吸收后，产生光引发作用，使材料高分子链被破坏，失去性能而成为碎片，最终降解为二氧化碳和水。其分类主要有添加光解材料或有感觉官能团的光降解材料两大类。塑料中加入光敏剂，可提高其降解速度。生产中加入的添加剂主要有金属化合物，如铁、镁、镍的化合物，铁盐等；过氧化物、卤化物、芳香族物质、颜料等添加剂。光降解塑料的开发研究正在开拓和发展，但仍存在许多问题。光降解塑料应用范围不广，仅应用在光照充足的环境中。另外，相当部分的光解材料不能被完全分解，生产过程中添加的光引发剂多是有毒物质，对人体及环境也会产生危害。还有塑料使用寿命的控制和光分解后粉末的扩散问题，以及分解生成物是否造成环境危害的问题。

③ 其他可降解塑料：水降解塑料含有亲水成分，在水中可溶解，成为研究热点，代表产品有聚乙烯醇，在水中能完全溶解的新型塑料包装材料也正在研究之中。该类材料多在医药领域使用，便于处理和销毁，经过成型和复合加工可用于包装溶剂及食品，应用前景广阔。

### 2. 塑料包装容器

塑料包装容器是指将塑料原料经成型加工制成，用于包装物品的容器。塑料通过各种加工手段，可制成具有各种性能和形状的包装容器及制品，主要有塑料中空容器、热成型容器、塑料箱、钙塑瓦楞箱、塑料包装袋等。塑料包装容器成型加工方法有很多，常用的有注射成型、中空吹塑成型、片材热成型等。

塑料包装容器一般采用模塑法制得，其形态主要决定于成型方法及使用的模具。有时相同（或相似）的形态还可以采用不同的方法制得。例如，中空容器一般采用吹塑成型的方法制得，但也常采用滚塑的方法制造（尤其是特大型容器、小批量容器或异形容器）；周转箱一般采用注射成型的方法制造，但在一些比较特殊的情况下，为适应使用的需要采用钙塑板拼裁制造（具有质轻、价廉的优点）或者由预发泡聚苯乙烯珠粒模塑成型（具有特别突出的隔热性能及良好的缓冲抗震能力），甚至采用片材热成型的方法制造（成本低但强度有限）。

成型方法不同，往往会对制品的性能、成本带来很大的影响，因此在选择塑料包装容器时，如果对各种成型方法有一个概略的了解，是相当有利的。塑料包装容器常用的各种塑料的特性，对于正确选用塑料包装容器更是十分重要的，因为塑料包装容器的材质，决定着塑料包装容器的基本特性。具有相同或相似形态的塑料包装容器，由于材质的不同，其使用性能上可能有极其巨大的差异。例如，聚碳酸酯吹塑瓶和普通的聚酯拉伸吹塑瓶，均具有极其良好的透明性与光泽度，在外观上是极为相似的，但聚碳酸酯瓶的耐高温性能突出（可经受 120℃以上的高温消毒），但阻隔性能差；而普通聚酯拉伸吹塑瓶阻隔性能好，但耐热性能差（一般推荐在 60℃以下的温度下使用）。

**（1）塑料瓶** 塑料瓶是液体食品包装容器，主要用于包装饮料、液体调料等。成型工艺方法主要有挤吹工艺、注吹工艺、挤拉吹工艺、注拉吹工艺、多层共挤（注）吹工艺。

① 挤吹工艺：最常用的成型工艺，在塑料挤出机上将树脂加热熔融并通过出口模挤出空心管坯，然后送入金属模具并向管坯内吹入压缩空气使塑料瓶坯膨胀贴模，经冷却后形成制品，是生产 LDPE、HDPE、PVC 小口瓶的主要方法。

② 注吹工艺：包括两道工序，先是将塑料熔融注塑成具有一定形状的瓶坯，然后移去注塑模并趁热换上吹塑模，吹塑成型、冷却而形成制品，是生产大口容器的主要方法，所适合的塑料品种主要有 PS、HDPE、LDPE、PET、PP、PVC、PAN 等。

③ 挤拉吹工艺：先将塑料熔融挤出成管坯，然后在拉伸温度下进行纵向拉伸并用压缩空气吹模成型，最后经冷却定型后启模取出成品。制品经定向拉伸而提高了透明度、阻隔性和强度，并降低了成本和质量。这种成型工艺主要适合于 PP、PVC 等塑料瓶。

④ 注拉吹工艺：瓶坯用注射法成型，再经拉伸和吹塑成型。其特点是制品精度高、颈部尺寸精确无须修正，容器刚性好、强度高、外观质量好，适合于大批量生产；其缺点为对狭口或异形瓶难成型。这种工艺适合于 PET、PP、PS 等塑瓶成型。

⑤ 多层共挤（注）吹工艺：用于多层复合塑料瓶罐的成型。

常用塑料瓶主要有：

① PE 瓶：PE 瓶主要有 LDPE 瓶和 HDPE 瓶两种，应用广泛。不透明性、高透气性、渗油以及带静电是其主要缺点，但其水蒸气透过率较小，且成本也很低。主要用于日用化学品如洗涤剂、洗发精等。PE（聚乙烯）瓶硬质 PVC 瓶无毒、质硬、透明性很好，主要用于食用油、酱油、不含气饮料（矿泉水）等液态食品的包装。

② PVC 瓶：主要有普通吹塑 PVC 瓶和双轴拉伸 PVC 瓶两种。PVC 瓶价格低，透明性好，耐油，耐溶剂，具有一定的阻气性的特点。用于食用油、酱油、不含气体饮料，应用广泛。

③ PET 瓶：一般采用注拉吹工艺生产，是定向拉伸的最大品种，特点是透明美观、高强度、质轻、阻气保香性好、再循环利用性能好。主要用于含气饮料的包装，如可口可乐中 PET 瓶包装占 80%以上。

④ PS 瓶和 PC 瓶：

a. PS 瓶：最大特点是光亮透明、尺寸稳定性好、阻气防水也较好，且价格较低，适用于对氧气敏感的包装食品。由于 PS 的脆性，PS 瓶只能用注吹工艺生产。

b. PC 瓶：优点：具有极高的强度和透明度、耐热、耐冲击、耐油及耐应变；

缺点：价格昂贵，加工性能差，加工条件要求高。国外用作小型牛乳瓶，可进行蒸汽消毒，也可采用微波灭菌，可重复使用 15 次。

⑤ PP 瓶：PP 瓶的加工性能较差。

a. 采用挤吹工艺生产的普通 PP 瓶，其透明度、耐油性、耐热性比 PE 瓶好，但它的透明度、刚性和阻气性不及 PVC 瓶，且低温下耐冲击能力较差，易脆裂，因此很少使用。

b. 采用挤（注）—拉—吹工艺生产的 PP 瓶，在性能上得到明显改善，有些还优于 PVC 瓶，且拉伸后质量减轻，节约原料 30%左右，可用于包装不含气果汁饮料及日用化学品。

食品用塑料瓶的发展方向：采用高阻隔性树脂或共挤复合，涂覆 PVDC（K 涂）来提高阻隔性能；瓶体轻量化和高速化生产。

**（2）塑料周转箱和钙塑瓦楞箱**

① 塑料周转箱：塑料周转箱是最具有塑料包装箱特色的一类塑料箱，具有体积小、质量轻、美观耐用、易清洗、耐腐蚀、安全卫生等特点，常用于啤酒、汽水、生鲜果蔬、牛乳、禽蛋、水产品等的运输包装。已得到广泛应用的是 PP 和 HDPE 周转箱，PP 和 HDPE 周转箱的耐低温性能较好；PP 周转箱的抗压性能比较好；EPS 发泡塑料周转箱作为生鲜果蔬的低温保鲜包装，因其具有隔热、防震缓冲等优越性而广泛应用。

② 钙塑瓦楞箱：钙塑材料是在具有一定热稳定性的树脂中加入大量填料及少量助剂而形成的复合材料（一般含树脂 50%和 $CaCO_3$等 50%）。常用树脂为 PE 和 PP，常用的填料包括碳酸钙、硫酸钙、亚硫酸钙、滑石粉等。由于钙塑材料具有塑料包装材料的特性，防水、防潮、强度高，故可在高湿环境下用于冷冻食品、水产品、畜肉制品的包装，体现出轻质、美观、整洁、耐用、尺寸稳定的优点。

**（3）塑料包装袋**　是由各类 PE、PP 薄膜制成的袋，有筒膜底封袋、背心购物袋等。用于一般用途的包装，成本低，应用普遍。单膜袋用量最大的品种是 LDPE 袋 PP 单膜袋具有透明度，主要作针织品包装。

用于食品包装的单膜袋可有不同厚度、不同透明度、不同颜色、不同结构。无齿拉链袋适用于各种特殊用途的包装，如蒸煮、杀菌、冷冻、真空、充气等，具有高强度、高阻隔、耐高低温、适印性、热封性等优异特性。

**（4）高温蒸煮袋**　是复合袋的典型产品，也称软罐头，具有耐高温蒸煮、耐压、高强度和高密封性。蒸煮袋有两层、三层、四层、五层常用结构。

① 两层蒸煮袋（透明蒸煮袋）：PET/PE、Ny/PE 只耐受低于 100℃的高温，保质期仅为 3~6 个月；12μm PET/9μm Al/7. 5μm 改性 PP 复合袋具有较好的阻隔性、印刷性、尺寸稳定性和耐高温性（100~120℃、45min 加热杀菌），保存期可达 2 年。

② 四层蒸煮袋：PET/Al/PET（Ny）/PP 四层结构适合于 120~130℃高温短时杀菌，是采用经拉伸的 PE 或 PP 扁丝，利用塑料原料经挤出薄膜、切割、单向拉伸为扁丝，经纬编织后得到产品。具有质轻、高强度、卫生、清洁、耐腐蚀等优点，有较大的承载能力和耐冲击能力。用于食品包装时，常涂布 PE 或内衬 PE 待用于食糖包装，具有防潮、防水性能。

**（5）塑料杯、盘、盒**　塑料片材热成型工艺的发展为高效生产塑料创造了条件。PS、PE、PVC 以及发泡聚苯乙烯的薄片材连续热压成型制成的一次性容器已大量使用，成本很低，如薄壁塑料杯用来包装果汁、冷饮和固体饮料，发泡聚苯乙烯浅盘用以包装新鲜鱼肉、蔬菜、水果。

新发展的一种可烘烤的塑化纸板是由薄纸板涂覆聚酯或聚丙烯塑料制成，主要用于生食品及快餐包装。将浅盘和食品一起在微波炉中加热，食品熟透即可食用，无毒性，使用可靠。

（6）其他塑料包装制品

① 材料组成 PP-EVOH-PP，其特点在于以 EVOH 为夹层材料，阻气性极好，保存期与罐头相同，可取代目前的金属罐。

② 微波炉、烤箱双用塑料托盘：以结晶性 PET 为材料，可耐高温，用于微波食品及烤箱食品包装，在欧美、日本等国家广泛应用。近年来又开发了更耐高温的新型材料如聚砜薄膜（180℃）、液晶聚合物（250～260℃）、聚醚酯亚胺（220℃）、聚 4-甲基戊烯（TPX）、纸板（220℃）等用于微波食品的包装。

③ 可挤压瓶：材料组成 PP-EVOH-PP，用共挤压技术制造，保气性、挤压性良好，用于热充填、不杀菌的食品包装，如果酱、调味酱等。

④ 单层薄膜袋：由各类聚乙烯、聚丙烯薄膜制成，尺寸大小各异、厚薄及形状不同，可用于多种物品包装。

⑤ 复合薄膜袋：采用多层复合塑料膜制成的包装袋，可满足食品包装对高阻隔、高强度、高温灭菌、低温保存保鲜等方面的要求。

⑥ 挤出网眼袋：以 HDPE 为原料，经熔融挤出、旋转机头成型、再经单向拉伸而成的连续网束。只须按所需长度切割、将一端热熔在一起、另一端穿入提绳即成挤出网袋。

## 二、塑料包装材料的选用

食品包装材料指包装、盛放食品或者食品添加剂用的纸、竹、木、金属、搪瓷、陶瓷、塑料、橡胶、天然纤维、化学纤维、玻璃等制品和直接接触食品或者食品添加剂的涂料。塑料作为食品包装材料已有几十年的历史，且由于其具有优异的包装性能而得到广泛应用，但因塑料本身所具有的特性和缺陷，用于食品包装时会带来卫生安全等方面的问题。因此，选用塑料包装时除了满足基本的食品包装的需要外，还应注意以下方面。

### 1. 塑料的主要种类

（1）聚乙烯　聚乙烯，也称 PE，其实质是一种合成树脂，是目前世界上产量最大的塑料制品，同时也是目前用量最大的塑料包装材料。聚乙烯包装物可分为三种：

① 高压低密度聚乙烯（LDPE）：阻气阻油性低，抗拉强度低，延伸性、撕裂性、耐冲击性好，透明度高，加工性能优良。

② 低压高密度聚乙烯（HDPE）：密度高，机械强度和阻气性提高，耐热性改善，可制成瓶罐容器、薄膜及超微薄膜。

③ 线型低密度聚乙烯（LLDPE）：强度优于 LDPE，柔韧性优于 HDPE，加工性能较好，可不加增塑剂吹塑成型。其中，高密度聚乙烯（HDPE）结晶度较高，硬度、气密性、耐化学性和机械强度均较好，被大量应用在吹塑成型制造瓶子等中空容器。聚乙烯的各种复合材料也由于具有良好的热封性制成的容器，可用来包装各种饮料产品。

聚乙烯阻水除湿性好，但阻气和阻有机蒸汽的性能差；具有良好的化学稳定性，常温下与一般酸碱不起作用，但耐油性稍差；有一定的机械抗拉和抗撕裂强度，柔韧性好；耐低温性很好，能适应食品的冷冻处理，但耐高温性能差，一般不用于高温杀菌食品的包装；光泽度、透明度不高，印刷性能差，用作外包装需经电晕处理和表面化学处理改善印刷性能；加工成型方便，制品灵活多样，且热封性能很好。PE 树脂本身无毒，添加剂量极少，因此被认为是一种安全性很好的包装材料。

**（2）聚氯乙烯**　聚氯乙烯，简称 PVC，热稳定性差，在空气中超过 150℃会降解，长期处于 100℃下也会降解，在成型加工时也会发生热分解，这些因素限制了 PVC 制品的使用温度。PVC 的阻油性优于 PE 塑料，硬质 PVC 优于软质 PVC；化学稳定性优良，透明度、光泽性比 PE 优良；耐高低温性差，一般使用温度为 -15～55℃，有低温脆性。PVC 树脂本身无毒，但其中的单体残留氯乙烯有麻醉和致癌作用，对人体的安全限量为 1mg/kg · bw，将 PVC 用作食品包装材料时应严格控制材料中的氯乙烯残留量。稳定剂也是影响 PVC 安全性的另一个重要因素。用于食品包装的 PVC 材料不允许加入钡盐、镉盐、铅盐等毒性较强的稳定剂，应选用低毒且溶出量最小的稳定剂。

PVC 存在的卫生安全问题决定其在食品包装上的使用范围，PVC 可分为硬制、软制和糊状制品。软质 PVC 增塑剂含量大，卫生安全性差，一般不用于直接接触食品的包装，可利用其柔软性、加工性好的特点制作弹性拉伸膜和热收缩膜，又因其价格便宜，透明性、光泽度优于 PE 且具有一定的透气性而常用于生鲜果蔬的包装。硬质 PVC 中不含或含微量增塑剂，安全性好，可直接用于食品包装。

PVC 树脂中加入无毒小分子共混而起增塑作用，故改性塑料中不含增塑剂，在低温下仍保持良好韧性，具有中等阻隔性、卫生安全、价格便宜。其薄膜制品可用作食品收缩包装，薄片热成型容器用于冰淇淋、果冻等的热成型包装。

用注拉吹方法生产出的 PVC 塑料瓶，具有瓶壁无缝、薄厚均匀等优点，可用于包装含气饮料等液体食品，而用挤吹方法生产的聚氯乙烯瓶只适用于包装矿泉水、果汁等。

**（3）聚丙烯**　聚丙烯，又称 PP，主要成分是聚丙烯树脂，特点是加工性好、透明度高，与其他材料混合制成的复合制品可作为多种液体食品的包装容器。阻隔性优于 PE，化学性质良好，在一定温度范围内，对酸碱盐及许多溶剂等有稳定性；耐高温性优良，可在 120℃范围内长期使用，耐低温性比 PE 差，-17℃时性能变脆；光泽度高，透明性好，印刷性差；卫生安全性高于 PE。

聚丙烯主要制成薄膜材料包装食品，薄膜经定向拉伸处理后的各种性能，包括强度、光泽透明效果、阻隔性都比普通薄膜有所提高，吸油率为 PE 的 1/5，适宜包装含油食品，在食品包装上可以代替玻璃纸包装点心、面包等。其阻湿耐水性比玻璃纸好，透明度、光泽性及耐撕裂性不低于玻璃纸，可用作糖果、点心的扭结包装。

PP 可制成热收缩膜进行收缩包装，也可制成透明的其他包装容器或制品，同时还可制成各种形式的捆扎带，在食品包装上用途十分广泛。

（4）**聚苯乙烯** 聚苯乙烯，又称 PS，大分子主链上带有苯环侧基，所以大分子的柔顺性很低，由于大分子结构不规整，所以不易结晶，因此它是线型、无定型、弱极性高分子聚合物。PS 阻湿、阻气性能较差，阻湿性低于 PE；机械性好，具有较高的刚硬性，但脆性大，耐冲击性能很差；耐一般酸、碱、盐，水溶性好；无味无毒，卫生安全性好，但 PS 树脂中残留单体苯乙烯及其他一些挥发性物质有低毒，对人体最大无害剂量为每千克体重 133mg。

聚苯乙烯塑料主要制成透明食品盒、水果盘、小餐具等，制品色泽艳丽，包装效果好。聚苯乙烯薄膜或片材经拉伸处理后，冲击强度得到改善，可制成收缩薄膜，片材大量用于包装容器。目前大量使用的 EPS 低发泡薄片材可热成型用于快餐盒、盘等的一次性包装。片材可热成型半刚性容器用于半成品食品、冷饮等的一次性包装。

PS 的主要缺点是脆性。其改性品种 ABS 具有良好的柔韧性和热塑性，对某些酸、碱、油、脂肪和食品有良好的耐性，在食品工程上常用于制作管材、包装容器等。

（5）**聚酯** 聚酯材料，可称为 PETP 或 PET，是经二轴延伸吹塑的方法生产出来的瓶类容器，呈玻璃状，有较高的透明度和良好的表面光泽。目前来看，是玻璃瓶包装最适合的塑料包装物替代品。近年来，我国聚酯瓶产业迅速发展，聚酯瓶已被广泛应用于各种茶、果汁等需要热灌装的饮料。

PET 用于食品包装，与其他塑料相比具有许多优良的包装特性：优良的阻气、阻湿、阻油等高阻隔性，化学稳定性良好；具有高强韧性，抗拉强度是 PE 的 5~10 倍，是 PA 的 3 倍，抗冲强度也很高，还具有良好的耐磨和耐折性能；具有优良的耐高温性能，可在 -70~120℃温度下长期使用，短期可耐 150℃高温。

PET 制作薄膜用于食品包装主要有 4 种形式：

① 无晶型未定向透明薄膜，抗油脂性很好，可用来包装含油及肉类制品，还可作食品桶、箱、盒等容器的衬袋。

② 无晶型定向拉伸收缩膜，表现出高强度和良好的热收缩性，可用作畜肉食品的收缩包装。

③ 结晶型塑料薄膜，薄膜的强度、阻隔性、透明度、光泽性都得到提高，包装性能更优越，可大量用于食品包装。

④ 与其他材料复合，制成高阻隔包装材料，用于保质期较长的高温蒸煮杀菌食品包装和冷冻食品包装。

（6）**聚酰胺** 聚酰胺（PA）通常称为尼龙。在食品包装上使用主要是 PA 薄膜类制品，其阻气能力强、阻湿能力差，耐油性好，化学稳定性良好，有水、醇溶胀现象；抗冲击强度高，且随吸湿量的增高而增加；耐高低温性优良，成型加工性较好，但热封性差；卫生安全性好。

PA 薄膜制品大量用于食品包装，为提高其包装性能，与 PE 或 PVDC 等材料复合后，克服其吸湿吸水的缺点，使其包装使用范围扩大，可用于果汁、奶等食品的无菌包装、深度冷冻包装和畜肉类制品的高温蒸煮包装。

**（7）聚偏二氯乙烯**　食品包装除了印刷、粘接、热封等问题，对氧气和水分的阻隔是最主要的问题。目前来看，聚偏二氯乙烯（PVDC）是塑料包装物中阻隔性最好的，柔软几乎不透气、不透水，所以，保鲜和保持香味的性能较好。在应用较多的热收缩包装物中，聚乙烯醇（PVA）随着吸湿增加，阻气性急剧下降而降低功能，尼龙膜由于有一定的吸水性，所以阻湿性较差，所以，PVDC 是目前最好的热收缩包装材料，它对食品的色、香、味均有良好的保护作用，同时，对食品能起到较好的防潮效果，可大大延长食品的保存期限。

在美国 PVDC 产品主要是保鲜膜和纸上涂布，其用量占 PVDC 总耗量的 40%。目前，我国食品包装市场上使用聚偏二氯乙烯的应用比例还很小，仅仅是在大部分的火腿制品肠衣包装中的塑料薄膜中应用比较广泛。但由于它的生产成本并不高，所以在食品包装的发展前景较好。

中国自二十世纪八十年代起引入 PVDC 包装，九十年代开始有了自己的 PVDC 制造工业和相应的加工工业。但由于原料和加工设备依靠进口，以及当时生活水平的限制，PVDC 的生产和应用发展缓慢。

**（8）聚乙烯醇**　聚乙烯醇（PVA）通常制成薄膜用于包装食品，具有如下特点：阻气性能好；因其为亲水性物质，阻湿性差，吸水性强，且随吸湿量的增加而使其阻气性急剧降低，在水中可溶解；化学稳定性良好，机械性能好，耐高温不耐低温，透明度、印刷性能良好。

PVA 薄膜可直接用来包装含油食品和风味食品，存放期长。由于其吸湿性强使其不能用于防潮包装，但通过与其他材料如 PVDC 复合后可发挥其优良的阻气性能而广泛用于肉类食品如香肠、烤肉、切片火腿、汤类、黄油、干酪及快餐食品的包装。

**（9）聚萘二甲酸乙二醇酯**　聚萘二甲酸乙二醇酯（PEN）具有优良的特性，是一种理想的包装材料。但 PEN 的价格昂贵，因而限制了作为包装材料的广泛使用，由于 PEN 与 PET 均属热塑性聚酯，化学结构具有相似性，因此，将一定配比的 PEN 与 PET 通过熔融共混制成聚合物合金，可以兼顾 PET 的经济性和 PEN 的耐热性、阻气性等优良特性，当 10%～20%的 PEN 与 PET 共混后，对氧气、二氧化碳的阻透性可分别提高 30%～50%和 23%～37%，并可将对紫外线的遮蔽波长提高到 380nm。PEN/PET 共混或共聚物已用于食用油、酒类、碳酸饮料及啤酒的包装。目前瓶类包装容器已成为 PEN 的主要市场。由于 PEN 具有优良的特性，用 PEN 吹制的 PEN 瓶，性能优于 PET 瓶。PEN 瓶透明、热灌装温度可达约 100℃，对紫外线、氧气、二氧化碳阻隔性好，并且耐化学药品，用于饮料、啤酒、化妆品、婴儿食品的包装，具有很大的实用性和市场。特别是在啤酒包装方面，更弥补了 PET 和玻璃的缺陷。

## 2. 塑料包装材料的阻隔性

塑料包装材料的阻隔性是作为食品包装材料的主要性能，被包装食品的保质保鲜程度取决于包装材料对空气、氧气、水蒸气和光线的阻隔能力。塑料的阻隔性是指塑料包装材料或容器阻止氧气、二氧化碳、氮气、水蒸气、光线、香味及其他有机溶剂蒸汽等透过的能力。单一品种的塑料材料常常无法满足这一要求，因此，复合塑料材料在包装领域广泛使用，特别是在薄膜制品方面。选用不同的阻隔性包装材料可以满足不同的使用要求。利用高阻隔性塑料包装材料对物品进行包装，可有效阻隔包装环境中氧气、水蒸气等的渗入，并保持包装内的特定气体成分，显著提高各类商品的货架期、保质期。

相对于 PP、PE、PVC 等通用热塑性塑料材料而言，PET 和 PEN、尼龙、PVDC、PC 和 EVOH 等材料，因阻隔性优良而被称为阻隔性塑料材料。阻隔材料可以作为夹层薄膜与其他材料复合构成复合材料，也可作为涂层涂覆于其他材料上使用。其中 PET、尼龙的使用量较大，PVDC 近年来发展较快，PC 主要用于制作中空容器；而 EVOH 因为生产厂家较少，产量不高，价格昂贵，应用尚未普及。

**（1）影响塑料包装材料阻隔性能的因素**　塑料包装材料的阻隔性除了与透过物质的分子大小及物性有关外，还与塑料本身的成分、大分子结构及分子聚集状态等内部结构以及塑料与透过性物质之间的相容性和亲和性等有关。

**（2）提高塑料包装材料阻隔性能的方法**

① 复合改性：塑料包装薄膜的复合改性是一种最有效提高塑料包装材料阻隔性能的方法。塑料包装材料的复合既可以是两层复合，也可以是多层复合，而且层数越多，阻隔效果越好。若两种薄膜材料的相容性较好，则可以直接复合；对于复合材料之间相容性较差的两种薄膜，则要使用适当的黏合剂，最常用的黏合剂为聚氨酯类黏合剂。塑料薄膜还可以通过涂硅膜、K 涂膜、镀铝膜等方法进行复合改性。

② 取向改性：在拉伸聚合物时，随着拉伸比的增加，其渗透性下降。这是由于拉伸过程中聚合物的球晶结构逐渐变成了微纤结构而排列起来。结晶尺寸降低，结晶度提高，而无定形区域也变得有序，排列紧密，增加了溶剂通过难度。双向拉伸使塑料制品的阻隔性普遍提高。常用的双向拉伸树脂有 PP、PA、HDPE、EVOH 等。

③ 添加助剂改性：添加助剂主要是添加不同的填料。普通填料对塑料的阻隔性提高不明显，其中效果明显的为超细片状结构填料，主要有云母、滑石粉、石英粉、石墨、氢氧化铝等。塑料填充不仅可改善材料的阻隔性，还可明显降低阻隔材料阻隔性能对温度的依赖性。此外，可以通过添加不同的填料来得到不同阻隔性能的薄膜，以用于果蔬保鲜包装及其他需要不同阻隔性能的场合。

④ 表面涂覆处理的改性：塑料制品的表面涂覆处理是指在低阻隔性塑料表面涂覆高阻隔性塑料 PVDC/EVOH 等及无机物，以提高其阻隔性。涂覆方法有内表面涂覆和外表面

涂覆，其中内表面一般涂塑料，而外表面一般金属化，涂覆方法有浸染法、喷涂法等。

例如在 PET 膜上先涂覆一层 EVOH 后，再涂一层 PVDC 液态分散系，可得到高阻隔性容器，氧气透过系数仅为 0.1~0.05$cm^3$/(atm·d)。

⑤ 化学处理改性：表面化学处理是指在塑料制品表面进行化学反应，改变其表面化学性质，通过提高其表面极性等而达到提高阻隔性的目的。

（3）主要阻隔性包装材料的发展情况

① PET 和 PEN：聚酯是以 PET 为代表的热塑性饱和聚酯的总称，包括 PBT、PEN、PCT 及其共聚物等，是用量最大、应用最广泛的阻隔性材料。其中，PET 是开发最早、产量最大、应用最广的聚酯产品。在包装领域主要用于制造薄膜和中空容器。

PET 具有较高的特性黏度、较低的乙醛含量、较好的结晶性、耐热性、耐气候性和尺寸稳定性等特性，制品透明度高、光泽性好，具有优良的阻气、阻油和保香性能。刚性强而且有韧性，抗拉强度是 PE 的 5-10 倍、PA 的 3 倍。PET 材料的化学稳定性好，耐稀酸和碱及普通的有机溶剂。卫生安全性好，符合食品包装的要求。

不过，相对于 PET 来说，阻隔性能更好的 PEN 正越来越受人注目。PEN 的分子结构与 PET 相似，只是以萘环代替了苯环，因此 PEN 比 PET 具有更优异的阻隔性，特别是阻气性和防紫外线性，耐热性好（普通非晶态 PEN 热变形温度达 100℃，而 PET 仅为 70℃）。与 PET 相比，PEN 具有更佳的耐化学品性能、机械强度和耐磨刮性。用 PEN 制作的塑料瓶可以像玻璃瓶一样用热碱液洗涤回收，并且可以反复使用 20 余次。除单独使用外，可以根据阻隔性能的要求，在 PET 树脂中加入不同比例的 PEN，以达到降低成本的目的。

目前在食品、饮料、药品、化妆品等方面已获得应用，如小尺寸碳酸饮料瓶、汽水瓶、果汁瓶、矿泉水瓶、牛乳瓶、啤酒瓶、奶瓶（可蒸煮消毒）等，以及要求高阻隔、耐辐射和耐化学药品性的医药包装，要求强度高、耐冲击、耐化学药品、高阻隔的工业包装等。在啤酒、饮料包装方面，更是弥补了 PET 和玻璃的缺陷。

② PVDC：聚偏二氯乙烯是最重要的高阻隔性材料，其使用量居各种材料之首。PVDC 的突出优点是对气体、水蒸气、油和异味具有极好的阻隔性。纯的聚偏二氯乙烯很硬、很脆，不适合做包装材料使用，但与 5%~50% 的氯乙烯共聚，并加入增塑剂和稳定剂后，可制成韧性大、柔软性和阻隔性好的薄膜，还可制成乳液涂布于其他基材上，用以改善材料的阻隔性能。PVDC 制膜比较困难，其薄膜制品的价格较高，而且热封性差，因此，PVDC 用做包装材料时，通常是与其他塑料复合或做为涂覆层使用。

我国 PVDC 制品是伴随着火腿肠加工技术引进并得到发展的，目前已广泛应用于食品、卷烟、饮料、干蔬菜、乳粉、茶叶等保鲜和隔味，以及化工、医药、电子和军工产业的防潮包装。由于 PVDC 是目前唯一被美国 FDA 认证可以与食品接触的高阻隔透明性材料，因此，在许多塑料包装材料上涂覆 PVDC 胶乳也成为国际食品包装业常用的手法之一。PVDC 可与多种基材如 PE，PP，PVC，PA，PET 等进行复合层压，以双向拉伸聚丙烯薄膜为例，涂覆后透氧率降低 1000 倍，透水率降低 3 倍：涂覆可以单层或多层，一般单层涂覆为 2.5μm 即可具备良好的阻隔效果。单层 PVDC 薄膜采用双向拉伸吹塑制取，具有收缩性、阻隔性、阻水性，在微波加热的条件下不分解，广泛用于家用保鲜膜；PVDC 与 PE，PP，HIPS 等合成树脂多层挤出用于真空奶制品、果酱等包装材料，其拉伸性能较好，适于较大容积的包装；PVDC 与 PE，PVC 的复合片材适用于易吸潮、易挥发药品的包装。

③ 尼龙：尼龙也是最主要的高阻隔性材料之一，用途极为广泛。一般而言，尼龙的阻气性好，但对水蒸气的阻隔性较差，吸水性强，且随吸水量的增加而溶胀，使阻气、阻湿性能急剧下降，其强度和包装尺寸的稳定性也会受到影响。此外，尼龙的机械性能优良，强韧耐磨，耐寒耐热性好，化学稳定性好，易加工，印刷性好，但热封性差。在包装工业中，尼龙主要是用作薄膜使用。随塑料啤酒瓶的发展，尼龙也被用作多层塑料瓶中的阻隔芯层。

④ EVOH：可看作为 EVA 的改性物，其最显著的特点就是具有良好的阻气特性。它对气体、香气、溶剂等都有很好的阻隔性能，因此可用于食品、医药等各个包装领域。包装的食品包括调味料、番茄酱、水果汁、肉类、乳酪和水果等。在非食品方面可用于溶剂、化学制药品和医药品等的包装。美国是 EVOH 最大的消费市场，约占世界总消费量的 46%，其次是欧洲（30%），日本（21%），亚太地区仅占 3%。除制作薄膜用于复合材料外，EVOH 还用于中空容器的制造。作为阻隔性夹层的 EVOH 与 PET 复合制成的多层塑料啤酒瓶，是目前用于工业化生产的唯一塑料啤酒包装容器。

⑤ 腈基树脂：腈基树脂是聚合物，是由大约 70%丙烯腈和甲基丙烯酸甲酯或苯乙烯及冲击改性单体丁二烯共聚而成，具有良好气体阻隔性、耐化学药品和保鲜性能，可以加工成吹塑容器和热塑性塑料容器，用于调味品、加工肉类等包装。

### 3. 食品包装用塑料的卫生性

人们对塑料食品包装总有着这样那样的担忧，甚至有人认为塑料“有毒”。对塑料食品包装的这种担心可能来自人们的认识误区，也就是把所有的塑料都等同于聚氯乙烯。很多人都已经知道，软聚氯乙烯薄膜因为含有易挥发的增塑剂，不宜用于食品包装，目前已被淘汰。现在用于包装食品的塑料聚乙烯、聚丙烯、聚酯、聚苯乙烯等，其卫生性能是合格的。而且，近年来随着分析、鉴别技术的进步，已能对塑料中的成分以及在各种条件下的变化做出精确的鉴定。

食品用塑料包装材料的卫生性有两个方面的问题，一是树脂本身存在的毒性，有的聚合单体的残留会对食品造成污染；二是塑料中各种添加剂的毒性，为了改良塑料食品包装材料，在制作包装材料时常会采用大量添加剂，这些化学添加剂会存在不同程度的向食品迁移溶出的问题由于某些添加剂或者添加剂降解物对人体有一定的毒性，因此大多数的加工助剂都可能构成包装材料的安全风险。常用加工助剂有增塑剂、稳定剂、抗氧化剂、着色剂等。

**（1）塑料树脂的卫生性** 用于包装材料的大多数塑料树脂是无毒的，但它们的单分子却大多有毒性，甚至是明确的致癌物，当塑料树脂中残留有单分子时，用于食品包装就会构成食品安全问题。减少塑料树脂的单体分子残留，是解决塑料包装材料安全问题的有效方法。食品包装应选用食品无毒级产品。

**（2）塑料添加剂的卫生性** 塑料是以合成树脂为主要原料生产出的人造高分子有机化合物。根据成分的不同，一般把塑料分为单成分塑料（仅由一种合成树脂制成）和多成分塑料（除了合成树脂外，还有其他添加组分，如填料、增塑剂等），塑料添加剂一般都存在着卫生安全问题，选用无毒或低毒的添加剂是塑料能否用于食品包装的关键。

目前大多数人对塑料制品作为食品包装还是抱有强烈的担忧，这是因为大家错误地把塑料制品都当成一种塑料聚氯乙烯，认为其含有易挥发的增塑剂，会给食品带来危害，不宜用于食品的包装。随着我国相关的生产标准也已经出台，很多检测结果表明，目前市场上绝大多数用于食品包装的塑料是安全的。且近年来检验分析技术不断进步，已经能对各种塑料制品中的成分及其在各种情况下的发生的变化做出精确的鉴定，所以，目前应用于食品包装的各种塑料材料如聚酯、聚乙烯、聚丙烯、聚苯乙烯等，其安全性都是无须担忧的。

① 合成树脂：合成树脂是塑料的主要成分。多成分塑料中合成树脂的含量为30%～60%。在塑料中起胶结作用，不仅本身胶结在一起，而且把其他组分也牢固地胶结起来。塑料的主要性质决定于所采用的合成树脂。塑料性质的变化范围很大，但其基本性质仍来源于合成树脂。塑料的一些基本性质和合成树脂的关系：

热塑性：按加热后塑料的性质变化不同，把塑料分为热塑性塑料和热固性塑料。塑料的主要成分是合成树脂，换句话说，塑料是由合成树脂的大分子链堆积而成的集合。常温下，分子的布朗运动无法摆脱分子间的吸引力，所以分子与分子之间没有大的运动，宏观上看塑料表现为固体。而当温度升高到一定值后，一些塑料中合成树脂分子的热运动足以克服分子间的吸引力，造成分子间由于重力的作用而出现大的位移，这在宏观上就表现为塑料从固体转变为液体；当温度降低后，分子的热运动又逐渐地无法克服分子间的吸引力，大的位移重新成为不可能，宏观上表现为塑料从液体逐渐凝固成固体。一般把这种加热后软化甚至熔化，冷却后又重新凝固的塑料叫做热塑性塑料。食品包装中基本上都采用热塑性塑料。而另一部分塑料的合成树脂分子是复杂的立体网状结构存在，加热时不会软化而是产生不可逆的焦化，我们把这种塑料成为热固性塑料。这种塑料硬、脆，常用于生产药瓶盖。

密度：合成树脂不是一条单纯的长链，而往往有或大或小的支链，支链越多越大（支化度越高），合成树脂分子链的堆积就越松散密度越小；支链越少越小（支化度越低），分子链堆积就越紧密，密度越大。

阻隔性：密度越大，分子链间的空隙越小，阻隔性越好；密度越小，分子链间的空隙越大，阻隔性越差。

硬度：支化度越高，分子间的距离越大，分子间的吸引力就越小，这样要克服分子间吸引力以造成分子间较大位移（宏观上的变形）的外力越小，这样该塑料的硬度就越小。反之，支化度越低，分子间距离越小，分子间的吸引力就越大，要克服分子间吸引力以造成分子间较大位移（宏观上的变形）的外力就越大，该塑料的硬度就越大。

软化点、熔点：软化点是使塑料硬度开始明显降低的温度。熔点是使塑料开始转为液体的温度。他们都是热运动克服分子间吸引力所需的温度，只是克服的程度不同。支化度越大，分子间吸引力就越小，克服分子间吸引力使分子发生较大位移所需的热量越小，所以软化点、熔点越低。反之，支化度越小，分子间吸引力就越大，克服分子间吸引力使分子发生较大位移所需的热量越大，所以软化点、熔点越高。

延伸性：塑料中，合成树脂分子是散乱堆积的，当受到定向外力时，分子将出现定向拉伸的现象，宏观上表现为形体的定向扩展（即延伸），塑料定向扩展的能力就称为延伸性。显然，支化度越高，分子间的吸引力就越小，分子越容易被拉伸，延伸性越好。支化度越低，延伸性就越差。

结晶度：塑料中的合成树脂分子时散乱、无规堆积的，但在某些极小的区域难免会出现数条分子链平行排列的现象，这一小块区域会表现出类似结晶的现象，所以人们把塑料中分子平行排列的区域称为塑料的结晶区域。我们把结晶区域在塑料中所占的比例称为该塑料的结晶度。单个结晶区域的透明度是很高的，但由于各结晶区域是随机、无规出现的，所以其方向各有不同，这将使光透过塑料后出现不同程度的漫射现象。结晶度越高，结晶区域越多，漫射现象越严重，塑料的透明度就越低。这就是结晶度和透明度之间的关系。对于一种塑料，如果其中共聚物的支化度越高，则分子堆积越松散，分子平行排列的可能性就越小，结晶度也就越小，透明度就越高；反之，支化度越低，结晶度就越高，透明度就越小。

② 填料：在塑料中加入填料是为了减少分子链间的滑动，提高塑料的强度、硬度和耐热性。常用的填料有木粉、铝粉、滑石粉、石棉纤维和玻璃纤维等，其用量通常为20%~50%。

③ 增塑剂：在塑料中加入增塑剂是为了破坏热塑性塑料中把分子链吸引在一起的次价力，当温度提高时，加入增塑剂后可使次价力遭到破坏，从而增进了热塑性塑料的柔顺性；温度降低时，次价力增大，塑料则变得刚劲起来。所以在一定温度下，增塑剂可提高材料的柔顺性，降低脆性。增塑剂是一些液态或低熔点的固态物质，常用的有邻苯二甲酸二丁酯、邻苯二甲酸二辛酯、二苯甲酮等。增塑剂按其毒性大小可分为四类：可用于食品工业；可有限制地用于食品工业；在满足使用要求上尚有疑问；不能用于食品工业。含增塑剂高的塑料制品不适合用于液体食品包装，一般也不适用于含液体成分较高的其他食品包装，特别是含酒精和油脂的食品。

④ 着色剂：为使塑料带有颜色而加入的有机染料和无机颜料。常用的有酞菁兰、联苯胺黄、甲苯胺红、酞青绿、苯胺黑等。着色剂应在塑料加工中稳定不变，容易着色，且

与塑料中其他组分不起化学作用，在大气条件下不致变色。

⑤ 稳定剂：塑料在日光或强灯光下会逐渐降解、老化。加入稳定剂就是为了防止塑料过早老化，延长其使用寿命。PE、PP、PS、PA、PET 等根据不同的用途和加工要求，也要加入某些防氧化剂、防紫外光剂等类的稳定剂。稳定剂应耐水、耐油、耐化学药品，并与塑料相溶，在成型过程中不分解，含维生素 C 的产品对抑制老化特别有效。食品包装用塑料的稳定剂必须是无毒的，现在各国公认允许用于食品包装用塑料的热稳定剂有钙、锌、锂的脂肪酸盐类。

⑥ 润滑剂：为了防止塑料在成型加工时物料黏着在模具或辊筒上，为减少摩擦，增加其流动性能，改善塑料的加工性能而加入的一种添加剂，种类很多，其中大部分毒性较低。常用的有油酸、硬脂酸、硬脂酸的钙盐和镁盐等。一般用量为 0.5%~1.0%。

⑦ 抗静电剂：塑料是绝缘体，会保留加工机械接触中摩擦产生的静电等，使自身带有静电。塑料带静电后，表面容易吸附灰尘和脏物，造成包装表面污染、薄膜间的黏附，甚至造成电火花、电击、火灾。抗静电剂的加入可以增加塑料的表面导电性，从而避免表面的静电积累，防止静电带来的危害。常用有乙二醇衍生物、季铵盐。

总之，不同的合成树脂制成的塑料，其性质不同，在此基础上加入不同种类、不同量的添加剂，可进一步调节其性质。

**（3）塑料添包装材料的阻透性**

① 阻气性和聚合物分子结构的关系：阻气性随分子极性的提高而增大。聚合物树脂分子的极性大、结晶度高、分子定向排列程度大，可使分子间结合得紧密而提高其阻气性。

② 水蒸气透过性与树脂分子结构的关系：水蒸气透过性与树脂分子的亲和性密切关系，亲水性树脂因含有较多或较强的亲水基团而具较强的吸水性，随水蒸气浓度的增加而增加，从而导致透湿系数的改变。非亲水性材料其透湿性几乎不受环境湿度的影响。

③ 温度对塑料包装材料阻透性的影响：温度对塑料包装材料阻透性的影响非常大，选用时必须注意。温度升高将使聚合物的结晶度、排列取向度降低，分子间距拉大、密度降低，这使塑料包装材料的阻透性能下降。

**（4）塑料包装的异臭成分**

① 塑料包装材料产生异臭的原因：塑料制造过程中的未反应物和副产物等产生的异味；塑料热分解或氧化生成物产生的异臭；因添加剂的挥发、溶出及分解，而与包装材料反应所产生的异臭；材料复合所用的黏接剂、印刷油墨及溶剂所产生的异味；因辐照产生的异臭等。

② 塑料热分解和添加剂产生的异臭：必须把加工和热封温度控制在适当的范围内。塑料热分解时产生的异臭与添加剂的关系很大，这些添加剂不但会影响聚合物分解，其本身也会分解产生异臭。

**（5）印刷颜料、黏接剂或溶剂等产生的异味** 用有机颜料着色，加热时会生成明显的挥发性物质，在热封时应控制温度，否则会产生较强的异臭而污染食品。尽量选用无异味溶剂或易气化而低残留量的溶剂，同时在加工、印刷之后进行彻底干燥、蒸发掉溶媒后才能投放市场。

### 4. 复合材料

近年来，由于世界包装工业实行了强强联合，跨国合作等新举措，使世界包装技术、新产品不断涌现，在某些领域，包装的增长速度比应用包装行业本身的产品的增长速度还高。用于食品包装的复合材料结构要求：内层要求无毒、无味、耐油、耐化学性能好、有热封性和黏合性，常用的有 PE、CPP、EVA 等；外层要求具有光学性、印刷性好，耐磨、耐热，且具有强度和刚性，常用的有 PA、PET、PC、BOPP、铝箔、纸等；中间层要求高阻隔性（阻气、阻香、防潮、遮光），铝箔和 PVDC 是最常用的品种。

**（1）新型可降解塑料品种多** 可降解塑料是指使用后可通过自然微生物的作用被分解成 $CO_2$ 和 $H_2O$ 的塑料，国内外都在研究其推广和使用，被认为是创建循环型经济社会发展的绿色环保新型包装材料。作为购物用的果蔬袋和容器、一次性饭盒、糕点盒，该材料在包装领域具有广阔的前景。

近年来随着原料生产和制品加工技术的进步，可降解塑料尤其是生物可降解塑料重新受到关注，成为可持续和循环经济发展的亮点，同时，也再次成为全世界聚焦热点。无论是从能源替代、二氧化碳减少，还是从环境保护以及部分解决“三农”问题，发展可降解塑料都是必要，也是十分有意义的。目前国外主要生产可降解塑料的有美国、日本、德国、英国等国家，品种主要有光降解、光/生物降解、水解降解和完全生物可降解塑料等。其中光/生物降解技术较为成熟，而完全生物可降解塑料的研究开发最为活跃。国内除合成型光降解，完全生物可降解塑料外，可降解塑料的研发进程已经与世界同步。

随着国际环境标准 ISO 14000 实施，新的降解塑料倍受人们关注。德国 BASF 推出了降解聚酯树脂，可用于薄膜生产。据资料介绍，欧洲西部可降解塑料市场年需求量为 20000t，主要应用领域为堆肥袋、垃圾袋、地膜、复合纸、快餐包装容器和饮料杯等方面。

① 生物可降解塑料的降解机制和特点：生物可降解塑料是指通过自然界微生物，如细菌、霉菌等作用可完全分解为低分子化合物的塑料材料（包括高分子化合物及其配合物），它具有以下特点：可制成堆肥回归大自然；因降解而使体积减少，延长填埋场使用寿命；不存在普通塑料要焚烧问题，减少了有害气体的排放；可减少随意丢弃对野生动植物的危害；储存运输方便，只要保持干燥，不需避光；应用范围广，不但可以用于农业、包装工业，还可广泛用于医药领域。

生物可降解塑料的降解机制，即生物可降解塑料被细菌等微生物作用而引起降解的形式大致有三种：生物物理作用，由于微生物侵蚀后其细胞的增长而使聚合物发生机械性破坏；生物化学作用，微生物对聚合物的作用而产生新的物质；酶的直接作用，微生物侵蚀部分导致塑料分裂或氧化崩裂。

② 生物可降解塑料的现状及分类：按制造方法，生物可降解塑料可分为：微生物合成类、人工合成类和天然高分子类三大类。

微生物合成类，即以有机化合物作为碳源食物，许多细菌、藻类等微生物具有合成生物降解脂肪族聚酯的能力。该类合成材料的机械特性好，耐热性优良，耐水性、耐油性和气体屏障性也很好。被广泛用于各种包装、个人卫生用品等方面。在好气和厌气（如河川、海底的泥中，深水管中，深土中）条件下均显示良好的生物可降解性，最后分解为二氧化碳和水，在空气和净水中不会降解，是安全和稳定的。

化学合成类，即用化学合成法生产的生物可降解塑料，已具实用价值并商品化。有以下几种：聚己内酯（PCL）：这种塑料具有良好的生物可降解性，熔点是62℃。分解它的微生物广泛地分布在喜气或厌气条件下。作为可生物降解材料可把它与淀粉、纤维素类的材料混合在一起或与乳酸聚合使用。PCL是高度结晶的热塑性树脂，能用传统的加工技术进行加工，可制成薄膜和其他包装材料。它像中等密度聚乙烯，具有蜡感，能支持真菌生长，可用作微生物的碳源，在泥土中会慢慢降解，12个月可失去95%，但在空气中存放一年未观察到降解。聚丁二酸丁二醇酯（PBS）及其共聚物：以PBS（熔点为114℃）为基础材料制造各种高分子量聚酯的技术已经达到工业化生产水平。聚乳酸（PLA）：聚乳酸是生物发酵产品，提高收率和质量的关键技术之一是筛选性能优良的菌种。以淀粉、糖蜜等生物资源为原料，发酵制得L-乳酸，再用化学方法合成制得聚L-乳酸。PLA具有良好的生物降解性，降解速度随环境条件不同而异，一般土壤掩埋后3~6个月破碎，6~12个月变成乳酸，在土壤中微生物代谢作用下最终转变成$CO_2$和$H_2O$，不会给环境带来污染。聚羟基烷酸酯（PHA）：目前国外实现工业化生产的主要为美国和巴西等国。利用可再生资源得到的生物可降解塑料，把脂肪族聚酯和淀粉混合在一起，生产可降解塑料的技术也已经研究成功。在美国、欧洲等国家和地区，淀粉和脂肪族聚酯的共混物被广泛用来生产垃圾袋等产品。聚乙烯醇（PVA）类生物可降解塑料：聚乙烯醇类材料，需要经过一定的改性后方具有良好的生物可降解性能。

③ 生物可降解塑料在食品包装中的发展面临的问题：目前尽管有关可降解塑料的研究和报道较多，但许多具体问题不能解决，推广异常困难，前景不容乐观。原因是：一是因为可降解塑料袋承重能力低，不能满足顾客多装东西和反复使用的要求；二是可降解塑料袋色泽暗淡发黄，透明度低，给人一种不够清洁和难看之感，用起来不放心；三是价格偏高。

为解决EPS快餐饭盒对环境的污染问题，试验用纸饭盒或可降解塑料饭盒代替。但是由于存在以下原因，极难推广：一是EPS强度高、质轻、保温性好；二是纸饭盒价格是EPS的1.5~2.5倍；三是即使采用降解PP饭盒，其性能也比不上EPS。我国有关部门要求使用植物纤维制作一次性餐具代替EPS。然而，由于在这种植物纤维餐具的成型过程中使用了高分子热溶胶，所以仍然存在处理问题及残留在植物纤维餐具中的农药含量控制问题。最重要的是要在价格和性能上有竞争力，只有在生物可降解塑料作为一种治理塑料废弃物的全新技术途径。生物可降解塑料的降解控制问题有待于解决，如作为包装材料要求有一定的使用期，而医用材料要求降解快。

（2）**复合薄膜** 就单层膜而言，其性能往往是不完备的。如价格低的聚乙烯和聚丙烯，阻气性、透明性都不理想，而阻气性、透明性都好的聚酯又不能热合，并且价格高。聚苯乙烯的热封性好，透明性好，但透气率、透湿率大，化学稳定性差。而复合薄膜能兼有个单层膜的优点，可达到取长补短的效果。如聚乙烯、聚丙烯的气密性差，电脑热封性好，和气密性好的聚酯复合后，可得到气密性好热封性好的薄膜。所以，近年来复合薄膜成为塑料薄膜的发展趋势。

① 复合薄膜的成型方法

湿法复合：在基础薄膜上涂附水溶性黏接剂后，随之粘贴其他薄膜，边加热边黏合。这种方法要求其中一种薄膜容易透过水分或多孔，否则干燥存在一定的难度。

干法复合：干法复合薄膜技术水平的发展，离不开黏合剂和油墨的技术进步。在基础薄膜上涂上有机溶剂黏接剂，随之粘贴其他薄膜，再用热风烘干。效率高，但与湿法比较成本高。

热熔复合：就是将热熔融黏接剂加热熔化后涂复在基础薄膜上，并趁热压粘贴其他薄膜以进行复合。其特点是工艺紧凑，不需干燥，适用于纸、塑料和铝箔等的复合。

熔融挤出涂复：可分为单式和串联式两种。串联法可在较低的温度下加工，可减少树脂热分解和氧化生成物发生臭气。也就是把涂复层分为两层，第一层次的基材直接黏接，加工温度采用通常条件，第二层次是用低温加工法。

共挤出成型：把两种或两种以上的塑料同时地、分层次地熔融挤出成型的方法。前面方法都有速度慢，长期使用后会出现离层的现象，而共挤出法速度快，效果好。所以目前塑料薄膜复合化使用最广泛的方法是熔融挤出涂覆法；把共挤出成型作为更高性能的复合薄膜的成型方法之一。

真空蒸镀复合：把被蒸镀薄膜放入真空机内蒸镀，两面涂上胶黏剂压入所需基材的方法。其特点是效率高、卫生灭菌、韧性强、水蒸气和气体隔绝性优良、热封性好。

② 复合薄膜的设计

复合薄膜的写法：复合薄膜的写法是按从外向内的方向依次排列出各层材料，其间用“/”连接。如 BOPP/PVA/PE，PET/铝箔/PA/PE 等。

复合薄膜的选材：在选择各层材料时应根据所包装食品的特点和加工、销售及使用过程中的要求充分考虑材料的化学稳定性能、阻隔性能、机械性能、印刷性能、热封性能、易开性能等多方面的因素，进行科学选材。如要对红烧肉蒸煮袋进行选材，必须首先从红烧肉的特点考虑。从化学成分上看，红烧肉含丰富的水分、蛋白质、脂肪等，所以可以首先考虑防水性和化学稳定性俱佳的聚烯烃，它同时还可以满足热封要求；聚烯烃中某些塑料的耐油性、阻气性较差，所以可以考虑阻隔性很好的 PET、PA；为了避免光化作用对蛋白质和脂肪的破坏，我们可以考虑既能遮挡可见光，又能提高外观档次的铝箔，而铝箔不能单独使用，需要机械强度高的材料对它加以保护，PET、PA 可以满足该要求；同时，良好的印刷性能可由 PET 提供。这样，我们可以选择聚烯烃、铝箔、PA、PET 作为红烧肉蒸煮袋的材料。

各层材料的顺序选择：在各层材料的安排上，应充分考虑各材料的特点，进行合理安排，力求做到各个材料的“扬长避短”，使复合薄膜实现完美、协调。仍以红烧肉蒸煮袋为例：先看最内层，因接触食品，又是热封时的结合层，所以要求很好的化学稳定性和热封性，而对阻隔性要求不高（因它各层次可提供高阻隔性），PET 虽然有高的阻隔性和很好的机械性能，但不能热封；PA 虽然也有高的阻隔性和很好的机械性能，但不能接触水，所以放在最外层和最内层都不适合；铝箔虽能阻挡可见光，但化学稳定性不如塑料材料，加之机械性能很差，不能直接接触其他物质，所以也不适合放在最外层或最内层；这样可以确定最内层为聚烯烃。最外层因铝箔和尼龙都不适合，所以只有聚酯。中间两层，因铝箔如夹在两层机械强度高的材料中间保护效果最好，所以采用 PET/铝箔/PA 的形式。这样，红烧肉蒸煮袋的复合材料可以确定为：PET/铝箔/PA/聚烯烃。

### 5. 军用食品包装的选用

军用食品不仅是一个简单的充饥品，而且是军事人员在战斗环境下赖以生存保持体力的必需品，它应能解决长时间依靠其生存人员的营养和接受性问题，应营养丰富、全面、能防止维生素缺乏症，能保持各类战斗人员的体力和精力。它除了具有普通食品的共性外，还要求体积小、重量轻、便于携带和使用、营养全面、可食性和连食性强。如重量要求每餐应小于 1000g，贮藏期要求 2 年以上，在野外环境下能够即食等。未来战争要求军用食品必须是科技含量高的食品，既有民用食品的一般性，又要有其特殊性，要能使部队官兵在极端恶劣的环境，如核污染、生化污染、极端高压低温和极端高温低压等条件下，仍能适应现代战争的需要。

信息化战争的多元素、快节奏、高消耗、快反应要求战场物流高速、灵活、畅达、安全。军用食品的包装在其战场物流活动中具有特殊的地位。要实现军用食品调拨、运输、分发快速灵活化，就要提高军用食品包装的便利性，包装要便于储运、分发、开启和食用。

为了提高军用食品储运和分发的方便性，就必须要做好包装的标准化工作。标准的标志和术语能够提高军用食品的可识别性，而标准的规格可以充分利用运输工具的空间，并且能够提高装卸速度。

为了提高开启和使用的方便性，可以借鉴外军的做法，研制和采用可食性包装材料。日本、美国等军队已研制出了胶原薄膜、牛乳蛋白薄膜及纤维素薄膜等材料，其特点是强度高，乳属性好，可食用，不改变食品风味，对人体健康无害，对环境不产生污染，因此也被称作“环保”材料。可食性的包装既可减少食品受污染、掉渣，同时还可以减少包装占有的体积和重量，增加食品的可食部分。由于在作战条件下时间有限，如果在食品的使用中分发，食用以及饭后收拾的时间增加，则战士用以吃饭的时间减少。

软包装罐头根据军队目前的情况，主要是在野战食品中的单兵食品中使用。若在技术上提高，也有可能用于集体食品。铝箔具有良好的隔阻性，包括对气体和光。但抗折皱能力差，在折皱情况下，铝箔容易产生断裂等问题。通过与其他材料复合，来提高抗皱折性能是今后研究的一个方向。复合材料可通过具有高隔阻性、耐刺扎、耐高温等材料的复合，制造新的软包装袋。这种袋比铝箔袋有一个突出的优点，就是可以在微波中加热，但其遮光性差，需要采取一些措施来弥补。

军用食品外包装现都采用纸箱，预计将来可能会与防护包装结合，产生纸板和塑料复合外包装。总体来说，军用食品包装将向着轻质、可靠、增加功能、生物可降解等方向发展。

在军用食品包装加工与印刷等研制阶段以大量应用计算机辅助技术为起点，可使计算机辅助技术向一体化、集成化、智能化方向发展。在我军军用食品包装信息化的建设过程中，正着力探索计算机辅助设计（CAD）、计算机辅助制造（CAM）、计算机工程求解（CAE）三者的有机融合，使这三者成为一个集设计和分析结合成一体的计算机辅助设计系统。

CAD 的应用，可以使军用食品包装图样的生成速度大大加快，快速变更能力大大增强，图纸的质量大大提高，能够对设计方案进行细致地分析、发现、改正问题。包装 CAD 软件采用人机对话操作方式，可用键盘、鼠标在屏幕上任意设计包装结构图、排料方案、印刷图案等，可调用包装图形库，选择包装结构，可将设计图形和数据传递给模切板和背衬加工设备，保证与印版一致，提高包装精度；CAE 则主要利用计算机分析来配合 CAD 与 CAM 完成对包装材料有机高分子化合物的改变与合成，以使军用食品包装有某些特殊性质。如在军用食品纳米包装中应用计算机辅助求解，是解决纳米包装研究制造过程中不可缺少的重要环节，其生产的包装可拥有多种优良性质，如提高军用食品包装的抗冲击力及耐腐蚀能力，有效保护军用食品的感观及营养价值；降低军用食品包装成本；实现军用食品包装抗菌自洁等；CAM 是指采用计算机分级结构监控制造过程的各个阶段，从而多方面管理制造过程——它通过人机联系，在军用食品加工管理、工艺设计、计划操作和控制等方面，有效地利用计算机技术，按照信息化的作业程序进行生产活动。

# 第三节
# 包装机械与设备

现代食品生产过程中，由于不同的食品包装工艺过程操作及要求各不相同，需配有相应的包装机械来完成，选用合适的包装材料和容器对保护食品、方便运输、具有重要作用。包装是产品进入流通领域的必要条件，而实现包装的主要手段是使用包装机械。食品包装机械是指能够完成全部或部分产品和食品包装过程的机械。包装过程包括充填、裹包、封口等重要工序。使用机械包装产品可提高生产率，减轻劳动强度，适应大规模生产的需要，并满足清洁卫生的要求。包装是产品进入流通领域的必要条件，而实现包装的主要手段是使用包装机械。

食品包装机械是随着新包装材料的出现和包装技术的不断革新而发展的。中国发明的造纸技术，在历史上为纸包装的产生提供了条件。1850 年世界纸价大跌，纸包装开始用于食品。1852 年美国的沃利发明出制纸袋机，从而出现纸制品机械。1861 年德国建立了世界上第一个包装机械厂，并于 1911 年生产了全自动成形充填封口机。1890 年美国开始生产液体灌装机，1902 年又生产了重力式灌装机。20 世纪初，英国的杜兰德采用金属容器保存食物，从而出现各种罐头包装食品。

20 世纪 60 年代以来，新材料逐渐代替传统的包装材料，特别是采用塑料包装材料后，包装机械发生重大变革。超级市场的兴起，对商品的包装提出了更新的要求。为保证商品输送快捷安全，集装箱应运而生，集装箱体尺寸也逐渐实现了标准化和系列化，从而促使包装机械进一步完善和发展。

目前，国际包装机械行业竞争日趋激烈，食品包装机械正朝着高速、多功能化及控制智能化的方向发展。面对严峻的形势，我国包装机械行业必须提高产品的技术含量，走专业化发展的道路，靠技术进步来推动行业发展。

我国食品包装机械行业起步于 1980 年代，经过 1980 年代的快速发展，1990 年代的高速增长，通过引进、消化、吸取国产化生产，目前基本形成了门类齐全、布局基本合理、品种基本配套、技术水平与食品工业发展基本适应的独立的工业体系。我国食品包装机械技术水平与国际水平的差距正在缩小，少数产品接近国际先进水平，产品水平也上了新台阶，开始出现规模化、成套化、自动化的趋势，传动复杂、技术含量高的设备开始出现。

包装机械的主要作用有以下几点：

① 可大大提高劳动生产率，滑台式吸塑封口机机械包装比手工包装快得多，如糖果包装，手工包糖 1min 只能包十几块，而糖果包装机每分钟可达数百块甚至上千块，提高效率数十倍。

② 能有效地保证包装质量，机械包装可根据包装物品的要求，按照需要的形态、大

小，得到规格一致的包装物，而手工包装是无法保证的。这对出口商品尤为重要，只有机械包装，才能达到包装规格化、标准化，符合集合包装的要求。

③ 能实现手工包装无法实现的操作，有些包装操作，如真空包装、充气包装、贴体包装、等压灌装等，都是手工包装无法实现的，只能用机械包装实现。

④ 可降低劳动强度，改善劳动条件，手工包装的劳动强度很大，如用手工包装体积大、重量重的产品，既耗体力，又不安全；而对轻小产品，由于频率较高，动作单调，易使工人得职业病。

⑤ 有利于工人的劳动保护，对于某些严重影响身体健康的产品，如粉尘严重、有毒的产品，有刺激性、放射性的产品，用手工包装难免危害健康，而机械包装则可避免，且能有效地保护环境不被污染。

⑥ 可降低包装成本，节省贮运费用，对松散产品，如棉花、烟叶、丝、麻等，采用压缩包装机压缩打包，可大大缩小体积，从而降低包装成本。同时由于体积大为缩小，节省仓容，减少保管费用，有利于运输。

⑦ 能可靠地保证产品卫生，某些产品，如食品、药品的包装，根据卫生法是不允许用手工包装的，因为会污染产品，而机械包装避免了人手直接接触食品、药品，保证了卫生质量。

⑧ 可促进相关工业的发展，包装机械是一门综合性科学，它涉及到材料、工艺、设备、电子、电器、自动控制等多种学科，要求各相关学科同步、协调地发展，任何学科的问题都将影响包装机械的整体性能。因此，包装机械的发展将有力地促进相关学科的进步。另外，为适应包装机械高速包装的需要，其相关的前后工序也势必与之适应，也就推动了相关工序的同步发展。

食品包装机械按照不同的要求可分为不同的种类：

① 按包装操作任务可分为：包装印刷机械、包装材料及制品加工机械、产品包装机械。

② 按包装过程的功能可分为：充填机、灌装机、裹包机、封口机、贴标机、打印机、集装机、清洗机、多功能包装机。

③ 按自动化程度可分为：半自动和全自动包装机。

④ 按包装适应范围可分为：专用型、多用型和通用型包装机。

食品包装机械选配的一般原则：

① 满足食品包装工艺要求，对食品包装所用的材料及容器有良好的适应性，保证包装质量和包装生产效率的要求。

② 技术先进，工作稳定可靠，能耗少，使用维修方便；注意机械的通用性，能适应多种食品的包装需要。

③ 符合食品卫生要求，易清洗，不污染食品；对食品包装所要求的条件有合理的、可靠的控制装置，尽可能采用自动控制方式。

④ 长期生产单一产品，选用专用型机械；生产多品种，同类型，多规格产品时，选用多功能机械。

⑤ 改善工人劳动条件和减轻劳动强度。

食品包装机械是完成食品主要包装工艺过程的机械，主要包括以下系统（图 4-28）。

① 主传送系统：将被包装食品连同包装材料从一个包装工位传送到另一个包装工位的机构组合。

② 被包装食品供送系统：一般包括食品的储存、整理计量、传送等部分。流体类食品一般由管道靠自重或一定压差进行传送。

③ 包装材料供送系统：食品包装材料和被包装食品两部分的供送必须相匹配。

④ 包装操作执行系统：直接完成各个包装操作的机构组合。食品包装不同的工艺过程和要求必然会有不同的执行机构，包装执行机构是整个包装机的中心部分，它的结构类型往往能反应包装机的特色。

⑤ 成品输送系统：将包装件送出包装机的机构组合。

⑥ 动力传动系统：常常采用机械、电力、气动和液压等的组合传动机构，以便完成更复杂的包装操作和提高自动化程度。

⑦ 操作控制系统：一般为自动机械，要求被包装食品和包装材料自动供送，包装执行动作自动完成，包装过程中各种参数自动测控调节，包装质量自动检测。

⑧ 机身支架系统：机身支架支撑包装机的全部零部件，同时起一定的保护、通风、美化作用。

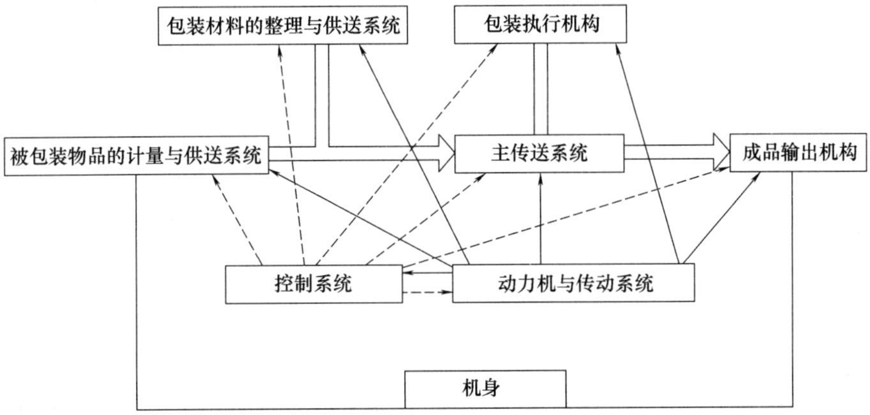


图 4-28 包装机械各基本工作系统作用关系图

# 一、灌装充填技术与设备

## 1. 充填技术

充填是指将一定质量的食品装入某一包装容器中的操作过程，主要包括食品计量和充入。根据所能适应的食品物态的不同，可把充填技术分为两大类：固体类食品充填和液体类食品充填（一般将液体类食品的充填称为灌装）。

**（1）称重充填法** 适用于易吸潮、易结块、粒度不均匀、容重不稳定的物料计量。精度较高，但工作速度较低，装置结构较复杂，多用于充填粉状和小颗粒食品。常用装置：杠杆秤、弹簧秤、液压秤、电子秤等。

计量重量的方式有净重充填法和毛重充填法两种。

净重充填法是指由进料器把物料从储料斗运送到计量斗中，当计量斗中物料达到规定质量时即通过落料斗排出，进入包装容器。由于称量结果不受容器皮重变化的影响，因此称量精度很高，广泛应用于要求高精度计量的自由流动固体物料，如乳粉、咖啡等固体饮品。也可应用于那些不适于容积充填法包装的食品，如膨化、油炸食品。

毛重充填法没有计量斗，将包装材料放在秤上进行充填，达到规定质量时停止进料，故称得的质量为毛重，其计量精度受容器质量变化影响很大，计量精度不高。但由于食品不经计量斗直接落入容器内称量，食品物料的黏附现象不会影响计量精度，因此，除了能应用于自由流动的物料外，还适用于有一定黏性物料的计量充填。

**（2）容积充填法** 包括量杯式、插管式、柱塞式、料位式、螺杆式、定时式充填机。这种充填方式要求被充填物料体积质量稳定，通过控制食品物料容积进行计量充填，否则会产生很大的计量误差。容积充填包括计时振动充填法、螺旋充填法、重力-计量筒充填法和真空-计量充填法。

**（3）计数充填法** 计数充填法是将食品通过计数定量后充入包装容器的一种充填方法，包括长度计数装置、光电式计数和转盘式计数装置。常用于条状、片状、块状食品的计量充填。

① 长度计数装置：使物品具有一定的规划，按其一定的长度、高度、体积取出，获得一定的数量。常用于块状食品，如饼干、云片糕等的包装计数。

② 光电式计数装置：物品在传送带上逐个通过光电管时，从光源射出的光线因物品的通过而呈现穿过和遮挡两种状态，由光电管把光信号送入计数器进行计数，并在窗口显示数值。

③ 转盘式计数装置：特别适合于形状、尺寸规则的球形和圆片状食品的计数。

### 2. 灌装技术

灌装是指将液体（或半流体）灌入容器内的操作。根据灌装的需要，一般将液体食品按其黏度分为三类：

① 流体：指靠重力在管道内按一定速度自由流动，黏度为0.001~0.1Pa·s的液料，如牛乳、饮料、酒等。

② 半流体：除靠重力外，还需加上外压才能在管道内流动，黏度为0.1~10Pa·s的液料，如炼乳、蜂蜜、酸乳等。

③ 黏滞流体：靠自重不能流动，必须靠外压才能流动，黏度在10Pa·s以上的物料，

如花生酱、果酱等。

**（1）灌装方式** 常用的灌装方法按照灌装原理可分为常压灌装、真空灌装和等压灌装等。

① 常压灌装：常压灌装主要用于低黏度非起泡性液料，大部分自由流动的液体都可用此法灌装，如牛乳、矿泉水、酱油等。由于设备构造简单、操作方便、易于保养，至今仍被广泛使用。

常压灌装机是在大气压力下靠液体自重进行灌装。这类灌装机又分为定时灌装和定容灌装两种，只适用于灌装低黏度不含气体的液体如牛乳、葡萄酒等。

② 真空灌装：真空灌装是指在瓶中压力低于大气压的条件下进行灌装，分为重力真空灌装和真空压差灌装两种。这种灌装机结构简单，效率较高，对产品的黏度适应范围较广，如油类、糖浆、果酒等都适用。

重力真空罐装是指在低于大气压条件下进行灌装，即贮液箱处于真空，对包装容器抽气形成真空，随后料液依靠自重流进包装容器内，适用于灌装白酒、葡萄酒。在此灌装过程中，挥发性气体的逸散量最小，不会改变酒精浓度，使包装产品不失醇香。

灌装流程一般为：将装有空瓶的箱子堆放在托盘上，由输送带送到卸托盘机，将托盘逐个卸下，箱子随输送带送到卸箱机中，将空瓶子从箱子中取出，空箱经输送带送到洗箱机，经清洗干净，再输送到装箱机旁，以便将盛有液体的瓶子装入其中。从卸箱机取出的空瓶，由另一条输送带送入洗瓶机消毒和清洗，经瓶子检验机检验，符合清洁标准后进入灌装机和封盖机。液体由灌装机装入瓶中。装好液体的瓶子经过封盖机加盖封住并输送到贴标机贴标，贴好标签后送至装箱机装入箱中再送到堆托盘机放在托盘上送入仓库。装各种饮料液体的瓶子灌装流水线的流程基本相似，因灌装液体性质的不同，使用的灌装机和压盖机也不同。

真空压差灌装即贮液箱内处于常压，只对包装容器抽真空，料液依靠贮液箱与待灌装容器间压差作用产生作用产生流动而完成灌装。适用于易氧化变质的液体食品，如富含维生素等营养成分的果蔬汁产品的灌装。

③ 等压灌装：等压灌装是指在高于大气压的条件下，首先对包装容器充气，使之形成与贮液箱内相等的气压，然后依靠被灌装液料的自重流进包装容器内。常用于灌装含$CO_2$饮料、汽水、啤酒、香槟等的灌装。灌装步骤为：充气等压；进液回气；排气泄压；排除余液等。加压的目的是使液体中$CO_2$含量保持不变，压力可取0.1~0.9MPa。液面以上空间充有压缩空气或$CO_2$以保持一定压力，使容器的压力与贮液槽上部的压力相等，在等压状态下，罐内液体上升到规定液位而完成灌装。

④ 机械压力灌装：利用机械压力如液泵、活塞泵或气压将被灌装液料压入包装容器内。机械压力灌装影响液体食品灌装的因素有黏度、是否含有气体、起泡性、微小固体物含量等，其中最主要的是黏度。因此在选用灌装方法和灌装设备时首先要考虑液体的黏度。主要用于黏度较大的稠性液料，如果酱、奶油类食品。

⑤ 无菌灌装：1961 年，利乐公司（全球最大的液态食品加工及包装生产企业）首先将纸盒（Tetra Pak）无菌包装技术应用于商业化生产。直至今日，无菌灌装技术的发展日臻完善，并且已经成为化学、物理学、微生物学、自动控制等多项高新技术综合集成的高端技术。1990 年，航天部工艺研究所研制成功的大袋无菌灌装系统，标志我国无菌包装技术自主设计的开端。

下面以 TBA/19 型为例介绍利乐无菌包装机的结构（图 4-29）。

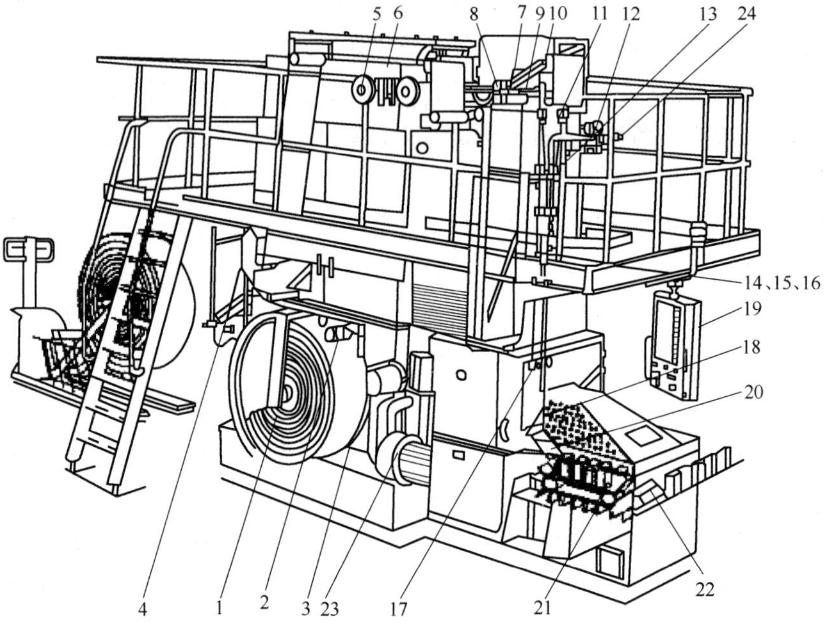


图 4-29 TBA/19 型无菌包装机的结构

1—包装材料（纸卷），由手推车送到位于机器底部的纸仓内 2—各整理辊轮，连续、平稳、可靠地向机器上部供送包装纸 3—调速滚轮，调整两轮位置的高低，可实现两种速度向机器上部供给包装纸 4—喷码机（日期打印装置），向包装纸打出厂日期和其他代码 5—纵封贴条供送系统，向机器上部供送纵封贴条 6—纵封贴条附贴器，将纵封贴条的一半贴于包装纸一侧 7—封闭式热双氧水浴槽包装纸在其中进行灭菌 8—挤压辊轮，挤出包装纸上残留的双氧水 9—无菌空气喷射器（气刀），吹出无菌热空气，吹干灭菌后的包装纸 10—浮动折曲辊轮，将包装纸压平、拉直，并连续、平衡、可靠地传送包将包装纸转向并支撑纸管部 11—上部折曲辊轮，将包装纸转向并支撑纸管部 12—产品调节阀及中心灌注管，调节液态物料的液位并准备灌装 13—可移动成形环，将包装纸形成纸管并调节纸管直径 14—纵封加热器，包装材料在通过成形环时，加热纸管纵封边和纵封贴条 15—纵封暂停加热器，压紧及冷却固化纵封，完成纵封 16—整形环，对纸管进一步整形 17—下灌注管及浮筒，液面计量灌装，产品流动稳定，防止产生气泡和空气进入将纸管切割分离，形成纸包，灌装量稳定准确 18—横向封合夹爪系统，完成横封，同时切刃将纸管切割分离，形成纸包 19—控制屏，设定工艺控制参数工作循环并显示工作状态 20—排包器，将纸包送入终端 21—终端，实施纸包折角、折翼并粘角、粘翼，进行最后整形 22—传送装置，无菌砖被排出机器，并送至贴吸管工位 23—伺服系统，包括中央润滑系统、液压系统、水环式压缩机和清洗液容器 24—无菌产品阀，控制无菌产品、热蒸汽、无菌热空气的输送

从实现无菌灌装关键技术的角度而言，包装材料决定了无菌灌装设备的形式。作为性能完备的无菌灌装设备，需要包含对包装材料灭菌、无菌液体食品输送、在无菌环境中灌注和密封等装里，具有机械、微生物栅栏和质量监控保障系统，此外，还应具备 CIP 和 SIP 等装备条件，难以循环利用是纸塑包材的致命弱点，如果不加以专门回收，对环境的

污染不言而喻。因而，PET 瓶在饮料工业中的应用得到了迅速发展。其不仅具有消费便利性，同时还可以实现制瓶和灌装的高效生产，并且材料循环利用。实现 PET 瓶无菌灌装的关键技术主要是瓶和盖的杀菌、灌装密封区无菌环境的保持，以及灌装机本身应满足无菌灌装的要求。

国内外无菌包装设备种类很多，但在无菌性能上存在很大差别，每种类型均有相应的适用范围。如果盲目进行设备选型，则将导致部分进口设备长期闲置，无法发挥应有的作用。因而在选取采用无菌处理和包装技术时，一定要根据产品要求对设备进行周密的选型比较，以选用最合适的设备。同时需要对连续杀菌的工艺规程进行科学合理制定，无菌灌装通常采用的管道连续杀菌与传统食品杀菌规程制定间的差别较大，部分企业使用的连续杀菌工艺规程的杀菌值很低，单凭设备厂家推荐的杀菌工艺规程，产品质量得不到充分保证。

**（2）灌装食品营养价值的保存**　灌装食品在传统上主要用于旅行和应急食用。随着人们生活水平的提高、生活节奏的加快，人们花费在日常饮食上的时间必将越来越少，灌装食品由于其易于贮藏、运输与加工，也必将重新赢得人们的青睐，尤其是那些适销对路的灌装食品已逐渐进入老百姓的家庭食谱。我军部分部队由于驻守海岛或长期出海等特殊军事任务的需要，以及长期大雪封山等自然条件的制约，日常膳食中大量使用灌装食品。认清灌装食品加工过程与贮藏等工艺对营养价值的影响并采取一定措施以弥补这些影响具有一定的现实意义。

对灌装食品营养价值影响较大的有：

① 热烫：在果蔬类原料的加工时，往往将其浸到足以使其组织枯萎的水中，一方面破坏酶系活力并杀死部分微生物；另一方面，排除组织中空气，收缩产品，便于装罐。在此过程中，营养发生了沥滤和氧化，维生素 C 和维生素 B 损失较多。

② 加热杀菌：此过程中维生素 C、维生素 B、维生素 D 和叶酸损失较多。在还原糖存在时，蛋白质经美拉德反应而降解，碱性氨基酸损失较大。另外由于封罐过程中不可避免地在罐中残留部分空气，使得部分易氧化的营养素有一定损失。维生素 B、维生素 E 保存率普遍下降，维生素 C 在涂料罐和玻璃罐中损失较大。

包装鱼肉的材料常用的是透气较低的材料，一是防止空气中的氧进入，使鱼肉处于低氧或无氧情况下，延缓脂肪的氧化酸败；二是抑制好氧性微生物的生长繁殖，阻止细菌对鱼肉蛋白质的分解，不受贮藏的影响。在 7～17℃ 贮藏的猪肉午餐肉中，维生素 $B_2$、烟酸、泛酸均未见显著变化。但在较高温度贮藏时，维生素 $B_1$ 保存率降低，这说明含大量维生素 $B_1$ 的肉类制品需要低温贮藏。蛋白质、糖和脂肪的保存率一般不受贮藏影响。微量元素受罐藏影响较大。据报道，罐藏的菠菜，其锰损失 81.7%，钴损失 70.6%，锌损失 40.1%，大豆罐头锌损失 60% 。而有些食品经罐藏后某些营养价值会有所提高：南瓜罐头维生素 A 含量比新鲜南瓜要高；番茄中所含的番茄红素经罐藏后更易于人体的利用，有关文献已证明番茄红素对预防前列腺癌有一定效果。早期的研究发现，罐装过程中的加热杀菌工序使得食品中的纤维素更易于人体吸收，钙的含量也有所提高。

罐体材料对食品质量也有一定影响。据报道，沸腾的果酸可使罐体材料中的铝溶出，而铝摄入过量会导致脑部疾病。锡溶入罐内过多不仅会使天然色素变色，还会引起腹泻。维生素 C 在铁罐中保存率较高，原因是罐中残留氧被果酸与内壁之间的反应所消耗了。

我军部分部队，由于军工任务的需要或自然条件的限制，长期依赖灌装食品。为保证官兵的身体健康，维持部队战斗力，使用灌装食品时应做好以下几点工作：

① 针对自身特点选择不同品种：长期食用罐头食品容易引起厌恶情绪，导致食欲下降。为此应尽可能多地选择不同品种的产品，并配合其他食品使用，同时，选择应具针对性。如对于热区部队，注意蛋白质需要量增加，水溶性维生素、无机盐、水消耗增多，应在选择罐头时加以注意。

② 采取低温贮藏保证食品营养：低温有利于灌装食品营养素的保存。通过降低贮藏环境温度，有效控制沥滤作用。例如盐水蟹肉罐头在 27℃贮藏时，大约流失 10%的蛋白质，50%的烟酸和 75%的维生素 C，而在冷冻温度下这种流失几乎为零。低温贮藏还有利于保持食品的色泽。果蔬在罐装时，植物组织受到破坏，细胞膜、壁破裂，有利于色素的溶解与扩散。降低环境温度可以延缓这种扩散，同时还可以减轻美拉德反应造成的变色。

③ 适当进行强化：罐头食品生产、贮藏、启用过程中的营养素的损失，可以通过强化的方法进行一定的弥补。主要是有针对性地在灌装食品中强化易损失的维生素 $B_1$、维生素 C 和一些微量元素。强化时应注意掌握强化剂数量，同时确保强化剂具有活性并对食品品质无不良影响。

### 3. 灌装机械

灌装机按其各部件的功能大致可分为定量供料部分、传动部分、瓶托生降部分、灌装阀及其控制部分、封盖部分和电气部分共六个部分。

不同的装填物料（含气液体、不含气液体、膏状体等）和不同的包装容器（瓶、罐、盒、桶、袋等），也使灌装机的品种不尽相同，通常灌装机的分类方法有以下几种：

① 按结构分为：直线型灌装机、旋转型灌装机；

② 按定量装置分为：容杯式罐装机、液面式灌装机、转子式灌装机、柱塞式灌装机；

③ 按灌装阀头数分为：单头灌装机、多头灌装机；

④ 按灌装原理分为：真空灌装机、常压灌灌装机、反压灌装机、负压灌装机、加压灌装机；

⑤ 按供料缸结构分为：单室供料灌装机、双室供料灌装机、多室供料灌装机；

⑥ 按自动化程度分为：手工灌装机灌装机、半自动灌装机、全自动灌装机、灌装压灌装机；

⑦ 按包装容器升降结构分为：滑道式升降灌装机、气动式升降灌装机、滑道气动组合升降灌装机。

传统的灌装机械多采用机械式控制，如凸轮分配轴式，后来又出现了光电控制、气动控制等控制形式。但是，随着食品加工工艺的日益提高，对包装参数的要求不断增多，原有的控制系统已难以满足发展的需要，应采用新的技术改变食品包装机械的面貌。当今的食品灌装机械是集机、电、气、光、磁于一体的机械电子设备，在设计时，应着力于提高包装机械的自动化程度，将包装机械的研发与计算机结合，实现机电一体化控制。机电一体化的实质就是从系统观点出发，运用过程控制原理，将机械、电子与信息、检测等有关技术进行有机组合，实现整体最佳化。

将微机技术引入到包装机械，应用机电一体化技术，开发智能化包装技术，按产品自动包装工艺要求组合成全自动包装系统进行生产，可对生产过程的检测与控制、故障的诊断与排除将实现全面自动化，实现高速、优质、低耗和安全生产。可用于水产加工食品的精确计量、高速充填和包装过程自动控制等，将使包装机械结构大为简化，提高包装产品质量。如最常见的塑料袋封口机，其封口质量与包装材料、热封温度和运行速度等有关。如材料（材质、厚度）发生变化，那温度和速度也要随之改变，但变化多少却难把握。如采用微机控制，将各种包装材料的封口温度和速度的最佳参数匹配输入微机存储器，再配上必要的传感器，组成自动跟踪系统，不管哪个工艺参数改变，都能保证最佳的封口质量。

目前国内以旋转型灌装机为基础，吸收国际最先进的灌装技术开发出集洗瓶、灌装、封盖、贴标于一体的组合型灌装系统。

**（1）直线型灌装机**　直线型灌装机为间歇式灌装设备，包装容器沿直线由一个工位间歇运动到另一个工位，运动停歇时完成灌装（图 4-30）。

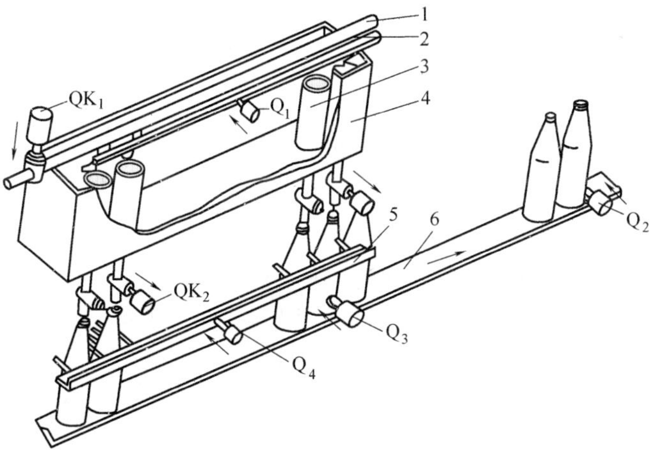


图 4-30　直线型灌装机为间歇式灌装设备

1—进液管　2—推板　3—计量筒　4—储液箱　5—挡板　6—传送带

**（2）旋转型灌装机**　旋转型灌装机主要由液体输送、容器输送、灌装阀、大转盘、传动机构、机体、自控装置等部分组成，其中灌装阀是保证灌装机正常工作的关键。

旋转式灌装机一般是用于产量稍微比较大的，相比之下，旋转式灌装机属于机械传

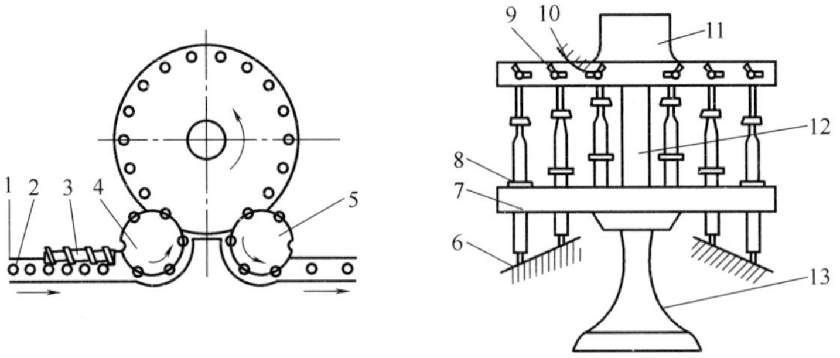


图 4-31 旋转型灌装机

1— 待灌瓶 2—输送链带 3—分件供送螺杆 4—进瓶拨轮 5—出瓶拨轮 6—升瓶凸轮 7—下转盘 8—拖瓶台 9—灌装阀 10—开阀挡块 11—储液箱 12—立轴 13—机座

动，不需要定位感应，设备比直线式的稳定；旋转式灌装机是高速生产，不需停顿；对于一些锥形瓶来说，旋转式灌装机更好用；旋转式多用于单一或者量大的产品生产。两者相比之下，直线式的兼容性会比旋转式的好，直线式调节灌装嘴和拦截瓶的位置，而旋转式则要更换进瓶、出瓶星轮。

**（3）膏体灌装机** 膏体灌装机械又有全自动活塞式膏体灌装机，卧式气动膏体灌装机，搅拌式膏体灌装机，落地式气动膏体灌装机等机械设备。适合于灌制从水剂到膏霜的各种黏度产品，是广大日化、医药、食品、农药等行业的理想填充机型。全新卧式设计，轻巧方便，自动抽料，对于黏稠较大的膏体可加料斗加料。手动及自动相互切换的功能，当机器处于“自动”状态，机器按设定速度，自动进行连续灌装。而当机器处于“手动”状态，操作人员踩动踏板，来实现灌装，若一直踩住不放，则也变为自动连续灌装的状态。

**（4）酱类灌装机** 适用于调味品中带颗粒并且浓度较大的辣椒酱、豆瓣酱、花生酱、芝麻酱、果酱、牛油火锅底料、红油火锅底料等物质的黏稠酱类的灌装。按照操作流程可以分为全自动灌装机和半自动灌装机。

**（5）油类灌装机** 可以灌装各类油品，如食用油、润滑油、花生油、豆油等。该类灌装机是针对油品物料灌装专门开发研制的灌装机械，可实现人工操作和无人化操作的灵活配置，例如食用油灌装机。食用油灌装机械又有双头半自动食用油灌装机，半自动油类灌装生产线，全自动油类灌装生产线等机械设备。按计量方式可分为流量计式、活塞式、称重式等。按设备样式可分为直线式和旋转式等。

## 4. 流体的灌装及发展趋势

**（1）流体的灌装** 我国流体食品灌装包装设备是在引进设备和技术的基础上发展起来的。目前在饮用水、碳酸饮料、茶饮料的前处理设备国内产品基本上可以满足需要，中、低速理瓶机、装箱设备也有相匹配的产品可供选择，在热灌装机方面，各生产厂商都能解决设备在热灌装环境下的控制、密封等工艺要求。部分灌装、封口一体化的设备已经达到较高水平，包括塑料饮料瓶、酸奶杯、无菌包装成型设备和贴标机在内的包装生产线水平也得到提升，已经可以满足中型企业的需要，部分产品可以替代进口设备，出口量也在逐年提高。

玻璃瓶和金属易拉罐是啤酒最主要的两种包装形式，特别是玻璃瓶的主导地位至今仍无法撼动。其主要缺点是较重，成本低，化学稳定性好，可以长时间保存，无毒，可清洗，可以回收。采用机械化的灌装方法不仅可以提高劳动生产力，减少产品损失，保证包装质量，而且可以减少生产环境与被灌装液体的相互污染。现代流体食品生产工艺从制造、灌装到包装基本上属于流程化生产模式，物料在以窗口和管道为主的封闭系统中转移，直到进入成品包装生产。液体食品的灌装包装是整个生产过程中技术含量最高，对品质影响最敏感的关键环节，包装生产工艺的最高宗旨是在实施包装过程中，对食品内在质量的损失降低到最小程度。这对现代化的灌装包装设备的软硬件系统提出了极高的要求。

流体食品智能灌装包装生产线需要完成一系列加工工艺过程，所依赖的一系列设备主要包括：卸垛机、卸箱机、洗瓶机、灌装机、杀菌机、装箱机、纸箱成型机、纸箱封箱机、热收缩膜包装机、码垛机等。各工位的设备具有特定的机械结构和控制器，能独立完成工位的加工任务，同时通过机械、电气进行衔接，并接受生产线总控制器的统一协调控制。液体灌装机的流程一般为：装有空瓶的箱子堆放在托盘上，由输送带送到卸托盘机，将托盘逐个卸下，箱子随输送带送到卸箱机中，将空瓶从箱子中取出，空箱经输送带送到洗箱机，经清洗干净，再输送到装箱机旁，以便将盛有饮料的瓶子装入其中。从卸箱机取出的空瓶，由另一条输送带送入洗瓶机消毒和清洗，经瓶子检验机检验，符合清洁标准后进入灌装机和封盖机。饮料由灌装机装入瓶中。装好饮料的瓶子经封盖机加盖封住并输送到贴标机贴标，贴好标签后送至装箱机装入箱中再送到堆托盘机堆放在托盘上送入仓库。

多数流体食品的灌装是通过等压灌装或常压灌装完成，无论何种灌装方式，其中最重要的环节都是灌装时间的确定。对灌液时间的控制决定了进入瓶体的流体食品质量，对于规格产品都具有一定的容差要求。因此，对流体食品等压灌装时间的数字建模计算，是精确控制灌装质量的理论基础。

饮料灌装机械是伴随饮料工业的产生而产生，并追随饮料工业的发展而进步的。1890年，美国研制出玻璃灌装机械，1902 年市场上出现灌装番茄酱的压力灌装机械，1912 年发明了封口机械，不久灌装机械和封口机械合为一体。在 20 世纪末，德国制造出手动灌装机。

含气体饮料的灌装工艺难度较大，灌装设备的发展大约经历了三个阶段。第一阶段是1952-1957 年，完成了含气体饮料的灌装机械由压差灌装向等压灌装发展，采用的是机械阀。第二阶段是 1957—1959 年，这期间先是德国公司，之后是法国和苏联，发明研制了等压弹簧阀，弹簧在等压状态下，借助弹簧力将冲液阀打开，破瓶后冲液阀可以自动关闭，这样不仅使灌装机械的结构简单了，而且延长了灌装阀的有效工作时间，为灌装机械的高速化创造了条件。等压弹簧阀的出现是灌装发展史上的一个重要阶段，至今等压灌装机还广泛使用，只是功能更完善，结构更合理。第三阶段是一德国 SEN 公司发明的电动阀为标志，电动阀中气阀和水阀的开启和关闭由可控编程器控制，对灌装时间，灌装速度进行严格的控制和可靠的界定。

（2）流体灌装的发展趋势

① 灌装机械制造水平的发展体现在灌装阀核心的发展上。从机械阀到等压阀，再到电子阀，这些都体现了技术的进步和发展。

② 灌装机械向大型化发展。为适合食品饮料工业的大生产，以获取规模经济利润，灌装机械向高速化，高生产能力化发展。

③ 灌装机械结构趋向于简单合理。灌装机械产品结构越来越简单，零部件在减少，设备可靠性在提高，成本降低，操作简单，维修方便。

④ 灌装机械在向多功能发展。能够使用户改变包装容器，改变灌装液体的需要。更换部件也能适应封口形式的变化，产品的适应性提高，市场竞争力加强。

⑤ 灌装机械的光机电的一体化。先进的控制系统用于灌装机械中，人机界面，故障自我诊断，实现了设备运行的智能化。

⑥ 灌装机械技术的精确，高效，自动化。精确的灌装量，灌装过程的高速，可靠，尽量少的液损，整条生产线的最优化控制，都由于电子技术的实际应用而成为可能。电子灌装阀灌装技术的迅速发展是大的趋势。目前国外使用的电子灌装阀有三种形式：探针式电子阀，配置电磁流量计的电子阀，配置定量筒的电子阀。我国的一些灌装设备厂也在研制设计一些符合我国国情的电子灌装阀，但是电子灌装阀在我国的推广使用受到了国产灌装器容器几何形状精度不高和电子元件水平的制约。

## 二、袋装技术与设备

松散态粉粒状食品及形状复杂多变的小块食品，袋装是其主要的销售包装形式，生鲜食品、加工食品或液体食品也广泛采用袋装。当今食品加工业中，袋装技术应用最为广泛。袋装食品因成本低、食用方便等优势，深受百姓喜爱。目前袋装食品主要可分为饮品、零食坚果、膨化食品等三类。

安全饮品包装改良设计通过改变原有包装袋结构，消费者在食用前再将折角部分展开，确保与消费者口腔直接接触的部分无污染，且可以不使用吸管直接饮用。解决了当前袋装饮品经常与吸管分开包装，包装裸露在外不卫生有害身体健康等食品安全问题。从而保证了饮品的卫生、安全，直接与口腔接触部分未受到运输中的菌落和灰尘污染。包装的印刷处也规避了与口腔直接接触的区域，减少了油墨中的有害物质对食品的迁移和溶入。包装一部分面积不用印刷，同时节省了部分成本。还可通过在包装上的智能标签-新鲜度指示条码，来对可食用日期进行直观的判断。这种智能条形码标签成本低，易嵌入任何薄膜表面。一旦出厂，标签将被激活，标签上的变色油墨将通与外界释放的气体发生反应开启“倒计时”模式。视觉上提醒消费者食品的新鲜程度，便于购买和食用。销售者则在区分货品时节省时间成本，并在销售时能减少损失，确保不出售过期品。

### 1. 袋装的形式和特点

**（1）袋装的形式**　食品包装袋，是包装设计的一种，生活中为了便于保鲜、储存食品，从而产生了产品包装袋。食品包装袋是指直接与食品接触，用于盛装和保护食品的薄膜容器。扁平袋用于味精、乳粉、糖果等粉状小颗粒食品包装；自立袋用于饮料、牛乳等液体食品包装。用于袋装食品的包装材料有：纸袋、塑料薄膜袋、纸塑复合袋、塑料复合袋及纸、铝箔、塑料复合袋等。目前还使用蒸镀铝的塑料薄膜袋。食品包装袋按其应用的范围可分为：普通食品包装袋、真空食品包装袋、充气食品包装袋、水煮食品包装袋、蒸煮食品包装袋和功能性食品包装袋。

**（2）袋装的特点**

① 价格便宜、形式丰富、适合各种不同的规格尺寸；

② 包装材料来源广泛，可用纸、铝箔、塑料薄膜及其他复合材料，具备适应各种不同包装要求的性能特点；

③ 重量轻、省材料、便于流通和消费。

### 2. 袋装方法

① 预制袋装袋方法，如编织袋的包装。

② 制袋-充填-封口式装袋，包括先制袋-开袋充填-封口式袋装；连贯式，制袋充填交替进行，连续完成。一般都是由制袋充填包装机完成的。

### 3. 袋装机械

① 立式成型制袋-充填-封口包装机：形式较多，有枕形袋、扁平袋、角形自立袋等。

枕形袋立式成形制袋-充填-封口包装机主要用于松散物品包装，也可用于松散态规则物品、小块状物品包装。扁平袋立式成形制袋-充填-封口包装机，有多种形式，包括三面封式、四面封式、两列和多列四面封式包装机，主要用于小份量的物料物品包装。角形自立袋立式成型制袋-充填-封口包装机，不仅可进行粉粒物品包装，也可用于松散颗粒物料、小块状物品乃至液体类食品的包装，也有多种机型结构。

② 卧式制袋-充填-封口包装机：应用范围较广，主要用于块状物料的包装，如方便面、饼干、糕等块状物品，该包装袋形主要为枕形。

③ 液体食品袋装机：专门针对大袋装液体，例如，酱油、醋、牛乳、酸乳、袋装酒类、果汁等进行包装的一种包装机械。适用于厚度为 0.08~0.1mm 的 PE 或 LDPE 薄膜包装。这种包装机不属于无菌包装，产品仍然需要冷藏。

**（1）袋装机械的选用**

① 充填的计量装置要选择适当。当包装某些颗粒状和粉状物料时，其密度必须控制在规定的范围内才能选用容积式计量，否则应考虑称量式计量，对受空气温度、湿度敏感的包装物料，在选用设备时更应注意。

②当袋装速度快、被包装物品价格较高时，应采用称重计量充填，并配有检重秤，随时剔除超重或欠重包装件，并能自动调整充填量。

③ 封口加热温度和时间应能调节到与所用包装材料的热封性能相适应，以保证热封质量。

④ 充填粉末物料时，袋口必须设有防止袋口沾污粉尘的装置，如静电消除器。

⑤ 单机形成自动化生产线时应选用高可靠性的机型，以免单机故障而影响整条生产线的正常生产。

**（2）蒸煮袋装食品** 蒸煮袋装食品是指使用合成树脂薄膜或合成树脂与铝箔黏合的不透光材质制成的包装袋或成形容器，充填入包装物并完全密封后进行加压加热杀菌（熟食杀菌）加工的袋装或成形盒包装的食品。多数的蒸煮袋装食品是采用不透光的包装袋，但有些食品不会因油脂变质造成降低质量的情况下也会采用透明袋包装。

在包装袋或塑料成形容器中装入蒸煮食品时，为了防止开封时的漏液等，都将内容物的充填率控制在80%左右。一般在充填内容物后，再将其空间部用氮气或碳酸气等惰性气体进行气体置换，以防止内容物的变色或油脂氧化，目前此方法被广泛应用。

在将这些制品用一般的蒸煮杀菌的方法进行处理时，由于容器内有气体，所以在处理过程中易发生膨胀、顶破、密封薄膜部分受损伤的情况，有时往往会招致商品价值下降及杀菌后的二次污染。为了解决这些问题，在其蒸煮杀菌的全工艺过程中，特别是在升温与冷却工艺中，必须控制容器内压与杀菌装置内压相等。

即使是袋装产品，为了保持米饭、面类等固态制品的形状，有些产品有时也采用气体置换的方法，但液态食品采用充填后进行抽气密封，而固态物则采用真空包装的情况还是占主流。液态制品用氮气置换的方法没有优势，相反从其阻碍传热的情况来看，不利因素更大。

**（3）气调包装** 气调保鲜包装又称MAP或CAP，国内称气调包装或置换气体包装、充气包装。是采用具有气体阻隔性能的包装材料包装食品，利用二氧化碳、氧气、氮气等保护性混合气体转换包装内的空气，由于各种气体所起的不同作用，防止食品在物理、化学、生物等方面发生质量下降或减缓质量下降的速度，并使新鲜食品呼吸速率降低，从而延长食品货架期，提升食品价值。

复合气调保鲜包装国际上统称为MAP包装，所用的气调保鲜气体一般由二氧化碳、氧气、氮气及少量特种气体组成。二氧化碳能抑制大多需氧腐败细菌和霉菌的生长繁殖；氧气抑制大多厌氧的腐败细菌生长繁殖，保持鲜肉色泽、维持新鲜果蔬富氧呼吸及鲜度；氮气作充填气。复合气体组成配比根据食品种类、保藏要求及包装材料进行恰当选择而达到包装食品保鲜质量高、营养成分保持好，能真正达到原有性状、延缓保鲜货架期的效果。

我国对气调包装保鲜肉的研究始于20世纪80年代后期，随着国外的连续式真空/充气包装机的引进才开始在生产和商业中应用。美国的超级市场和食品店中十分流行方便的半成品和可直接食用的新鲜食品、面食和色拉，现在多半都用气调包装。气调包装正在影响肉类、干酪、鱼、禽肉和其他新鲜和预制食品的包装以及这些食品在全球市场的销售。气调包装在某些产品上的应用已经比较成熟了，如小食品包装，咖啡包装，加工肉制品等。现在为了满足消费者对方便性、质量、多样性和健康的需求，这种包装也越来越多的应用在冷藏的、预处理的方便食品上。尤其是新鲜切片的农产品、特制干酪和预包装的三明治这些产品的包装大量采用气调包装技术。尽管气调包装是一种保鲜技术，但是对于消费者来说，它是不可见的，因为在产品包装上并不要求特殊的标志。因此，它主要应用于那些需要保存天然成分，或是减少防腐剂的情况。气调包装最初在农产品增值方面的应用是源于食品市场，当时为满足餐饮行业快速服务的需求，一些蔬菜被预先切好后包装销售，后来又发展到零售业预包装后出售。随后逐渐出现卷心菜、胡萝和其他各类蔬菜采用气调包装包装进入市场。由于包装技术的不断进步以及应用的推广，使用气调包装包装的鲜切农产品也越来越多。

## 三、封口贴标技术与设备

封口操作是食品包装继计量充填或灌装之后的另一道重要的包装工序。

食品包装对封口的一般要求：外观平整、清洁美观；封口及时快捷、封口可靠、启封方便；封口材料无毒安全，符合食品卫生要求。

### 1. 封口封合方式、封合物的种类及功能

#### （1）封口封合方式

无封口材料的封口：如塑料袋封口、纸袋封口、各种裹包封口等。

有封口材料的封口：即用封口材料预先制成与被封容器口相配的封盖，然后在专用的封口机上使封盖将容器口封合。主要用于金属、玻璃、塑料材料制成的刚性瓶罐容器的封口。有辅助封口材料的封口：即用外加的材料将已封盖或未完全封盖的容器口封合，外加的辅助材料有金属针、线、胶带等。

**（2）封口物的种类** 封合物是指附加在容器上的开启和封合的装置，主要包括各种封盖、塞、罩盖、衬垫等。

#### （3）封口物的功能

① 封合物与容器口能有效密封，实现对包装内容物的保护要求。

② 方便开启、易于开启和达到防盗、使用安全、可控开启要求等。

③ 外形美观、有清晰的印刷图形标志起到向消费者传达视觉信息的作用等。

### 2. 包装容器封口

**（1）软塑包装容器封口** 软塑包装容器主要是指各种塑料薄膜、复合薄膜及塑料片材制成的袋、盒、筒状容器，这类容器的密封封合方法主要有热压封合、压扣封合、结扎封合等。

封合方法的选择及要求取决于所用材料、包装形态、加热杀菌方法及包装食品特性和贮藏要求等多方面的因素。

① 热压封合：用某种方式加热容器封口部材料，使其达到黏流状态后加压使之粘封，一般用热压封口装置或加压封口机完成。

a. 普通热压封口

板封：将加热板加热到一定温度，将塑料薄膜压合在一起即完成热封。

辊封：高效连续封接，适用于复合材料及不易热变形薄膜材料的封装。

滑动夹封：连续封接热变形大的薄膜，适用于自动包装机。

b. 其他几种形式的封口：熔断封合；脉冲封合；高频封合；超声波封合。

② 热压封合封口质量及检查：热压封和工艺参数是指封接温度、封接时间和封接压力，这些工艺参数取决于被封接材料的熔点、热稳定性、流动性、薄膜厚度等特性。薄膜的热封温度应高于材料的戮流温度，在一定温度范围内，加热温度的升高，薄膜袋口呈现戮流状态，在加压下可获得的封口强度相应升高。

热压封合封口质量好的封口要做到：封口外观平整美观；封口有一定宽度，一般单质薄膜封口宽 2~3mm，复合膜封口宽 10mm；封口有足够的封合强度和可靠的密封性。

常见的封口质量缺陷有封口折叠、凹凸或封合面中间夹杂污染物。产生的原因是由于充填罐装对封口的内侧造成污染，热封时对两封合面薄膜放置不平，热封工艺参数不当，热封装置或机器选择不当，调整及使用不合理等。封口质量检测包括以下三方面。

热压封口缺陷检查：肉眼检测封口，有效率约为 75%；红外线测试封口缺陷是将封口以 15m/s 速度通过红外线检测仪，封口受污染部分因热流受阻，检测器显示温度下降；测厚仪检测封口的厚度，能检查出超过厚度部分的封口有皱纹及微粒污染。

耐压试验：袋装、盘装食品密封后，检查袋、盘封口是否有泄漏。在包装件上加压，所加负荷依照包装内容物量的不同进行选择，负荷作用 1min 后检查袋、盘封口是否有泄漏。

热封强度试验：试验时，将密封包装件的热封部分切取 15mm 宽的试样，将封口以外两片薄膜分开并被试验机分别夹住其两端，然后以 300mm/min 的速度拉伸，测定封口热封面被剥离时所需要的最大负荷，一般要求每 15mm 封口的剥离拉力应在 23N 以上。

**(2) 铝丝封口** 专用于灌肠类包装物品的封口密封，即用一定直径和硬度的铝丝扎成环形套在筒装薄膜上，然后扣紧完成封口。要求所用铝丝光滑且尺寸合适，铝丝环扣紧度合适。

**(3) 金属罐二重卷边封口** 金属罐普遍采用二重卷边封口。即用两个沟槽形状不同的滚轮，分先后两次对罐体和罐盖卷缘进行卷封。为使封口结合部密封性好，一般可通过在盖的内壁卷缘内涂覆胶液（橡胶或树脂等），经卷边后留在卷缝中，以增加其密封可靠度。

二重卷封三要素：压头与盖压头壁配合的形状；压头工作位尺寸会影响埋头深度；卷

封轮的沟槽：卷封轮的沟槽形状与调整的程度，会影响卷封盖钩长短与卷封整个结构的尺寸变化；顶板压力（大小）：顶板压力影响身钩长短。

（4）玻璃瓶罐封口

① 旋合盖封口：是对螺纹口或卡口容器用预制好的带螺纹或突牙的盖，用专用封口机旋合的封口方式，广泛用于玻璃瓶罐及塑料瓶口的封合。这种封口具有密封好、启封便捷和启封后可再盖封的优点。

② 压盖封口：所用瓶盖为由马口铁预压成形的皇冠盖，盖内有密封垫或注有密封胶。用专用压盖机将皇冠盖折皱边压入瓶口凹槽内，并使盖内密封材料发生适当压缩变形而将瓶口密封。压盖封口盖封操作简单，密封性好，使用很广泛。

### 3. 瓶装封口机械

封口机是将充填有包装物的容器进行封口的机械。瓶装机械设备用于对充填或灌装产品后的瓶罐类容器进行封口。瓶罐有多种类型，不同类型的瓶罐采用不同的封口形式与机械设备。常见的瓶罐及其封口形式有：卷边封口机、旋盖封口机、多功能封盖机。卷边式封口机通常用于金属罐的封口，习惯上称之为封罐机。金属罐的密封通常是指罐身的翻边和罐盖的圆边在封口机中进行卷封，使罐身和罐盖紧密结合。

（1）卷边封口机　卷边封口是将罐身翻边与涂有密封填料的罐盖（或罐底）内侧周边互相钩合，卷曲并压紧，实现容器密封。罐盖（或罐底）内缘充填的弹韧性密封胶，起增强卷边封口气密性的作用。这种封口形式主要用于马口铁罐、铝箔罐等金属容器。

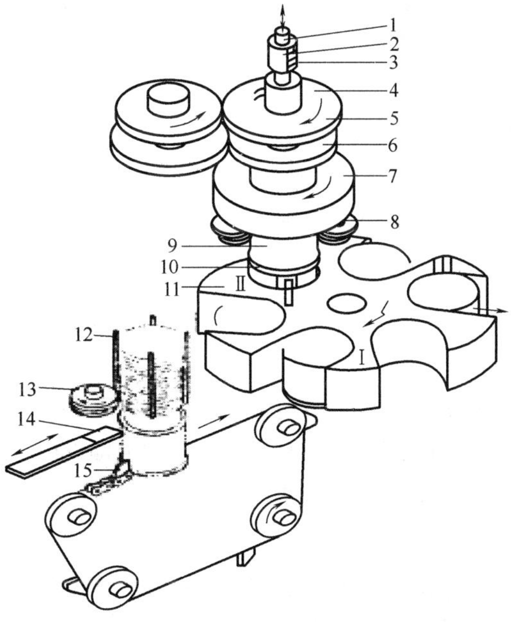


图 4-32　卷边封口机

1—压盖杆　2—套筒　3—弹簧　4—上压头固定支座　5、6—差动齿轮　7—封盘　8—卷边滚轮
9—罐体　10—托罐盘　11—六槽转盘　12—盖仓　13—分盖器　14—推盖板　15—推头

在对瓶罐类容器进行封口时，半自动、自动和真空封罐机最为常用。封罐机的卷封过程是在罐盖与罐身之间进行卷合密封的过程，即将罐身和罐盖的结合边缘弯折变形，互相紧密钩合，实现密封封口，这一过程称为二重卷边作业。形成密封的二重卷边的条件离不开四个基本要素，即圆边后的罐盖，具有翻边的罐身，盖钩内的胶膜，和具有卷边性能的封罐机。所用板材的厚度和调质度也会影响到密封的二重卷边的形成及封口质量。

封罐作业过程：首先，托底板上升，将罐身与罐盖紧压在上压头下；然后头道滚轮和二道滚轮按先后顺序向罐身作径向进给，同时沿罐身和罐盖接合边缘作相对滚动，利用滚轮的沟槽轮廓形状使两者边缘弯曲变形，互相紧密地勾合。由于在罐盖的沟槽内预先涂有橡胶层，因此，当罐盖与罐身卷合时，涂层受挤压将充塞于盖钩与身钩之间形成密封层。

**（2）旋盖封口机** 旋合式玻璃罐（瓶）具有开启方便的优点，所以，在生产中得到广泛使用。玻璃罐盖底部内侧有盖爪，玻璃罐颈上的螺纹线正好和盖爪相吻合，置于盖子内的胶圈紧压在玻璃罐口上，保证了它的密封性。常见的盖子有四个盖爪，而玻璃罐颈上有四条螺纹线，盖子旋转 1/4 转时即获得密封，这种盖称为四旋式盖。此外还有六旋式盖、三旋式盖等。

典型的旋盖封口机有 LHSCIA 爪式旋开盖真空自动封口机，该机主要由输瓶链带、理盖器、配盖预封部分、蒸汽管路系统、排气封盖部分以及电控系统和传动系统等组成。供盖装置由贮盖筒、理盖转盘、铲板、溜盖槽和滑道等组成。当溜盖槽和滑道内已充满旋开盖时即发出信号，使理盖转盘停止转动。滑道内剩余的瓶盖到一定数量时，电控系统又使理盖转盘转动，恢复供盖。滑道下部安装有蒸汽喷管，使盖在进入拧封前受到预热处理。

① 贮盖筒：贮盖筒内盖面朝下的旋开盖，在其通过转盘边缘的斜块时，沿着斜面而越过挂钩，继续在贮盖筒内翻滚。为了减少旋开盖在贮盖筒内不断翻滚而导致表面涂层及印刷受擦伤，在滑道的适当位置安装了电控元件。

② 理盖转盘：与水平保持约 40°斜度的贮盖筒底部为理盖转盘。转盘边缘均布安装着若干个搜盖挂钩和斜块的组合。当理盖转盘旋转时，其边缘的斜边和挂钩使贮盖筒内盖面朝上盖边被挂钩挂住，并被提升到转盘上方。在此，紧靠转盘面的固定铲板将挂住的旋开盖铲离，使其滑入溜盖槽，然后沿滑道滑至配盖预封部分的定位座上，以备与进入的玻璃罐相配。

③ 配盖预封部分：其功能是对进入的玻璃罐配盖，并把旋开盖置平和进行预拧。保持一定间距的玻璃罐进入封口机的真空室后，即被两侧抱罐机构的三角皮带夹紧，由输送链输送通过瓶盖滑道下方时，罐口刚好钩住（处于定位座的）旋开盖下缘，并将旋开盖从定位座中拉出，扣合在罐口上。玻璃罐在继续向前输送过程中，位于上方的弹性压板将罐口上的旋开盖压平压紧，同时在右侧的橡胶阻尼板使旋开盖在瓶口上旋转，迫使旋开盖的凸爪进入瓶口的螺旋线，起到预封的作用。

**（3）多功能封盖机** 常见饮料瓶及盖型：碳酸饮料、啤酒、矿泉水等大多采用玻璃瓶或聚酯瓶灌装封盖。其盖型有皇冠盖、无预制螺纹的铝盖、带内螺纹的塑料旋盖等，后两种均带“防盗环”，俗称防盗盖。玻璃瓶装的碳酸饮料一般采用皇冠盖在压盖机上进行压封。当采用聚酯瓶时，由于其刚性差，不适于皇冠盖压封，较理想的形式是采用防盗盖在旋盖机上进行旋封。

在大型的自动化灌装线上，封盖机一般与灌装机联动，并且做一体机型设计，从而减小灌装至封盖的行程，使生产线结构更为紧凑。目前还开发出了自动洗瓶、灌装、封盖三合一的机型。然而，无论作为灌装机的联动设备，或是独立驱动的自动封盖机，其结构及工作原理是基本一致的。

一些自动封盖机已设计成多功能的形式，可同时适用于玻璃瓶和聚酯瓶的封盖。只要更换封盖头及一些零部件便可适应不同盖型的封口。

### 4. 贴标技术与设备

标签对商品来说有装潢作用，同时也方便商品的管理与销售。标签上可以印上商品的商标、商品的规格以及主要参数、商品的使用说明与商品介绍，这些信息都是现代包装不可缺少的组成部分。现在的消费市场竞争很激烈，实际上这种激烈的竞争是一种多元化的、全方位的竞争。排除其他因素，就只拿商品的外包装而言，其优劣好坏的程度，有时候会起到决定成败的作用。所以提高商品的包装质量和外观档次，其最关键的设备应当是贴标机。因此使用好的贴标机可以提高产品贴标的粘贴效率，保证贴附位置的准确性、粘贴的质量和粘贴的稳定性；避免人工贴标的效率低下，贴附歪斜，上胶厚度不均匀和产生褶皱等一系列的问题，有效减少胶水的浪费，降低贴标人工成本，提高商品标识的美观度，提升商品的综合竞争力。所以贴标机是现代包装不可缺少的组成部分。

贴标是在包装作业最后进行，标签是加在容器或商品上的纸条或其他材料，上面印有产品说明和图样，或者是直接印在容器或物品上的产品说明和图样。标签贴到包装容器上，标签的中心线与其理论位置的偏差在规定范围内，称为正标。同一包装容器上有多张标签的，应按上述定义求出各自与理论位置的偏差，均应在规定范围内。

贴标机是包（灌）装生产线上一台重要的设备，也是一台技术含量比较高，结构比较复杂的机器，被广泛地应用于食品、医药等与人们日常生活关系密切的行业。无论是早期的简单贴标机械，还是后来的复杂贴标机械，以及现在的微电子控制的全自动化贴标机械，它的发展进步都在不断的影响着整个社会。

标签内容：商品名称、商标、有效成分、执行标准、品质特点、使用方法、包装数量、贮藏条件、制造商和其他广告性图案及文字等。

#### （1）标签的种类

标签按功能分：商标、货签、吊牌和其他标签。

常用材料：纸、金属箔、塑料及复合材料。

标签的种类按放置方式可分为以下六种。

① 胶黏标签：一般用纸等薄片材料制成，经印刷、模切成所需形状。涂胶可在制造标签时完成。

② 热敏标签：制标时在标签背后涂一层热熔性塑料树脂，使用时加热标签，使塑料涂层熔化后粘贴于商品或容器表面。

③ 压敏标签：在标签背面涂以压敏胶，然后黏附在涂有硅树脂的隔离纸上，使用时将标签从隔离纸上取下贴于商品表面。

④ 系挂标签：用卡纸、薄纤维板或金属片制成，用线绳或金属丝系挂在商品上。

⑤ 插入标签：将标签放在透明的包装件内，不需要固定，可通过透明的包装材料看到标签。

⑥ 直接印刷在包装件或包装容器上的标签。

（2）贴标工艺与设备

① 贴标工艺：贴标机的工作原理是箱子在传送带上以一个不变的速度向贴标机进给。机械上的固定装置将箱子之间分开一个固定的距离，并推动箱子沿传送带的方向前进贴标机的机械系统包括一个驱动轮，一个贴标轮和一个卷轴。驱动轮间歇性地拖动标签带运动，标签带从卷轴中被拉出，同时经过贴标轮贴标轮会将标签带压在箱子上。在卷轴上采用了开环的位移控制，用来保持标签带的张力因为标签在标签带上是彼此紧密相连的，所以标签带必须不断起停。标签是在贴标轮与箱子移动速度相同的情况下被贴在箱子上的。当传送带到达了某个特定的位置时，标签带驱动轮会加速到与传送带匹配的速度，贴上标签后，再减速到停止。由于标签带有可能会产生滑动，所以它上面有登记标志，用来保证每一张标签都被正确地放置。登记标志通过一个传感器来读取，在标签带减速阶段，驱动轮会从新调整位置以修正标签带上的任何位置错误。

目前贴标机有三种如下贴标方法：

a. 吸贴法：这是最普通的贴标技术，当标签纸离开传送带后，分布到真空垫上，真空垫连接到一个机械装置的末端。当这个机械装置伸展到标签与包装件相接触后，就收缩回去，此时就将标签贴附到包装件上。这种技术可靠地实现正确的贴标，且精度很高，这种方法对于产品包装件的高度有一定变化的顶部或侧部贴标，或对难于搬动的包装件侧面贴标是非常适用的，但是它的贴标速度较慢，且贴标质量一般。

b. 吹贴法：这种技术的某些运作模式与上述吸贴法相似的，就是将标签放置到真空垫表面垫上固定，直到贴附动作开始为止。真空表面是保持不动，标签固定和定位在一个“真空栅”上，“真空栅”为一个上面具有几百个小孔的平面，小孔是用来维持形成“空气射流”。由这些“空气射流”吹出一股压缩空气，压力很强，使真空栅上的标签移动，让它贴附到被包装物品上。这是一项具有复杂性的技术，它具有较高的精度和可靠性。

c. 擦贴法：这种方法又称同步贴标法。在贴标时，当标签的前缘部分粘贴到包装件上后，产品马上带走标签。在这一种贴标机中，只有当包装件通过速度与标签分配速度一致后时，这种方法才能成功。这是一项需要维持连续作业的技术，因此其贴标效率大大提高，多适用于高速和高效的自动化包装生产线。

② 贴标签机的机器构成

a. 放卷轮：此卷轮为被动轮，放卷轮用来安放卷筒标签。通常放卷轮上装有可以调节摩擦力的摩擦制动装置，目的就是控制卷筒速度和张紧力，保持设备在贴标的运动过程中平稳输纸。

b. 缓冲轮：缓冲轮在工作的时候与弹簧相连，它可以往复摆动。目的就是为了当装置启动时候能够吸收走卷筒标签材料过大的张紧力，尽量保持材料同各个辊接触，防止材料的断裂。

c. 导向辊：由上下两个辊组成，对卷筒标签起导向和定位的作用。

d. 驱动辊：由一组主动的摩擦轮组成。通常一个为金属辊，一个为橡胶辊，底纸在两个辊之间通过。驱动辊的作用就是驱动卷筒标签材料，实现设备正常的贴标的功能。

e. 收卷轮：收纸轮是安装有传动装置的主动轮，它的作用目的就是回收贴标结束后的底层纸。

f. 剥离板：剥离板的一端有角度（它的角度一般小于300°），剥离板的目的就是使底层纸在经过剥离板时改变方向的时候，标签便于脱离底纸而翘起，实现同需要贴标签的产品接触。

g. 贴标辊：贴标辊的作用就是将脱离底层纸的标签均匀地、平整地贴在待贴商品上。

③ 贴标机械分类：贴标机按照不同的粘胶涂布方式，可以分为不干胶贴标机、浆糊贴标机（上糊贴标机，胶水贴标机）和热熔胶贴标机几类。

按照自动化程度分，可分为全自动、自动、半自动和手动贴标机几类。

按实现不同的贴标功能分，可分为平面贴标机、侧面贴标机和圆周贴标机三类。

贴标机主要有：不干胶贴标机，套标机，圆瓶贴标机，啤酒贴标机，半自动贴标机，全自动贴标机，自动粘贴标签机，热熔胶贴标机。这些产品可完成平面粘贴，包装物的单面或多面粘贴，柱面粘贴，局部覆盖或全覆盖圆筒粘贴，凹陷及边角部位粘贴等。

不干胶自动贴标机适用制药、食品、轻工、日化等行业的圆形塑料瓶、玻璃瓶等或类似物体的贴标。该机能自动完成分瓶、送标带、同步分离标签、标贴和自动打印批号，字迹清晰。

平面类贴标机实现在工件的上平面、上弧面的贴标签和贴膜，如盒子、书本、塑胶壳等，有滚贴和吸贴两种方法，主要根据效率、精度和气泡要求进行选型。

平面贴标机适用范围广：既能实现方瓶/扁瓶（满瓶状态）的侧面（平面）单张贴标/拐角扶标，还能实现圆瓶周向定位单张/双张贴覆功能。平面贴标机独特的分料机构，可确保与生产线联机使用时的可靠、有效分料。其独特的拐角扶标机构确保方瓶三侧面拐角贴标平整、不起皱。既能单机使用，又能与生产线配合使用。

圆瓶类贴标机实现在圆柱形、圆锥形产品的圆周面上贴标签或贴膜，如玻璃瓶、塑料瓶等，可实现圆周、半圆周、圆周双面、圆周定位贴标等功能，主要有立式贴标和卧式贴标两种方式。

侧面类贴标机实现在工件的侧平面、侧弧面贴标或贴膜，如化妆品扁瓶、方盒等，可配套圆瓶覆标设备，同时实现圆瓶贴标。

### 5. 捆扎技术与设备

随着商品流通的不断发展，产品的包装逐渐从单件小包装发展到中包装、大包装、集合包装，特别是瓦楞纸箱广泛应用于产品的运输包装，捆扎作业便是外包装的最后一道工序。捆扎机械作为包装设备中的一个主要分支，是将一个或多个包装物用捆扎带紧束一起的机器，使包装件便于运输、保管和装卸，属于外包装设备。

捆扎具有保护功能，它可以把包装物捆紧，扎牢并压缩，把包装物打捆保持和增加外包装强度，预防包装物内装物品损坏，减少包装运卸过程中包装物跌落、纸箱破损或堆放时散包的可能性，也可作为集装箱的最后封捆。捆扎可以提高装载效率，便于在搬运装卸过程中或进行货物处理时工人手握或挂钩。如将数个包装物捆扎成一整运单位，还可以节省运输时间、空间和成本，减少损失。

捆扎机械的发展，在一定程度上借助于捆扎材料的开发应用。在捆扎材料中，先后出现的有草绳、绵麻绳、纸绳、金属丝、塑料绳、塑料带、钢带、聚氨酯带等，但由于其本身的强度和延伸率不同和对机械捆扎的适应程度各异，以及考虑制作成本。目前以钢带和塑料带的应用最为广泛。

捆扎机械包括带捆扎机和绳捆扎机。带捆扎机是将一个或九个包装物的四周用带缠绕而后捆紧扎牢的机械。带捆扎机按捆扎材料的不同可分为钢带、塑料带等。带捆扎机按自动化程度的不同又分为手提捆扎机 、半自动捆扎机 、自动捆扎机等。钢带捆扎机主要用于木箱、钢材、砖等笨重货物的捆扎。塑料带捆扎机则用于一设包装物的捆扎。塑料一带自动捆扎机按传动方式又分为机械 、液压及气动捆扎机。绳捆结机是将专用绳、线缠包装物，并自行捆紧、打结、剪断绳头的机械。绫吃子材料有聚乙烯 、聚丙烯、棉、麻四种。绳捆结机一般用于捆绑轻量的物品，而重、大的包装物的捆扎则多用带捆扎机 。

可用覆膜纸带或塑料带对捆扎物进行自动捆扎的机械，市场上主要有两大类别，一是通用捆扎机，此类捆扎机对捆扎物有要求，只适合捆扎截面为矩形，且宽度大于 5cm 的捆扎物，对于体积较小且截面并非矩形的捆扎物（如粽子），就很难达到理想的捆扎效果，同时此类捆扎机的成本较高，体积较大，也增大了其市场推广难度。另一种捆扎机是针对银行作业而设计，其捆扎对象定位在纸币捆扎，通常称这类捆扎机为扎把机，其优点是体积小、成本低，缺点除了捆扎对象单一，不能捆扎诸如粽子等捆扎物之外，该类捆扎机长时间连续工作，稳定性较差，故障率高。

全自动捆扎机又称全自动打包机，它是所有捆扎机设备中自动化程度最高、工作效率较高的一款设备。一般来说，捆扎机的原理是通过拉紧、热熔、切带、黏合等一系列动作后来完成打包。首先，将打包的货物放置打包机的中间，接着让右顶体上升，使其压紧打包带的前端，使物品收紧。随后左顶体上升，压紧下层带子的适当位置，让加热片放置两带子之间，接着中顶刀上升，目的就是切断带子，最后就是把下一捆扎带子送到位，这样就完成了一次工作循环。该设备的目的就是让塑料带紧贴于捆扎件的表面，保证物体在运输、存储中不会由于捆扎不紧而散落和磨损，同时也要保证物品看起来美观大方整洁。全自动捆扎机可以适应各种环境，性能非常稳定，不会因为潮湿或存放不当而导致机器性能受损。由于全自动捆扎机的面板可以掀盖，维修方便，操作简单。使用寿命长，加热比较快，工作效果高。

手动打包机又称手提打包机，是一种常用的打包机械，广泛用于食品、医药、五金、化工、服装、邮政等行业，适用于纸箱打包、纸张打包、包裹信函打包、药箱打包、轻工业打包、五金工具打包、陶瓷制品打包、汽车配件打包、日化用品打包、文体用品打包、器材打包等各种大小货物的自动打包捆扎。适用于需要打包机进行捆扎，但是打包量比较小的企业。手动打包机是一款比较常用的也是价格最低的包装机械，这种打包机的操作非常简单，将打包带缠绕打包物以后，手动操作打包机，收紧打包带，完成捆扎工作。

半自动打包机与全自动打包机相比，自动化程度不是很强，和手动打包机相比，价格比较高。半自动打包机是集成电路设计，打包机可以通过调整电路板而控制整个打包机和烫头的温度，维修非常方便。由于它采用高速热熔系统，可以瞬间加热，完成打热片工作，使打包速度加快。半自动打包机让打包物基本处于半自动捆扎机的中间部位，首先右顶刀上升，使可以压紧带子的前端，使带子可以收紧，并可以捆在要打包的物体上，随后左顶刀上升，主要是可以压紧下层的带子，使之可以达到适当的位置，让加热片伸入两带子的中间部位，接着用中顶刀上升，使之切断带子，最后就是把下面要打包的带子送到位，这样就完成了一个工作循环。

### 6. 军用食品的信息化标签

射频识别（Radio Frequency Identification，RFID）技术，又称无线射频识别，是一种通信技术，可通过无线电讯号识别特定目标并读写相关数据，而无须识别系统与特定目标之间建立机械或光学接触。RFID 在军用食品包装领域主要应用在军用食品包装的储存与运输阶段，军用食品包装上的 RFID 标签上的芯片是提供食品信息的唯一标识，可以实现军用食品整个供应链上的全程跟踪。RFID 在军用食品包装配送中的作业流程如下：给产品加上射频识别标签，供应商给所供应的每一箱货物加上一个 RFID 标签。通过这个标签，仓库或军用食品包装配送中心就可以用全自动、成本效益高的方式对货物进行识别、计数和跟踪。货物出厂时，出货口门楣上的 RFID 读写器发出的射频波射向电子标签，启动这些标签同时供其电源。标签被启动，开始和读写器之间进行数据传输或者 ID 通信，读写器读取标签信息，进行记录，直到阅读完所有标签内的信息为止。

出入库作业时，由于在卸货区有 RFID 读写器，因此不需要开包检查里面的食品就可以直接进行验收出入库货运激光卡（自动货单）系统是我军研制的一种用于存储集装箱内（或货盘上）军用食品有关信息（包括军用食品的品种和数量、发运目的地、卸货先后顺序等）的激光卡片系统，每个卡能存储 280 万字节的数据。该卡能防水、防震，并不受磁场、静电和电磁波的干扰。只要在集装箱外面附上一张激光卡，即可随时从卡上获取有关该箱全部内容的重要信息，从而对箱内物资进行快速查询和检索。货运激光卡是我军军用食品包装使用的一种特别耐用的贮藏媒介，该卡耐冲撞，抗表面损伤、震动、水浸以及极高极低的温度。该系统内容具有可见性，确定了卸货的先后顺序，加快了军用食品交接手续的办理。

我军军用食品的战场配送系统是“物资前送”的高新技术，该系统开发了一些能与军用食品战场配送复杂性相适应的新程序，以执行现行的军用食品保障前送职能，并引进一种“轴心与辐条式”的前送方法，从而实现军用食品的快速和准确补给，提高物流的速度和精度，以达到军用食品“速率管理”的核心目的。而这种战场配送技术主要基于一种智能型包装——信息型智能包装，该包装是极具发展潜力的智能包装，这种智能包装一般由记录信息的电子芯片、软件和条形码组成，又称为“电子信息组合包装”。这种信息型智能包装技术将商品名称、成分、功能、产地、保质期、重量、价格以及使用指南、警告等信息，以数码的形式存储在包装微芯片中，使用者可以很方便地读取这些信息。

例如，化学温度显示信息标签。军用食品中一些半成品和新鲜食品以及野战食品中的罐头食品，在超过保质时间内，需要在低温下保存，否则里面的细菌就会活跃起来，导致食品变质。在包装上贴上能指示时间和温度的新型信息标签，标签上的化学成分在温度升高时会发生聚合作用，标签颜色相应会有明暗的变化，使用者由此可以知道食品在什么温度下储存，储存了多久，新鲜程度到底怎样。这样一来，不但可以方便管理者来判断该食品是否可以安全送达战场，还可以避免总用眼看、鼻闻的办法来判断食品新鲜程度。这种标签应用了光化热敏技术，光化热敏型材料是一类在环境因素刺激下自身的某些物理或化学性质发生相应变化的材料。而光化热敏材料是光和温度刺激响应材料的一种。刺激因素包括光、温度、pH、离子强度、酸碱度等，每一种因素体现在这种标签上都表现为一种信息。

# 第四节
# 包装安全与测试

随着人们对食品安全重视程度的增加，食品包装作为接触食品的重要组成部分，其安全性以及管理重要性也逐渐被人们所认识。世界各国特别是欧盟和美国等发达国家对于食品包装已经形成了比较成熟的管理机制。国内外对食品包装的材料、大小、形状等一系列特征都进行了规定与限制，使包装能够通过法律法规的限制与规定，更为标准和规范化。

消费者所食用食品的安全风险除了来自于原料自身生产加工及贮运过程以外，与食品直接接触的食品容器具和包装材料的安全风险同样不可忽视。原《中华人民共和国食品卫生法》对食品包装材料的定义为：包装、盛放食品用的纸、竹、木、金属、搪瓷、陶瓷、塑料、橡胶、天然纤维、化学纤维、玻璃等制品和接触食品的涂料。食品包装是食品工业中重要的一道工序，使食品便于运输、贮藏和销售。食品包装对于食品安全有着双重意义：一是合适的食品包装材料和包装方式可以保护食品免受化学、物理和微生物因素的影响以及外界的污染；二是包装材料本身的化学成分会向食品中发生迁移，影响到食品的卫生。

## 一、包装的标准与法规

### 1. 食品包装材料

食品包装就是将原生态的食品加工后，为了食品在运输过程中的安全、方便运输、利于买卖按一定方法加工的容器材料。食品包装不仅指我们所说食品包装材料，也指食品包装技术。原《中华人民共和国食品卫生法》对食品包装材料定义是：“食品包装材料是指包装、盛放食品用的纸、竹、木、金属、陶瓷、塑料、橡胶、天然纤维、化学纤维、玻璃等制品和接触食品的材料。”

食品包装的基本功能可归纳为以下四点：第一，保护食品，这是食品包装最重要最基本的作用；第二，方便储运，包装能为生产、流通、消费等环节提供诸多方便；第三，提升销售，包装是增强产品竞争能力、促进销售的重要手段之一。漂亮精致的包装能从心理上使购买者产生购买的欲望，因此被称为无声的推销员；第四，提高商品价值，食品包装是食品生产的延续，只有质量良好的包装才能使食品免受各种损害，避免降低或失去其原有价值。因此，投入在食品包装上的成本不但在食品出售时可以得到补偿，而且可以增加食品的价值。

随着经济发展和国际贸易需要，我国相继制定、修订并颁布实施了许多食品包装相关的标准与法规。但是由于我国相对于欧美等发达国家来说，工业发展比较落后，因此在这方面的法律规定并不是很完善，科学严谨性也存在一定差距。

欧盟对食品包装材料的研究是最早的，概括的方面相对比较全面，它的规定也非常的严谨与科学。1972年欧盟开始制定食品接触材料与制品的相关法律法规，1987年开始欧盟着手于纸质食品包装材料的安全性研究。欧盟将食品包装材料称为食品接触性材料来进行管理。欧盟规定食品包装按所报食品类型分为包装水溶性食品、酸性食品、醇类食品、油性食品、水溶性酸性食品、酸性醇性食品、油水混合食品、油性酸性食品、醇类水溶性食品、油性-醇类-酸性混合食品等10大类产品。欧盟对食品接触性材料的要求包括包装材料允许食用物质名单、迁移量标准、渗透量标准、成型品质量规格标准、检验和分析方法规定等。欧盟的食品接触性材料法律法规采用“层层剖析、逐级细化”的理念，由框架性法规、良好生产规范、专项指令、个别指令和标准等组成。该项规章建立了包装材料的“惰性”原则：材料和制品中的活性成分要具有足够的惰性，其向食品迁移的量一定不能危及人体健康，导致食品组成发生不可接受的改变或者食品感官特征的恶化。

欧盟对于食品接触性材料的管理采取的是“从源头控制”方法，控制食品接触性材料的原材料生产、加工、使用过程，而非针对于具体产品的特定包装材料进行规定。欧盟特别强调所有食品接触性容器及材料标准必须基于科学基础上的“风险分析”结果，消除风险评估中的各种不确定因素，将行政管理规定与技术要求合二为一，使政府管理具有更强的可操作性。

在欧盟的各个成员国又分别有各自相应的法律法规来进行规定。在法国有一种是通过质量标签的方式，通过红色标签、特殊工艺证书、生态农业产品标签和产地冠名标签，这样的方式让消费者放心使用。在匈牙利，任何符合欧盟法律法规的包装材料都可在匈牙利境内自由买卖，但地方市场上使用的包装材料仍需经匈牙利国家食品安全卫生部的检测认可后才可使用。对于进口包装材料虽然各国对食品包装材料的要求与法律法规不同，但是都要向各国的有关部门提交申请，同时提交样品并对其测定与审批。尤其对于塑料和纸类这两方面的包装要求限制特别的严格，因为这两种材料中本身都含有一定的有害物质，且这两种材料的使用比较广泛，附着物质容易迁移。

美国联邦法认为，食品添加剂是直接或间接地影响了食品成分或者是改变了食品特性的物质，包括生产、制造、包装、预制、处理及运输过程中所接触到的物质和以上过程中所接触到的放射性物质。因此，美国将食品包装材料称为间接食品添加剂（Indirect Food Additives），将其作为添加剂的一部分来进行管理。其管理方式主要有豁免管理、审批制度和通报制度。作为包装材料或包装材料的一种成分物质的豁免物质要求迁移到食品中的量低于某一限值（迁移量小于0.5μg/kg或每日通过饮食摄入该物质的量小于日允许摄入量的1%），且不是已知致癌物质。审批制度是指某一物质作为食品添加剂进行审批，如果某种物质通过食品包装过程迁移到食品中，且不是通常认为安全的物质，则需要对其按照食品添加剂的评价程序进行评价和审批。在美国联邦法里已经通过审批的与食品包装材料相关的间接食品添加剂包括胶黏剂和涂覆材料、纸和纸板成分、聚合物。通报制度主要是针对食品接触物质而言，食品接触物质通报要求申请者向 FDA 提供充分的材料（包括：化学特性、加工过程、质量规格、使用要求、迁移数据、膳食暴露、毒理学信息、环境评价等内容），证明该物质在特定使用条件下不会影响食品安全。

早在 1958 年，美国食品和药物管理局（FDA）就颁布了有关食品包装的法规，其中规定，包装材料的组成部分与直接添加到食品中去的食品添加剂一样，必须符合食品添加剂的有关规定。美国联邦法规第 21 部分主要规范食品和药品的管理，规范了食品包装的管理方法。对于成型品，美国采取与欧盟相类似的管理制度，通过控制作为原料的聚合物或单体的安全性，来保证最终包装材料的安全，而对于某特定的终产品，不设立具体指标。

日本作为工业大国，其食品卫生法规定，禁止生产、销售、使用可能含有有害人体健康物质的食品容器、包装材料。但是除了食品卫生法以外，日本更多的是通过相关行业协会的自我管理。仅食品包装用塑料材料，日本就制定了《基于食品卫生法的塑料包装容器的卫生规格》等不同的法律来对不同的材料作不同的规定。

我国对食品包装材料的卫生监管最早在 1972 年国务院批准转发的《关于防止食品污染的决议》中，食品容器和包装材料被列入引起食品污染的原因之一。随着食品包装材料的安全性引起了食品安全监督管理部门的重视，1983 年 7 月 1 日试行至 1995 年 10 月 30 日正式实施的《中华人民共和国食品卫生法》，以及 1997 年正式颁布实施的《食品卫生行政处罚办法》，用以整顿规范食品市场。

但随着一系列食品安全事故频发，2009 年 6 月 1 日，国家制定的《中华人民共和国食品安全法》（以下简称《食品安全法》）正式实施，《食品卫生行政处罚办法》废止。食品安全法确立了一系列法律制度，表明了我国强化食品安全监管的决心和信心。主要包括食品安全监管体制、食品安全风险监控和评估、食品安全标准、食品生产经营、食品检验、食品进出口、食品安全事故处置、监督检查、法律责任几大板块。建立全面监管体系、统一食品国家标准、明星代言要担责、民事赔偿优先、无免检产品、保健食品监管更严、建立风险评估监测制度、食品添加剂使用更加规范等。

《食品安全法》第一章第二条规定：用于食品的包装材料、容器、洗涤剂、消毒剂和用于食品生产经营的工具、设备（以下称食品相关产品）的生产经营应遵守本法；至此，我国将食品容器和包装材料列入食品相关产品的管理范畴进行监管。《食品安全法》进一步明确食品标准的制定应包含食品相关产品的内容。2009 年《食品安全法》正式颁布实施后，我国食品包装材料的管理正在逐步完善，食品包装材料标准体系正在构建之中。

目前我国食品包装材料的标准主要由通用性基础标准、产品标准、检验方法标准三部分构成，基本具备了较为完整的食品包装材料标准体系雏形。其中，最为基础的通用性标准主要有《食品安全国家标准　食品接触材料及制品用添加剂使用标准》（GB 9685—2016）、《食品包装容器及材料生产企业通用良好操作规范》（GB/T 23887—2009）和《进出口食品包装卫生规范》（SN/T 1880—2007）。产品标准主要由产品安全标准和产品质量标准构成，产品安全标准规范了如塑料、橡胶、陶瓷、复合包装袋等一系列包装成型品的卫生规范，这些产品安全标准主要规定了产品卫生指标，除此之外，还有《包装玻璃容器铅、镉、砷、锑溶出允许限量》（GB 19778—2005）、《陶瓷烹调器铅镉溶出量允许极限和检测方法》（GB 8058—2003）、《食品安全国家标准　陶瓷制品》（GB 4806.4—2016）三项涉及具体的重金属溶出量的安全标准。产品质量标准则是针对塑料制品、橡胶制品、陶瓷制品等日常使用品的耐热性、机械强度、阻隔性等质量指标。检验方法标准主要是我国的 GB/T 5009 食品卫生理化检验方法系列，其中两项通用基础方法标准《食品安全国家标准　食品接触材料及制品迁移试验预处理方法通则》（GB 5009.156—2016）和《食品包装用树脂及其制品的预实验》（GB/T 5009.166—2003）。检验方法的另一个标准系列是 GB/T 23296 食品接触材料中物质迁移量的检测方法系列，其中《食品接触材料　塑料中受限物质　塑料中物质向食品及食品模拟物暴露条件选择的指南》（GB/T 23296.1—2009）规定了迁移实验的通用要求。这两个系列分别规定了包装材料总添加剂安全限量指标和迁移量指标及其试验和检验方法，是我国食品包装材料检验方法的主要指导标准。

随着我国经济的高速发展和国家、消费者对食品安全重视程度的提高，我国食品包装材料的食品安全标准体系建设已经初具规模，相较于之前的无标可依、无法可究的局面有了长足的进展。食品安全国家标准评审委员会也成立了食品相关产品分委会负责食品包装材料标准的制定和修订，增大了标准的科学性和透明性，为食品包装材料的安全提供了保障。

### 2. 食品包装印刷

对于包装印刷而言，消费者的健康永远放在首位。食品绝不能受到包装材料的气味及化学成分污染。食品包装不仅需要诱发人们的食欲，更需要的是生产态度，即确保包装对于消费者不存在任何健康风险。任何涉及食品法规标准生产的企业都需要确保食品包装的安全性。而这需要对感光胶层的互动、油墨涂料以及消耗材料和添加剂格外注意。涂料效果的增强、热箔或冷箔以及储存和运输都会对包装质量产生影响。

包装的印刷与包装材料的性质有很大关系，关系到印刷用剂的稳定性，会不会发生迁移，进而会不会污染食品。美国在这方面是将印刷用剂通过食品添加剂的形式进行规定，很大程度的限定了印刷用剂的使用范围。

中国对于这方面的法律不是很多也并不精确，只是规定了印刷用剂中有害物质的限制用量。

世界上很多国家对食品包装印刷用剂的规定并不是十分规范，因为食品包装印刷主要是对食品外包装进行印刷。食品包装材料的安全使用可以直接影响到印刷用剂的迁移量的大小和程度。

**GB 9685—2016 和欧盟食品包装印刷油墨法规**　随着强制性国家标准《食品安全国家标准　食品接触材料及制品用添加剂使用标准》（GB 9685—2016）的实施，一些食品包装的印刷油墨受到人们的质疑。因为一般所用油墨的组成并不全部都是来自 GB 9685—2016 列表。而 GB 9685—2016 是参照美国联邦法规第 21 章第 170~189 部分，FDA 食品接触物通报和欧盟 2002/72/EC 指令食品接触塑料材料及制品三个相关法规制定的。三个法规都是强制性的肯定列表标准，所以 GB 9685—2016 也是强制性的肯定列表标准。但是中国标准的起草对欧美三个标准中使用的添加剂没有全部采纳，而是三选二（即只有在两个列表中都有的才被采用）。因此就油墨添加剂而言，只有既列入美国联邦法规又列入 FDA 食品接触物通报列表的物质才会在 GB 9685—2016 中出现。而欧盟 2002/72/EC 指令中没有提及油墨。

在欧洲没有专门用于食品包装油墨的法律条款，只有对所有包装油墨的法律要求，这就是欧洲油墨协会在包装油墨方面的指导文件《欧洲油墨协会准则》和《欧洲油墨协会良好生产规范》。《欧洲油墨协会准则》于 2008 年 4 月颁布，用于食品包装材料和制品、非接触食品包装材料的印刷油墨。此外，欧洲还有统一的食品接触材料法规体系，如框架法规和专项指令等。当然，对这些法规和指令，食品包装油墨也必须严格遵照执行。

### 3. 食品包装标签

食品标签是指在食品包装容器上或附于食品包装容器上的一切附签、吊牌、文字、图形、符号及其他说明物。食品标签是食品包装设计的重要内容，必须受到国家标准及法规的严格限制。《食品标识管理规定》第三条指出：食品标识是指对食品名称、质量等级、食用或实用方法、生产者等相关信息等在食品或者食品包装上进行文字、符号、图案以及其他说明，标识方式有粘贴、印刷以及标记等，主要内容有食品名称、配料、营养成分、生产日期、保质期、生产厂名等。

食品标签的基本要求如下：

（1）预包装食品标签的所有内容，应符合国家法律、法规的规定，并符合相应产品标准的规定。

（2）预包装食品标签的所有内容，应清晰、醒目、持久；应使消费者购买时易于辨认和识读。

（3）预包装食品标签的所有内容，应通俗易懂、准确、有科学依据；不得标示封建迷信、黄色和贬低其他食品或违背科学营养常识的内容。

（4）预包装食品标签的所有内容，不得以虚假、使消费者误解或欺骗性的文字、图形等方式介绍食品；也不得利用字号大小或色差误导消费者。

（5）预包装食品标签的所有内容，不得以直接或间接暗示性的语言、图形、符合，导致消费者将购买的食品或食品的某一性质与另一产品混淆。

（6）预包装食品的标签不得与包装物（容器）分离。

（7）预包装食品的标签内容，应使用规范的汉字，但不包括注册商标。可以同时使用拼音或少数民族文字，但不得大于相应的汉字。可以同时使用外文，但应与汉字有对应关系。所有外文不得大于相应的汉字。

美国是世界上最早提出标签法律的国家，早在 1966 年就颁布了《公平包装和标签法》，在发展中，又颁布了许多法律，用以规范和完善在标签这方面的规定和限制。2006年1月1日，美国实施了新的食品标志法，规定在很多常见的食品中都要标明是否含有花生、黄豆、大麦等可能引起过敏的物质，即使是微量过敏源，也要标注明确。使消费者在购买食用过程中知道过敏原含量是否足以引起过敏反应，使法律更加人性化。

在欧盟市场上销售的食品必须在包装的正面清楚的标明6类营养成分单位的含量，即热量、蛋白质、饱和脂肪、碳水化合物、糖和盐，并说明所含这六类营养成分的总量占人体每天建议摄入量的比例。要求食品标志必须做到易辨认、清楚和准确。

在中国则颁布了《食品标签通用标准》和《特殊膳食用食品营养标签》两个标准来规定和限制食品包装的标志。这两个规定初步建立了我国食品标志法规，但法规间的衔接不是很好实用性不强。因此，我国积极制定了新的《食品标志管理规定》，于2008年9月1日起正式实施。与之前的规定相比，增加了对食品产地、分装者、警示说明、最小销售单元等标志标注要求。《食品标志管理规定》要求，属于转基因食品或者含法定转基因原料的，经过电离辐射或者电离能量处理的，按照法律、法规和国家标准等规定，应当标注其他中文说明的都必须在其标志上进行中文说明。食品名称或说明中标注了“营养”“强化”字样的，就应该在标志中标注该食品的营养素和热量。

目前对于食品包装标识的含义还不够明确，部分超市、商场等营业场所，商品的包装琳琅满目、五花八门。几乎所有商品上都有“免检产品”“消费者信得过产品”“QS标识”“无污染”等标识，那么对于这些标识，普通的消费者是无法分辨清楚的，其含义和内容也无从了解，因此对于该类产品的特性、质量，就无从知晓，对包装质量而言，标识也起不到任何积极作用。

例如超市中的茶叶，在其包装上会经常出现“茶王”“观音王”等字样，但是依据规定可知，标有上述字样的茶叶并非固定概念，那么就无法依据这些字样判定茶叶属于何种质量。在铁观音的分类标准中，有1~4级4个等级以及特级之分，那么特级就属于最好的茶叶，但是上述提到的“观音王”“茶王”等标识并不能体现出茶叶的品质。在我国《食品标签通用标准》中规定，类似茶叶的产品，在其包装上标注的应该是依照国家或者行业标准验证的等级，而并非自拟的称谓，因此可知上述字样是违背相关规定的。对于产品而言，包装能够充分反映产品的质量和内容，那么在产品包装标识上下得功夫越足，设计就越精美，就越能吸引更多的消费者。只要明确了包装标识的真正含义，不虚假、不欺骗，企业通过自身决策进行推广，才是符合要求的。

《食品标志管理规定》要求，食品标志应当清晰地标注食品的生产日期和保质期。保质期与贮藏条件有关的食品，应当标注食品的特定贮藏条件。乙醇含量10%以上的（含10%）的饮料酒、食用盐、食醋、固态食糖类可以免除标注保质期。日期的标注方法应当符合国家标准规定或者采用“年、月、日”表示。

食品包装标识与食品的包装质量密切相关，同时也与食品安全有着紧密的联系，作为食品的直接保存容器，食品包装在生产原材料、辅助材料和生产方式等方面都需要进行有效的改进，以免对包装质量以及消费者身体健康造成负面的影响，因此在对食品包装标识的设计、印刷和施工等方面要进行深入的发展和改进，通过法律方向、规章条款等方面进行严格防控，使得消费者在看见食品标识后能够基本确定食品包装质量以及食品安全性。要达到上述目标就需要生产者和消费者的共同努力，最终将我国的食品包装行业推向更加安全、卫生、环保的发展道路上去。

精确的保障目的要求军用食品包装标识信息化。信息化战争强调精确后勤保障。要在精确的时间把大量的物资精确地运送到补给地，实行"可视化"是必然的选择，而实现包装信息化又是实现物资"可视化"的基础。因此，实现包装标示信息化，提高军用食品包装的信息获取、处理、传输、利用和对抗等方面的信息能力十分重要。

### 4. 食品包装袋

软包装行业中的食品包装袋的质量，尤其是卫生质量直接关系到所包装的食品安全，因此要保证所使用的原材料、添加剂符合质量要求的管理制度。须健全包装膜袋的行业和国家标准并严格执行，加强对食品包装的检验监督，防止不合格的食品包装流入市场，加强管理，才得以保障软包装行业的健康发展。

食品包装单膜袋的检验项目主要分为以下几大类：外观不得有对使用有碍的气泡、穿孔、水纹、暴筋、塑化不良、鱼眼僵块等疵病。规格、宽度、长度、厚度偏差均应在规定范围内。

物理机械性能包括拉伸强度、断裂伸长率，它是反映产品在使用过程中随拉伸的能力，如果此项不合格，在使用过程中食品包装袋容易出现破裂、损坏现象。

卫生性能包括蒸发残渣（乙酸、乙醇、正己烷）、高锰酸钾消耗量、重金属、脱色试验。蒸发残渣是反映食品包装袋在使用过程中遇醋、酒、油等液体时析出残渣、重金属的可能性，残渣和重金属会对人体健康产生不良影响，此外残渣还会直接影响食品的色、香、味等食用质量。

降解性能根据产品的降解类型不同，可分为光降解型、生物降解型、环境降解型。降解性能是反映产品在使用废弃后被环境接纳的能力，如果降解性能好，袋就会在光照和微生物的共同作用下，自行断裂、分化和降解，最终成为碎屑，为自然环境所接纳；如果降解性不好就不会被环境接纳，从而形成"白色污染"。

食品包装复合膜袋的检验项目主要分为以下几类：外观应平整，无划伤、烫伤、气泡、破油和折皱，热封平整、无虚封。薄膜不得有裂纹、孔隙和复合层分离。无杂质、异物和油渍等污染。袋装浸泡液，不得有异味、异臭、浑浊和脱色现象。

我国对食品包装材料除上述的相应卫生标准外，还有两个法律法规：一是《中华人民共和国食品安全法》，二是《食品用塑料制品及原材料管理办法》。食品卫生法的内容比管理办法要多，是综合性的法律，而后者是专业性的，仅指塑料制品及原材料，管理范围限在接触食品的各种塑料食具、容器、生产管道、输送带和塑料做成的包装材料及其所使用的合成树脂和助剂。所谓塑料食具是指勺、匙、筷子等短时间接触食品但要反复使用的塑料制品。所谓容器是指桶、瓶、盆、杯等盛装食品的塑料制品。所谓生产管道是指食品加工过程中物料，特别是液体食品或饮料流过的管道，也应包括贮灌在内。所谓输送带是指运送食品原料到加工设备中去的载体，而包装材料是指单片和复合的瓶、桶、托盘、卷膜和袋，其中的卷膜包装保鲜膜、封盖膜和制袋膜。制造食品软包装、复合包装材料的所有厂家应该严格执行这个管理办法。

物理机械性能包括拉伸强度、断裂伸长率，它是反映产品在使用过程中承受拉伸的能力，如果此项不合格，在使用过程中食品包装袋就容易出现破裂、损坏现象。此外还包括气体透过量等气体阻隔性指标；耐油度指标、耐热、耐寒、耐介质性；袋的封口剥离力、袋的耐压和耐跌落性等指标，这些指标反映了食品包装袋的对内包装物保护的可靠性。

塑料薄膜袋的加工一定要经过加热这道关，而塑料在受热时存在着裂解、氧化、降解、变质的问题，因此，在用树脂加工塑料薄膜或袋时，要在树脂中加入抗氧化剂、热稳定剂等助剂。有些包装薄膜袋由于包装工艺和机械或内容物的需要还要求抗静电、防结露、高爽滑，所以还要加入抗静电剂、防雾剂、润滑剂、开口剂等助剂。所有这些助剂，都首先要经《食品安全国家标准　食品安全性毒理学评价程序》（GB 15193.1—2014）的试验检测，证明无毒才可使用，但也有一个添加量的限制。所以，在制品中，这些能被抽提出来的低分子量物质，也就是蒸发残渣，或能被氧化变质的东西，也就是高锰酸钾消耗量，不能超过规定的量，超过了就不能使用。因此，对成型品还要有相应的卫生标准，其目的，就是防止乱用和滥用添加剂，就是要更好地保障直接包装和接触食品的材料具有高度的卫生安全性能。

### 5. 绿色食品包装

塑料的发明使我们的生活变得非常便利，我们的生活处处离不开塑料，目前，世界上几乎所有的国家都用塑料制品来包装食品，但是塑料制品会在一定温度条件和环境下，其中的一些添加剂和聚合物单体会溶出，并且转移到食品中，即使是极小量的有毒物质也可能引起慢性或急性的中毒，长期食用对健康不利。塑料制品耐腐蚀，很难在自然环境中自己降解，每年大量的塑料制品包装废弃物被随手丢掉，造成对环境严重的污染。

随着社会的进步，人们的生活水平不断提高，环境的不断恶化，使人们意识到包装产品的危害，因此各国相继提出了“绿色包装”这个词。其中以“人”为本是绿色包装的首要条件，即要求包装对人体健康没有危害。另外要求绿色包装对环境不会对环境造成污染，可回收、低消耗、再利用、再循环和可降解等。

#### （1）绿色食品包装的含义

① 包装减量化（reduce）：包装在满足其基本职能的前提下应尽量减少使用量。

② 包装可以重复利用（reuse），或可以回收再生（cycle）：在包装完成其保护商品的职能后，废弃的包装可通过焚烧，生产再制品达到再利用的目的。

③ 废弃包装物可降解腐化（gradable）：当包装物成为废弃物时可在一定时间内被土壤分解，而不是长期不可分解。

④ 包装材料应无毒无害：食品、物品包装中所含毒性材料应在国家有关标准之下或根本不含有。

对于绿色包装欧美国家都制定了相关的法律，1981 年，丹麦制订了《包装容器回收利用法》，美国在 1988 年就有 21 个州颁布了相关法律，欧盟 1992 年颁布了相应的法律法规。德国早在 1999 年就规定修改了《生产责任义务条例》，其中规定了各个生产部门都应该限制使用塑料包装材料。2000 年，欧盟要求市场上清除一切不能重复使用或不能降解再生的包装材料。

自 1979 年以来，我国先后颁布了《中华人民共和国环境保护法》《固体废弃物防治法》《大气污染防治法》等 4 部专项法和 8 部资源法，用来管理包装对环境的影响，要求更大限度的使用绿色包装。

**（2）绿色包装级别** 绿色包装大致可以分为两级：AA 级和 A 级。

① AA 级绿色包装是指整个生命周期中对人体及环境不造成公害，含有毒物质在规定限量范围内，且废弃物能够循环复用、再生利用或降解腐化。

② A 级绿色包装是指包装废弃物能够循环重复使用，且包装物含有毒物质在相关规定的范围内。以上分级主要是从解决包装废弃物这一点考虑，重点解决包装废弃物的问题。这也是全世界各国主要解决的问题。

## 6. 食品过度包装

由于工业化的不断进展，世界对包装的不断重视，导致了一个不健康的商业现象—过度包装。过度包装的概念可以从定性和定量两个方面定义。从定性的方面来看，过度包装是指商品的包装超出了包装本应该只具有的美化商品、方便运输、保护商品的基本功能，超过了一般必要程度的包装。从定量的方面来看，主要从包装成本占零售价格的比重、包装空隙率、包装层数等方面做出限定。

过度市场竞争导致企业利用各种方法来吸引消费者，以追求更高的效益，有些包装的价值远远高出物品所应该对应的包装价值，甚至高出物品本身的价值，以至于市场上出现了食品价值与其包装价值比例失衡的过度包装现象，使消费者产生物超所值的错误判断。最明显的例子就是月饼。过度包装不但误导了消费者，还污染了环境，浪费了资源。

2010 年 4 月 1 日起开始正式实施《限制商品过度包装要求——食品和化妆品》，这是一部国家颁布的强制性标准。该标准对过度包装作出了明确规定：食品的包装层数最多不得超过三层，除最原始的包装之外的其他所有包装成本总和不得超过该商品销售价格的 20%、包装空隙率不得大于 60%；饮料酒的包装空隙率不得超过 55%、糕点的包装空隙率不得超过 50%、保健食品的包装空隙率不得超过 60% 。

但目前，我国缺乏政府层面和行业协会层面系统的、具有强制效力的法律或标准，来对食品的包装进行规范，即使近几年有相应的标准出台，但是缺乏执行力。相关消费者协会和行业协会未能积极发挥他们应有的引导和监督作用，使得一些企业通过对食品过度包装来谋取经济上的利益。

过度包装的出现不只是一种经济现象，它发生的根源是人们的消费观念中有这种需求，过度包装的存在也有其必然性，而且已经演变为一种文化现象和社会现象，反映出一种奢侈消费习惯形成的趋势。这种消费心态是不健康的，所以要从根本上抑制过度包装的出现，首先需要加强引导消费者朴素消费观的建立。其次，要加强消费者和企业节约资源、爱护环境的意识培养，只有这样才能治本。政府和公益机构可通过各种媒体积极宣传简约包装的理念，形成弘扬节约、鄙视过度包装的风气。发挥新闻媒体的舆论导向和监督作用，号召全社会共同抵制过度包装、欢迎简约包装的消费习惯。

### 7. 国际、国内、行业、企业共同合作参与标准制定

过度包装会误导消费者，浪费资源。在这方面，欧美和我国均没有明确的法律条文规定。

由于我国食品安全标准工作起步较晚，很多限量标准的制定都是参照国际上其他国家的要求，但是管理机制又未达到其他国家的水平，导致了我国标准体系混乱、标准制定落后的局面。因此，学习发达国家的“源头管理”“通报审批”的管理理念，加强国际交流合作，对于理顺我国标准体系，加快标准整合清理工作有很大的帮助。同时，新技术的研究与发展使得食品包装工业正在发生变革，新的食品包装技术使得食品包装除了具有传统的功能之外，还具有多功能性（阻湿、防水、杀菌、防腐、耐油、耐酸等）。由于行业、企业未能充分参与到食品包装材料标准制修订的工作中去，食品包装材料又是一个更新换代非常快的产品，导致了我国食品包装材料标准滞后于产品的发展。为了使标准与时俱进、公开透明，应鼓励行业和企业参与标准的制修订工作，运用行业和企业的技术力量，既有利于包装材料标准的适用性又增强了企业对于标准的理解程度，同时有利于食品包装材料标准体系的建立和标准的执行。

总体来说，不同的国家有不同的关于包装的法律法规，这和各个国家的工业发展水平有相当大的关系。发达国家的法律规定比较的合理、科学、严谨。我国还有很大差距，随着中国工业的不断发展，和世界各国贸易的不断往来，将会对我国制定相关法律有着很大的促进作用。

## 二、包装材料的安全性检测

现代包装技术的应用，在延长食品的保存期、保持食品品质、提高食品的美观和商品价值方面发挥着重要的作用。但是随着包装过程中如塑料、纸、金属、橡胶、陶瓷、玻璃等多种包装材料的使用，在一定程度上增加了食品的不安全因素。近年来，食品中农兽药残留、重金属、生物毒素等引起了全世界的普遍关注和重视。

作为包装材料，是要和食物直接接触，很多材料成分可以迁移到食品中，不合标准的包装材料会造成不良后果。纸、布、竹等包装材料由于其表面不光洁、质地疏松、渗水性强，会增加微生物污染食品的机率。尤其是纸包装中的造纸助剂、荧光漂白剂、印刷油墨

中的多氯联苯等都对食品造成化学污染；金属、陶瓷等包装材料主要是有害金属的溶出；塑料、橡胶包装材料主要残留的单体、添加剂及裂解物等可迁移进入食品中，造成食品污染。

## 1. 纸及其制品

纸作为传统食品包装材料可以制成纸袋、纸箱、纸杯、纸罐等容器。相对于其他包装材料廉价，成本低，制造容易使用简便易操作，在食品行业广泛运用。纸及其制品具有许多优点，如加工性能良好，印刷性能优良，具有一定的机械性能，便于复合加工，卫生安全性好等，而且原料来源广泛，品种多样、成本低、易于工业化生产，重量轻便于运输、可回收利用，无白色污染等。在现代化包装工业体系中占有重要地位。一些发达国家的纸及其制品占整个包装材料总量的40%~50%，我国约占40%。常用的食品包装用纸有牛皮纸、羊皮纸和防潮纸等。牛皮纸主要用于外包装；羊皮纸可用于奶油、糖果、茶叶等食品的包装；防潮纸又称涂蜡纸，有良好的抗油脂性和热封性，主要用于新鲜蔬菜等食品的包装。

纸容器是以纸或纸板等复合材料制成的纸袋、纸盒、纸杯等容器。主要用于销售包装和运输包装。纸袋是用纸或纸复合材料加工而成的容器。纸盒是一种半硬性纸包装材料。为保证食品安全，防止包装材料带来的污染，与食品接触面需要加衬里等。用纸、塑料、铝材料复合纸板制成可折叠纸盒，密封性能好。其材料由 PE、纸、Al 或 PE 构成，常见形状有屋顶长方形、平顶长方形、正四面体等，主要用于牛乳与果汁的饮料的无菌包装。

纸复合罐选用高性能的纸板、金属薄层衬里及树脂薄膜，提高了复合罐的密封性能。复合罐抗压性及密封性比马口铁差，且不能用蒸汽灭菌，多用于粉状、颗粒状食品或浓缩果汁、酱类的包装。

纸制品同时也有许多弊端。主要包括以下四方面：第一，生产食品用的纸大多是废纸，加工时由于原材料本身不清洁、存在重金属、农药残留等污染源的存在，容易将诸多微生物传到食品；第二，荧光增白剂使用，厂家为了除去纸张的黄色或灰白色，大量使用荧光增白剂达到补色美白的作用。但荧光增白剂含有大量化学污染物，不合理使用荧光增白剂会造成对食品的污染；第三，在纸张中含有过高的多环芳烃化合物；第四，存在着油墨印染问题。

包装纸对食品安全的影响主要与制纸原料、油墨、添加物有关。

**（1）制纸原料** 纸原料主要有木浆、草浆、棉浆等，木浆最佳。由于作物在种植过程中使用农药等，在麦秆、稻草等纸制品原料中会含有有害物质。而且有的不法厂家会掺有一定比例的回收废纸，回收废废纸经脱色可将油墨染料脱去，但会残留铅、镉、多氯联苯等有害物质。

**（2）油墨** 油墨大致可分为苯类油墨、无苯油墨和醇性油墨等种类。油墨中主要物质有颜料、树脂、助剂和溶剂。国内的小油墨厂家甚至用染料来代替颜料进行油墨的制作，而染料的迁移会严重影响食品的安全性。我国目前还没有食品包装专用油墨，工业印刷油墨的大量使用，导致食品包装纸的油墨污染十分严重。如一些高级食品包装采用的锡纸，重金属铅含量都超过了卫生允许指标。

**（3）添加物** 制纸中的添加物主要有亚硫酸钠、氢氧化钠、硫酸铝、次氯酸钠等，这些残留物质会对食品造成污染。一些不法企业为了使纸漂白，添加大量荧光增白剂，这种增白剂是一种致癌物质，应该禁止在食品包装纸中添加。

### 2. 塑料制品

塑料是一种以高分子聚合物，树脂为基本成分，再加入各种助剂制成的高分子材料。塑料由于其原料来源丰富、成本低廉、运输方便、化学稳定性好、易于加工等特点成为食品销售包装最主要的包装材料。体现了现代食品包装形式丰富多样、流通方便的发展趋势，但同时也存在着一些安全性问题。

作为食品包装材料塑料材质包装材料由于本身分子结构和制作成型工艺及所加助剂不同对不同食品保质表现出较大差异。食品包装对油墨要求较高，油墨只能用含有甲苯的混合溶剂来进行稀释，一些包装生产企业贪图自身利益，大量使用较便宜的甲苯，在缺乏严格的生产操作工艺情况下，使包装材料中残留大量的苯类物质，严重残害人体健康。制作油墨所使用的染料，均包含重金属、苯胺或稠环化合物等有毒物质，严重影响食品卫生和人体健康。食品包装过程中会使用胶黏剂，而大部分胶黏剂单体是芳香族异氰酸酯。芳香族异氰酸酯水解后生成的芳香胺以及高温裂解后产生的低分子质量物质是致癌物质。

塑料中的有害物质主要来源于：

① 树脂本身具有一定毒性；

② 树脂中残留有毒的单体、裂解物及老化产生的有毒物质；

③ 塑料包装容器表面的微尘杂质及微生物污染；

④ 塑料制品在制作过程中添加的稳定剂、增塑剂、着色剂等带来的危害；

⑤ 塑料回收再利用时附着的一些污染物和添加的色素可造成食品的污染。

塑料以及合成树脂都是由很多小分子单体聚合而成，未聚合的小分子单体当与食品接触时，有可能向食品中迁移。用于塑料合成中的低分子物质或添加剂很多，如防腐剂、抗氧化剂、热稳定剂等，它们容易从塑料中迁移，如果不加以控制，就会污染被包装的食品。

**塑料制品对食品安全的影响**

① 聚乙烯：聚乙烯塑料本身是一种无毒材料，它属于聚烯烃类长直链烷烃树脂。聚乙烯塑料的污染物主要包括聚乙烯中的单体乙烯、添加剂残留以及回收制品污染物。其中乙烯有低毒，但由于沸点低，极易挥发，在塑料包装材料中残留量很低，加入的添加剂又非常少基本上不存在残留问题，因此，一般认为聚乙烯塑料是安全的包装材料。但低分子量聚乙烯溶于油脂使油脂具有蜡味，从而影响产品质量。聚乙烯塑料回收再生制品存在较大的不安全性，由于回收渠道复杂，回收容器上常残留有害物质，难以保证清洗处理完全，从而造成对食品的污染。有时为了掩盖回收品质量缺陷，往往添加大量涂料，导致涂

料色素残留污染食品。因此，聚乙烯回收再生品不能用于制作食品的包装容器。

② 聚丙烯：聚丙烯是由丙烯聚合而成的一类高分子化合物。它主要用于制作食品塑料袋、薄膜、保鲜盒等。一般认为聚丙烯是安全的，其安全性高于聚乙烯塑料。聚丙烯的安全问题主要是回收再利用品，与聚乙烯相类似。

③ 聚氯乙烯：聚氯乙烯本身是一种无毒聚合物，但其原料单体氯乙烯具有麻醉作用，可引起人体四肢血管的收缩而产生痛感，同时还具有致癌和致畸作用，它在肝脏中可形成氧化氯乙烯，具有强烈的烷化作用，可与 DNA 结合产生肿瘤。因此，聚氯乙烯塑料的安全性问题主要是残留的氯乙烯单体、降解产物以及添加剂的溶出造成的食品污染。单体氯乙烯对人体安全限量要求小于 1mg/kg（以体重计）。我国国产聚氯乙烯树脂单体氯乙烯残留量控制在 3mg/kg 以下，成品包装材料已控制在 1mg/kg 以下。

聚氯乙烯塑料有软质和硬质之分，软质聚氯乙烯塑料中增塑剂含量较大，用于食品包装安全性差，通常不用于直接的食品包装，常用于生鲜水果和蔬菜包装。硬质聚氯乙烯塑料不含或含极少增塑剂，它们安全性好，可直接用于食品的包装。

④ 聚苯乙烯：聚苯乙烯是由苯乙烯单体聚合而成。聚苯乙烯本身无毒、无味、无臭，不易生长霉菌，可制成收缩膜、食品盒等。其安全性问题主要是单体苯乙烯及甲苯、乙苯和异丙苯等的残留。残留量对大鼠经口的半致死量（$LD_{50}$）；苯乙烯单体 5.0g/kg，乙苯 3.5g/kg，甲苯 7.0g/kg。苯乙烯单体还能抑制大鼠生育，使肝、肾重量减轻。残留于食品包装材料中的苯乙烯单体对人体最大无作用剂量为 133mg/kg，塑料包装制品中单体残留量应限制在 1%以下。

⑤ 聚偏二氯乙烯：聚偏二氯乙烯是由偏氯乙烯单体聚合而成，它具有极好的防潮性和气密性，化学性质 稳定，并有热收缩性等特点。聚偏二氯乙烯薄膜主要用于制造火腿肠、鱼香肠等灌肠类食品的肠衣。聚偏二氯乙烯中可能有氯乙烯和偏二氯乙烯残留，它属中等毒性物质。按 GB 15204—1994 规定，氯乙烯和偏二氯乙烯残留分别低于 2mg/kg 和 10mg/kg。

⑥ 丙烯腈共聚塑料：丙烯腈共聚塑料是一类含丙烯腈单体的聚合物，已广泛应用于食品容器和食品包装材料。但丙烯腈的动物毒性试验表明：动物急性中毒表现为兴奋、呼吸快而浅、喘气、窒息、抽搐，甚至死亡。口服丙烯腈单体还可造成循环系统、肾脏损伤和血液生化物质的改变。不同的国家所做试验中丙烯腈残留量不尽相同。所以制定的残留量标准也不一样。目前，我国还没有食品中丙烯腈单体残留量标准。

⑦ 聚碳酸酯树脂：聚碳酸酯树脂是分子链中含有碳酸酯的一类高分子化合物的总称。目前只有双酚 A 型的芳香族聚碳酸酯树脂可以用作食品包装材料和容器。双酚 A 型的芳香族聚碳酸酯树脂以双酚 A 与碳酸二苯酯为原料，经酯交换和缩聚而成。聚碳酸酯树脂无味、耐油、不易污染，因此，主要用于制造食品的模具、奶瓶及用于具有抗冲击和一定透明度要求的食品容器和食品加工设备等。聚碳酸酯树脂本身无毒，但双酚 A 与碳酸二苯酯进行酯交换时有中间体苯酚产生。苯酚不仅具有一定的毒性，而且还会产生异味，影

响食品的感官性状。我国规定食品包装材料和容器用的聚碳酸酯树脂和成品中游离苯酚含量应控制在0.05mg/L以下，而且不宜接触高浓度乙醇溶液。

⑧ 复合薄膜：复合薄膜是塑料包装发展的方向。它具有以下特点：可以高温杀菌，食品保存期长；密封性能良好，适用于各类食品的包装；防氧气、水、光线的透过，能保持食品的色、香、味；如采用铝箔层，则增加印刷效果。然而，复合薄膜所采用的塑料等材料应符合卫生要求，并根据食品的性质及加工工艺选择合适的材料。复合薄膜的突出问题是黏合剂。目前采用的黏合方式有两种：一种是采用改性聚丙烯直接复合，它不存在食品安全问题；另一种是采用黏合剂黏合。多数厂家采用聚氨酯型黏合剂，但这种黏合剂中含有甲苯二异氰酸酯（TDI），用这种复合薄膜袋装食品经蒸煮后，就会使TDI迁移至食品并水解产生具有致癌性的2,4-二氨基甲苯（TDA）。此外，复合薄膜各层间应黏合牢固，不应有剥离现象。

### 3. 金属制品

金属包装材料是五大传统包装材料之一。由于其具有高阻隔性、耐高低温性、废弃物易回收等优点，在食品包装上的应用越来越广。金属包装容器主要是以铁、铝等金属加工成的桶、罐、管等以及金属箔制作的复合材料容器，此外还有银制品、铜制品、锌制品等。金属制品由于其流通性、保存性、生产效率等优势在食品包装材料中占有重要地位。

金属作为食品包装材料最大的缺点是化学稳定性差，不耐酸碱，特别是用其包装高酸性食品时易被腐蚀，同时金属离子易析出，从而影响食品风味。铁质制作的容器在食品中的应用较广，如烘盘及食品机械中的部件。铁质容器的安全性问题主要有两个方面：一是白铁皮（俗称铅皮）镀有锌层，接触食品后锌会迁移至食品引起食物中毒；二是铁质工具长期接触食品会使铁等金属迁移至食品中。

铝制容器作为食具已经很普遍，日常生活中用的铝制品分为熟铝制品、生铝制品、合金铝制品3类。铝制材料含有铅、锌等元素，长期摄入会造成慢性中毒。如果长期每日摄入铅0.6mg以上，锌15mg以上，就会造成慢性蓄积中毒，甚至致癌。铝的毒性表现为对脑、肝、骨、造血和细胞的毒性。研究表明透析性脑痴呆与铝有关，同时，过量摄入铝元素也将对人体的神经细胞带来危害，如炒菜普遍使用的生铝铲属硬性磨损炊具，会将铝屑过多地通过食物带入人体。因此，在铝制食具的使用上应注意，最好不要将剩菜、剩饭放在铝锅、铝饭盒内过夜，更不能存放酸性食物。因为，铝的抗腐蚀性很差，酸、碱、盐均能与铝起化学反应析出或生成有害物质，应避免使用生铝制作炊具。在食品中应用的铝材（包括铝箔）应该采用精铝，不准采用废旧回收铝作原料。这主要因为回收铝来源复杂，常混有铅、铜等有害金属及其他有毒物质。

随着科学技术的发展，不锈钢食具以它精美、华丽、耐热、耐用等优点，日益受到人们的青睐。不锈钢的基本金属是铁，由于加入了大量的镍元素，能使金属铁及其表面形成致密的抗氧化膜，提高其电极电位，使之在大气和其他介质中不易被锈蚀。但在受高温作用时，镍会使容器表面呈现黑色，同时由于不锈钢食具传热快，温度会短时间升得很高，因而容易使食物中不稳定物质如色素、氨基酸、挥发物质、淀粉等发生糊化、变性等现象，还会影响食物成型后的感官性质。烹调食物发生焦煳，不仅使一些营养素遭到不同程度的破坏，使食物的色香味欠佳，而且能产生致癌物质。如在咖啡豆中的致癌物质并不多，但在炒焦后致癌物质可增加 20 倍，所以炒焦的豆类最好挑出不吃。

使用不锈钢还应注意另一个问题，就是不能与乙醇（酒精）接触，以防镉、镍游离。不锈钢食具盛装料酒或烹调使用料酒时，料酒中的乙醇可将镍溶解，容易导致人体慢性中毒。

总之，食品与金属制品直接接触会造成金属溶出，因此对某些金属溶出物都有控制指标。我国罐头食品中的铅溶出量不超过 1mg/kg，锡不超过 200mg/kg，砷不超过 0.5mg/kg。对铝制品容器的卫生标准规定为 4%乙酸浸泡液中，锌溶出量不大于 1mg/L，铝溶出量不大于 0.2mg/L，镉溶出量不大于 0.02mg/L，砷溶出量不大于 0.04mg/L。

因此，一般金属容器内、外壁都要涂涂料。内壁涂料是涂布在金属罐内壁的有机涂层，可防止内容物与金属直接接触，避免电化学腐蚀，提高产品货架期，但涂层中的化学污染物也会在罐头的加工和贮藏过程中向内容物迁移。

### 4. 橡胶制品、陶瓷和搪瓷

橡胶可分为天然橡胶与合成橡胶两大类。橡胶制品常用作奶嘴、瓶盖、高压锅垫圈及输送食品原料、辅料、水的管道等。天然橡胶是以异戊二烯为主要成分的天然长链高分子化合物，本身并不分解也不被人体吸收，一般认为对人体无害，但由于加工过程中会加入多种促进剂、防老剂、填充剂等，给食品带来了安全隐患。合成橡胶是由单体聚合而成的高分子化合物，而影响食品安全问题的主要就是单体和添加剂的残留。

我国规定在食品工业中使用的橡胶制品的着色剂应是氧化铁、钛白粉，在外观上规定用红、白两种色泽的橡胶为食品工业用，黑色的橡胶制品为非食品工业用；不得使用酚醛树脂用于制作食具、容器、生产管道、输送带等直接接触食品的包装材料。

与金属、塑料等包装材料制成的容器相比，陶瓷容器更能保持食品的风味。陶瓷容器具有良好的气密性，而且陶瓷分子间排列并不是十分严密，不能完全阻隔空气。此外用其包装部分酒类饮料，相当长时间不会变质甚至存放时间越久越香。

搪瓷器是将瓷釉涂覆在金属胚胎上，经过焙烧而制成的产品，其配方复杂。陶瓷器是将瓷釉涂覆在由黏土、石英、长石等混合物烧结成的胚胎上，再经焙烧而成的产品。一般认为陶瓷、搪瓷包装容器是无毒、卫生、安全的，不会与所包装食品发生任何不良反应，但研究表示，其中主要带来的危害是来源于制作过程中在胚体上涂的彩釉、瓷釉、陶釉等。釉料主要是由铅、锌等多种金属氧化物及其盐类组成，多为有害物质。使用搪瓷器盛装酸性食品和酒时，有害物质容易溶出而迁入食品，甚至引起中毒。陶瓷在 1000~1500℃下烧制而成，如果烧制温度低，彩釉未能形成不溶性硅酸盐，在使用陶瓷容器时易使有毒有害物质溶出而污染食品。陶瓷器卫生标准是以 4%乙酸浸泡后铅、镉的溶出量为标准，规定镉溶出量应小于 0.5mg/L。搪瓷器的卫生标准是以铅、镉、锑的溶出量为控制要求，标准规定铅小于 1.0mg/L，镉小于 0.5mg/L，锑小于 0.7mg/L。

### 5. 玻璃制品

玻璃是一种历史悠久的包装材料，根据所用原材料不同，可分为氧化铝硅酸盐玻璃、铅晶体玻璃、钠钙玻璃等。在发达国家，玻璃装饮料十分流行，因其新鲜、安全，用玻璃瓶盛装调味料也是很好的选择，因为玻璃稳定的化学性质使其不会与油、醋等发生反应。

用作食品包装的玻璃是氧化玻璃中的钠-钙-硅系列玻璃。其包装安全性主要表现在以下几个方面：

**（1）熔炼过程中有毒物质的溶出** 玻璃内部离子紧密结合，高温熔炼后大部分形成不溶性盐类物质而具有极好的化学惰性，不与被包装的食品发生作用，具有良好的包装安全性。对玻璃制品应作水浸泡处理或加烯酸加热处理。对包装有严格要求的食品可改钠钙玻璃为硼硅玻璃，同时应注意玻璃熔炼和成形加工质量，以确保被包装食品的安全性。

**（2）重金属超标** 高档玻璃器皿中如高脚酒杯往往添加铅化合物，加入量一般高达玻璃 30%。这是玻璃器皿中较突出的卫生问题。

**（3）加色玻璃着色剂的安全性** 作为食品容器最好使用无色透明的玻璃容器。玻璃的着色需要用金属盐，如蓝色需要用氧化钴，茶色需要用石墨等。玻璃的安全性问题是从玻璃中溶出的迁移物，如高脚杯中往往添加铅化合物，这有可能迁移到酒或饮料中，对人体造成危害。

### 6. 容器内壁涂料

食品容器、工具及设备为防止腐蚀、耐浸泡等常需在其表面涂一层涂料。目前，我国允许使用的食品容器内壁涂料有聚酰胺环氧树脂涂料、过氯乙烯涂料、有机硅防黏涂料、环氧酚醛涂料等。

**（1）聚酰胺环氧树脂涂料** 聚酰胺环氧树脂涂料属于环氧树脂类涂料。环氧树脂一般由双酚 A（二酚基丙烷）与环氧氯丙烷聚合而成。聚酰胺作为聚酰胺环氧树脂涂料的固化剂，其本身是一种高分子化合物，未见有毒性报道。聚酰胺环氧树脂涂料的主要问题是环氧树脂的质量（即环氧树脂的环氧值）、固化剂的配比以及固化度。固化剂配比适当，固化度越高，环氧树脂向食品中迁移的未固化物质越少。按照《食品安全国家标准　食品接触用涂料及涂层》（GB 4806.10—2016）的规定，聚酰胺环氧树脂涂料在各种溶剂中的蒸发残渣应控制在 30mg/L 以下。

**（2）过氯乙烯涂料** 过氯乙烯涂料以过氯乙烯树脂为原料，配以增塑剂、溶剂等助剂，经涂刷或喷涂后自然干燥成膜。过氯乙烯树脂中含有氯乙烯单体，氯乙烯是一种致癌的有毒化合物。成膜后的过氯乙烯涂料中仍可能有氯乙烯的残留，按《食品安全国家标准　食品接触用涂料及涂层》（GB 4806.10—2016）的规定，成膜后的过氯乙烯涂料中氯乙烯单体残留量应控制在 1mg/kg 以下。过氯乙烯涂料中所使用的增塑剂、溶剂等助剂必须符合国家的有关规定，不得使用高毒的助剂。

**（3）有机硅防黏涂料** 有机硅防黏涂料是以含经基的聚甲基硅氧烷或聚甲基苯基硅

氧烷为主要原料，配以一定的助剂，喷涂在铝板、镀锡铁板等食品加工设备的金属表面，具有耐腐蚀、防黏等特性，主要用于面包、糕点等具有防黏要求的食品工具、模具表面，是一种比较安全的食品容器内壁防黏涂料。一般也不控制单体残留，主要控制一般杂质的迁移。按照 GB 4806.10—2016 规定，蒸发残渣应控制在 30mg/L 以下。

（4）**环氧酚醛涂料**　环氧酚醛涂料为环氧树脂与酚醛树脂的共聚物。一般喷涂在食品罐头内壁。虽经高温烧结，但成膜后的聚合物中仍可能含有游离酚和甲醛等未聚合的单体和低分子化合物。与食品接触时可向食品迁移，按照 GB 4806.10—2016 的规定，环氧酚醛涂料中游离酚的含量应低于 3.5%。

## 三、包装的密封性检测

在密封食品的包装过程中，由于漏封、压穿或材料本身存在的裂缝而形成的内外连通的小孔等，这些包装破损都会对包装内容物产生不利影响，都是威胁食品安全的主要问题之一。一旦食品包装的密封性不好，食品的质量将失去保证，这不仅将对企业造成一定的经济损失，更对人们的身体健康造成威胁。

包装袋的密封性是保持无菌食品和自发气调包装食品等产品高质量必不可少的条件。目前，密封试验主要用在电子行业。而在软包装行业，密封监测主要通过手工监测和浸水的方法实现，这种方法工作效率不高，耗时，而且对于很微小的小孔很容易发生漏检的现象。

例如，铝箔包装作为软包装的一种，其密封漏气缺陷难以用视力直接观察到。这种缺陷的存在会导致包装产品的保质效果大大降低，致使因产品提前过期，特别是对于食品，更可能导致伤害使用者健康。传统的密封性质量检测依靠人工，劳动消耗大，效率较低，甚至经常造成误检和漏检。

随着对包装产品的质量保证重视程度不断提高，使得检验食品包装袋的密封性成为必需。最常见的包装袋密封性问题是封口不严，尤其是柔性塑料包装袋比传统的刚性金属包装袋更容易发生机械损伤。因此，食品生产者对研制能够检测任何包装的非破坏性泄漏检测器更为关注。非破坏性泄露检测器用于包装线上保障缺陷的在线检测，属于包装过程控制的一部分。

在选择包装密封性检测方法前，必须要了解不同包装和不同产品所需的密封性，根据不同需求，包括保质期内产品不发生微生物或化学破坏所允许的最大泄漏量，以及泄露检测方法能检测到的最小泄漏量选择不同的检测方法。

### 1. 检测方法

食品包装和封口的密封性检测通常采用破坏性人工检测方法，如生物检测、电解试验、染色浸透试验和气泡试验等。破坏性检测的缺点是无法检测每一个包装产品，而且检测起来耗工费时。因此可以检测所有生产包装，具有全自动、可靠性高特点的非破坏性漏洞检测器能够为企业带来丰厚利润。这种包装检测器作为一个实时控制设备，在产品和破坏性检测两个方面降低包装损失，从而降低总的生产成本。在线非破坏性检测设备应该满足下列要求：对所有生产线上的次品包装都能全部识别和剔除；能够快速泄漏检测；对产品没有损害；容易使用和维修。

表 4-18　　工业上非破坏性检测食品包装泄漏的方法

| 检测刺激 | 检测应答 | 应用 |
| --- | --- | --- |
| 外部压力 | 包装变形、压力减小 | 顶隙空间包装 |
| 外部真空度 | 包装变形、压力减小、示踪气体（$H_2$、$CO_2$等） | 顶隙空间包装 |
| 内部压力 | 挤压变形、压力减小 | 顶隙空间包装 |
| 内部真空度 | 包装变形 | 所有包装 |
| 机器显示 | 图像变化 | 箔片包装 |

（1）复合纸包装密封性检测

① 利乐砖产品密封性的检测

a. 非破坏性检查：非破坏性检查是指在每次做密封性检查时，检查底部折痕位置是否正确，包装形状、打印批号（由后段采样员、包装工和质检员检查）、图案印刷是否正确，表面是否完整无划痕、磨包、重叠和图案对接情况等。

b. 破坏性检查：破坏性检查包括剪包试验、渗透试验和注射试验。以注射试验为例。注射试验：取认为有问题的产品，沿平行于纵封的方向将产品包装剪开，倒掉内容物，清洗干净。只保留带有纵封的一面，将表面吹干，剪去上、下横封中任一部分，留下剩余部分进行检测。用注射器吸取一定量渗透液后，将注射器的针头沿剪掉横封的纵封处的气隙小心地插入少许，轻推注射器，将渗透液缓慢地沿气隙向前推。

c. 在渗透液贯穿气隙上下后（或超出你需要检测的部位后），进行观察，然后以渗透液是否渗透到内表面的纵封以外来进行判断。若渗透液渗透到内表面纵封范围之外，则包装完整性有缺陷；若渗透液没有偏离内表面气隙之外，则检测部位的包装完整性良好。

② 无菌软包装产品密封性的检测

a. 外观的检查：产品面日期打印必须清楚，在进行封合评估前首先应检查外观及封合外观是否良好。产品袋上面日期打印必须清楚、正确，打印日期不允许打在色标、纵封压痕上和封合区域内；对包膜上的图案进行检查，图案应清晰、准确无误，无明显色差、无掉色、打褶现象；包装袋表面上无划痕、无斑点。横纵应为均匀锯齿状，无缺口、无拉丝、无黑边、无打折，封合压痕呈一条直线型，压痕上无黑印，无烫伤；纵封无皱褶，无明显压痕。

b. 挤包试验：挤包试验包括横封封合检查、纵封封合检查和横封、纵封四个角的封合检查。横封封合检查：通过用双手施加足够的力气挤捏包装袋的横封。封合不良有如下四个标准：包装袋内液体是从紧贴横纵封边缘处析出；包装袋内液体从横打两旁处析出，且在横封口无拉伸的痕迹；在横封口有拉伸的痕迹但在挤包时横封很容易爆破，说明横封压力偏小，需对设备作必要的调整。封合良好的一个标准：挤包时横封不容易爆破，且横封口有拉伸的痕迹。纵封封合检查：通过用双手施加足够的力气挤捏包装袋的纵封，并用手撕纵封封合线。封合良好的标准为：纵封封合的压痕无压力过大的痕迹且挤包后宽度均匀一致，无液体渗出则封合良好，不易破裂；手撕不容易撕开或撕开后其中有一层膜出现破损。横封、纵封四个角的封合检查：用一只手挤包装袋，让一面横封或纵封角处向上鼓起，用另一只手弹拨角处观察有无在角处液体析出。其封合判定标准为：如有液体析出则封合不良，如无液体析出则封合良好。

**（2）塑料包装袋密封性检测**　随着人类对生活质量要求的提高，对饮料、乳制品的需求也越来越多，因此众多食品厂家不断推出新的包装来满足需求，无菌包装、保鲜包装、耐蒸煮包装以及方盒式、屋顶式、软塑包装、瓶装等层出不穷，软包装以其独特的优势在整个包装行业所占的比重越来越大。而软包装产品的质量控制问题也越来越突出。尤其是产品的密封性问题，在袋生产过程中由于众多因素的影响，可能会产生封合时的漏封、压穿或材料本身的裂缝、微孔，而形成内外连通的小孔。这些都会对包装内容物产生很不利的影响。密封性不好是造成日后渗漏或食品变质的主要原因。

① 密封性测试依据的相关标准详见表 4-19。国内生产实践中常用的《软包装件密封性能试验方法》（GB/T 15171—1994）标准。

表 4-19　　密封性测试的有关标准

| 标准号 | 标准名称 | 样品类型 | 测试方法 | 测试条件 |
|---|---|---|---|---|
| ASTMD3078—1994 | 标准软包装件泄露的标准测试方法 | 包装件 | 气泡和染色的目测 | 17kPa、24kPa、51kPa、91kPa 的真空度下保持 30s |
| JIS Z0382—1981 | 密封软包装的试验方法 | 包装件 | 气泡和染色的目测 | 0.98kPa 的真空度下保持 30~60s |
| GB/T 15171—1994 | 软包装件的密封性能试验方法 | 软包装件 | 气泡和染色的目测 | 20kPa、30kPa、50kPa、91kPa 的真空度下保持 30s |

② 密封性测试方法

a. 着色液浸透法：这种方法通常用来检验空气含量极少的复合袋的密封性。检测方法如下，将试验液体（与滤纸有明显色差的着色水溶液）倒入擦净的试验样袋内，密封后将袋子平放在滤纸上 5min 后观察滤纸上是否有试验液体渗漏出来，然后将袋子翻转，对其另一面进行测试。

b. 水中减压法（真空法）：这种方法又包括真空泵法和真空发生器法，通常用来检验空气含量较多的复合袋。真空泵法：这种方法因具有形成真空的时间长且不稳定，密封性能差，压力为指针式显示，精度偏低等缺点，现在已逐步被淘汰。真空发生器法：这种方法目前在软包装行业内应用广泛，它利用射流原理，正压变负压形成稳定的空气源，高精度电子压力传感器实时显示测试容器内的真空度，微电脑自动控制，试验参数（真空度和保持时间）可随意设定，达到真空所需时间短，真空保持平稳，密封性能好。

（3）**金属罐藏容器密封性检测** 罐藏食品之所以能够长期保存，关键在于容器的密封性，保证其内容物在杀菌之后不再遭受微生物的二次污染，确保商业无菌。因此，对金属罐藏容器密封性的检查十分重要。检测方法有两种，减压试漏法和加压试漏法。

① 减压试漏法

a. 直接减压试漏法：将空罐内的空气抽出使罐内形成一定真空时，密封性不良的空罐，罐外的空气便通过其泄露处进入罐内，使罐内所盛的清水产生水泡，从有机玻璃试漏板便可以观察到气泡冒出的部位，密封性良好的空罐则无此现象。

b. 间接减压试漏法：将两端卷封后的空罐浸没于可以密封的玻璃缸的水中，当玻璃缸内的空气被抽出并形成一定真空度时，若空罐的卷封结构不良或焊缝不良时便会有泄漏现象，在泄漏处可见到气泡逸出，以此来判断空罐的密封性。

② 加压试漏法：将两端卷封的空罐浸没于水中，当空罐内通入压缩空气时，若空罐密封住不良，会从泄漏处冒出空气使水产生气泡，以此便可判断空罐的密封性。

（4）**玻璃瓶封口密封性检测** 容器密封性能检验通常有两种类型，外观检测和开盖检测。

外观检测是观察是否有斜盖、翘盖、滑牙盖及压坏盖爪等现象；观察盖面是否有内凹、安全钮是否下陷，以确定罐内是否有真空；测量拧紧位置。

开盖检测包括目测检查、真空度测定、顶系度测定和密封安全值的测定。目测检查需要观察瓶盖上的垫圈是否牢固、平服，任何点位上不得有离位、弯曲或断裂；胶圈压痕是否均匀，有无切断现象；瓶口有无缺口、裂纹，突缘是否完整。

真空度测定是将罐头样品竖放在检验台上至室温，然后用连接真空表的穿刺针在瓶盖上进行穿刺测定。

顶隙度测定是在开盖后，将一直尺放在瓶口，取另一直尺与之垂直，测定瓶内食品表面至横尺下边的距离，即为顶隙度。

## 2. 新型气体示踪法在线检测系统

气体示踪检测方法具有很高的灵敏度，目前用来检测存在顶隙的柔性和半刚性包装最多的方法可能是检测压力的变化。最为常用的示踪气体为氦气，未来可能使用更为经济的二氧化碳气体作为示踪气体。

工业上压力差异检测方法基本原理有：①用压缩空气和真空分别检测包装袋外测试室内压力升高或降低的变化；②检测由机械力或者热量引起的包装袋内部压力的降低。但这种检测器并不能可靠地检测出能够造成有害微生物侵入的泄漏。

由 VTT 开发的泄露检测系统是以氢气作为示踪气体的。这种检测器具有很高的灵敏度和效率，而且检测速度快。试验证明，这种检测器可以在 1s 内检测出充气包装上直径为 30μm 的孔洞。而氢气作为示踪气体有很多优点，在常温常压下，氢气是一种无色、无味、无毒、无臭气体；氢气是所有气体中最轻的气体，这降低了在漏洞检测区本底气体污染的危险。使用这种方法检测时，含有氢气示踪气的包装进入一个专门设计的检测室；接着对检测器抽真空，由于包装内外压力差的增加，包装袋膨胀；微量氢气就会从包装漏洞处向外泄露，流经一个管道，管道内对着气流方向设置一个氢气传感器，传感器与检测器相连，当传感器检测到氢气后，立即将其转换成电信号传给氢气检测器，从而检测出不合格的包装。

### 3. 未来发展趋势

包装密封性是保持无菌食品和气调包装食品高质量的必备条件。对产品质量保证重视程度不断增加使得检测食品包装和封口密封性成为必要，人们正在努力开发新的包装材料和包装技术，以使包装失败风险最小。在线非破坏性包装泄漏监测系统并没有得到广泛应用，主要是因为昂贵的费用以及缺乏发现所有不合格包装的灵敏度。需要新型的、可靠的、经济实用的体系来检测包装泄漏。

目前，可目测的指示器很多情况下都是很理想的，但是，将来会出现包含更多复杂不可目测信息的智能包装技术，这些不可目测信息能在一定范围内被识别。泄露检测标签可能被做成碎片，而先进的油墨技术也可能把印刷电路应用到泄露检测系统。未来发展的另外一条趋势是发展各式各样的光学识别系统。

智能化包装技术，已经在美国、法国等地投入使用。据估计，未来20%~40%的食品包装将会应用智能化包装技术。智能化能更有效地保护食品质量或直接显示食品是否新鲜，使消费者不必等到拆开包装之后才发现食物是否已经变质。比如，为延缓食物因氧化而变质，目前普遍的做法是在包装里面放进一个铁粉小包，利用铁的氧化过程来耗掉包装里面的氧气，新包装可在包装纸里加上一层“吸”氧的材料。一些保鲜食品需要在低温下保存，否则里面的细菌就会活跃起来，导致食品变质，在包装上贴上能指示时间和温度的新型标签，其中的化学成分便会在温度升高时发生聚合作用，标签的颜色随即相应发生明暗的变化，顾客由此就可知道食品的储存温度、储存时间和新鲜程度。目前，美国一些公司正在开发冷冻食品的保鲜指示包装，新包装可以监测到肉、鱼或蔬菜因冷冻不当腐烂变质释放出来的气体。不同水果蔬菜保鲜所需要的氧气和二氧化碳的浓度不同，针对这一特性的包装技术也在研发 之中。美国加利福尼亚州的一家公司正在研制一种包装膜，可以随温度改变其渗透能力，满足不同水果蔬菜对氧气和二氧化碳的不同需要。在新西兰，研究人员正在开发一种水果包装，可以指示像桃子这样怕挤怕压的水果的过熟时间。

对于食品包装材料的管理，各国都以法律法规和标准的形式规范企业行为，保证产品的安全性。总体来讲，我国在食品包装管理工作上已经付出了很多努力，取得了明显成效，但是与欧美发达国家相比仍存在很多不足。随着我国国际合作的加深、与行业企业合作的加深，食品包装标准体系定会逐步完善，食品安全性定会逐步提高。

# 参考文献


[1] 章建浩. 食品包装实用新材料新技术 [M]. 北京：中国轻工业出版社，2000.

[2] 赵晓燕，陈相艳，彭晓蓓，等. 食品包装材料对食品安全性的影响及控制措施 [J]. 中国食物与营养，2014，20（4）：21-23.

[3] 黄志刚. 食品包装技术发展趋势 [J]. 包装工程，2003，24（5）：90-97.

[4] 兰敏，王少敏，谢丽芬. 国内外食品包装安全管理法规体系分析与建议 [J]. 检验检疫学刊，2009，19（1）：72-75.

[5] 叶挺，黄秀玲，刘全校. 国内外纸塑复合食品包装材料安全法规的现状 [J]. 包装与食品机械，2012，30（1）：48-51.

[6] 王晓东. 食品包装材料对食品安全的影响 [J]. 科技与企业，2013，（11）：257.

[7] 黄志刚，刘凯，刘科. 食品包装新技术与食品安全 [J]. 包装工程，2014，35（13）：161-166.

[8] GB 9685—2008 食品容器，包装材料用添加剂使用卫生标准 [S]. 北京：中国标准出版社，2008.

[9] 国务院. 中华人民共和国食品安全法 [Z]. 2009.

[10] 朱蕾，樊永祥，王竹天. 我国食品包装材料标准体系现状研究与问题分析 [J]. 中国食品卫生杂志，2012，24（3）：279-283.

[11] 赵琢，王利兵，张园，等. 我国食品包装标准体系研究 [J]. 食品研究与开发，2008，29（12）：135-139.

[12] 许文才，李东立，魏华. 国内外食品包装安全研究进展 [J]. 包装工程，2009，30（8）：87.

[13] GB/T 23887—2009 食品包装容器及材料生产企业通用良好操作规范 [S]. 北京：中国标准出版社，2009.

[14] 黄崇杏，王志伟，王双飞，等. 国内外食品接触纸质包装材料安全法规现状 [J]. 包装工程，2008，29（9）：204-206.

[15] 刘德文. GB 9685—2008 和欧盟食品包装印刷油墨法规 [J]. 印刷志，2011，（03）：35-37. [2017-08-18].

[16] 陈菀蕾. 食品包装标识对食品包装质量的影响 [J]. 中国包装工业，2013，（14）：7-8.

[17] 刘坤，屈婷婷，方雯潼. 绿色食品包装是我国食品包装的必然趋势 [J]. 中国包装工业，2015，（21）：110-111.

[18] 李志萍，邢刚. 倡导绿色消费，抵制过度包装 [J]. 商场现代化，2010，（11）：84.

[19] 李郑冬. 食品过度包装的现状调查与改进措施 [J]. 中国包装工业，2015，（Z2）：90-92.

[20] 黄家明主编. 川菜大师烹饪技术全书　原料选择 [M]. 成都：四川科学技术出版社，2003.

[21] 李里特主编. 食品原料学 [M]. 北京：中国农业出版社，2001.

[22] 蒋爱民，赵丽芹主编. 食品原料学 [M]. 南京：东南大学出版社，2007.

[23] 徐幸莲，彭增起，邓尚贵主编. 食品原料学 [M]. 北京：中国计量出版社，2006.

[24] 崔桂友主编. 烹饪原料学 [M]. 北京：中国轻工业出版社，2001.
[25] 冯胜文主编. 烹饪原料学 [M]. 上海：复旦大学出版社，2011.
[26] 赵廉主编. 烹饪原料学 [M]. 北京：中国纺织出版社，2008.
[27] 朱水根编著. 烹饪原料学 [M]. 上海：上海交通大学出版社，1999.
[28] 冯玉珠主编，烹调工艺学（第二版）[M]. 北京：中国轻工业出版社，2006.
[29] 周晓燕主编，烹调工艺学 [M]. 北京：中国纺织出版社，2008.
[30] 赵廉主编，烹调原料学 [M]. 北京：中国纺织出版社，2008.
[31] 黄刚平主编，烹调营养卫生学 [M]. 江苏：东南大学出版社，2007.
[32] 滕斌，王俊. 果蔬贮藏保鲜技术的现状与展望 [J]. 粮油加工与食品机械，2001，1（4）：5-8.
[33] 石桂春. 蔬菜保鲜贮藏的现状、趋势和对策 [J]. 东北农业科学，2001，26（4）：49-53.
[34] 刘才宇，朱培蕾，赵贵云，等. 叶菜类蔬菜贮藏保鲜技术研究进展 [J]. 安徽农业大学学报，2011，38（5）：797-801.
[35] 丁映，陈鹰，乐俊明，等. 马铃薯的贮藏与管理技术 [J]. 贵州农业科学，2010，38（1）：165-167.
[36] 孟令川，吕莹，陈湘宁. 鲜切菜贮藏保鲜技术研究进展 [J]. 中国农学通报，2013，29（9）：190-196.
[37] 李春保，戚军，富晓青，等. 宰后贮藏方式对鸡肉加工品质的影响 [J]. 食品科学，2009（s1）.
[38] 孙京新，李汉昌. 21 世纪我国肉品贮藏保鲜技术展望 [J]. 肉类工业，2000（1）：31-35.
[39] 徐宝才，赵宁，张原飞，等. 肉及肉制品贮藏过程中的品质变化及影响因子 [J]. 肉类工业，2004（4）：21-24.
[40] 张慜，肖功年. 国内外水产品保鲜和保活技术研究进展 [J]. 食品与生物技术学报，2002，21（1）：104-107.
[41] 田超群，王继栋，盘鑫，等. 水产品保鲜技术研究现状及发展趋势 [J]. 农产品加工：创新版，2010，2010（8）：17-21.
[42] 王亮，曾名湧. 对虾保鲜技术研究现状及发展趋势 [J]. 食品与发酵工业，2009（9）：111-115.
[43] 王珏，王锡昌，刘源. 蟹类综合利用研究进展 [J]. 食品工业，2013（10）：207-210.
[44] 任发政等. 食品包装学 [M]. 北京：中国农业大学出版社，2009.
[45] 李大鹏. 食品包装学 [M]. 北京：中国纺织出版社，2014.
[46] 杜朋. 食品包装学 [M]. 北京：农业出版社，1993.
[47] 章建浩. 食品包装学 [M]. 北京：中国农业出版社，2009.
[48] 李代明. 食品包装学 [M]. 北京：中国计量出版社，2008.
[49] 冯胜文. 烹饪原料学 [M]. 上海：复旦大学出版社，2011.
[50] 赵廉. 烹饪原料学 [M]. 北京：中国纺织出版社，2008.
[51] 朱水根. 烹饪原料学 [M]. 上海：上海交通大学出版社，1999.
[52] 王晓青，石峰洋，严淡. 生物降解塑料在包装领域的加工应用技术进展 [C]. 北京：2005 年全国高分子学术报告会，2005.

[53] 吴进喜. 可降解塑料的研究现状及发展前景 [J]. 中国高新技术企业，2010.
[54] 张钦，赵裕蓉. 可完全生物降解塑料 [J]. 化工新型材料，1999，27 (6)：3-8.
[55] 李星，刘东辉，黄云华. 我国可降解塑料的发展现状和发展趋势 [J]. 化工生产与技术，2004.
[56] 蔡明池. 塑料包装材料发展趋势及特点 [J]. 中国包装报，2004.
[57] 李向荣. 食品包装技术的现状与发展 [J]. 湖南包装，2000 (1)：38-40.
[58] 肖凌，龚战胜. 军用食品包装的开发研究 [J]. 食品包装与设计，2005，21 (6)：82-84.
[59] 李琳，李莉. 食品包装的发展趋势 [J]. 包装与食品机械，2003.
[60] 文哲. 生物塑料-降解塑料行业发展的主要方向 [J]. 技术与市场，2009，16 (5)：91.
[61] 钱伯章，朱建芳. 生物可降解塑料发展现状与前景 [J]. 现代化工，2008，(11)：82-85-87. [2017-08-20]. DOI：10. 16606/j. cnki. issn0253-4320. 2008. 11. 009.
[62] 臧文苑. 可降解塑料包装材料的研究现状及展望 [J]. 科技风，2017，(04)：88. [2017-08-20]. DOI：10. 19392/j. cnki. 1671-7341. 201704076.
[63] 史兆侠. 阻隔性塑料包装的最新应用 [J]. 国外塑料，2008，26 (11)：76-77. [2017-08-20].
[64] 王帅，吕亚娟，王军. 我军军用食品包装信息化技术应用进展 [J]. 包装与食品机械，2009，27 (01)：40-43.
[65] 孔令雪. 食品灌装机械产品的选购 [N]. 中国包装报，2010-12-10 (004).
[66] 汪洋，王云. 国内食品无菌灌装技术现状及前景 [J]. 中国食品工业，2006，(03)：30.
[67] 盛小宝，刘建锋，王成林，高乐，王斌武. 灌装食品营养价值的保存 [J]. 肉类工业，2000，(02)：32-34.
[68] 周智融. 袋装食品包装安全设计研究 [J]. 现代装饰（理论），2016，(07)：101.
[69] 王娜. 浅谈贴标机的设计 [J]. 科技展望，2015，25 (29)：138.
[70] 朱政明. 捆扎机械技术的发展和预测 [J]. 包装与食品机械，1990，(01)：36-42.
[71] 张燕燕. 多功能捆扎装置的研究现状与发展趋势 [A]. 全国各省区市机械工程学会、云南省机械工程学会. 2015 年第五届全国地方机械工程学会学术年会暨中国制造 2025 发展论坛论文集 [C]. 全国各省区市机械工程学会、云南省机械工程学会，2015：5.